物联网在中国

物联网与生态环境

Internet of Things and Ecological Environment

温宗国　杜　斌　吴　烨　么　新　邱　勇　张　波　著

電子工業出版社
Publishing House of Electronics Industry
北京 · BEIJING

内 容 简 介

围绕党的十八大以来我国在生态文明建设和美丽中国实践的新特色，本书系统总结了物联网在生态环境方面的新技术、新应用和新成果，展望了物联网在生态环境应用方面的发展方向和政策导向。紧扣“物联网与生态环境”主题，本书介绍了其基本概念、功能原理、应用范围、政策空间、整体架构、系统设计、支撑体系、关键技术、核心设备、决策平台、发展趋势、政策导向及典型案例。

本书可作为环境和资源类专业本科生、研究生的教材，也可作为生态环境保护、自然资源及水资源开发利用、城乡建设、发展改革、工业和信息化等相关政府部门、科研单位、企业工作人员的参考书。

图书在版编目（CIP）数据

物联网与生态环境 / 温宗国等著. —北京：电子工业出版社，2021.6
（物联网在中国）
ISBN 978-7-121-41570-8

Ⅰ. ①物… Ⅱ. ①温… Ⅲ. ①物联网—关系—生态环境建设—研究—中国
Ⅳ. ①X321.2

中国版本图书馆 CIP 数据核字（2021）第 138422 号

责任编辑：李　敏
印　　刷：北京七彩京通数码快印有限公司
装　　订：北京七彩京通数码快印有限公司
出版发行：电子工业出版社
　　　　　北京市海淀区万寿路 173 信箱　邮编 100036
开　　本：720×1 000　1/16　印张：27　字数：561 千字
版　　次：2021 年 6 月第 1 版
印　　次：2024 年 1 月第 4 次印刷
定　　价：149.00 元

凡所购买电子工业出版社图书有缺损问题，请向购买书店调换。若书店售缺，请与本社发行部联系，联系及邮购电话：（010）88254888，88258888。

质量投诉请发邮件至 zlts@phei.com.cn，盗版侵权举报请发邮件至 dbqq@phei.com.cn。

本书咨询联系方式：（010）88254753 或 limin@phei.com.cn。

《物联网在中国》（二期）
编委会

《国之重器出版工程》
编 辑 委 员 会

专家委员会委员（按姓氏笔画排序）：

于　全　中国工程院院士
王　越　中国科学院院士、中国工程院院士
王小谟　中国工程院院士
王少萍　“长江学者奖励计划”特聘教授
王建民　清华大学软件学院院长
王哲荣　中国工程院院士
尤肖虎　“长江学者奖励计划”特聘教授
邓玉林　国际宇航科学院院士
邓宗全　中国工程院院士
甘晓华　中国工程院院士
叶培建　人民科学家、中国科学院院士
朱英富　中国工程院院士
朵英贤　中国工程院院士
邬贺铨　中国工程院院士
刘大响　中国工程院院士
刘辛军　“长江学者奖励计划”特聘教授
刘怡昕　中国工程院院士
刘韵洁　中国工程院院士
孙逢春　中国工程院院士
苏东林　中国工程院院士
苏彦庆　“长江学者奖励计划”特聘教授
苏哲子　中国工程院院士
李寿平　国际宇航科学院院士

郑纬民	中国工程院院士
郑建华	中国科学院院士
屈贤明	国家制造强国建设战略咨询委员会委员、工业和信息化部智能制造专家咨询委员会副主任
项昌乐	中国工程院院士
赵沁平	中国工程院院士
郝　跃	中国科学院院士
柳百成	中国工程院院士
段海滨	“长江学者奖励计划”特聘教授
侯增广	国家杰出青年科学基金获得者
闻雪友	中国工程院院士
姜会林	中国工程院院士
徐德民	中国工程院院士
唐长红	中国工程院院士
黄　维	中国科学院院士
黄卫东	“长江学者奖励计划”特聘教授
黄先祥	中国工程院院士
康　锐	“长江学者奖励计划”特聘教授
董景辰	工业和信息化部智能制造专家咨询委员会委员
焦宗夏	“长江学者奖励计划”特聘教授
谭春林	航天系统开发总师

前言

推行社会、经济和环境均衡、协调、可持续发展是当前和未来全球各国的共同愿景。全球主要国家进入了以绿色发展引领全过程污染控制的新阶段，以保障人类和生态健康为目标深化生态环境治理，以绿色创新技术研发应对全球环境挑战。随着大数据及物联网等信息化技术的快速发展，物联网与生态环境保护的融合不断加深，引发了许多革命性的变化，取得了颠覆性的技术突破，推动技术装备智能化发展。

随着物联网、大数据、云计算、5G、卫星遥感、人工智能等新兴技术飞速发展，环境监测向高精度、动态化和智能化发展；基于大数据、人工智能的定向仿生及精准调控资源化技术成为重要方向；环保装备向智能化、模块化转变，生产制造和运营过程向自动化、智能化发展。其中，物联网以其跨界连接、创新驱动的独特魅力，为生态环境保护装上“智慧大脑”。2016 年，环保部发布了《生态环境大数据建设总体方案》，积极开展生态环境大数据建设和应用工作，部分科研院所和大中型企业已经开始推进环境物联网与大数据的系统建设和技术应用，但整体上仍处于起步探索阶段，还难以发挥物联网与大数据系统大规模、多样性、高速性和高价值的特点。

物联网、大数据、云计算与先进过程控制等技术的深入应用有如下优势。一是可以支撑应用大数据科学决策与精准监管。例如，支撑法治、信用、社会等监管，提高生态环境监管的主动性、准确性和有效性；支撑自然资源全过程、全覆盖的动态监管和利用方式精细化。二是推动节能降耗与绿色生产。例如，对能源消耗情况特别是大型耗能设备的能源消耗实施动态监测、控制和优化管

理；推动研发设计、原材料供应、加工制造和产品销售等全过程精准协同；发展“互联网+”回收利用新模式，开展信息采集、数据分析、流向监测。三是促进绿色发展方式与生活方式。例如，在现有监测体系的基础上，进一步发展环境多介质感知、天空地一体化监测、交叉性数据融合等新型环境信息技术。

全书围绕党的十八大以来我国新时代生态文明建设和美丽中国实践的重大需求，系统总结了物联网在生态环境领域的新技术、新应用和新成果，展望了物联网在生态环境保护中的发展趋势和应用案例，尽可能系统介绍相关的基本概念、功能原理、应用范围、政策导向、整体架构、系统设计、支撑体系、关键技术、核心设备、发展趋势及典型案例。

全书由清华大学环境学院循环经济产业研究中心主任温宗国组织撰写，清华大学北京怀柔综合性国家科学中心“空地一体环境感知与智能响应研究平台”副主任杜斌（第 3 章、第 10 章）、清华大学研究生院副院长吴烨（第 7 章、第 8 章）、清华苏州环境创新研究院副院长么新（第 1 章、第 4 章）、清华大学环境学院副研究员邱勇（第 9 章）、生态环境部信息中心研究员张波（第 2 章）是本书的主要联合作者。此外，清华大学环境学院的罗三保、张英志、赵晴、林延鑫、祝捷、牛天林、吴潇萌、韩群、田宇心，中国科学院地理科学与资源研究所副研究员胡纾寒，北京信息科技大学经济管理学院薛艳艳，中国野生动物保护协会寇建明，山东大学物理学院教授司书春，南京城市智能交通股份有限公司张梁俊、吴雷、周维彬，山东诺方电子科技有限公司刘一平、刘慧等对本书的写作和出版做出了重要贡献，我们在此表示诚挚感谢。

本书可作为环境和资源类本科生、研究生的教材，也可作为生态环境保护、自然资源及水资源开发利用、城乡建设、发展改革、工业和信息化等相关政府部门、科研单位、企业工作人员的参考书。

作者

2021 年 5 月

目录

第1章 “物联网+”生态环境的前生今世 ······ 001

1.1 “物联网+”生态环境是什么 ······ 001

1.1.1 何为物联网及“物联网+”生态环境 ······ 001

1.1.2 “物联网+”生态环境的工作原理 ······ 003

1.1.3 “物联网+”生态环境的标准化 ······ 004

1.1.4 “物联网+”与“互联网+” ······ 005

1.2 “物联网+”生态环境的重要意义 ······ 005

1.2.1 “物联网+”生态环境是落实生态文明的重要举措 ······ 006

1.2.2 “物联网+”是生态环境治理手段现代化的必由之路 ······ 006

1.2.3 “物联网+”是改善生态环境质量的有效保障 ······ 006

1.3 “物联网+”生态环境的功能定位 ······ 007

1.3.1 社会价值 ······ 007

1.3.2 商业价值 ······ 008

1.3.3 生态价值 ······ 008

1.4 “物联网+”生态环境的技术基础 ······ 009

1.4.1 智能传感器 ······ 009

1.4.2 云计算 ······ 010

1.4.3 智能硬件 ······ 010

1.4.4 环境大数据 ······ 010

1.5 "物联网+"生态环境的政策体系……011
1.5.1 中国政府的相关政策……011
1.5.2 其他主要国家和地区的相关政策……012
本章小结……015
参考文献……016

第2章 物联网与生态环境大数据建设……017

2.1 环保物联网总体框架……017
2.2 生态环境大数据建设背景……019
2.2.1 党中央、国务院高度重视……019
2.2.2 全国生态环境保护形势……020
2.2.3 生态环境是全面建成小康社会的突出短板……025
2.2.4 生态环境保护面临的机遇与挑战……026
2.2.5 "十三五"时期生态环境保护的发展动态……026
2.2.6 绿色转型是"十四五"时期的重大趋势……027
2.3 生态环境大数据建设概要……028
2.3.1 生态环境信息化建设势在必行……028
2.3.2 生态环境大数据建设的主要目标……028
2.3.3 生态环境大数据总体架构……029
2.3.4 生态环境大数据建设的主要任务……032
2.3.5 生态环境大数据建设内容……036
2.4 生态环境大数据建设的主要成果……038
2.4.1 "一带一路"生态环保大数据服务平台，助力"一带一路"国家绿色发展……038
2.4.2 全国排污许可证管理信息平台，形成排污许可全生命周期闭环管理……039
2.4.3 环境影响评价大数据建设，助力环评制度改革……040
2.4.4 为污染防治攻坚战植入"超级大脑"……043
本章小结……044
参考文献……044

第 3 章 物联网+生态环境的软硬件集成与区域调控体系 …… 045

3.1 物联网+生态环境软硬件集成与区域调控体系架构 …… 045

3.1.1 软硬件集成与区域调控体系拟解决的问题 …… 045

3.1.2 总体思路 …… 048

3.1.3 技术架构 …… 050

3.2 环境智能感知硬件集成体系概述 …… 053

3.3 环境质量感知体系 …… 054

3.3.1 大气环境质量感知体系 …… 054

3.3.2 水体环境质量感知 …… 061

3.4 污染源感知体系 …… 064

3.4.1 固定污染源 …… 064

3.4.2 移动污染源 …… 073

3.4.3 面源 …… 077

3.5 风险源感知体系 …… 079

3.5.1 建设内容 …… 079

3.5.2 主要监测标准规范与仪器设备 …… 079

3.6 移动式感知体系 …… 082

3.6.1 生态环境卫星遥感 …… 082

3.6.2 无人机搭载移动监测 …… 083

3.6.3 无人船（仿生鱼）水质移动监测 …… 085

3.7 生物活体感知体系 …… 087

3.7.1 建设内容 …… 087

3.7.2 主要监测标准规范与仪器设备 …… 087

3.8 生态环境大数据基础平台 …… 088

3.8.1 平台功能架构 …… 088

3.8.2 平台存储能力分析 …… 090

3.8.3 数据容灾备份 …… 091

3.9 生态环境精细化调控平台 …… 091

3.9.1 精敏的量化溯源感知体系 …… 092

3.9.2 可靠的动态分析管控体系 097
3.9.3 精准的管理决策支持体系 108
3.9.4 有效的环境执法监管体系 115
3.9.5 科学的深度治理支持体系 127
本章小结 135
参考文献 136

第4章 “物联网+”资源循环利用 138

4.1 资源循环利用 138
4.1.1 资源循环利用的定义 138
4.1.2 循环经济的内涵 139
4.1.3 资源循环利用产业 140
4.2 “物联网+”与产业转型升级 142
4.2.1 资源循环利用产业发展的短板 142
4.2.2 “物联网+”促进产业转型升级 143
4.3 典型应用场景 145
4.3.1 “物联网+”促进资源回收 146
4.3.2 “物联网+”实现废物在线交易 149
4.3.3 “物联网+”加强追溯识别功能 153
4.3.4 “物联网+”助力产业共生 156
4.3.5 “物联网+”典型品类再制造 159
4.3.6 “物联网+”实现信息共享 164
4.4 关键的影响因素和实现路径 165
4.4.1 政策因素 165
4.4.2 市场因素 167
4.4.3 技术因素 168
4.4.4 实现路径 169
本章小结 170
参考文献 170

第 5 章 物联网+固体废物综合管理的关键技术和核心装备 ·················· 171

5.1 回收环节 ······ 171

5.1.1 自动识别技术 ······ 171

5.1.2 智能回收终端 ······ 173

5.1.3 智能计量设备 ······ 175

5.2 收运环节 ······ 175

5.2.1 GPS 技术 ······ 175

5.2.2 智能收运车辆 ······ 176

5.3 分拣和处理处置环节 ······ 177

5.4 监管环节 ······ 179

5.4.1 遥感技术 ······ 179

5.4.2 GIS 技术 ······ 181

5.4.3 视频监控技术 ······ 181

5.4.4 云计算 ······ 184

5.4.5 大数据分析与解释技术 ······ 185

5.4.6 智能决策支持技术 ······ 186

5.5 通用技术与设备 ······ 187

5.5.1 自动检测技术 ······ 187

5.5.2 无线通信技术与移动通信技术 ······ 190

5.5.3 计算机网络互联技术 ······ 191

5.5.4 移动互联网技术 ······ 192

5.5.5 信息标准化技术 ······ 193

5.5.6 传感器 ······ 194

5.5.7 智能移动终端 ······ 195

本章小结 ······ 195

参考文献 ······ 195

第 6 章 物联网+固体废物综合管理的应用实例 ······ 200

6.1 物联网+生活垃圾分类 ······ 200

6.1.1 传统生活垃圾分类的现状和问题 ······200
6.1.2 物联网在垃圾分类中的应用 ······202
6.2 物联网+餐厨垃圾收运处置 ······205
6.2.1 餐厨垃圾收运和管理的现状和问题 ······205
6.2.2 物联网应用于餐厨垃圾收运体系案例 ······205
6.3 物联网+再生资源回收 ······208
6.3.1 传统再生资源回收方式的现状和问题 ······208
6.3.2 物联网+再生资源回收应用案例 ······210
6.4 物联网+工业园区循环化改造 ······212
6.4.1 园区循环化改造的信息平台需求 ······212
6.4.2 物联网+工业园区循环化改造应用案例 ······213
6.5 物联网+固体废物综合管理展望 ······215
本章小结 ······217
参考文献 ······218

第 7 章 基于射频识别技术的机动车大数据排放控制决策系统 ······219

7.1 系统建设的必要性 ······219
7.1.1 城市机动车发展现状与挑战 ······219
7.1.2 城市交通问题的管控与治理 ······221
7.1.3 发展基于大数据的先进技术和车联网的必要性 ······223
7.2 物联感知——基于射频识别技术的交通流数据 ······224
7.2.1 射频识别技术的定义及特点 ······224
7.2.2 射频识别技术的系统组成 ······225
7.2.3 射频识别技术的工作原理 ······226
7.2.4 射频识别技术获取路网交通流信息方法 ······228
7.3 RFID 交通流数据支持环境监管 ······233
7.3.1 路网高分辨率排放清单及构建方法 ······233
7.3.2 RFID 交通流数据模块的构建 ······234
7.3.3 EMBEV 排放模型简介 ······238
7.4 基于 RFID 技术的机动车高时空分辨率排放解析 ······239

7.4.1 南京市高分辨率机动车排放清单计算方法学……239
7.4.2 南京市道路交通流特征……240
7.4.3 南京市机动车排放特征……244
7.4.4 实际道路车流及排放的技术构成……247
7.4.5 路网排放的时间分布特征……248
7.4.6 路网排放的空间分布特征……251
7.5 机动车大数据排放控制决策系统的建立……254
7.5.1 机动车排放控制决策系统平台的构建……254
7.5.2 基于决策系统的机动车控制措施效益评估……256
7.5.3 车联网技术助力智能化机动车排放监管……262
本章小结……264
参考文献……265

第 8 章 环保督查的眼睛：大样本分布式微型空气质量监测网络……271

8.1 建立大样本分布式微型空气质量监测网络的必要性……271
8.1.1 中国空气质量现状及对人体健康的影响……271
8.1.2 传统环境空气质量监测网络的发展现状及局限……274
8.1.3 环境空气质量监测网络的发展趋势……279
8.2 物联感知——空气质量微型监测站概述……282
8.2.1 空气质量微型监测站的特点及优劣势……282
8.2.2 传感器介绍……282
8.2.3 传感器标定与校准……286
8.2.4 微站的布设与安装……288
8.3 基于微站的大气污染网格化动态管控系统……292
8.3.1 济南市大气网格化自动监测系统……292
8.3.2 济宁市空气质量精细化监测与调控实践……304
8.4 未来发展与展望……313
8.4.1 空气质量传感器监测技术的发展方向……313
8.4.2 空气质量传感器监测技术应用的发展方向……315
本章小结……316

参考文献 ……316

第 9 章　物联网+智慧水务 ……317

9.1　智慧水务的背景介绍 ……317
9.1.1　智慧水务的概念 ……317
9.1.2　智慧水务的政策背景 ……319
9.1.3　智慧水务的发展阶段 ……320
9.1.4　智慧水务的机遇和挑战 ……321
9.2　智慧水务的现状和发展趋势 ……323
9.2.1　国外智慧水务现状 ……323
9.2.2　我国智慧水务现状 ……324
9.2.3　智慧水务的发展趋势 ……328
9.3　智慧水务系统的设计 ……332
9.3.1　智慧水务系统的设计框架 ……332
9.3.2　智慧水务系统的设计方法 ……334
9.4　智慧水务系统的案例 ……336
9.4.1　供水管网运行管理系统 ……336
9.4.2　供水管网抄表系统 ……338
9.4.3　排水管网管理系统 ……339
9.4.4　污水处理运行系统 ……341
9.4.5　水资源与水环境管理系统 ……344
9.4.6　典型地区的智慧水务系统 ……347
9.4.7　典型企业的智慧水务系统 ……349
9.5　物联网+智慧水务的挑战与展望 ……351
9.5.1　水务自动化的困境 ……351
9.5.2　水务智慧化的不足 ……352
9.5.3　智慧水务建设展望 ……353
本章小结 ……354
参考文献 ……354

第 10 章 物联网+生态环境应用创新与典型案例 …… 356

10.1 物联网+生态环境应用创新综述 …… 356

10.2 技术集成创新 …… 358

10.2.1 技术创新模式 …… 358

10.2.2 典型案例 …… 359

10.3 管理模式创新 …… 380

10.3.1 管理创新模式 …… 380

10.3.2 典型案例 …… 381

10.4 商业模式创新 …… 397

10.4.1 商业创新模式 …… 397

10.4.2 典型案例 …… 400

10.5 运行模式创新 …… 404

10.5.1 运行创新模式 …… 404

10.5.2 典型案例 …… 405

本章小结 …… 410

参考文献 …… 411

第1章

“物联网+”生态环境的前生今世

内容摘要

生态文明建设是中华民族永续发展的千年大计，应构建科技含量高、资源消耗低、环境污染少的生产方式和产业结构，大幅度提高经济与产业的绿色化水平。“物联网+”将物联网领域内的新兴成果与社会各领域融合，通过技术和效率提升等不断增强经济创新力和社会生产力。物联网与生态环境保护深度融合，是推动环境管理精细化、智慧化转型，全面提高生态环境保护综合决策、监管治理和公共服务水平的强大推动力。本章主要阐述物联网的概念、发展过程及其与生态环境保护的多维度关联。

1.1 “物联网+”生态环境是什么

随着互联网技术、大数据的快速发展，物联网作为互联网的扩展，与生态环境保护的融合不断加深。新时代生态文明建设工作有了新理念、新模式，“以人为本”的价值理念逐渐演变为“人与自然和谐相处”，“先污染，后治理”的模式被“绿色、循环、低碳”所引领，要进一步提升生态文明信息化的建设水平，实现信息化与生态文明的深度融合。物联网以其跨界连接、创新驱动的独特魅力，为生态环境保护装上了“智慧大脑”。

1.1.1 何为物联网及“物联网+”生态环境

物联网（Internet of Things）作为现代信息与技术的一部分，字面意思为物物相连的互联网。其内涵有两点：互联网仍然是物联网的核心工具，只有在互

联网的基础上不断扩展才能形成物联网；物联网的客户端能够在任何物品之间延伸，从而进行信息交换。可以说，物联网是对互联网的应用进行的拓展，是互联网之后的又一次信息浪潮。

由于物联网属于新生事物，其内涵还在不断发展和丰富中。物联网理论体系还没有完全建立，认识不深入；物联网与互联网、移动通信网、传感网等都有密切关系，不同领域的研究者对物联网的认识因基于的出发点各异，在短期内没达成共识。所以，对于物联网的概念业界一直存在很多不同的意见，至今都没有一个公认的、统一的定义。

1. 国外对物联网的定义

物联网的概念最先是由 MIT Auto-ID 实验室于 1999 年提出来的，即“把所有物品通过射频识别（Radio Frequency Identification，RFID）和条形码等信息传感设备与互联网连接起来，实现智能化识别和管理”。这实质上等于把互联网和射频识别等技术结合并应用，自动识别物品，实现互通互联和信息共享。

ITU（国际电信联盟）于 2005 年发布的互联网报告给物联网下了定义：运用 RFID、红外感应技术和全球 GPS 系统，通过二维码识读设备和激光扫描传感设备，依照既定协议连接互联网和各类物品并进行信息交换，以实现智能化识别、定位、跟踪和监管[1]。

2. 国内对物联网的定义

工业和信息化部与江苏省联合向国务院上报的《关于支持无锡建设国家传感网创新示范区（国家传感信息中心）情况的报告》中定义：物联网是以感知为目的，实现人与人、人与物、物与物全面互联的网络。其突出特征是通过各种感知方式来获取物理世界的各种信息，结合互联网、移动通信网等进行信息的传递与交互，再采用智能计算技术对信息进行分析处理，从而提升人们对物质世界的感知能力，实现智能化的决策和控制。

2010 年 6 月，在北京召开的中国物联网大会上提出：物联网是以对物理世界的数据采集和信息处理为主要任务，以网络为信息传递载体，实现物与物、物与人之间的信息交互，提供信息服务的智能网络信息系统。

中国物联网校企联盟将物联网定义为：与计算机、互联网技术相结合，实现物体之间的信息实时共享及智能化的收集和处理等。广义上讲，物联网的范畴可以包含所有信息技术；狭义上讲，物联网是基于传统电信网络和互联网，

能够让所有物体之间实现互联互通的网络。

2010 年《政府工作报告》对物联网的定义为：通过信息传感设备，按照约定的协议，把任何物体与互联网连接起来，进行信息交换和通讯，以实现智能化识别、定位、跟踪、监控和管理的一种网络。它是在互联网基础上延伸和扩展的网络。

鉴于以上概念和定义，结合我国物联网发展实际，本书认为，应该以 2010 年《政府工作报告》对物联网的定义为准。

生态环境系统是一个复杂的自然、经济、社会复合系统，而现代监测、物联网、云计算等技术的发展及大数据的综合应用，为研究生态环境复合系统的多层次、多规律提供了良好的应用平台。“物联网+”生态环境借助物联网等高新技术，利用传感器等先进设备装备对环境保护领域内的物体进行识别监控，系统化地对生态环境业务进行整合，实现环境管理和决策的精细化管理、智慧化操作和动态更新。物联网技术的发展有利于生态环境的建设，将高效贯彻落实环境保护措施。

1.1.2 “物联网+”生态环境的工作原理

物联网的工作原理包括 4 层构架：感知层、传输层、智慧层和服务层。感知层可以随时随地感知各类信息；传输层利用一些技术，包括运营商网络、5G、卫星通信等实现信息互通和共享；智慧层通过云计算和边缘计算等信息技术手段，对各类信息进行整合分析和深度挖掘；服务层利用模型等提出处理措施，以提供智慧决策服务。

“物联网+”生态环境就是充分利用云计算、大数据、物联网等新一代信息技术，针对以大气环境、水环境为核心的多种环境监测对象，构建环境与社会全向互联互通的智慧型环保感知网络，实现环境监测监控的现代化和智能化；同时，基于环保大数据平台，搭建覆盖公众、企业和政府的立体服务系统，为生态文明建设提供技术支撑。“物联网+”生态环境可以实现环境数据中心监测、环保应急指挥中心建设、环保污染源在线监测系统、机动车排气监测信息系统、移动环境质量监测系统、移动环保执法系统、协同办公、移动办公和城市立交积水监测系统等。

通信技术与生态环境的深度融合，是“物联网+”生态环境发展的必由之路，主要体现在 5G 和边缘计算的应用方面。

（1）5G 与生态环境领域的结合，将推动生态环境智能物联的快速发展。

5G具有大带宽、大连接、低时延和高可靠等特点，5G的大带宽使其比4G的速率快10倍，低时延指标可以达到毫秒量级。利用5G的传输优势实现人与物、物与物的连接成为发展趋势。基于5G在速度和安全性上的优势，很多对传输速度有较高要求的应用场景将得以实现，并将广泛应用于物联网的发展中。5G在物联网中的应用技术非常广泛，包括SDN/NFV技术、全频段通信技术、密集网络技术等。“物联网+”生态环境在5G的推动下，充分利用5G的应用优势，扩大服务范围，降低成本，实现跨越式发展。

（2）边缘计算于2015年进入快速发展期，在监控方面实现了应用，未来也将逐渐应用于智慧环保领域。边缘计算是在物联网设备和数据爆发式增长的背景下产生的，由于云计算难以保证实时性、过度依赖网络环境、资源损耗较大且难以保证用户隐私，因此能够弥补这些缺陷的边缘计算应运而生。边缘计算将云计算的计算、存储等能力扩展到网络边缘，提供低时延、高可用和隐私保护的本地计算服务，解决了云计算高时延、受网络环境制约等问题。边缘计算将大力和深化各行业中的物联网应用，成为推动智能环保等产业升级的关键技术。

1.1.3　“物联网+”生态环境的标准化

标准化是指通过对繁复的事物或概念等进行统一化制定、管理，达到规范并获得效益。当前，“物联网+”生态环境领域要可持续发展，必须进行标准化建设。通过标准化及相关技术政策的实施，可以整合和引导社会资源，激活科技要素，推动自主创新与开放创新，加速技术积累、科技进步、成果推广、创新扩散、产业升级，以及经济、社会、环境的全面、协调、可持续发展[2]。

1. 完善标准化的系统设计

建立健全物联网标准体系，发布物联网标准化建设指南。进一步促进物联网国家标准、行业标准、团体标准的协调发展，以企业为主体开展标准制定，积极将创新成果纳入国际标准，加快建设技术标准试验验证环境，完善标准化信息服务。

2. 加强关键共性技术标准制定

加快制定传感器、RFID、红外感应、地理坐标定位等感知技术和设备标准；组织制定无线传感器网络、低功耗广域网、网络虚拟化和异构网络融合等

网络技术标准；制定操作系统、中间件、数据管理与交换、数据分析与挖掘、服务支撑等信息处理标准；制定物联网标识与解析、网络与信息安全、参考模型与评估测试等基础共性标准。

3. 推动行业应用标准研制

大力开展资源开发利用、生态环境保护等产业急需应用标准的制定，持续推进工业、农业、公共安全、交通运输、环保等应用领域的标准化工作；加强组织协调，建立标准制定、试验验证和应用推广联合工作机制，加强信息交流和共享，推动标准化组织联合制定跨行业标准，鼓励发展团体标准；支持联盟和龙头企业牵头制定行业应用标准。

1.1.4 “物联网+”与“互联网+”

物联网就是“物物相连的互联网”，是一个动态的全球网络基础设施，能够进行身份标识并与信息网络无缝整合。物联网用途广泛，遍及生产、生活等各领域，包括机关政务、社会公共安全、环境监测、智能交通、智能家居、产品溯源、健康护理等。因此，物联网技术也被称为“智慧的地球”战略。

“互联网+”把互联网的创新成果与经济、社会各领域深度融合，推动技术进步、效率提升和组织变革，提升实体经济创新力和生产力，形成更广泛的以互联网为基础设施和创新要素的经济社会发展新型态[3]。所谓“互联网+”，实际上是把互联网、市场（需求）、工厂（产能）等因素结合起来，形成一种生产或者销售的新模式。“互联网+”的本质，是用互联网把生产要素联系起来，以提高生产效率和销售效率，从而增加产值。

可以说，物联网是建立在互联网基础之上的以互联网为核心的泛在网络。同时，物联网还能把新一代信息技术通过感应装备等充分应用在各行各业之中，实现人类社会与物理系统的整合和连接。这个过程通过智能化、精细化和动态化实现对物体的管理，必须依托先进的互联网技术才能够实现。

1.2 “物联网+”生态环境的重要意义

生态文明建设是中国特色社会主义事业的重要内容，关系人民福祉，关乎民族未来，事关“两个一百年”奋斗目标和中华民族伟大复兴中国梦的实现。党中央、国务院高度重视生态文明建设，先后出台了一系列重大决策部署，推动生态文明建设取得了重大进展和积极成效。但总体上看，我国生态文明建设

水平仍滞后于经济、社会发展，资源约束趋紧，环境污染严重，生态系统退化，发展与人口资源环境之间的矛盾仍然较为突出，已成为经济、社会可持续发展的瓶颈[4]。生态文明建设关系人民福祉，保护生态环境、绿色发展已经成为生态文明建设的核心内容。生态文明建设需要充分发挥市场配置资源的决定性作用，更好发挥政府作用，不断深化制度改革和科技创新，建立系统完整的生态文明制度体系，强化科技创新引领作用，为生态文明建设注入强大动力。物联网与生态文明建设的融合不断加深，助力美丽中国建设的根基更加牢固、措施更加有效、理念更加科学。

1.2.1 “物联网+”生态环境是落实生态文明的重要举措

生态文明建设的重点内容就是要通过各种手段保护生态环境，实现绿色发展。党的十八大以来，我国大力推进生态文明建设。推动物联网与生态文明建设的深度融合，是当前一个重要的发展方向，也是落实生态文明的重要举措。这就要求完善污染物监测及信息发布系统，形成覆盖主要生态要素的资源环境承载能力动态监测网络，实现生态环境数据的互联互通和开放共享；充分发挥物联网在逆向物流回收体系中的平台作用，提高再生资源交易利用的便捷化、互动化、透明化，促进生产、生活方式绿色化。

1.2.2 “物联网+”是生态环境治理手段现代化的必由之路

党的十九大提出的推进国家治理体系和治理能力现代化，为生态环境保护工作提供了新的机遇。2018 年全国生态环境保护工作会议也强调，推动生态环境领域国家治理体系和治理能力现代化，实现绿色发展。绿色发展实质上是发展方式的转型，“物联网+”生态环境作为一种创新的环境治理手段，可以说是生态环境治理手段现代化的必由之路。一方面，“物联网+”要融入生态文明建设各方面与全过程，保护绿色生态、发展绿色生产、推动绿色生活；另一方面，加快推进生态文明建设，要求将生态文明理念融入“物联网+”各环节与全过程。就物联网与生态环境保护融合而言，既要求“物联网+”跨界环境保护领域，也要求环境保护领域主动融合“物联网+”，促使环保企业树立物联网思维。

1.2.3 “物联网+”是改善生态环境质量的有效保障

改善生态环境质量关系人民福祉，是对群众呼声的积极响应。随着经济、

社会的发展和生活水平的提高，公众对美好环境的期待越来越强烈，要温饱又要环保，要小康先要健康。当前，我国生态环境形势十分严峻，影响群众健康的突出生态环境问题尚未解决，生态环境质量改善速度与公众预期仍然存在差距。改善生态环境质量，是提升群众生活质量的迫切要求，是增进人民福祉的重要体现。随着经济的持续发展，我国的生态环境保护问题变得更加复杂，而物联网、大数据应用则成为助力解决这类问题的有效途径。生态环境大数据可以实现生态环境保护的综合决策科学化、监管精准化和公共服务便民化，应大力推进对生态环境大数据平台和“物联网+”生态环境保护的建设。“物联网+”生态环境有利于推进生态环境监测网络建设，提高对生态环境数据的采集能力。同时，还应强化跨部门的信息共享和业务协同，组织编制生态环境信息资源目录，促进环保数据开放共享，开展环境经济形势分析，建设重污染天气应急管理平台，开展空气质量预报以应对重污染天气等。这一系列有益尝试，对生态环境保护与治理产生了积极作用，也体现了“物联网+”是改善生态环境质量的有效保障。

1.3 “物联网+”生态环境的功能定位

1.3.1 社会价值

对政府来说，环境保护监测范围主要包括空气污染、水污染、固体废物污染、化学品污染、噪声污染、核辐射污染等。智慧环保在支持环保部门提升业务能力时，可以在环评质量监测、污染源监控、环境应急管理、排污收费管理、污染投诉处理、环境信息发布、核与辐射管理等方面为环保行政部门提供监管手段、新鲜的一手数据、行政处罚依据，有效提高环保部门的管理效率，提升环境保护效果。同时，智慧环保还能够解决人员缺乏与监管任务繁重的矛盾，可以实现环保移动办公，提供移动执法、移动公文审批、污染源监控视频移动查看等功能[5]。

“物联网+”可以很好地满足公众对于生态环境状况的知情权，公众可通过生态环境信息门户网站了解当前生态环境的各项监测指标，可通过环境污染举报与投诉处理平台向环保部门提出举报与投诉，帮助环保部门更加有效地管理违规排污企业，有助于推动建设环境友好型社会[6]。

1.3.2 商业价值

随着经济的不断发展，以及人们生活水平的提高，生产、生活中产生的废旧物品不断增加，人们对资源的需求量也在不断增加。发展再生资源产业，将废旧资源回收重新利用，不仅可以将有限的资源变得可持续，也是应对全球变暖的需要，更是响应推动绿色、高质量发展的需要。再生资源行业发展有利于资源的合理配置和优化，能够有效解决有限资源与人们无限欲望之间的矛盾。再生资源行业不仅有政策扶持优势，还有自身发展优势。首先，产业的发展潜力较大。我国是制造大国，人口众多，每天产生的废旧物品数量巨大，具有广阔的市场发展空间。其次，再生资源行业可以提供大量就业岗位，解决就业难的社会问题。

物联网可以跨越各种各样的产品、环境、操作和数据分析流程，能够拥有丰富的、不断升级的业务价值谱系。企业借助物联网可以完成从内部操作到客户体验的整个闭环，从中获得新的竞争优势。例如，企业利用物联网技术可以提高企业管理水平，准确掌握产生的废水、废气、废渣（统称为“三废”）数量。如果生产线各流程产生的三废排量过高，会影响治污设备（净化装置）的处理效果；如果治污设备无法完成净化工作，企业可及时停止生产，避免因超标排放或不合格排放而面临环保部门的高额罚单。

新技术革命推动的工业文明造成了经济社会与生态环境的发展失衡，产生了生态危机。然而，随着科技的发展和人类对自然规律认识预见水平的提高，物联网、大数据等新技术应用于环保领域，不仅能够带动产业的转型与升级，减少第一产业的生产资料投入，提高第二产业的资源转化效率，发挥第三产业的低能耗优势，而且能够转变经济发展方式，为生态文明建设带来新的融合模式。

1.3.3 生态价值

“生态价值”主要包括 3 个方面：第一，地球上任何生物个体，在生存竞争中不仅实现了自身的生存利益，而且也创造着其他物种和生命个体的生存条件，即任何一个生物物种和个体，对其他生物物种和个体的生存都具有积极的意义（价值）；第二，地球上任何一个物种及其个体的存在，对于整个地球生态系统的稳定和平衡都发挥着作用，这是生态价值的另一种体现；第三，自然界系统整体的稳定平衡是人类存在（生存）的必要条件，因而对人类的生存具有“生态价值”。生态价值具有“公共性”，即同一个自然环境，对于生活在这

个环境中的每个人来说具有同等的生态价值，它为每个人提供了同等的、健康生存的环境条件；这个环境如果遭到破坏，也会影响每个人的健康生存，对谁都没有例外[7]。

“物联网+”通过互联网、大数据、云计算、物联网等科技手段，促进创新成果与经济、社会各领域深度融合，有助于技术进步和效率提升，激发实体经济创新力，形成以物联网为基础的创新型经济、社会发展新形态。“物联网+”的推广应用将实现物联网技术与生态环境的有效连接，让社会公共资源的利用更加有效，实现生态价值的保护与转化。

1.4 “物联网+”生态环境的技术基础

物联网应用主要包括 3 项关键技术：一是传感器技术；二是射频识别技术，包括无线射频技术、嵌入式技术及其融合；三是嵌入式系统技术，它是一种复杂的技术，集计算机硬件、计算机软件、集成电路等技术于一体。“物联网+”生态环境领域的典型技术包括智能传感器、云计算、智能硬件和环境大数据。

1.4.1 智能传感器

智能传感器的概念最早由美国航空航天局在研发宇宙飞船过程中提出来，并于 1979 年形成产品。宇宙飞船上需要大量传感器不断向地面或飞船上的处理器发送温度、位置、速度和姿态等数据信息，即便使用一台大型计算机也很难同时处理如此庞大的数据[8]。宇宙飞船限制计算机的体积和重量，希望传感器本身具有信息处理功能，于是将传感器与微处理器结合，就出现了智能传感器。

智能传感器是信息感知的基本元件，能够自动校零、标定、采集数据等，具有较高的精确度、分辨率、稳定性等，能够很好地适应各类环境且性价比较高，是大数据、物联网和人工智能等新兴产业的核心关键技术之一。传感器种类较多，据统计全球的传感器种类已经超过 22000 种，并且拥有非常丰富的物联网应用场景。

未来，智能传感器将向着高精度、高可靠性、宽温度范围、微型、微功耗及无源化、智能化、数字化、网络化发展，对物理转换机理的研究和对多数据融合的研究成为热点。在智能传感器应用领域，也存在一些黑科技，如分子传

感器、温度传感器、肌电传感器、生物传感器、空气传感器、无线传感器、皮肤传感器等。

1.4.2 云计算

随着智能传感器的发展，物联网还需要把云计算作为基础才能充分发挥其全部的潜在优势。云计算与物联网之间的关系通过多年的实践才逐渐显现，两者的结合给社会发展带来了很大的进步空间。作为物联网的重要支柱，云计算能够赋予物联网更高效的工作能力，为产生的海量数据提供存储空间，并协同各方进行工作。同时，物联网也为云计算提供了丰富的应用场景，有利于对数据进行深度挖掘，提高数据价值，促进产业革新。

实现“物联网+”生态环境，一是利用物联网技术，建设实时、自适应进行环境参数感知的感知系统；二是利用云计算、模糊识别等智能计算技术，整合现有信息资源，建设具有高速计算能力、海量存储能力和并行处理能力的智能生态环境信息处理平台，为最终实现“智慧环保”的各项应用服务提供平台支撑与信息服务[9]。

1.4.3 智能硬件

智能硬件以智能传感互联及大数据处理等新兴信息技术为基础，利用设计、材料、工艺等载体的创新，提供智能化终端产品及服务。其产品形式已经随着技术升级、设施完善和市场成熟从传统领域逐步拓展到各领域，将信息技术与传统产业有机相连。从实践上，基本都认可智能硬件属于物联网这个大领域，物联网的发展趋势也包括智能硬件的发展趋势。物联网的发展将经历连接、感知、智能 3 个发展关键期，并且在 3 个层面都有巨大的发展空间，作为终端应用的物联网智能硬件也存在较大的创新发展空间。

目前，智能硬件产业集中在交通运输、家居、医疗等几个领域，但是在智能硬件市场和领域的应用稍显不足，且在消费领域也存在缺乏创新、产能过剩、价格不合理等一系列问题。“物联网+”生态环境的发展，为智能硬件的产业化注入了新的生命力。

1.4.4 环境大数据

随着科学技术的不断发展，互通互联和共享的理念逐渐被接受，促进“物联网+”与环保业务深度融合，整合环保领域各类数据，构建“用数据说

话、管理、决策、创新”的环境大数据管理机制，培育环保产业，促进生态文明建设。

生态环境大数据总体架构为“一个机制、两套体系、三个平台”，即生态环境大数据管理工作机制，组织保障和标准规范体系、统一运维和信息安全体系，大数据环保云平台、大数据管理平台和大数据应用平台，如图 1-1 所示。

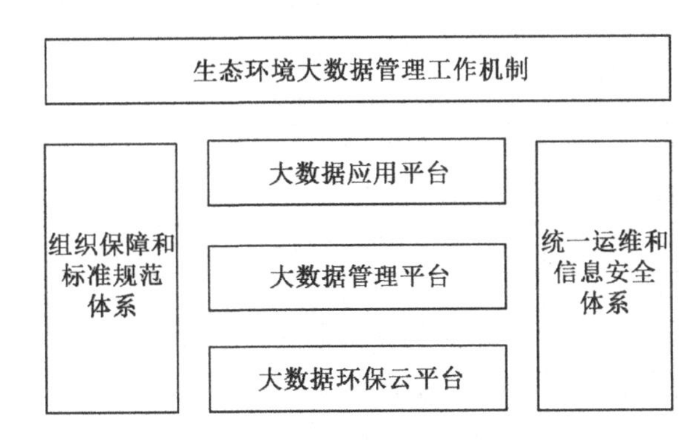

图 1-1 生态环境大数据总体构架

通过生态环境大数据建设和应用，能够实现生态环境综合决策科学化、监管精准化和公共服务便民化。利用大数据进行环境形势的综合研判及环境政策措施的制定，可以提高生态环境综合治理科学化水平，提高环境监管能力，健全事中事后监管机制，提高生态环境监管能力。

1.5 “物联网+”生态环境的政策体系

1.5.1 中国政府的相关政策

为加快物联网发展，培育和壮大新一代信息技术产业，工业和信息化部、财政部 2011 年 4 月联合出台了《物联网发展专项资金管理暂行办法》。物联网发展专项资金重点支持技术研发类、产业化类、应用示范与推广类、标准研制与公共服务类四大类项目。2011 年年底，工业和信息化部依据《中华人民共和国国民经济和社会发展第十二个五年规划纲要》和《国务院关于加快培育和发展战略性新兴产业的决定》，制定了《物联网“十二五”发展规划》，旨在实现物联网产业链上下游企业汇集及资源整合。2013 年 2 月，国务院正式发布《关于推进物联网有序健康发展的指导意见》，对物联网未来的发展进行了全局性、系统性考虑。中国物联网产业的主要政策如表 1-1 所示。

表 1-1　中国物联网产业的主要政策

发布时间	发布部门	政策名称
2019 年	各省市	各省市结合本地实际需求出台多个 5G 相关文件
2019 年 1 月	工业和信息化部	《工业互联网综合标准化体系建设指南》
2018 年 12 月	工业和信息化部	《车联网（智能网联汽车）产业发展行动计划》
2017 年 11 月	工业和信息化部	《关于第五代移动通信系统使用 3300～3600MHz 和 4800～5000MHz 频段相关事宜的通知》
2017 年 6 月	工业和信息化部	《关于全面推进移动物联网（NB-IoT）建设发展的通知》
2017 年 1 月	工业和信息化部	《物联网发展规划 2016—2020 年》
2016 年 12 月	工业和信息化部	《“十三五”国家信息化规划》
2016 年 11 月	国务院	《“十三五”国家战略性新兴产业发展规划》
2016 年 7 月	国务院	《中共中央关于制定国民经济和社会发展第十三个五年规划的建议》
2016 年 5 月	国务院	《关于深化制造业与互联网融合发展的指导意见》
2013 年 11 月	国家发展改革委	《关于组织开展 2014—2016 年国家物联网重大应用示范工程区域试点工作的通知》
2013 年 9 月	国家发展改革委	《物联网发展专项行动计划》
2013 年 2 月	国务院	《关于推进物联网有序健康发展的指导意见》
2011 年 11 月	工业和信息化部	《物联网“十二五”发展规划》
2011 年 7 月	工业和信息化部	《产业关键共性技术发展指南（2011 年）》
2011 年 5 月	工业和信息化部	《中国物联网白皮书（2011）》

其中，《“十三五”国家战略性新兴产业发展规划》中提到，要推动物联网向各行业全面渗透，可将物联网和生态环境有机结合起来。“物联网+”生态环境还属于新兴课题，目前国家相关的政策基本没有，因此留下了很大的政策空间。

我国物联网标准体系已经形成初步框架。2005 年 12 月，由科技部等 15 部委共同编写的《中国射频识别（RFID）技术政策白皮书》发布；2012 年 3 月，国际组织通过了我国提交的《物联网概述标准（草案）》。但是，在行业技术方面，我国仍然缺乏有关接口标准化和数据模型标准化的标准。

1.5.2　其他主要国家和地区的相关政策

1. 欧盟

欧盟极为重视物联网的发展，通过制定物联网相关政策，提高产业竞争

力，促进经济增长，改善百姓生活，应对社会挑战。2009 年 6 月，欧盟在递交《欧盟物联网行动计划通告》后，随即出台了《欧洲物联网行动计划》（*Internet of Things—An Action Plan for Europe*），对物联网 9 个重要领域和 14 项重点行动进行了全面规划，强调了射频识别的广泛应用和信息安全。2009 年，欧盟发布《物联网战略研究路线图》，提出了物联网研发领域在 2010 年、2015 年和 2020 年 3 个阶段的路线图，以及 18 个主要应用领域的 12 项需要突破的技术。

欧盟通过一系列的政策制定，以及建立政府与企业之间的平台对话等行动推动物联网生态系统的建设，于 2015 年成立了物联网创新联盟，整合分散在不同部门和组织中的资源和技术，将各种创新要素和应用扩散到欧盟。此外，欧盟于 2015 年启动了“物联网大规模试点计划”，内容涉及智能护理、智能交通、智慧农业、智慧城市等。

2017 年 10 月，欧盟发布了新一轮工作计划《2018—2020 工作计划》（*2018-2020 Work Programme, Focus Area*），提供 300 亿欧元资助相关研发。新一轮工作计划提出了 4 个关注领域：建立一个低碳、气候适应型未来，连接经济与环境收益—循环经济，欧洲产业和服务的数字化和改革，提高安全联盟的有效性。其中，就提到了大力建设物联网、大数据、人工智能、数字制造平台等先进技术及环境经济优化计划等。

2. 美国

IBM 于 2008 年年底向美国政府提出“智能地球”战略，强调传感器等传感技术的应用，并提出建设智能基础设施。《2009 年美国复苏与投资法案》提出，加强物联网技术的研发和应用，因为物联网的发展已经成为美国促进经济复苏和重塑国家竞争力的关键。当前，物联网技术标准和网络安全等方面是美国政府主要关注的领域，美国现阶段物联网产业主要政策如表 1-2 所示。

表 1-2　美国现阶段物联网产业主要政策

发布时间	发布部门	政策名称	主要内容
2018 年	美国商务部（DOC）与美国国土安全部（DHS）	《提高互联网与通信生态系统对僵尸网络及其他自动分布式威胁的抵御能力》	对网络安全新协议 IPv6 得到广泛应用后将引发的潜在影响感到担忧，并呼吁美国政府出资组织关于物联网安全性的公众意识宣传活动，通过教育向民众传达物联网的危险性，并将网络安全作为未来工程学学位的必修内容

续表

发布时间	发布部门	政策名称	主要内容
2017 年	美国	《2017 物联网网络安全改进法》	希望通过制定政府采购和使用 IoT 设备（包括计算机、路由器和监控摄像头等）的行业安全标准，来改善美国政府所面临的物联网安全问题
2014 年	美国国家标准与技术研究院	《改善关键基础设施网络安全的框架》	对包含物联网在内的多种新型连接技术提出网络安全实践准则和建议
2016 年	美国国土安全部	《确保物联网安全的战略原则 1.0 版》	强调美国联邦政府机构与物联网投资者加强合作，探索规避物联网潜在威胁的方法与途径；增强物联网投资者的风险意识，及时对物联网的各种危机做出反应，加强面向公众的物联网危机教育和培训；推进物联网国际标准的制定进程，确保国际标准与国内标准的一致性
2016 年 5 月	美国国家标准与技术研究院	《网络物理系统框架》	对物联网参考架构、网络安全与隐私、实时与同步、数据互操作性、用例等提供全面的定义和术语，为智能制造、智能电网等领域的物联网应用提供技术参考
2017 年 1 月	美国商务部	《推动物联网发展》	未来物联网重点发展方向：一是加强基础设施的可用性和接入性，推动包括固定及移动网络、卫星网络及 IPv6 等基础设施建设，增加频谱资源，以促进物联网发展；二是研究制定权衡各方利益的政策，促进并鼓励行业合作，积极消除物联网发展政策障碍，在扩大应用的同时，推进制定保护物联网用户的规则；三是尽快完善物联网技术标准，以支持全球物联网的互操作，确保物联网设备和应用的不断增长 同时，提出政府部门促进物联网进一步发展应遵循的基本原则：第一，出台针对性政策并采取措施，以保证稳定、安全、可信任的物联网生态系统；第二，构建基于行业驱动、标准统一的互联开放、可互操作的物联网环境；第三，为促进物联网发展创新，鼓励扩大市场并降低行业进入门槛，召集政府、民间团体、学术界、私营部门等利益相关方共同解决政府、民间团体、学术界、私营部门等利益相关方共同解决政策挑战

3. 日本

2004年，日本政府提出了“U-Japan”战略，其战略目标是实现在计算机通信技术（TCT）社会中多方从中受益。2009 年 7 月，日本发布了《I-Japan 战略

2015》，以加强物联网在多个领域的应用。2010 年 5 月，日本发布了《智能云研究协会报告》，制定了“智能云战略”，包括应用战略、技术战略和国际战略 3 个部分，其目的是利用云服务促进整个社会系统中海量信息和知识的集成和共享。2019 年，日本对《电气通信事业法》规定终端设备技术标准的省令进行修改，增加面向物联网的安全对策。此外，日本还将制定终端遭非法登录发生故障之际，立刻掌握情况采取应对措施的规则。

面对“工业 4.0”的兴起，日本期望利用物联网技术提升企业生产效率，升级革新制造模式。日本政府首先在日本机器人革命促进会中设立物联网升级制造模式工作组，收集相关示范案例，研究应用潜力，并为日本政府与德国、美国等开展协商合作提供决策信息；然后成立了日本物联网推进联盟，通过产官学合作推动日本物联网的技术开发与商业创新，就物联网技术的研发测试及先进示范项目制定计划。

除向政府提出政策建议外，日本物联网推进联盟还就网络安全对策等展开讨论，对信息使用与传播的规章制度进行修订完善，并且建立数字化教材等电子出版物的可重复使用制度；不仅如此，还放松了对异地数据存储、服务外包的管制，并积极鼓励创新，以及基于海量数据的实时处理，从而开拓新的市场领域[10]。

4. 韩国

韩国也将物联网作为信息产业的范畴。1997 年，韩国发布了“Cyber-Koren 21”计划促进互联网普及；2011 年，韩国开始对射频识别、云计算和其他技术的发展进行明确规划和部署，并先后发布了 8 项国家信息化建设计划，其中“U-Korean”战略为促进物联网普及和应用做出了卓越贡献。自 2010 年起，韩国政府已从制定全面的战略计划转变为专注于支持特定的物联网技术战略，从而使其成为国民经济发展的新动力。2014 年 5 月，韩国发布《物联网基本规划》，首次提出了 2020 年的具体战略目标，提出了 4 个促进战略，还详细介绍了 3 个领域的 12 个具体策略。

本章小结

本章包含 5 个部分：第 1 部分主要介绍了“物联网+”生态环境的概念和产生背景，第 2 部分主要阐明开展“物联网+”生态环境的重要意义，第 3 部分从社会价值、商业价值和生态价值 3 个方面重点论述“物联网+”生态环境的功能定位，第 4 部分叙述了本领域的典型关键技术，第 5 部分阐述了物联网产业的国内外相关政策。

参考文献

[1] 姚万华. 关于物联网的概念及基本内涵[J]. 中国信息界，2010（5）：22-23.
[2] 聂尊誉，杨晓亮，黄建川，张十庆. 关于专业标准化技术委员会推动标准化创新发展的思考[J]. 中国标准化，2017：248-249.
[3] 王茹. “十三五”时期如何推动“互联网+”促进转型升级[J]. 经济研究参考，2016（7）：56-60.
[4] 中共中央　国务院关于加快推进生态文明建设的意见[N]. 中华人民共和国国务院公报，2015（14）：5-14.
[5] 徐敏，孙海林. 从“数字环保”到“智慧环保”[J]. 环境监测管理与技术，2011（04）：5-7.
[6] 宋元清. 互联网时代我国环境保护公众参与问题研究[D]. 济南：山东大学，2017.
[7] 姜程程. 基于人与自然和谐发展的生态价值观构建[D]. 淄博：山东理工大学，2011.
[8] 吴佳汉，文志江，冯方平. 智能传感器的研究现状及展望[J]. 广东科技，2017，26（05）：77-79.
[9] 林震，关健. 互联网风口下的环境产业管理路径[J]. 中华环境，2015（10）：41-43.
[10] 庞亚萍. 新形势下我国信息网络安全问题及对策探究[J]. 信息记录材料，2018，19（06）：99-100.

第2章

物联网与生态环境大数据建设

内容摘要

本章针对物联网与生态环境大数据建设，2.1 节首先提出环保物联网总体框架，2.2 节阐述生态环境大数据建设背景，2.3 节介绍生态环境大数据建设概要，2.4 节介绍生态环境大数据建设的主要成果和呈现亮点。

2.1 环保物联网总体框架

环保物联网是指在环境保护领域引入物联网技术，实现科学化管理的系统网络，属于物联网的应用范畴。环保物联网总体框架是从物联网参考体系结构出发，对其业务功能域中主要实体及其相互关系在环保行业中具体实现的模型。

参考《物联网 参考体系结构》（GB/T 33474—2016）第 6 章《物联网概念模型》可知，环保物联网概念模型由环保用户域、环境目标对象域、环境感知控制域、环保服务提供域、环保运维管理域和环保数据资源交换域组成（见图 2-1）。

1. 环保用户域

环保用户域是环保物联网用户和用户系统的集合。环保物联网用户可通过用户系统及其他域的实体获取对环境目标对象域中实体感知和操控的服务。

2. 环境目标对象域

环境目标对象域是环保物联网用户期望获取相关信息或执行相关操控的物

理对象集合。环境目标对象域中的物理对象可与环境感知控制域中的实体（如感知设备、控制设备等）以非数据通信类接口或数据通信类接口的方式进行关联。

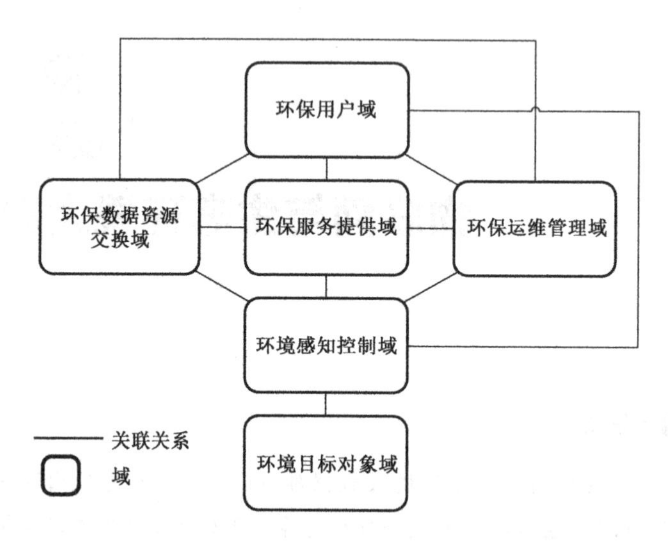

图 2-1　环保物联网概念模型

3. 环境感知控制域

环境感知控制域是环保物联网各类获取感知对象信息与操控对象的系统的集合。环境感知控制域中的感知控制系统为其他域提供远程管理和服务，并可提供本地化管理和服务。

4. 环保服务提供域

环保服务提供域是实现环保物联网业务服务和基础服务的实体集合，能满足用户对环境目标对象域中物理对象的感知和操控的服务需求。

5. 环保运维管理域

环保运维管理域是环保物联网系统运行维护和信息安全等的实体集合。环保运维管理域从系统运行技术性管理、信息安全性管理、规章制度符合性管理等方面，保证环保物联网其他域的稳定、可靠、安全运行等。

6. 环保数据资源交换域

环保数据资源交换域是根据环保物联网系统自身与其他相关系统的应用服

务需求，实现信息资源的交换与共享功能的实体集合。环保数据资源交换域可为其他域提供系统自身所缺少的外部信息资源，以及对外提供其他域的相关信息资源。

参考《物联网 参考体系结构》（GB/T 33474—2016）第 7 章《物联网应用系统参考体系结构》可知，基于环保物联网概念模型，环保物联网应用体系结构从面向环保行业物联网应用系统的角度描述环保物联网各业务功能域中主要实体及其相互关系的体系框架（见图 2-2）。

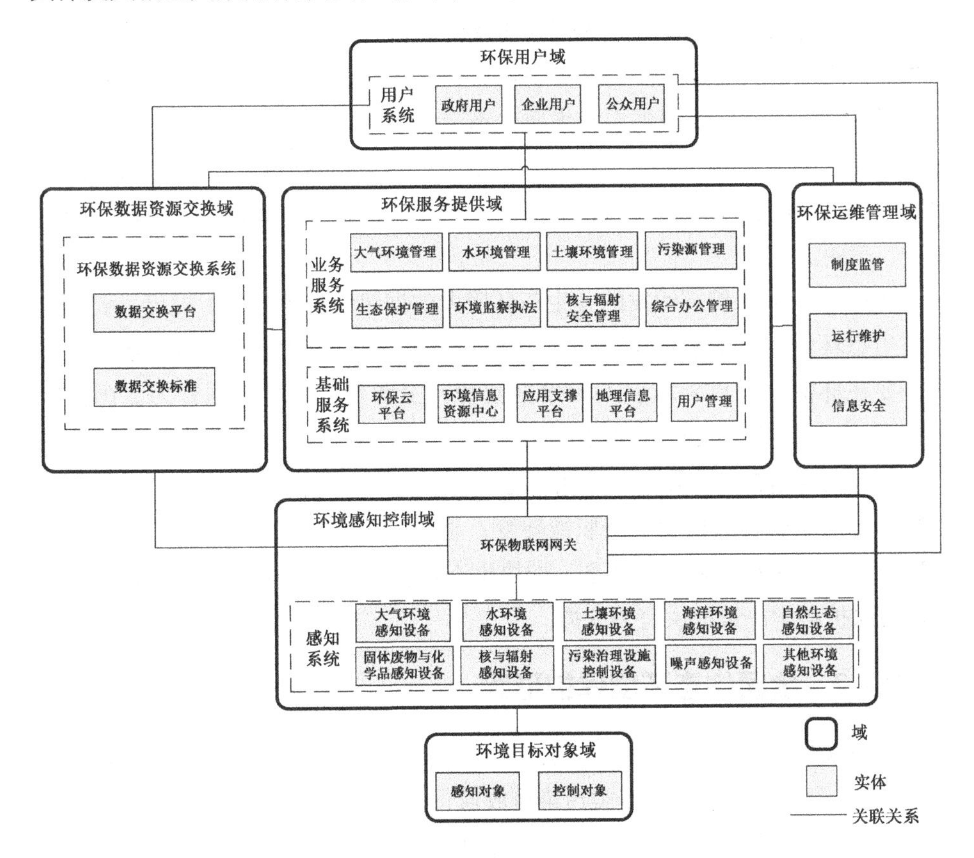

图 2-2　环保物联网应用体系结构

2.2　生态环境大数据建设背景

2.2.1　党中央、国务院高度重视

党中央、国务院高度重视大数据在推进生态文明建设中的地位和作用。习

近平总书记在党的十九大报告中强调：着力解决突出环境问题。坚持全民共治、源头防治，持续实施大气污染防治行动，打赢蓝天保卫战。加快水污染防治，实施流域环境和近岸海域综合治理。强化土壤污染管控和修复，加强农业面源污染防治，开展农村人居环境整治行动。加强固体废物和垃圾处置。提高污染排放标准，强化排污者责任，健全环保信用评价、信息强制性披露、严惩重罚等制度。构建政府为主导、企业为主体、社会组织和公众共同参与的环境治理体系。积极参与全球环境治理，落实减排承诺。

习近平总书记在党的十九大报告中还强调：我们要建设的现代化是人与自然和谐共生的现代化，既要创造更多物质财富和精神财富以满足人民日益增长的美好生活需要，也要提供更多优质生态产品以满足人民日益增长的优美生态环境需要。必须坚持节约优先、保护优先、自然恢复为主的方针，形成节约资源和保护环境的空间格局、产业结构、生产方式、生活方式，还自然以宁静、和谐、美丽。

2016年环境保护部印发的《生态环境大数据建设总体方案》提出，要推进全国生态环境监测数据联网共享，开展生态环境大数据分析。李克强总理强调，要在环保等重点领域引入大数据监管，主动查究违法违规行为。国务院《促进大数据发展行动纲要》等文件要求，推动政府信息系统和公共数据互联共享，促进大数据在各行业创新应用；运用现代信息技术加强政府公共服务和市场监管，推动简政放权和政府职能转变；构建“互联网+”绿色生态，实现生态环境数据互联互通和开放共享。加快生态环境保护大数据系统建设，可为生态环境保护科学决策提供有力支撑。

2.2.2 全国生态环境保护形势

2018年3月，中共中央印发《深化党和国家机构改革方案》，组建生态环境部，统一行使生态和城乡各类污染排放监管与行政执法职责[5]；组建生态环境保护综合执法队伍，增强执法的统一性、独立性、权威性和有效性。

2018年5月，党中央召开全国生态环境保护大会，对加强生态环境保护、打好污染防治攻坚战作出再部署，提出新要求。习近平总书记强调，总体上看，我国生态环境质量持续好转，出现了稳中向好趋势，但成效并不稳固。生态文明建设正处于压力叠加、负重前行的关键期，已进入提供更多优质生态产品以满足人民日益增长的优美生态环境需要的攻坚期，也到了有条件有能力解决生态环境突出问题的窗口期。我国经济已由高速增长阶段转向高质量发展阶

段，迫切需要跨越一些常规性和非常规性关口。

互联网公布的有关生态环境数据显示：2018 年，我国生态环境质量持续改善。全国 338 个地级及以上城市空气质量优良天数比例达到 79.3%，同比上升 1.3 个百分点；可吸入颗粒物（$PM_{2.5}$）平均浓度达到 39 微克/立方米，同比下降 9.3%。京津冀及周边地区、长三角、汾渭平原 $PM_{2.5}$ 浓度同比分别下降 11.8%、10.2%、10.8%。其中，北京市 $PM_{2.5}$ 浓度同比下降 12.1%，达到 51 微克/立方米。全国地表水优良（Ⅰ～Ⅲ类）水质断面比例从 2017 年的 67.9%提高到 71%，上升 3.1 个百分点；劣Ⅴ类断面比例从 8.3%下降到 6.7%，降低 1.6 个百分点。近岸海域水质总体稳中向好。在 4 项生态环境质量约束性指标中，$PM_{2.5}$ 未达标地级及以上城市浓度下降比例、达到或好于Ⅲ类水体比例均达到了 2020 年的目标，其他指标也超过了时序进度要求。全国主要污染物排放量和单位 GDP 的二氧化碳（CO_2）排放量进一步下降。

今后一段时间内，我国生态环境保护工作将持续推进以下重点领域。

一是全面推进蓝天保卫战。国务院印发实施《打赢蓝天保卫战三年行动计划》。全国人民代表大会常务委员会组织开展大气污染防治法执法检查，听取和审议大气污染防治法执法检查报告。强化区域联防联控，成立京津冀及周边地区大气污染防治领导小组，建立汾渭平原大气污染防治协作机制，完善长三角区域大气污染防治协作机制。实施重点区域 2018—2019 年秋冬季大气污染综合治理攻坚行动。开展蓝天保卫战重点区域强化监督，向地方政府新交办涉气环境问题 2.3 万个，2017 年交办的 3.89 万个问题整改完毕。

京津冀及周边地区重点行业企业自 2018 年 10 月 1 日起全面执行大气污染物特别排放限值。全国实现超低排放的煤电机组约 8.1 亿千瓦，占全国煤电总装机容量的 80%。非石化能源消费比重达 14.3%，北方地区冬季清洁取暖试点城市由 12 个增加到 35 个，完成散煤治理 480 万户以上。煤炭等大宗物资运输加快向铁路转移，铁路货运量比 2017 年上升 9.1%。进一步扩大船舶排放控制区范围，推进岸电建设与使用。出台《柴油货车污染治理攻坚战行动计划》，制定发布重型柴油车国六标准，全面供应国六车用汽油、柴油，实现车用柴油、普通柴油、部分船舶用油“三油并轨”。积极做好重污染天气应急处置。积极推进大气重污染成因与治理攻关项目，在“2+26”城市、汾渭平原和雄安新区推广“一市一策”驻点跟踪研究工作模式。积极推进温室气体与污染物协同治理，做好从发电行业率先启动全国碳市场的准备工作，开展各类低碳试点示范，推进适应气候变化相关工作。

二是着力推进碧水保卫战。全国人民代表大会常务委员会成立执法检查组，对《中华人民共和国海洋环境保护法》贯彻实施情况进行监督检查。深入实施《水污染防治行动计划》。出台《中央财政促进长江经济带生态保护修复奖励政策实施方案》，完成长江干线 1361 座非法码头整治。印发《长江流域水环境质量监测预警办法（试行）》，组建长江生态环境保护修复联合研究中心。发布实施城市黑臭水体治理、农业农村污染治理、长江保护修复、渤海综合治理、水源地保护攻坚战行动计划或实施方案。提高船舶污染控制水平，发布《船舶水污染物排放控制标准》（GB 3552—2018）。在 36 个重点城市 1062 个黑臭水体中，1009 个黑臭水体消除或基本消除黑臭，消除比例达 95%。支持 300 个市县开展化肥减量增效示范。完成 2.5 万个建制村环境综合整治。浙江省“千村示范、万村整治”荣获2018年联合国地球卫士奖。加强入河、入海排污口监管，推进海洋垃圾（微塑料）污染防治和专项监测，开展“湾长制”试点。推进全国集中式饮用水水源地环境整治，1586 个水源地的 6251 个问题整改完成率达 99.9%。全国 97.8%的省级及以上工业集聚区建成污水集中处理设施，并安装自动在线监控装置。加油站地下油罐防渗改造完成比例达 78%。

三是稳步推进净土保卫战。全国人民代表大会常务委员会通过《中华人民共和国土壤污染防治法》，出台《工矿用地土壤环境管理办法（试行）》《土壤环境质量 建设用地土壤污染风险管控标准（试行）》。31 个省份和新疆生产建设兵团完成农用地土壤污染状况详查；26 个省份建立污染地块联动监管机制。开展涉镉等重金属行业污染耕地风险排查整治，一些地区耕地土壤污染加重趋势得到初步遏制。开展耕地土壤环境质量类别划分试点和全国污染地块土壤环境管理信息系统应用，建成全国土壤环境信息管理平台。持续推进六大土壤污染防治综合先行区建设和 200 多个土壤污染治理与修复技术应用试点项目。国务院办公厅印发《“无废城市”建设试点工作方案》。推进生活垃圾分类处置和非正规垃圾场整治。坚定不移推进禁止洋垃圾进口工作，全国固体废物进口总量 2263 万吨，比 2017 年下降 46.5%。推进垃圾焚烧发电行业达标排放，存在问题的垃圾焚烧发电厂全部完成整改，涉气污染物排放达标率显著提升。严厉打击固体废物及危险废物非法转移和倾倒行为，“清废行动 2018”挂牌督办的 1308 个突出问题中有 1304 个问题完成整改，完成比例达 99.7%。

四是开展生态保护和修复。初步划定京津冀、长江经济带 11 个省份和宁夏生态保护红线，山西等 16 个省份基本形成生态保护红线划定方案。启动生态保护红线勘界定标试点，推动国家生态保护红线监管平台建设。开展“绿盾

2018”自然保护区监督检查专项行动，严肃查处一批破坏生态环境的违法违规问题。国家级自然保护区增至 474 处。实施退耕还林还草、退牧还草工程。整体推进大规模国土绿化行动，完成造林绿化 1.06 亿亩。恢复退化湿地 107 万亩，56 处国际重要湿地生态状况总体良好。推进第三批山水林田湖草生态保护修复工程试点工作。命名表彰第二批“绿水青山就是金山银山”实践创新基地和第二批国家生态文明建设示范市县。

五是强化生态环境保护督察执法。坚持依法依规监管，出台《关于进一步强化生态环境保护监管执法的意见》等文件。研究制定《中央生态环境保护督察工作规定》，分两批对河北省等 20 个省份开展中央生态环境保护督察“回头看”，公开通报 103 个典型案例，同步移交 122 个生态环境损害责任追究问题，进一步压实地方党委和政府及有关部门对生态环境的保护责任，进一步提高重视程度和推进力度，推动解决 7 万多个群众身边的环境问题，推动解决一大批长期难以解决的流域性、区域性突出环境问题。全国实施行政处罚案件 18.6 万起，罚款金额达 152.8 亿元，比 2017 年上升 32%，是《中华人民共和国环境保护法》实施前 2014 年的 4.8 倍。各地侦破环境犯罪刑事案件 8000 余起。各级人民法院共受理社会组织和检察机关提起的环境公益诉讼案件 1800 多件。持续组织开展全国环境执法大练兵活动。

六是推动经济高质量发展。印发《关于生态环境领域进一步深化“放管服”改革，推动经济高质量发展的指导意见》，出台 15 项重点举措。修订产业结构调整指导目录，发布产业发展与转移指导目录。2019 年压减粗钢 350 万吨以上，退出煤炭落后产能 2.7 亿吨，提前完成“十三五”规划目标任务。加快环评审批改革，全国人民代表大会常务委员会通过《全国人民代表大会常务委员会关于修改〈中华人民共和国劳动法〉等七部法律的决定》，修改环境影响评价法，取消“建设项目环境影响评价技术服务机构资质认定”行政许可事项；修改《中华人民共和国环境噪声污染防治法》，取消噪声环保设施验收行政许可。制定《关于修改〈建设项目环境影响评价分类管理名录〉部分内容的决定》，简化 35 类项目的环评文件类别。完善绿色通道，重大基础设施类项目审批时间原则上压缩至法定时限的一半以内，全国完成 22.1 万个项目环评审批，总投资约 26.8 万亿元。编制长江经济带 11 个省份及青海省“三线一单”（生态保护红线、环境质量底线、资源利用上线和生态环境准入清单）。资源循环利用基地建设有序推进，单位国内生产总值能耗比 2017 年下降 3.1%。

七是落实生态环境改革措施。完成生态环境部组建工作，整合 7 部门相关

职责，贯通污染防治和生态保护。推动设置京津冀及周边地区大气环境管理局和流域海域生态环境监管机构，健全区域流域、海域生态环境管理体制。全国人民代表大会常务委员会通过《关于修改〈中华人民共和国野生动物保护法〉等十五部法律的决定》，修改《中华人民共和国大气污染防治法》，明确执法机构的法律地位。印发《关于深化生态环境保护综合行政执法改革的指导意见》，整合生态环境保护领域执法职责和队伍，强化生态环境保护综合执法体系和能力建设。全面推开省级以下生态环境机构监测监察执法垂直管理制度改革工作。出台《排污许可管理办法（试行）》，累计完成24个行业3.9万多家企业排污许可证的核发，提前一年完成36个重点城市建成区污水处理厂排污许可证核发。全面落实《生态环境损害赔偿制度改革方案》。全面推行领导干部自然资源资产离任审计工作。开展《自然资源资产负债表》编制试点。完成1881个国家地表水水质自动站新建和改造工作。空气质量排名范围扩至169个城市，定期发布空气质量及改善幅度相对较好和较差城市名单。印发《生态环境监测质量监督检查三年行动计划（2018—2020年）》，查处通报山西临汾环境空气自动监测数据造假案和多起喷淋人为干扰案例。

八是防范化解环境风险。规范生活垃圾焚烧发电建设项目环境准入，部署开展垃圾焚烧发电、PX项目自查，依法推进项目建设。推进全国化工园区有毒有害气体预警体系建设，长江经济带11个省份开展沿江涉危涉重企业应急预案修编及备案。全国“12369”环保举报平台受理群众举报71万余起，基本按期办结。全国处置突发环境事件286起，其中生态环境部直接调度处置突发环境事件50起。扎实开展《中华人民共和国核安全法》实施年活动，高效运转国家核安全工作协调机制和风险防范机制。依法严格核设施安全监管，45台运行核电机组安全运行记录良好，11台在建核电机组质量受控，19座民用研究堆和临界装置安全运行。

九是全面提高支撑保障能力。中央财政安排生态环境保护及污染防治攻坚战相关资金2555亿元。高分五号卫星成功发射。加强生态环境信息化建设，实现生态环境部系统在用生态环境信息系统接入生态环境云平台运行。扎实推进第二次全国污染源普查，清查建库、入户调查工作进展顺利。抽测工业源废水排污单位11510家、污水处理厂4343家、工业源废气排污单位10173家。现行有效国家环境保护标准达1970项。推动联合国气候变化卡托维兹大会取得成功，达成一揽子全面、平衡、有力度的成果。扎实推进绿色“一带一路”建设相关工作[4]。启动“中法环境年”，推进中非环境合作中心建设。成功举办中

国环境与发展国际合作委员会 2018 年年会。大力开展宣传和舆论引导，积极回应社会关切。发布《公民生态环境行为规范（试行）》，启动“美丽中国，我是行动者”主题实践活动，开展世界环境日庆祝活动、全国低碳日宣传活动。制定《环境影响评价公众参与办法》，鼓励和规范公众参与环境影响评价。全国首批 124 家环保设施和城市污水垃圾处理设施向公众开放 5218 次。

2.2.3　生态环境是全面建成小康社会的突出短板

2016 年 11 月，国务院印发《“十三五”生态环境保护规划》，生态环境依然是全面建成小康社会的突出短板，具体如下[3]。

污染物排放量大、面广，环境污染重。我国化学需氧量、二氧化硫（SO_2）等主要污染物排放量仍然处于 2000 万吨左右的高位，环境承载能力超过或接近上限。78.4%的城市空气质量未达标，公众反映强烈的重度及以上污染天数比例占 3.2%，部分地区冬季空气重污染频发、高发。饮用水水源安全保障水平亟须提升，排污布局与水环境承载能力不匹配，城市建成区黑臭水体大量存在，湖库富营养化问题依然突出，部分流域水体污染依然较重。全国土壤点位超标率达 16.1%，耕地土壤点位超标率达 19.4%，工矿废弃地土壤污染问题突出。城乡环境公共服务差距大，治理和改善任务艰巨。

山水林田湖草缺乏统筹保护，生态损害大。中度以上生态脆弱区域占全国陆地面积的 55%，荒漠化和石漠化土地占国土面积的近 20%。森林系统低质化、森林结构纯林化、生态功能低效化、自然景观人工化趋势加剧，每年违法违规侵占林地约 200 万亩，全国森林单位面积蓄积量只有全球平均水平的 78%。全国草原生态总体恶化局面尚未根本扭转，中度和重度退化草原面积仍占 1/3 以上，已恢复的草原生态系统较为脆弱。近年来，全国湿地面积每年减少约 510 万亩，900 多种脊椎动物、3700 多种高等植物的生存受到威胁。资源过度开发利用导致生态破坏问题突出，生态空间不断被蚕食侵占，一些地区的生态资源破坏严重，系统保护难度加大。

产业结构和布局不合理，生态环境风险高。我国是化学品生产和消费大国，有毒有害污染物种类不断增加，区域性、结构性、布局性环境风险日益凸显。环境风险企业数量庞大、近水靠城，危险化学品安全事故导致的环境污染事件频发。突发环境事件呈现原因复杂、污染物质多样、影响地域敏感、影响范围扩大的趋势。过去 10 年，我国年均发生森林火灾 7600 多起，森林病虫害发生面积达 1.75 亿亩以上。近年来，我国年均截获有害生物 100 万批次，动植物传染及检疫性有害生物从国境口岸传入风险高。

2.2.4 生态环境保护面临的机遇与挑战

“十三五”期间，生态环境保护面临重要的战略机遇。全面深化改革与全面依法治国深入推进，创新发展和绿色发展深入实施，生态文明建设体制机制逐步健全，为环境保护释放政策红利、法治红利和技术红利。经济转型升级、供给侧结构性改革加快化解重污染过剩产能、增加生态产品供给，污染物新增排放压力趋缓。公众生态环境保护意识日益增强，全社会保护生态环境的合力逐步形成。

我国工业化、城镇化、农业现代化的任务尚未完成，生态环境保护仍面临巨大压力。随着经济下行压力的加大，发展与保护的矛盾更加突出，一些地方环保投入减少，进一步使环境治理和质量改善任务艰巨。区域生态环境分化趋势显现，污染点状分布转向面上扩张，部分地区生态系统稳定性和服务功能下降，统筹协调保护难度大。我国积极应对全球气候变化，推进“一带一路”建设，国际社会尤其是发达国家要求我国承担更多环境责任，深度参与全球环境治理挑战大。

当前，我国生态环境保护机遇与挑战并存，既是负重前行、大有作为的关键期，也是实现质量改善的攻坚期、窗口期。要充分利用新机遇、新条件，妥善应对各种风险和挑战，坚定推进生态环境保护，提高生态环境质量。

2.2.5 “十三五”时期生态环境保护的发展动态

《“十三五”生态环境保护规划》指出，全面贯彻党的十八大和十八届三中、四中、五中、六中全会精神，以邓小平理论、“三个代表”重要思想、科学发展观为指导，深入贯彻习近平总书记系列重要讲话精神和治国理政新理念新思想新战略，统筹推进“五位一体”总体布局和协调推进“四个全面”战略布局，牢固树立和贯彻落实创新、协调、绿色、开放、共享的发展理念，按照党中央、国务院决策部署，以提高环境质量为核心，实施最严格的环境保护制度，打好大气、水、土壤污染防治三大战役，加强生态保护与修复，严密防控生态环境风险，加快推进生态环境领域国家治理体系和治理能力现代化，不断提高生态环境管理系统化、科学化、法治化、精细化、信息化水平，为人民提供更多优质生态产品，为实现“两个一百年”奋斗目标和中华民族伟大复兴的中国梦作出贡献。

基本原则是坚持绿色发展、标本兼治。绿色富国、绿色惠民，处理好发展和保护的关系，协同推进新型工业化、城镇化、信息化、农业现代化与绿色

化。坚持立足当前与着眼长远相结合，加强生态环境保护与稳增长、调结构、惠民生、防风险相结合，强化源头防控，推进供给侧结构性改革，优化空间布局，推动形成绿色生产和绿色生活方式，从源头预防生态破坏和环境污染，加大生态环境治理力度，促进人与自然和谐发展。

2.2.6　绿色转型是“十四五”时期的重大趋势

中国环境与发展国际合作委员会（以下简称“国合会”）2019 年举办主题论坛，聚焦中国经济高质量发展与“十四五”绿色转型。国合会原执行副主席、生态环境部原部长李干杰表示：2021—2025 年既是中国经济社会发展的第十四个五年规划期，也是中国在全面建成小康社会实现第一个百年奋斗目标之后，开启全面建成现代化国家新征程的起步期，又是污染防治攻坚战取得阶段性胜利、继续推进“美丽中国”建设的关键期。

“高质量发展是这个时期的重要目标，绿色转型是这一时期的重大趋势。”我国在下一步推动生态环境保护中，将进一步坚持新的发展理念，做到统筹兼顾，既追求有好的环境效果，又追求有好的经济效益和社会效益，尤其是要进一步发挥生态环境保护的倒逼作用，加快推动经济结构转型升级、新旧动能接续转换，协同推进经济高质量发展和环境高水平保护，在经济高质量发展中实现环境高水平保护，在环境高水平保护中促进经济高质量发展。近年来，我国以支撑打好污染防治攻坚战为重点，加快重大生态环境治理工程项目的实施，加快推动生态环保产业发展。环保产业对经济发展的贡献率进一步上升，成为经济发展新的增长点。以开展黑臭水体治理为例，2018 年全国重点城市直接用于黑臭水体整治的投资达到约 1143 亿元，2019 年只多不少。在散煤治理过程中，通过“煤改电”“煤改气”也可有效拉动投资和消费；2018 年生态环保产业和环境治理产业投资增长 43%，同比上升 19.1%。

国合会副主席、世界资源研究所高级顾问索尔海姆在建言中国“十四五”绿色转型时指出，希望中国能在接下来的“十四五”期间，提供全球领导力。过去几年，美国在环境方面没有提供领导力，所以需要来自中国、印度或欧洲及世界各国和地区众志成城、群策群力提供这样的领导力。中国现在有大量的技术，而且这种技术举世瞩目。除此之外，中国在环境治理方面能够提供很多最佳实践，如几年前深圳有一条河污染严重，被称为“牛奶河”，但后来通过改善使环境变好了，这是共赢的结果。还有中国的生态红线，如库布齐沙漠的治理……中国有很多最佳实践，也应该将这些最佳实践分享给其他国家，这是

全球所需要的。

目前，我国污染防治攻坚战成效显著。经过艰苦努力，2020 年全面小康生态环境目标全面完成。但目前环境改善的成效还不稳固，还存在反复，需要把经验固化，呈现质量改善的稳定通道，以倒逼或推动绿色转型。“十四五”绿色转型是对现有做法的集成和固化，跟以前相比，应该行之有效地贯彻到各方面。

2.3 生态环境大数据建设概要

2.3.1 生态环境信息化建设势在必行

大数据是以容量大、类型多、存取速度快、应用价值高为主要特征的数据集合，正快速发展为对数量巨大、来源分散、格式多样的数据进行采集、存储和关联分析，从中发现新知识、创造新价值、提升新能力的新一代信息技术和服务业态。全面推进大数据发展和应用，加快建设数据强国，已经成为国家战略。

为充分运用大数据、云计算等现代信息技术手段，全面提高生态环境保护综合决策、监管治理和公共服务水平，加快转变环境管理方式和工作方式，2016 年 3 月环境保护部印发《生态环境大数据建设总体方案》，提出要充分运用大数据、云计算等现代信息技术手段，加快转变环境管理方式和工作方式，全面提高生态环境保护综合决策、监管治理和公共服务水平[1]。生态环境大数据建设坚持以顶层设计、应用导向、开放共享、强化应用、健全规范、保障安全、分步实施、重点突破为原则，推动生态环境部信息系统和公共数据互联共享，促进大数据在生态环境保护行业的创新应用。

2.3.2 生态环境大数据建设的主要目标

《生态环境大数据建设总体方案》提出的主要目标如下。

实现生态环境综合决策科学化。将大数据作为支撑生态环境管理科学决策的重要手段，实现“用数据决策”。利用大数据支撑环境形势综合研判、环境政策措施制定、环境风险预测预警、重点工作会商评估，提高生态环境综合治理科学化水平，提升环境保护参与经济发展与宏观调控的能力。

实现生态环境监管精准化。充分运用大数据提高环境监管能力，助力简政放权，健全事中事后监管机制，实现“用数据管理”。利用大数据支撑法治、

信用、社会等监管手段，提高生态环境监管的主动性、准确性和有效性。

实现生态环境公共服务便民化。运用大数据创新政府服务理念和服务方式，实现“用数据服务”。利用大数据支撑生态环境信息公开、网上一体化办事和综合信息服务，建立公平普惠、便捷高效的生态环境公共服务体系，提高公共服务共建能力和共享水平，发挥生态环境数据资源对人民群众生产、生活和经济社会活动的服务作用。

2.3.3 生态环境大数据总体架构

生态环境大数据总体架构为“一个机制、两套体系、三个平台”。一个机制即生态环境大数据管理工作机制，两套体系即组织保障和标准规范体系、统一运维和信息安全体系，三个平台即大数据环保云平台、大数据管理平台和大数据应用平台（见图 2-3）。

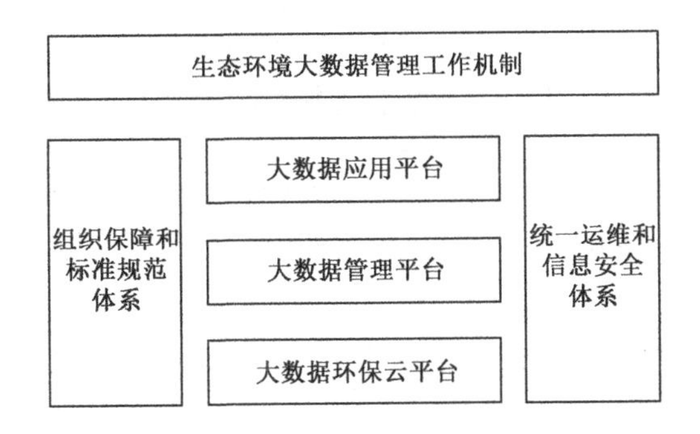

图 2-3 生态环境大数据总体架构

一个机制：生态环境大数据管理工作机制包括数据共享开放、业务协同等工作机制，以及生态环境大数据科学决策、精准监管和公共服务等创新应用机制，促进生态环境大数据形成和应用。

两套体系：组织保障和标准规范体系为大数据建设提供组织机构、人才资金及标准规范等体制保障；统一运维和信息安全体系为大数据系统提供稳定运行与安全可靠等技术保障。

三个平台：生态环境大数据平台分为基础设施层、数据资源层和业务应用层。其中，大数据环保云平台是集约化建设的 IT 基础设施层，为大数据处理和应用提供统一基础支撑服务；大数据管理平台是数据资源层，为大数据应用提供统一数据采集、分析和处理等支撑服务；大数据应用平台是业务应用层，为大数据在各领域的应用提供综合服务。

生态环境大数据建设的技术架构如图 2-4 所示，自底向上分为基础层、数据层、支撑层、应用层、展现层，以及组织保障和标准规范体系、统一运维和信息安全体系。

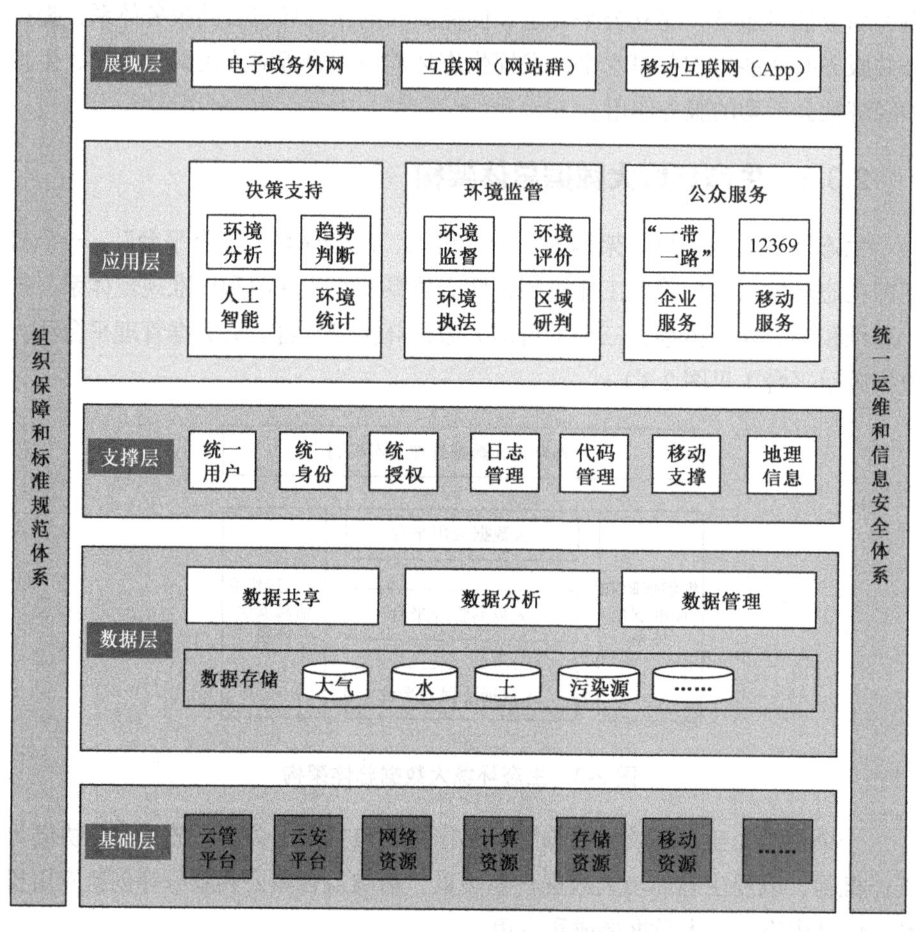

图 2-4　生态环境大数据建设的技术架构

1. 基础层

基础层以实现资源“按需分配、动态调度”为设计目标，包含云平台、网络资源、计算资源、存储资源、移动资源及物联网。云平台是整个生态环境大数据建设的基础支撑，对计算、存储、网络、安全资源进行池化，实现资源的动态调度与弹性伸缩，为上层提供统一的基础资源服务。网络资源提供网络扩容改造和网络交换的基础支撑，包含电子政务外网（环保专网）、互联网及移动互联网。

2. 数据层

数据层是整个生态环境大数据建设的核心，对数据的生命周期（数据来源、数据采集、数据存储、数据分析、数据共享及数据管理等）进行全面说明。数据来源包括环保内部数据、环保外部数据和互联网数据；数据采集结合大数据资源具备的多元异构特征，通过多种数据获取方式保证数据的有效获取；数据存储充分立足现状，以传统关系型数据库和分布式数据库并存的方式，提供多元异构数据存储服务；数据分析一方面实现模型算法库的构建及管理，另一方面结合有效的挖掘工具及人工智能方法，为大数据应用提供数据预处理、数据挖掘建模及数据可视化的全过程服务；数据共享通过资源目录提供全部数据、报表、文档、空间信息、污染源、服务等的共享和智能搜索服务。

3. 支撑层

支撑层提供应用支撑服务、移动支撑服务、物联支撑服务，采用业界先进、开放、成熟、稳定、可持续发展的技术，选择与生态环境大数据发展目标一致的功能选项，为跨部门、跨系统的各大数据应用提供“一站式”支撑服务。

4. 应用层

应用层以实现生态环境综合决策科学化、监管精准化、公共服务便民化为目标，围绕环境影响评价、重污染天气应急管理、环保举报、“一证式”污染源管理、大数据综合决策分析等大数据应用场景设计相应的大数据应用及移动应用。

5. 展现层

展现层实现生态环境大数据应用成果在不同网络条件下的展现和交互。主要展现载体包括电子政务外网门户、互联网门户和移动互联网门户。3 类门户服务的对象不同，电子政务外网门户针对生态环境大数据业务应用部门提供服务，互联网门户主要针对社会公众和企业单位及个人提供服务，移动互联网门户主要对移动应用的获取者提供服务。

6. 组织保障和标准规范体系

通过组织保障和标准规范体系建设，确保生态环境大数据建设中各环节有章可循、有法可依，促进生态环境大数据建设有序、高效、快速、健康发展。

组织保障和标准规范体系设计在生态环境大数据管理工作机制基础上，结合生态环境大数据建设实施工作需求，从总体架构入手，分层梳理标准规范建设需求，对基础层标准、数据层标准、支撑层标准、应用层标准、展现层标准和统一运维和信息安全体系标准进行逐一描述。

7. 统一运维和信息安全体系

统一运维和信息安全体系包括安全体系和运行维护体系。其中，安全体系以实现“扩大防御纵深、提高总体防护能力”为设计目标，从环保云平台、大数据管理、大数据应用的安全需求出发，构建 3 层技术防护体系；运行维护体系以实现“运维对象全生命周期闭环管理”为设计目标，从组织人员、流程制度、技术工具等方面建立一套适合生态环境大数据的 IT 运维管理体系。

2.3.4 生态环境大数据建设的主要任务

1. 推进数据资源全面整合共享

提升数据资源获取能力。加强生态环境数据资源规划，明确数据资源采集责任，建立数据采集责任目录，避免重复采集，逐步实现“一次采集，多次应用”。利用物联网、移动互联网等新技术，拓宽数据获取渠道，创新数据采集方式，提高对大气、水、土壤、生态、核与辐射等多种环境要素及各种污染源的全面感知和实时监控能力。基于环保云规范数据传输，确保数据及时上报和信息安全。

加强数据资源整合。严格实施《环境保护部信息化建设项目管理暂行办法》，统筹信息化项目建设管理，破除数据孤岛。建立生态环境信息资源目录体系，利用信息资源目录体系管理系统，实现系统内数据资源整合集中和动态更新，建设生态环境质量、环境污染、自然生态、核与辐射等国家生态环境基础数据库。通过政府数据统一共享交换平台接入国家人口基础信息库、法人单位资源库、自然资源和空间地理基础库等其他国家基础数据资源。拓展吸纳相关部委、行业协会、大型国企和互联网关联数据，形成环境信息资源中心，实现数据互联互通。

推动数据资源共享服务。明确各部门数据共享的范围边界和使用方式，厘清各部门数据管理及共享的义务和权力，制定数据资源共享管理办法，编制数据资源共享目录，重点推动生态环境质量、环境监管、环境执法、环境应急等数据共享。基于环境保护业务专网建设生态环境数据资源共享平台，提供灵活

多样的数据检索服务，形成以平台直接获取为主、以部门间数据交换获取为辅的数据共享机制，研发生态环境数据产品，提高数据共享的管理和服务水平。

推进生态环境数据开放。建立生态环境数据开放目录，制定数据开放计划，明确数据开放和维护责任。优先推动向社会开放大气、水、土壤、海洋等生态环境质量监测数据，区域、流域、行业等污染物排放数据，核与辐射、固体废物等风险源数据，化学品对环境损害的风险评估数据，重要生态功能区、自然保护区、生物多样性保护优先区等自然生态数据，环境违法、处罚等监察执法数据。依托生态环境部政府网站建设生态环境数据开放平台，提高数据开放的规范性和权威性。

2. 加强生态环境科学决策

提升宏观决策水平。建立全景式生态环境形势研判模式，加强生态环境质量、污染源、污染物、环境承载力等数据的关联分析和综合研判，强化经济社会、基础地理、气象水文和互联网等数据资源融合利用和信息服务，为政策法规、规划计划、标准规范等制定提供信息支持，支撑生态保护红线、环境质量底线、资源利用上线和生态环境准入清单的科学制定。利用跨部门、跨区域的数据资源，支撑大气、水和土壤三大行动计划实施和工作会商，定量化、可视化评估实施成效，服务京津冀等重点区域联防联控，支撑区域化环境管理与创新。开展环境保护工作进展、计划实施、资金执行、成果绩效等动态监控和评估，支持构建以环境质量改善为核心的专业化、精细化的环境管理体系，提高管理决策预见性、针对性和时效性。

提高环境应急处置能力。运用大数据、云计算等现代信息技术手段，快速收集和处理涉及环境风险、环保举报、突发环境事件、社会舆论等海量数据，综合利用环保、交通、水利、海洋、安监、气象等部门的环境风险源、危险化学品及其运输、水文气象等数据，开展大数据统计分析，构建大数据分析模型，建设基于空间地理信息系统的环境应急大数据应用，提升应急指挥、处置决策等能力。

加强环境舆情监测和政策引导。建立互联网大数据舆情监测系统，针对环境保护重大政策、建设项目环评、污染事故等热点问题，对互联网信息进行自动抓取、主题检索、专题聚焦，为管理部门提供舆情分析报告，把握事件态势，正确引导舆论。

3. 创新生态环境监管模式

提高科学应对雾霾能力。加强全国雾霾监测数据整合，重点整合 2013 年以来雾霾监测历史数据，同步集成气象、遥感、排放清单、城市源解析和环境执法数据，形成雾霾案例知识库。开展雾霾预测预警大数据分析与应用，支撑雾霾提前发布、应急预案制定、预案执行和监察执法，为雾霾形势研判和应对提供信息服务和技术支撑，提升科学预霾防霾水平。

推动环评统一监管。建立环境影响评价数据标准、共享机制，建设全国环境影响评价管理信息系统，提升环评统计分析、预测预警能力，推动环评监管由事前审批向事中事后监管转变，实现全国环境影响评价数据“一本账”的管理模式。

增强监测预警能力。加快生态环境监测信息传输网络与大数据平台建设，加强生态环境监测数据资源开发与应用，开展大数据关联分析，拓展社会化监测信息采集和融合应用，支撑生态环境质量现状精细化分析和实时可视化表达，提高源解析精度，增强生态环境质量趋势分析和预警能力，为生态环境保护决策、管理和执法提供数据支持。

创新监察执法方式。利用环境违法举报、互联网采集等环境信息采集渠道，结合企业的工商、税务、质检、工信、认证等信息，开展大数据分析，精确打击企业未批先建、偷排漏排、超标排放等违法行为，预警企业违法风险，支撑环境监察执法从被动响应向主动查究违法行为转变，实现排污企业的差别化、精准化和精细化管理。

开展环境督察监管。研究制定绿色发展指标体系，构建自然资源资产负债表，建立健全政府环境评价考核方法和流程，建立生态环境损害评估方法，为地方领导干部自然资源资产离任审计制度、企业赔偿制度、生态补偿机制、责任追究制度的执行和落实提供数据和技术支撑。

强化环境监管手段。建立全国统一的实时在线环境监控系统，实现生态环境质量、重大污染源、生态状况监测监控全覆盖。采集和发布饮用水源地、城市黑臭水体、城市扬尘、土壤污染场地、核与辐射等信息，强化企业排污信息公开，利用“互联网+”方式整合企业信息。

建立“一证式”污染源管理模式。以排污许可证制度为核心，利用排污许可证“证载”内容，支撑排污许可和环境标准与环境监测、环境统计、环境影响评价、总量控制、排污收费（环境税）、许可证监管等制度有效衔接，建立唯一的固定污染源信息名录库，对污染源进行统一编码管理，实现污染源排放

信息整合共享，有效推进协同治理，开启“一证式”污染源管理新模式。

加强环境信用监管。综合运用信息化手段，在环保行政许可、建设项目环境管理、环境检查执法、环保专项资金管理、环保科技项目立项、环保评先创优等工作流程中，嵌入企业环境信用信息调用和信用状况审核环节。对不同环境信用状况的企业进行分类监管，对环境信用状况良好的企业予以优先支持，加强对失信的约束和惩戒。探索在环境管理中试行企业信用报告和信用承诺制度。

推进生态保护监管。强化卫星遥感、无人机、物联网和调查统计等技术的综合应用，提升自然生态天地一体化监测能力。加强自然生态数据的集成分析，实现对重点生态功能区、生态保护红线、生物多样性保护优先区、自然保护区的监测评估、预测预警、监察执法，支撑生态保护区联防联控。

保障核与辐射安全。进一步加强核与辐射安全信息标准化建设，提高联网数据共享交换和获取率，不断增强数据汇聚和关联分析能力，推动核设施、核安全设备、核技术利用、核与辐射安全相关关键岗位人员资质及核活动等的联网审查审批，全面实现对核与辐射安全风险的实时管控和预警，提高核与辐射安全监管决策科学化和信息化水平，保障我国的核与辐射安全。

增强社会环境监管能力。通过采集和集成多源异构环保举报数据，实现智能化环保举报感知、异常探测，发掘环保举报需求，智能化分析举报情景，动态生成和调整环保举报管理进程，实现全国环保举报工作协同、有序、高效管理。

开展环保党建大数据应用。加强环保党建信息采集、管理和分析应用，为各级党委提供高效、准确、及时的信息资源和管理手段，开发党建管理应用系统及相应的 App，支撑党员干部管理、党务信息公开、党建工作动态、党规党纪执行、“两个责任”落实，提高党建工作科学化水平。

4. 完善生态环境公共服务

全面推进网上办事服务。整合集成建设项目环评、危险废物越境转移核准、自然保护区建立和调整等行政许可审批系统和信息，建立网上审批数据资源库，构建“一站式”办事平台。建设电子政务办事大厅，形成网上服务与实体大厅服务、线上服务与线下服务相结合的一体化服务模式，实现统一受理、同步审查、信息共享、透明公开。通过国家统一的政府数据共享交换平台，加强行政审批数据跨部门共享，支撑并联审批，不断优化办事流程，提高办事便捷性。

提升信息公开服务质量。加强信息公开渠道建设，通过政府网站、官方微博微信等基于互联网的信息平台建设，提高信息公开的质量和时效。积极做好主动公开工作，满足公众环境信息需求。完善信息公开督促和审查机制，规范信息发布和解读，传递全面、准确、权威信息。不断扩充部长信箱、“12369”环保热线、微博微信等政民互动渠道，及时回应公众意见、建议和举报，加大公众参与力度。

拓展政府综合服务能力。以优化提升民生服务、激发社会活力、促进大数据应用市场化为重点，建立生态环境综合服务平台，充分利用行业和社会数据，研发环境质量、环境健康、环境认证、环境信用、绿色生产等方面的信息产品，提供有效、便捷的全方位信息服务。推动传统公共服务数据与移动互联网等数据的汇聚整合，开发各类便民应用，优化公共资源配置。

5. 统筹建设大数据平台

建设大数据环保云平台。加强大数据基础设施技术架构、空间布局、建设模式、服务方式、制度保障等方面的顶层设计和统筹布局，实施网络资源、计算资源、存储资源、安全资源的集约建设、集中管理、整体运维，以“一朵云”模式建设环保云平台。实施业务系统环保云平台部署，保障信息安全。推动同城备份和异地灾备中心建设。

建设大数据管理平台。大数据管理平台是数据资源传输交换、存储管理和分析处理的平台，为大数据应用提供统一的数据支撑服务，主要实现数据传输交换、管理监控、共享开放、分析挖掘等基本功能，支撑分布式计算、流式数据处理及大数据关联分析、趋势分析、空间分析，支撑大数据产品研发和应用。

建设大数据应用平台。运用大数据新理念、新技术、新方法，开展生态环境综合决策、环境监管和公共服务等创新应用，为生态环境管理和决策提供服务。

2.3.5　生态环境大数据建设内容

根据《生态环境大数据建设总体方案》部署，自 2016 年起按照“三个一”开展建设。“一朵云”即在生态环境部统一搭建大数据环保云平台，初步形成生态环境大数据基础支撑平台；“一中心”即建设大数据管理平台，通过资源汇聚，建设生态环境大数据管理平台；“一平台”即大数据应用平台，建设生态环境部核心业务应用系统，为生态环境部业务应用提供强有力的信息化技术

支撑。总体上，落实“用数据决策、用数据管理、用数据服务”的数据理念，通过项目建设全面提升环境管理系统化、科学化、精细化和信息化水平。

1. 大数据环保云平台

大数据环保云平台建设完成生态环境云基础设施、云管理平台、云安全、数据中心机房升级改造等基础设施的建设。云管理平台已实现了计算、存储、网络资源的统一管理，开发了丰富的服务目录，实现了弹性扩展、负载均衡、数据库管理等功能；在云安全方面，建设统一的安全管理控制中心和病毒防护、入侵检测/防御、防火墙等虚拟化安全资源池组件，提高了云安全防护能力。

通过大数据环保云平台建设，生态环境部已实现了网络资源、计算资源、存储资源、安全资源的集约化建设、集中管理、整体运维。大数据环保云平台形成了一个主中心、多个分资源池的“一朵云”架构。生态环境部 65 个单位超过 200 个政务信息系统已全部在大数据环保云平台部署运行，信息安全得到了有效保障，从而为政务信息系统整合、“十三五”环境统计、第二次全国污染源普查、全国土壤污染状况详查等重要业务工作提供了信息化基础支撑。

2. 大数据管理平台

围绕生态环境保护管理对信息资源的需求，有效整合、集成环境质量、污染源、生态保护、核与辐射等生态环境部内系统数据及中国气象局等部委的 7 类生态环境部外数据，初步建成覆盖环境管理业务的基础数据库；按照环境要素（水、气、土壤等）、环境业务（环境政务、环境质量、污染源等）和组织机构（业务司局、派出机构、直属单位）3 个维度编制《环境信息资源目录》，对数据实现统一管控和智能检索。

按照“数据+服务”的设计理念，基于 Hadoop 技术体系建设生态环境大数据管理平台，实现海量数据的存储管理、分析挖掘、共享开放，支撑分布式计算、流式数据处理及大数据关联分析、趋势分析，支撑大数据产品研发和应用。加强环境数据的综合分析、利用，提炼、制作支撑环境管理业务的信息产品，为大数据应用提供统一的数据支撑服务，促进环境管理的精细化和决策的科学化。

2018 年 3 月，环境保护部印发《环境保护部政务信息资源共享管理暂行办法》，从总体政务信息资源共享原则和要求、《环境信息资源目录》编制、信息资源分类、信息资源的提供和使用、信息资源共享安全，以及信息资源共享监督和保障等方面进行规定，明确和规范了政务信息资源共享机制，有效推动了生态环境信息资源的共享实施。

3. 大数据应用平台

2016—2017年，环境保护部相继开展了环境监测、环境影响评价、环境执法、环境应急等大数据应用建设，在核心业务领域体现了大数据应用成效。

2018年，生态环境部继续深化生态环境保护各业务领域的大数据应用与实践，建设环境影响评价大数据应用（三期）、“12369”环保举报大数据应用、国家排污许可管理信息平台（二期）、环境监管执法平台（二期）、有毒有害物质环境风险防控数据库建设与应用（二期）、“一带一路”生态环保大数据共享与决策支持平台、生态环保遥感大数据应用、核与辐射安全监管大数据建设（一期）、企业环境信息公共服务系统等大数据应用，提升生态环境大数据分析与应用能力。

2.4 生态环境大数据建设的主要成果

生态环境大数据经过3年建设，数据采集汇聚成效显著，技术支撑体系初步形成，在环境监测、环境应急、监管执法、排污许可、环境举报等核心业务领域的大数据应用与实践中，进一步推动了数据分析与数据支撑决策应用，形成大数据促进环境管理转型的局面，进一步实现了环境决策科学化、环境监管精准化和环境公共服务便民化的建设目标。以下是国家和地方部分建设成果和呈现亮点。

2.4.1 “一带一路”生态环保大数据服务平台，助力“一带一路”国家绿色发展

2019年4月，在第二届“一带一路”国际合作高峰论坛绿色之路分论坛上，“一带一路”生态环保大数据服务平台门户网站正式发布。“一带一路”生态环保大数据服务平台以生态文明、绿色发展理念为指导，旨在建设一个先进、开放、透明、共建、共享、安全的生态环境信息交流平台，为“一带一路”共建国家提供环境数据支持，共享生态环保理念、法律法规与标准、环境政策和治理措施等信息，服务“一带一路”绿色建设和联合国2030年可持续发展议程的落实。

“一带一路”生态环保大数据服务平台通过多个渠道收集“一带一路”沿线国家生态环境信息，在“数据—应用—服务”一体化服务技术平台总体框架下，建设完成基础信息库管理系统、信息服务发布门户，实现“一带一路”沿线生态环境相关专题信息、产业动态、政策等信息的动态发布、浏览和上传下载；通过站点管理、栏目管理等功能模块确保门户网站信息的准确发布和各类信息的支撑管理；开展网站信息支撑数据库建设，通过采集梳理环境新闻动态、各类专题数据等建设网站信息发布数据库，丰富网站发布内容。

通过“一带一路”生态环保大数据服务平台建设，搭建“一张图”综合数据服务系统，能够宏观掌握“一带一路”沿线生态环境相关信息和变化特征，综合评估“一带一路”沿线生态环境状况，推动“一带一路”生态环保合作和我国绿色发展理念、环保标准和环保技术“走出去”，支持参与国家和国内涉及省区绿色转型，促进绿色贸易、绿色投资、绿色基础设施建设，打造利益共同体、责任共同体和命运共同体。

2.4.2　全国排污许可证管理信息平台，形成排污许可全生命周期闭环管理

全国排污许可证管理信息平台是以互联网、云计算和大数据等现代信息技术手段为依托，以覆盖所有固定污染源排污许可相关信息资源为基础，支撑环境保护行政主管部门开展现代化监管，强化企业守法和履行环境责任，提升社会公众监督水平。全国排污许可证管理信息平台分为公开端、企业端、管理端 3 个用户端，分别面向公众、排污单位和各级环保管理部门，由“一库四系统”组成，即固定污染源数据库、排污许可证申请核发系统、固定污染源监管系统、排污许可证信息公开系统、全国固定污染源数据挖掘与应用系统。

各级环保部门通过全国排污许可证管理信息平台为全国火电、造纸、钢铁、水泥等 10 多个排污行业的数万家企业发放了排污许可证，将数 10 万个排放口纳入监管范围，构建了简便、精确、高效的信息化管理模式，为企业申报提供了便利，精准打击了无证排污和违证排污行为，为守法企业维护公平的市场环境。

全国排污许可证管理信息平台与“金税三期”税收管理系统实现对接，平台登记的企业基本信息、许可信息自动汇入税收管理系统，为企业缴纳环境保护税、核实实际排放量提供了方便。平台还提供排污许可证管理全过程的信息公开服务：从申请前信息公开，到核发后许可证信息公开、监测记录、执行报

告、监督管理的全过程信息公开内容自动发布，为推动企业守法、部门联动、社会监督提供条件。公众已经开始利用这个平台，对身边的排污企业进行了解和监督，通过扫描二维码了解企业污染排放信息。随着排污许可制度的改革，更多排污行业将纳入平台管理，按照《控制污染物排放许可制实施方案》要求，到2020年，实现对所有重点排污行业的全覆盖。

2018年4月，在福州召开的数字建设成果新闻发布会上，生态环境部环境工程评估中心副主任邹世英介绍道："平台对中国的环境管理水平建设而言，是一个划时代的进步。这是在环保领域首个国家、省、市、区(县)四级联网，实现互联网申请、政务外网审核、互联网公开统一部署的'云服务'平台，实现了全国排污单位在互联网上申报排污许可，全国环境管理部门在政务外网受理、审核、发放排污许可证，社会公众在互联网上查看许可进度、许可管理信息，并且形成了排污许可、监测、证后监管的闭环管理模式。"

2.4.3 环境影响评价大数据建设，助力环评制度改革

2016年7月，环境保护部印发的《"十三五"环境影响评价改革实施方案》明确了实施环评改革、全面提高环评有效性的总体思路与重点任务。环境影响评价大数据作为生态环境大数据建设的重要组成部分，紧密围绕环评改革重点任务，立足于为环评管理提供系统化、标准化、可视化、智能化的数据资源和信息技术支撑，促进环评从源头预防环境污染和生态破坏作用的充分发挥。

1. 环境影响评价大数据建设内容

环境影响评价大数据建设充分运用大数据、云计算等现代信息技术手段，整合环境、经济、行业等数据资源，厘清环境质量、控制总量、污染源"三本账"，开展相关的数据采集加工、模拟分析、整合共享，服务环评管理的质量校核、分析统计、预测预警、信息公开、诚信记录等，助力实现"十三五"绿色发展和改善生态环境质量总体目标。

全面建设环境质量现状与控制总量数据。依托生态环境大数据项目成果，在接入环境监测数据的基础上，构建全国环境质量数据库，借助战略环评和规划环评成果形成全国范围的"三线一单"数据库，通过数据共享缩短环评前期工作时间。

持续采集、更新和整合固定污染源数据。依据《环境影响评价法》加强国家级环境影响评价基础数据库建设，通过环保专网实现全国环评审批信息互联

互通和数据质量一次性校核，及时掌握地方建设项目审批和验收数据，支撑宏观经济分析，建设全国排污许可证管理信息平台，形成固定源数据库，提供准确源数据，夯实环评预测的数据基础。

提高各要素的环境影响模拟分析水平和风险预测能力。分水、气、土壤等要素加强环境影响模拟分析能力，规范模型和模型参数，降低模型使用的自由裁量权，进而形成《中华人民共和国环境影响评价法》模型体系；加强环评风险基础信息和评价预测能力建设，提高环评风险支撑能力。

增进战略、规划和项目环评信息联动与服务。建立战略环评、规划环评和项目环评之间的关联指标体系，集成和关联战略环评、规划环评和项目环评数据，有机融合环境影响预测模型、环评决策基本依据和判定规则，建立环评信息联动智能应用平台。重点依托“三线一单”及优势行业正面清单、环境准入负面清单等数据，实现智能化和自动化的项目选址分析、环境准入初判等功能，为建设项目准入判定决策提供服务，并进一步为区域招商引资、行业规划和跨区域环境信息统计分析等提供智能信息技术支撑。

大力强化环评监管信息技术支持能力。利用遥感手段，结合四级环评基础信息，构建时空一体化的空间管控和智慧监管信息技术支撑能力，重点解决控制红线和污染源边界叠置辨析等监管难题；开发数据挖掘等大数据应用关键技术，提升数据统计分析应用水平，为智慧监管决策提供及时、准确的信息服务；增强技术校核能力，遏制各类环境违法行为；强化预测预警能力，提升监管的精准性和有效性。

积极推进环评信息共享与公共服务。加强环境影响评价大数据基础数据、预测模型、计算资源等成果的共享，提高信息公开水平；引导环评公众参与，加强环境影响评价大数据应用宣传和培训工作；通过数据、模型、计算资源的共享服务，降低环评机构获取数据的成本，提高环评工作效率；通过可视化等方式，共享标杆企业真实环境影响数据，提高公众查询服务水平，引导公众参与环境保护。

2. 环境影响评价大数据后续建设思路

固定污染源数据采集、更新和整合方面。一是解决“活库”问题，部级环境影响评价数据从受理开始就随业务流转自动入库，数据入库及时、信息完整；二是解决数据汇集“普通话”问题，通过建设一套成体系的标准规范指导 4 级数据的汇集和共享，目前做到按周汇集省级环境影响评价数据，将来要拓展到市级和县级；三是解决重点行业横向可比问题，针对16个重点行业建设结构化环评指标数据库，实现部分重点项目的横向比对分析；四是启动污染源台账建设工作，编制全国排污许可证管理信息平台实施方案并开展平台建设；五是构建重点行业污染源排放清单，在国内首次自下而上建立高时空分辨率的钢铁、火电排放清单，建设首都机场大气排放清单，解决部分行业排放清单底数不清等问题。

环境影响模拟与风险预测方面。一是解决“标准算”的问题，通过开展环境质量模型法规化与标准化研究，构建国家法规模型体系，按要素提出模型选择、预测应遵循的各类技术规定和要求；二是解决“快速算”问题，初步构建各要素环境影响数值模拟云计算中心，搭建数值模型高性能云计算环境，实现计算资源、模拟软件的整合统一管理和云计算模式；三是解决“胡乱算”问题，通过技术导则重构提高技术规范性要求，并通过开展各要素环境影响预测结果技术校核，遏制环评“假数真算”和“真数假算”现象。

环评监管信息技术支持能力方面。初步建设环评“云眼”。重点围绕典型行业建设项目识别定位、开工状态分析、空间布局变化监测及排污设施定量分析等需求开展技术方法及其适应性研究，并在京津冀等地区开展示范应用。同时，相关技术还可用于“未批先建”，以及石化、化工风险排查等工作。

战略、规划和项目环评信息联动方面。初步开展战略环评、规划环评成果落实要求和内容的梳理工作，启动环评信息智能联动应用平台的规划设计与典型应用案例建设工作。

强化环评监管信息技术支持能力方面。初步建设环评“云眼”。重点围绕典型行业建设项目识别定位、开工状态分析、空间布局变化监测及排污设施定量分析等需求开展技术方法及其适应性研究，并在京津冀等地区开展示范应用。

环评信息共享与公共服务方面。一是解决数据“无米之炊”的问题。自2009年起面向全国环评单位对外提供“中尺度气象模拟数据”在线服务，2015年通过跨部委合作，逐步开展全国地面气象数据标准化、高空气象数据标准化等数据服务；目前已通过网络系统自助提供数据服务上万次，极大地解决了全国环评机构在环评阶段数据获取困难等问题。二是解决模型高成本的问题。有的模型前处理任务繁重，通过开发系列工具箱，简化前处理工作；有的模型购置费用高，通过建设模型共享平台共同使用来降低费用；有的模型计算时间长，通过开发高性能计算模型加速计算，缩短环评工作周期。

环境影响评价大数据建设取得了良好进展，后续要继续依托生态环境部内数据资源共享和环评审批信息联网报送，不断夯实环境影响评价数据资源基础，加强数据资源整合集成，并做好环境影响模拟预测、环评质量校核、分析统计、预测预警、信息公开、诚信记录等服务，为“十三五”环境影响评价改革制度日臻完善、机制更加合理、效能显著提高、保障科学有力等核心工作目标实现提供可靠支撑。

2.4.4　为污染防治攻坚战植入“超级大脑”

长期以来，风险发现和预警能力不足，注重事后问责，监管信息分散，工作协同不够成为我国生态环境监管领域的“痛点”“堵点”。部分地区通过构建生态环境信息化治理平台，将大数据应用延伸至生态环境各业务领域，打通“数据烟囱”“信息孤岛”和生态环境监管的“最后一千米”，为加强生态环境保护科学决策、推进环境治理体系和治理能力现代化、改善环境质量提供有力支撑。

以苏州为例，苏州以实际行动全面打好污染防治攻坚战，提出以科技决胜污染防治的理念，利用信息化手段助力生态环境协同治理工作，推进生态环境治理体系和治理能力数字化、科学化、智能化。2018 年，苏州综合运用云计算、大数据、物联网、人工智能等技术，建设“苏州市打赢污染防治攻坚战协同推进平台（一期）”，实现了环保、水利、农业等各项生态环境数据的互联互通和开放共享，通过大数据分析系统，为污染防治攻坚植入了“超级大脑”。

该平台先后清理、整合苏州 17 个部门、135 项数据清单，集纳的数据覆盖苏州 8657 平方千米土地、10 个区（市）、90 个乡镇街道、19 个工业集中区、159 个湖泊、816 条河流、3.6 万家排污企业、934 个入河排污口、121 家规模畜禽养殖场、145 个污水处理厂。2020 年 6 月平台完成建设后，建成苏州生态环境监测感知的“一张网”，实现“市、县（区）”两级环境信息互联互通，融合“情报、指挥、决策”三大平台，覆盖“水、气、土、废”四大领域，满足“市、县、镇、园（化工园）、企业”五级网格协同需求。

前期实践表明，该协同推进平台集数据整合、目标分解、协同作战、调度指挥、分析决策和跟踪督办于一体，其最大特点在于生态环境治理理念和方式的创新，对污染防治工作目标、措施手段进行数字化、可视化管理，做到按图施工、挂图作战、协同共治，用数据支撑管理、辅助执法和科学决策。

本章小结

本章主要介绍了环保物联网的总体框架，阐述了我国生态环境大数据建设的背景，介绍了我国生态环境大数据建设的概要情况、主要目标、总体架构和主要任务，最后概括了国家和地方生态环境大数据建设的部分成果和成效。感谢生态环境部、国家标准化管理委员会等部门和单位。

参考文献

[1] 环境保护部. 生态环境大数据建设总体方案[Z]. 2016：1.

[2] 环境保护部. 环境信息应用系统运行管理维护技术规定[Z]. 2010：1.

[3] 国务院. “十三五”生态环境保护规划[Z]. 2016：1.

[4] 环境保护部. “一带一路”生态环境保护合作规划[Z]. 2017：1.

[5] 中共中央. 深化党和国家机构改革方案[Z]. 2018：1.

第3章 物联网+生态环境的软硬件集成与区域调控体系

内容摘要

近年来，随着物联网+生态环境有关技术的迅速发展和深度应用，新仪器、新技术、新产品不断涌现，推动智能化环境管理模式不断创新，助力区域生态环境质量持续改善。针对环境问题和生态环保大数据的需求，应更关注物联网解决方案的整体性、系统性和科学性。仅采用单一、孤立的物联网产品和技术，以及“头痛医头、脚痛医脚”的被动式治理模式，难以满足当前生态环保精细化管控和治理能力现代化的整体需求，必须采取软硬件集成与区域调控相结合的手段，才能有效推进协同综合治理，实现“1+1>2”的整体治理效果。

本章尝试系统梳理物联网+生态环境的总体架构，归纳概括“硬件+软件+应用+调控”的整体模式，描述物联网+生态环境在生态环保管理领域的具体应用，分析应用现状、特征及进一步发展趋势，形成相对统一的物联网+生态环境软硬件集成与区域调控体系。

3.1 物联网+生态环境软硬件集成与区域调控体系架构

3.1.1 软硬件集成与区域调控体系拟解决的问题

目前物联网+生态环境系统应用尚存在“小”“短”“散”“浅”“缺”等问

题，是下一步物联网+生态环境的软硬件集成与区域调控拟完成的重点任务[1]。

1. “小”——监控规模偏小，覆盖面不广

尽管全国范围内国家环境质量自动监测组网正在不断完善，但从市、县层面来看，部分地区环境质量监测规模偏小，难以全方位把握环境质量状况，无法确保环境污染问题的及时预警预测和处置。在空气环境质量方面，全国大部分地区均建成覆盖全区域的空气质量自动监测站，但一些地区布点范围有限，监控点密度不高，缺乏对学校、医院和公园等环境敏感区域，以及对重点工业园区等环境空气质量的监管。在水环境质量方面，一些地区尽管建成多个地表水环境质量自动监测站，但难以适应当前迅速发展的水环境管理需求，特别是支撑对跨省界、市界等行政区域定量生态补偿的需求。

污染源监控规模偏小。尽管近年来重点污染源自动监控取得突破性进展，但主要是对重点污染源及 SO_2、氮氧化物、烟粉尘、化学需氧量、氨氮实行监控，部分地区对总磷、总氮及部分重金属指标实施监控，为全面了解污染源排放情况，必须增加监控点位和范围。从实时联网在线监管的覆盖面来看，部分区域危险废物、医疗废物、危险化学品、土壤、地下水、饮用水、挥发性有机物（VOCs）等实时监管尚存在空白。

2. “短”——监管链条较短，未实现“产、收、治、排”全过程管理

目前，重点污染源在线监控技术以末端污染物排放浓度在线监测为主，未覆盖污染物产生、收集、治理和排放等各环节的全过程管控。从环境管理的角度，只能实现对环境污染的“被动监测”，不能实现对环境污染的“主动反控”，难以根据污染情况实施预警分级反控，也缺乏清洁生产、全生命周期管理的整套调控机制。另外，从数据采集的角度来看，由于缺乏用水、用电、物料等全流程数据的交叉验证和异常判定，单一的浓度监测数字难以确保数据的真实性和有效性。通过安装智能电表、电流互感开关等，监管链条已逐步开始覆盖污染治理设施的典型工艺和典型设备（除尘设施、脱硫、脱硝、水泵、污水处理等工艺设备），监控指标包括电流、电量、电导率、压力等，取得了一定的探索性成果，但对于一些环境治理工艺尚未涉及，覆盖的行业和地域范围存在局限。

3. “散”——数据来源分散，一致性和可比性较差

在现行生态环境监管体系中，环境污染数据来源于自行监测、监督性监

测、自动监控、排污许可、环境统计、污染源普查和排放清单等多种渠道。在实际管理业务中采用相同名称的数据，由于数据获取方法、口径差异其真实内涵大相径庭，缺乏一致性和可比性，对全局性管理和决策工作造成较大困扰。若各自搭建单个的信息系统，又容易造成“信息孤岛”。

常规手工采集数据容易受人为因素干扰，数据可靠性受到质疑。例如，污染源普查、环境统计等具体数据在采集过程中，不同采集人员受工作经验、知识背景等影响，面对相同的情况可能做出截然相反的判别，使得数据可靠性受到质疑，因此经过多源融合校验的数据相对更易让人信服。自动监控数据的有效性需要进一步提高，设备检出限、分辨率、精度、传输网络等技术因素的影响，使得污染源在线监控设备运转异常、数据不能正常传输事件屡有发生。另外，由于被监控单位本质上不愿意接受实时在线监控，对污染源自动监控存在一定程度的消极认知，导致出现恶意破坏监控设备、弄虚作假等各种行为，需要加以甄别鉴定。

4.“浅”——数据关联应用浅，开放共享程度差

环保数据采集执行主体不同，导致数据开放共享积极性较低，数据开放共享机制体制不完善，信息资源利用率低。生态环境自动监控、生态环境手工监测、生态环境监察执法、生态环境监管决策，以及社会经济、自然地理等各类信息分散孤立存在，大多局限于服务各自领域相关业务，例如，环境监控数据由监控中心保管，环境监测数据由监测部门保管，环境监察数据由现场执法部门管理，等等。已有的信息没有得到充分深入挖掘和关联应用，难以形成信息利用的规模效应。信息在部门内部及部门之间的利用存在壁垒，除基本的采集成本、加工成本外，在信息流通过程中又逐渐形成并增加了利用成本，与信息采集的初衷存在一定的背离，降低了信息的可用性。

数据应用深度不够，应用范围比较单一。例如，部分地区环保监控数据主要应用于环境执法，基本实现对超标排污和不正常运行环保设施等违法行为的查处，但尚未应用于排污权交易，尚未完全实现污染物排放总量和环境容量动态管理和预警预测。我国已开始初步统计环保设施运转率，但对于核定脱硫脱硝环保电价、生态环境损害赔偿定价、环保信用体系、实施企业“绿色信贷”的指导性还不强，亟须完善改进。

5.“缺”——规划设计整体性缺，考评评价体系弱

生态环境是一个命运共同体，污染物以气态、液态或固态形式存在，可在

水、气、土壤等介质中进行跨介质传输扩散，环境管理需要从全局性、完整性、系统性进行整体设计，需要统筹考虑建立和整合大气、水体、土壤及固体废物、生态、健康等各方面管控体系，推动实现环境质量好转。统筹农村环境与城市环境，特别是大气环境领域，实现各乡镇和城市大气环境保护的联防联控是大气环境治理的必经之路，增加乡镇环境综合治理则是整体提高全地区生态环境质量的必然手段。同时，在农村环境治理、土壤修复、流域整治等生态环境修复与治理方面，受制于基础数据信息采集能力，缺乏准确的统计、考核和评价体系，使考核评价易流于形式，考核结果公信力较差。

3.1.2 总体思路

利用先进、高效的物联网、大数据、云计算等信息技术，对所有结构化、非结构化环境信息进行深度关联分析，建立生态环境领域发现问题、分析问题、处理问题、事后评估、考核问责、整改完善的工作机制，实现摸清现状、把握规律、发现趋势、自动预警、动态反馈、快速溯源和精准问责，提供全面、集中、多层次、多角度的环境保护信息，形成政府主导、部门协同、企业主体、社会参与、公众监督的生态环境监管格局，构建“精敏感知，全程管控，重点突出，精准施策”一体的精细化和精准化生态环境管控体系（见图3-1）。

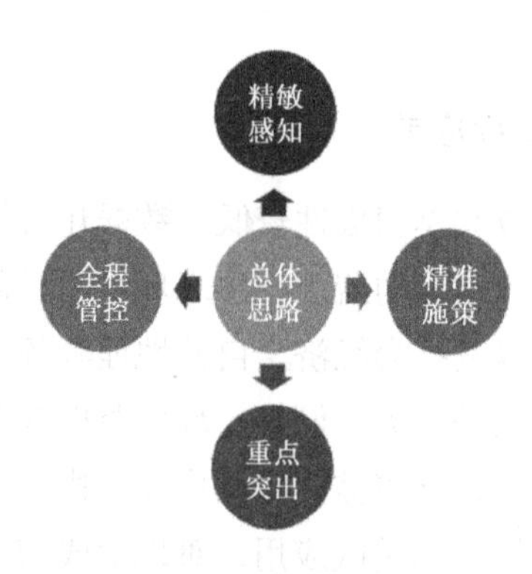

图 3-1　生态环境管控体系

1. 精敏感知

抓住生态环境质量改善的关键环节，力争搭建空、天、地一体的全方位生态环境智能感应体系。扩大感知对象和感知指标，力争全面覆盖环境质量改善、环境风险防范、生态环境修复治理及环境科技和产业发展各方面。创新感知手段，坚持固定感知站点与流动感知站点相结合，以标准化感知设备为骨干，以非标准化感知设备为补充，涵盖有组织和无组织排放，点、线、面 3 种布点方式有机结合，以网格行政单元和热点网格为节点，以区域、流域范围为系统边界，加强对固定源、移动源和面源的管控，充分利用现有资源并进一步整合，优化监管布点，丰富监管内容，实现数据共享、资源共享的空、天、地

一体精敏感知，最大限度地发掘数据资源用于支撑决策和应用。

2. 全程管控

力争建立“量化溯源—动态分析—管理决策—执法监管—深度治理”全过程的精细化闭环管理体系。以全生命周期环境管理为核心，以排污许可为龙头，将规划制定、环保审批、环保执法、总量控制、风险防范、目标考核等统一到同一个监管体系之中，实现生态环境业务管理一站式服务和一条龙监管，及时判断环境质量和各类污染源环境治理情况，及时发现异常情况并进行处理，提出关键环节的控制策略和调控方式，从而实现科学治理、快速反应、监管执法联动。

3. 重点突出

一是突出环境质量保障和环境风险防控。通过对大气、水体和土壤环境质量的整体实时监测，建立预测预警机制，可实时掌握环境质量变化情况，及时检验重污染天气应急减排效果，为重点区域、流域联防联控提供技术支持；全面监控、全流程管理各类环境风险因素，建立环境应急预警和应急事件控制体系。一旦发生环境事件，结合应急预案及时处理，从而确保整体环境质量得到改善、环境安全得到保障。

二是污染减排与过程管控。通过跟踪重点污染源实现智能化联网，从“末端监控”转向“全过程监控”。例如，对排污企业实施主要污染物排放末端浓度监控、污染治理设施过程（工况）监控、视频监控及用电量和用水量监控，并在此基础上建立实时动态总量管控系统，确保总量减排目标完成，确保企业合法排污，使超标超总量排放现象得到有效控制。结合污染源排放清单和源解析，建立包括污染源普查、环境规划、建设项目动态管理、环保移动监督与执法等方面的环境管理系统，建立完善的环保一体化业务管理体系，全面提升环境管理水平，从而保证减排目标完成。

三是科学治污和深度治污。利用污染物的时空分布、污染状况、污染程度和污染来源等，快速有效地识别污染问题的主要贡献、变化规律、主要污染源及其强度，诊断污染成因，通过大数据平台和现代科技手段，建立环境质量目标考核和重点污染源动态评估机制，对企业深度治理进行评估并提供运行和维护建议，以提高运行效率、优化治理成本，挖掘管理减排的潜力，真正做到“用数据说话、用数据决策、用数据管理和用数据创新”。

4. 精准施策

建立以“短期应急”和“长期改善”为核心的生态环境质量调控技术体系，盘活环保数据，打破部门信息壁垒，改变“信息孤岛”格局，促进环保监管流程横向连通、纵向贯通，制定相应的宏观管理和微观管理策略，促进环境管理方式从粗放简单向精准高效转变，形成区域环境整体治理的系统解决方案，提高环境风险防控水平。在治理手段方面，将大尺度与高精度、立体化相结合，形成针对污染启动—演变—消散全过程管理的治理决策支持系统；在监管手段方面，将网格化与智能化、微型化相结合，支撑高密度区域型网络化、系统化感知体系，利用热点网格技术，建立有明确环境管理目标导向的综合科学决策支持系统，有效增强解决方案的有效性和可操作性；在运营管理方面，积极探索合理的市场化运作模式，对污染源进行良好的监控与防治，对环境数据进行有效的汇集和挖掘，对环保业务进行精心的整合和提升，对环保产业进行合理的引导和推动，从而达到社会效益、经济效益和环境效益“三赢”效果。

3.1.3 技术架构

物联网+生态环境软硬件集成与区域调控体系引入大数据、云计算、人工智能和区块链等新技术、新手段和新理念，既要充分考虑当前实施的可行性和可操作性，又要充分考虑现代信息技术处于飞速发展之中，系统必须具有开放性、扩展性和兼容性,保证系统建设的体系结构能够适应未来扩展[2]。采用环境感知层、基础支撑层、决策应用层 3 层架构，实现数据采集丰富多样、信息传输安全快捷、数据存储稳定可靠、分析处理智能深度、预报预警及时准确等功能，形成全周期、多区域、立体化的监控体系，达到“测得准、传得快、搞得清、管得好”的目标，提升环境保护科学化、数字化、精细化管理能力，推动环境管理模式转变，推动污染防治监管水平实现质的飞跃（见图 3-2）。

1. 环境感知层

环境感知层通过射频识别技术、传感器技术和遥感技术，以环境质量、污染源、风险源作为 3 类重点感知对象。通过在相关区域和相关节点布置大量感知设备，协作采集并处理信号，及时采集所需数据，形成空、天、地一体化全覆盖生态环境监测体系。

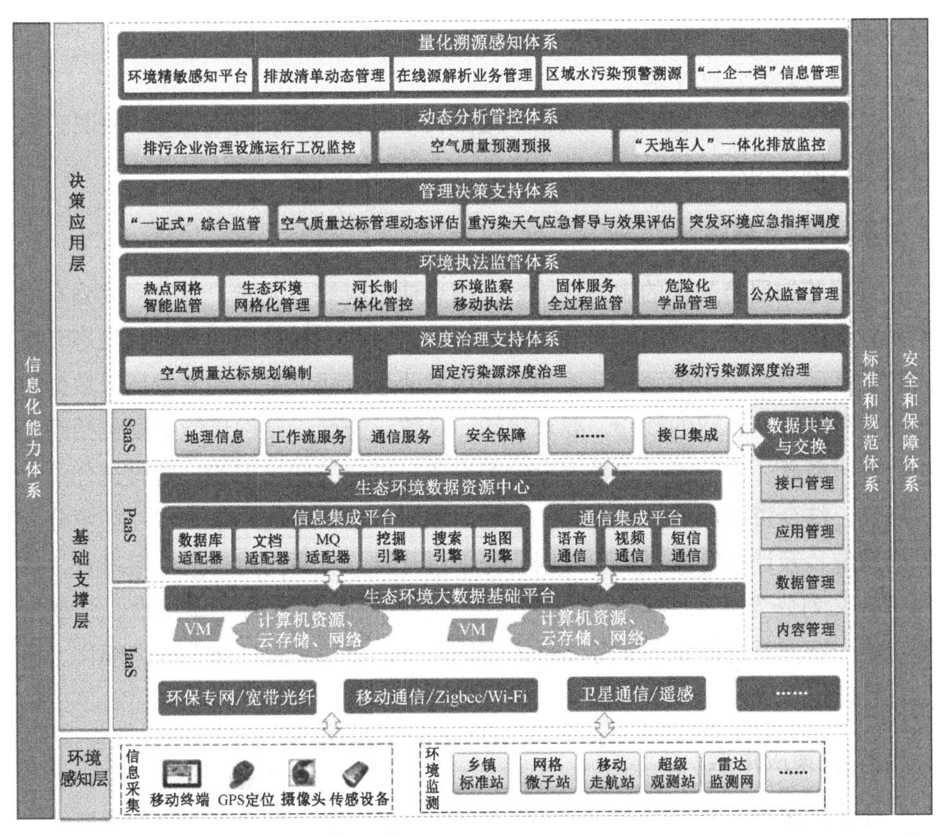

图 3-2　总体技术架构

1）环境质量感知对象

环境质量感知对象涵盖大气环境质量和水体环境质量。在大气环境质量方面，主要推动建设“四站一网”，包括乡镇标准站、网格微子站、移动走航站、超级观测站及雷达监测网，为 $PM_{2.5}$、VOCs 等多项指标精准监管提供重要依据；在水体环境质量方面，重点开展水质考核断面监管、河流重要支流监管，实施重点河流断面和重点工业园区水质污染溯源。

2）污染源感知对象

污染源感知对象可分为固定污染源、移动污染源和面源 3 类。在固定污染源方面，要对工业企业、污水处理厂、垃圾填埋场或焚烧厂等，实施“四控”一体——末端监控、工况监控、预警反控和总量管控。在移动污染源方面，实施机动车“天地车人”一体化监控，对重型柴油车、非道路移动机械、机动车环检站实施重点监控，开展车辆黑烟抓拍。在面源方面，重点开展工地扬尘、

物料堆场、秸秆焚烧实时监控。

3）风险源感知对象

风险源感知对象包括危险废物、危险化学品管理和运输监管等。同时，要借助无人机、无人船等手段，进一步强化应急和执法能力建设。

2. 基础支撑层

环境感知层将采集的生态环境数据信息通过有线、无线、专有网或公有网等多种途径，迅速、准确、安全地传输到生态环境大数据基础平台。生态环境大数据基础平台，包括硬件环境和软件环境两个方面，是实现海量环保数据资源的共享与智能管理的核心，要求集约、高效、安全。硬件环境主要包括高性能计算服务器、传输网络和数据存储等设备。设施的优化配置，要有充分的可扩展性，结合资源池的先进理念，实现物理层和逻辑层的共享。软件环境分为操作系统、云计算管理平台和数据业务平台开发，从面向用户的角度来看，软件平台又划分为环保专有云和公共服务云。利用云平台的计算能力、共享资源、统一操作系统搭建各业务体系的智能系统，进而实现环保业务智能化、科学化管理。

3. 决策应用层

决策应用层主要实现“一数一源，一源多用”的生态环境资源及数据的集成、存储、分析、挖掘、预测、展示和共享交换等功能，通过高性能计算、海量数据挖掘、智能动态分析并耦合生态环境模拟模型，有效提升环境决策和治理水平[3]。每个地区生态环境信息化发展水平不同，结合各地区现状，现阶段可考虑建设完善“六大”应用体系。

（1）先进的量化溯源精敏感知系统。重点是建设环境精准感知平台、源清单、源解析、“一企一档”、污染溯源等量化管控系统，把握数据来源及其准确性。

（2）可靠的动态分析管控系统。重点是建设重点工业企业过程监管系统、机动车移动源“天地车人”一体化排放监控系统、环境质量预测预报系统等，强化数据动态管理及分析。

（3）精准的管理决策支持系统。重点是建设生态环保大数据中心、环境质量达标管理评估系统、河长制监管平台、重污染天气应急调控系统、突发环境应急管理系统、排污许可证综合管理系统等，为精细化环境监管提供决策支持。

（4）有效的环境执法监管体系。重点是建立基于热点网格、网格化监管、移动执法系统在内的监管平台，强化公众监督，加强固体废物、危险废物和危险化学品管理等，打通环境执法“最后一千米”。

（5）科学的深度治理支持体系。重点是建设“一厂一策”污染源、移动污染源精细化管理系统等，指导排污单位开展深度治理、实现超低排放。

（6）高效的精细化管控指挥调度中心。支持直观形象展示，实现综合管控分析，提供调度指挥平台。

3.2　环境智能感知硬件集成体系概述

环境智能感知硬件集成体系以 RFID 标签、二维标签码、智能卡、传感器、自动在线监测仪、视频摄像头、无人机（船）、遥感卫星等监测设备为基础，综合应用光、电、声，以及化学、生物、GPS 等多种传感技术，全面感知水体、大气、土壤等环境质量，以及工业企业等污染源的各种污染物信息，构建“空、天、地一体化”环境多尺度多源数据采集系统，形成全天候、多区域、多层次的环保物联网智能多源感知体系。从感知对象来分，环境智能感知体系主要包含环境质量感知体系、污染源感知体系建设、风险源感知体系三大方面内容（见图 3-3）。

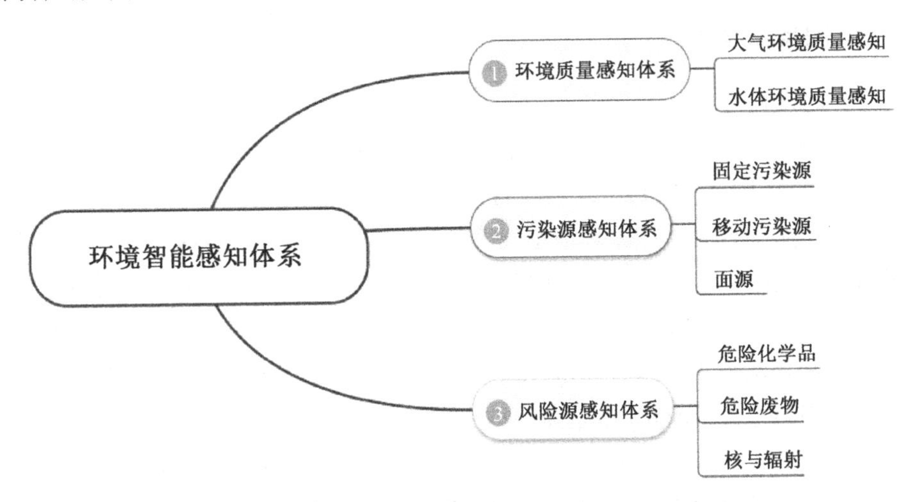

图 3-3　环境智能感知体系总体框架

目前，我国已初步建成发展中国家规模最大的环境质量感知体系和污染源感知体系，分为国家、省、市和县四级，涵盖了空气、水体、土壤、噪声等重要环境要素。此外，酸雨、辐射等监测也逐步实现全覆盖，为构建物联网+生态环境软硬件集成与区域调控体系奠定了良好的基础。

3.3 环境质量感知体系

环境质量感知体系主要包含大气环境质量感知体系和水体环境质量感知体系两部分。

3.3.1 大气环境质量感知体系

大气环境质量感知体系主要用于实时采集大气环境质量监测数据，包含“三站一车”，即国家标准站、微型监测站、超级观测站和移动走航车 4 类监测站点（见图 3-4）。

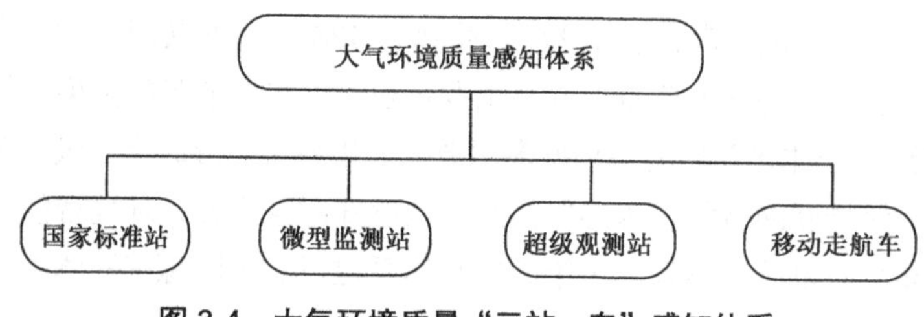

图 3-4 大气环境质量“三站一车”感知体系

1. 国家标准站

1）建设内容

国家环境空气质量监测网。按照《国务院关于印发打赢蓝天保卫战三年行动计划的通知》(国发〔2018〕22 号) 有关要求，为加强信息公开和社会监督，推动城市空气质量改善，国家环境空气质量监测网已覆盖全国 338 个地级及以上城市 1436 个国控监测站点，全部具备 $PM_{2.5}$、可吸入颗粒物（PM_{10}）、SO_2、二氧化氮（NO_2）、一氧化碳（CO）和臭氧（O_3）6 项指标监测能力。各地建设省控、市控监测点 3500 多个；通过全国城市空气质量实时发布 6 项指标监测数据和空气质量指数（AQI）等信息。空气质量预测预报能力已实现空气质量指数 3 天精准预报和 7 天潜势分析，覆盖省、市、县三级空气重污染监测预警能力。

国家标准站是按照国家大气环境质量自动监测标准规范设立的监测站（点），对存在于空气中的污染物质进行 24 小时连续在线的采样、测量和分析。

国家标准站以自动监测仪器为采集前端、以功能完备的后台监测管理软件为支撑。国家标准站配有功能齐全、存储容量大和运算性能先进的计算机，以

及收发传输信息的无线网络。国家标准站还设有质量保证机构，负责控制、监督、改进和保证整个系统的运行质量，用于保证连续大气环境质量自动监测系统的正常运转，获得准确可靠的监测数据。国家标准站工作流程如图 3-5 所示。

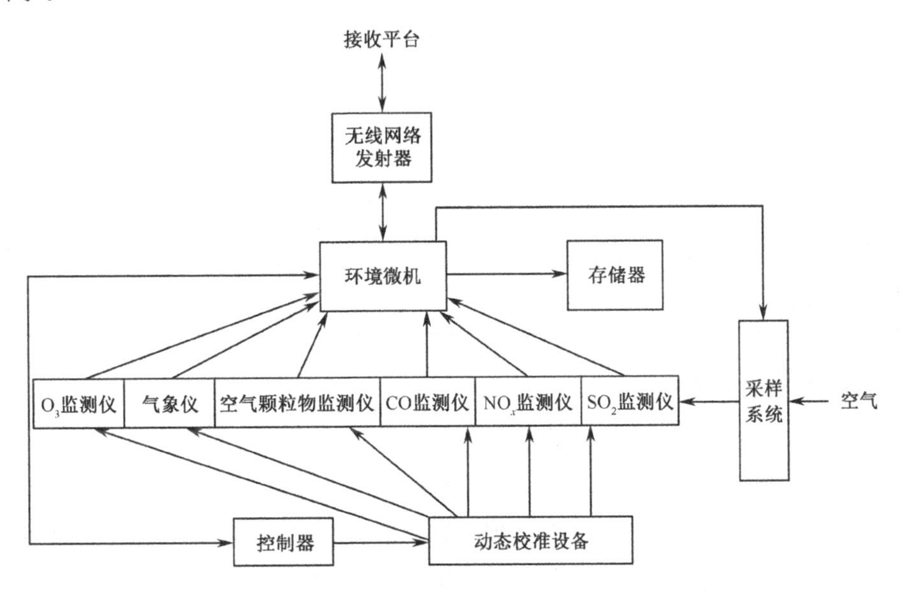

图 3-5　国家标准站工作流程

2）主要监测标准规范与仪器设备

大气环境质量国家标准站主要监测 6 种污染物，即 PM_{10}、$PM_{2.5}$、SO_2、NO_2、O_3 和 CO，均已出台相应的自动监测标准。根据《环境空气气态污染物（SO_2、NO_2、O_3、CO）连续自动监测系统技术要求及检测方法》（HJ 654—2013）、《环境空气气态污染物（SO_2、NO_2、O_3、CO）连续自动监测系统安装验收技术规范》（HJ 193—2013）规定，SO_2 的推荐分析方法为紫外荧光法，氮氧化物的推荐分析方法为化学发光法，O_3 的推荐分析方法为紫外吸收法，CO 的推荐分析方法为相关滤光红外吸收法（GFC NDIR）和非分散红外吸收法（Non-Dispersive Infrared Sensor，NDIR）。根据《环境空气颗粒物（PM_{10} 和 $PM_{2.5}$）连续自动监测系统技术要求及检测方法》（HJ 653—2013）、《环境空气颗粒物（PM_{10} 和 $PM_{2.5}$）连续自动监测系统安装和验收技术规范》（HJ 655—2013）规定，PM_{10} 和 $PM_{2.5}$ 的测量方法为 β 射线吸收法或微量振荡天平法。国家标准站主要监测仪器设备如表 3-1 所示。

表 3-1 国家标准站主要监测仪器设备

序 号	主要监测仪器设备
1	氮氧化物分析仪
2	SO_2 分析仪
3	CO 分析仪
4	O_3 分析仪
5	PM_{10} 颗粒物分析仪
6	$PM_{2.5}$ 颗粒物分析仪
7	VOCs 监测仪
8	甲烷非甲烷监测仪
9	气象五参数监测仪

2. 微型监测站

1）建设内容

微型监测站起步较晚，但随着生态环境部等印发京津冀及周边地区秋冬季大气污染综合治理攻坚行动方案系列政策并迅速推广，微型监测站发展较快。与国家标准站相比，微型监测站凭借微型传感器造价低、安装方便快捷、可持续动态监测等特点，可实现对监测区域的全面布点、全面覆盖。通过大气网格化微型监测站，能更精准地找到污染源，从而可以针对源头分类施策、科学治污，实现精准溯源、强力执法、靶向治理。

2）主要监测标准规范与仪器设备

部分地区（如河北省）出台了《大气污染防治网格化监测系统技术要求及检测方法》《大气污染防治网格化监测点位布设技术规范》《大气污染防治网格化监测系统安装验收与运行技术规范》等技术要求，规定了网格化系统应有效保障产品质量、数据准确性，其技术标准、布点规范、运行维护等均是关键因素。《大气污染防治网格化监测点位布设技术规范》规定了城市主城区、道路交通、工地扬尘、涉气企业、工业园区、生活源、梯度站等的布设原则。目前，微型监测站不仅能监测 $PM_{2.5}$、PM_{10}、SO_2、NO_2、CO、O_3 及温度、湿度等参数，还能监测 TVOC。微型监测站配备的仪器与国家标准站配备的仪器基本相同，只是外观及软件分析系统有所不同。网格化微型监测站的点位类型分为热点网格评价点、子站周边加密点、重点区域补充点、传输监测点等。空气环境质量微型监测站如图 3-6 所示。

图 3-6　形态各异的空气环境质量微型监测站

3. 超级观测站

1）建设内容

灰霾现象百姓担忧、社会热议、国际关注，民众需要更加实时、准确、客观、透明化的大气环境信息，缓解对大气污染的关切和焦虑。大气复合污染立体监测超级站（简称超级观测站）的建设能满足及时监测灰霾天气、准确预测灰霾天气、发布灰霾天气预报预警信息的需求。对环境空气中灰霾等污染因子开展自动、实时监测和深入研究，可及时掌握灰霾污染特征，完善灰霾天气预报预警机制，可为制定灰霾污染防治方案提供技术支持。通过开展区域气象监测、辐射监测、气态污染物和气溶胶监测，阐明大气污染物的形成及转化条件，对光化学烟雾的底物、中间产物及反应条件进行监测，研究近地面逆温层等大气边界层特征与灰霾天气的相互关系，分析工业化、城市化程度对大气边界层结构的影响，监控外来污染和本地污染，明确区域灰霾污染的成因，为产业化布局提供有效依据。在此基础上，可进一步查清灰霾污染的潜在风险（重点污染源等）及大气环境容量，为环境监管部门监管决策提供可靠的数据支撑。结合地形地貌数据，形成气象和大气环境全指标监测能力，搭建大气环境科研基地和监测平台，为大气环境研究提供技术保障。目前，全国部分区域建设了超级观测站，覆盖面较小。

2）主要监测标准规范与仪器设备

建设大气复合污染立体监测超级站，用于实现大气污染物的多参数实时监测，兼顾存放和使用监测仪器。超级观测站设计要根据监测目标和其中存放的仪器来确定。一般的超级观测站包括 6 个监测实验室：基本参数监测实验室、颗粒物监测实验室、光化学监测实验室、成分分析实验室、天基遥感实验室、露天采样监测平台。根据超级观测站的架构及监测功能，确定其监测仪器设备与监测指标如表 3-2 所示。

表 3-2　超级观测站的主要监测仪器设备与监测指标

序　号	类　别	监测指标	监测仪器设备
1	气象参数	风速、风向、温度、大气压、湿度、降水、云高及能见度	气象五参数仪、云高仪、能见度仪
2	常规气态污染物	SO_2、氮氧化物、O_3、CO	SO_2 分析仪、NO_2/NO/NO_x 分析仪、O_3 分析仪、CO 分析仪
3	气溶胶颗粒物	各种粒径的颗粒物质量浓度监测仪、颗粒物粒径谱、黑碳含量、消光系数、OC/EC、单颗粒气溶胶成分及特点	PM_{10} 监测仪、$PM_{2.5}$ 监测仪、$PM_{1.0}$ 监测仪、粒径谱仪、黑碳仪、浊度仪、OC/EC 分析仪、单颗粒气溶胶飞行质谱仪
4	有机物	VOCs、PAN/PNN、苯系物	VOCs 分析仪、PAN/PNN 分析仪、苯系物分析仪
5	无机物	金属元素、阴阳离子	重金属分析仪、在线离子色谱仪
6	温室气体	CO_2、甲烷/非甲烷等	CO_2 分析仪、甲烷/非甲烷分析仪
7	遥感辐射参数	水汽/温度剖面、臭氧廓线、风廓线、气溶胶光学厚度、大气稳定度、颗粒物垂直分布等	微波辐射仪、臭氧激光雷达、风廓线雷达、太阳光度计、大气稳定度仪、大气颗粒物监测激光雷达等

4. 移动走航车

1）建设内容

利用移动立体监测手段，对关注点位周边和重点区域进行走航监测，可弥补以往固定点式监测仪采集局部低层、较小地域范围内的污染物浓度变化信息的局限性，实现大空间、长时间、多尺度、多参数的遥感遥测，可以更系统化、更科学化、更精细化、更信息化地分析大气污染形成机理、污染来源情况及变化规律、迁移规律等，为科学的大气防治政策提供数据支撑。

2）主要监测标准规范与仪器设备

移动走航车使用加长轴高顶客车装载激光雷达等仪器设备，构建车载监测数据实时分析系统，实现颗粒物、VOCs 环境空气质量在线移动式定量分析，以及突发性环境污染事故快速应急监测分析，锁定污染高值的具体分布点位[4]。

（1）大气颗粒物立体走航观测。

大气颗粒物立体走航观测站主要围绕城市重点工业园区、国控污染源（企业）周边、敏感点等附近走航，以便摸清颗粒物污染情况并开展原因分析。大

气颗粒物监测激光雷达采用波长 532nm 线偏振激光，对大气颗粒物进行垂直和水平遥感探测，可解析大气消光系数、大气边界层高度、退偏振比廓线、光学厚度等参数，进而可获取大气颗粒物时空分布特征、颗粒物传输和沉降等信息（见图 3-7、图 3-8）。大气颗粒物立体走航观测主要开展垂直扫描探测、区域点源/面源扫描、区域污染物分布扫描、走航监测扫描 4 种类型的扫描。

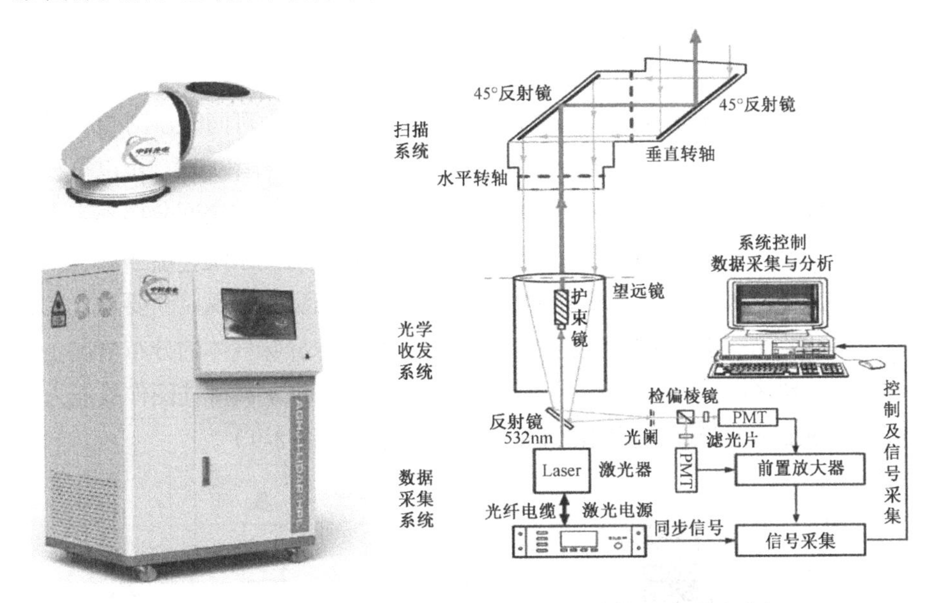

图 3-7　大气颗粒物监测激光雷达外观（来源：中科光电）

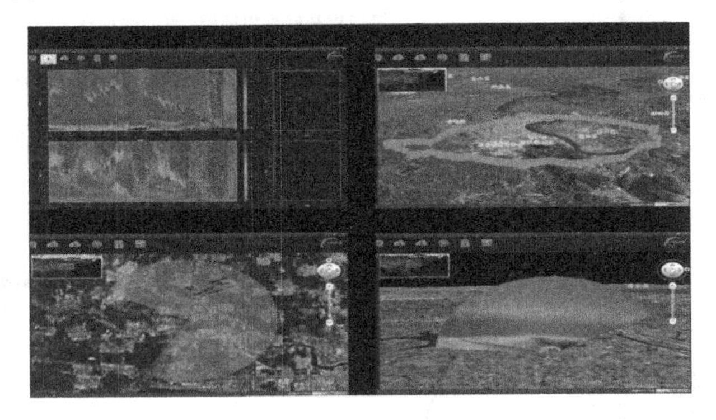

图 3-8　大气颗粒物监测激光雷达扫描结果展示

① 垂直扫描探测。反演距地面 10 千米以内气溶胶颗粒物的空间分布信息及时空演变特征。

② 区域点源/面源扫描。对烟囱、锅炉、化工厂、电厂、水泥厂、交通主干道等重要点源（含高架源）、面源进行定点定位扫描，主要获取排放污染源

的强度。

③ 区域污染物分布扫描。对工业园区、居民生活区、厂区等敏感地带进行定量评估。

④ 走航监测扫描。采用“驻车扫描”或“走航定向观测”的工作方式，对区域上空污染团的输入、过境、沉降过程进行实时、在线、连续扫描监测，分析污染物的类型、强度及演变过程。

（2）高时空分辨率 VOCs 走航监测。

新型高时空分辨率 VOCs 质谱仪监测能力强，理论上可同时监测 300 多种 VOCs，自建图谱库已经通过验证物质 112 种。在时间分辨率方面，可以每秒对空气中 300 多种 VOCs 同时监测 100 次，真正实时监测。在空间分辨率方面，可以实现 5 厘米水平空间距离监测。通过 VOCs 走航监测系统，增强环境空气质量异常点位原因排查和突发事件应急监测能力，既满足常规监测要求，又满足应急机动监测需求；可摸清重点区域 VOCs 和臭味异味气体的分布情况、排放规律，实现区域分级管理和企业分级管理，形成 VOCs 减排挂图作战能力，为城市 VOCs 精细管理、靶向治理提供技术支撑（见图 3-9）。

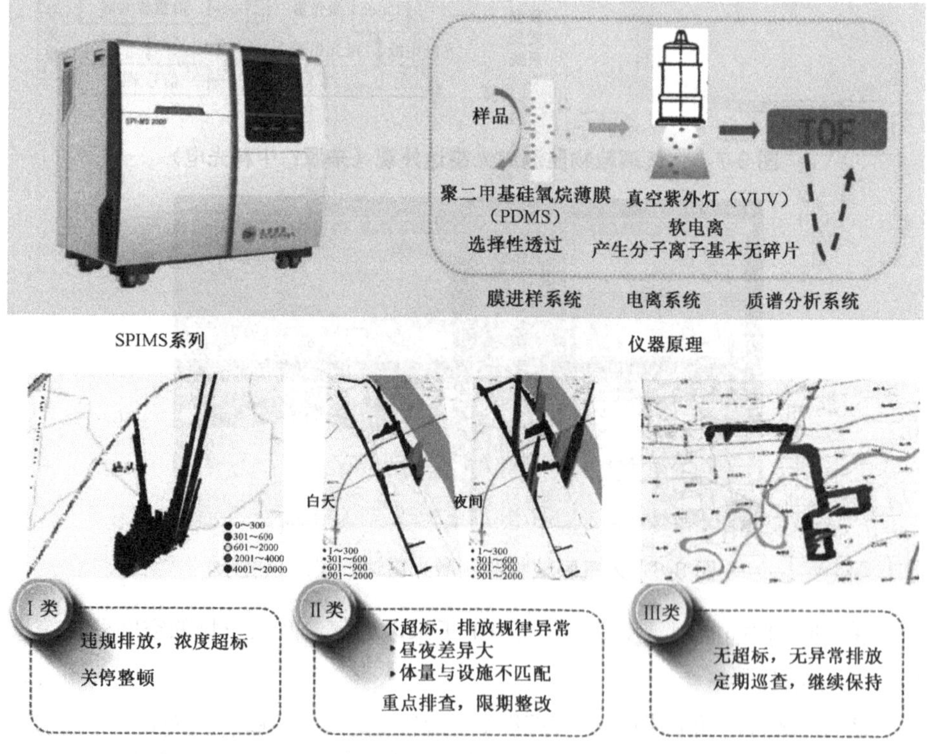

图 3-9 在线 VOCs 飞行时间质谱仪（来源：禾信质谱）及走航监测结果展示

（3）大气颗粒物监测激光雷达和 VOCs 质谱仪走航车。

同时搭载大气颗粒物监测激光雷达和 VOCs 质谱仪的走航车，通过走航观测和定点观测相结合，实现大气颗粒物与 VOCs 气态污染物同时监测，可构建大气复合污染立体监测网络，打通从“监测”到“管治”环节，能够满足测管联动快速响应的要求，为环境管控提供有力支撑（见图 3-10）。

图 3-10 同时搭载大气颗粒物监测激光雷达和 VOCs 质谱仪的走航车

3.3.2 水体环境质量感知

水体环境质量感知比较成熟的应用主要包括地表水水质自动监测站和水污染预警溯源在线监测两类。

1. 地表水水质自动监测站

1）建设内容

国家地表水环境监测网共设置国控断面（点位）2767 个，其中，评价、考核、排名断面（点位）共 1940 个，入海控制断面共 195 个，趋势科研断面共 717 个，覆盖全国主要河流干流及重要的一级、二级支流，重点区域的三级和四级支流，以及重点湖泊、水库等。截至 2017 年，国家地表水环境监测网实现其中 2050 个水环境质量监测断面事权上收，全面实施“采测”分离，实现监测数据全国互联共享，所有的水质监测数据统一联网，并实现“一点多传、实时共享”，数据经技术审核后，同时发往国家、省、市和县，各级党委政府和相关部门可以第一时间获悉数据信息，为工作决策提供强有力的支撑。水质监测数据及时发布，在生态环境部网站、中国环境监测总站网站实时发布全国主要水系 131 个重点断面水质自动监测数据，主要包括 pH 值、溶解氧、高锰酸盐指数和氨氮 4 项指标。

随着《国务院关于印发水污染防治行动计划的通知》（国发〔2015〕17 号）的深入实施，2016 年环境保护部发布的《关于印发〈“十三五”国家地表水环境质量监测网设置方案〉的通知》（环监测〔2016〕30号）指出，完善全国水环境监测网络，推动水资源承载能力监测预警，实现水环境监测从末端到全流域监测的全面覆盖。

2）主要监测标准规范与仪器设备

为规范地表水水质自动监测工作，2017年环境保护部印发的《地表水自动监测技术规范（试行）》（HJ 915—2017）指出，地表水水质自动监测站（水站）由采水配水单元、水样预处理单元、制样单元、检测分析单元、留样单元、系统辅助单元、数据采集与传输控制单元、废液处理单元8个单元组成，其外观如图3-11所示。同时，地表水水质自动监测站还配备专用数据采集传输设备，采集各台仪器的监测数据，通过有线或无线方式将数据传输到监控中心。

图3-11　地表水水质自动监测站外观

地表水水质自动监测站有一个完整的工作流程，主要包括对地表水环境质量进行连续自动的样品采集、处理、分析及数据远程传输等环节（见图3-12）。

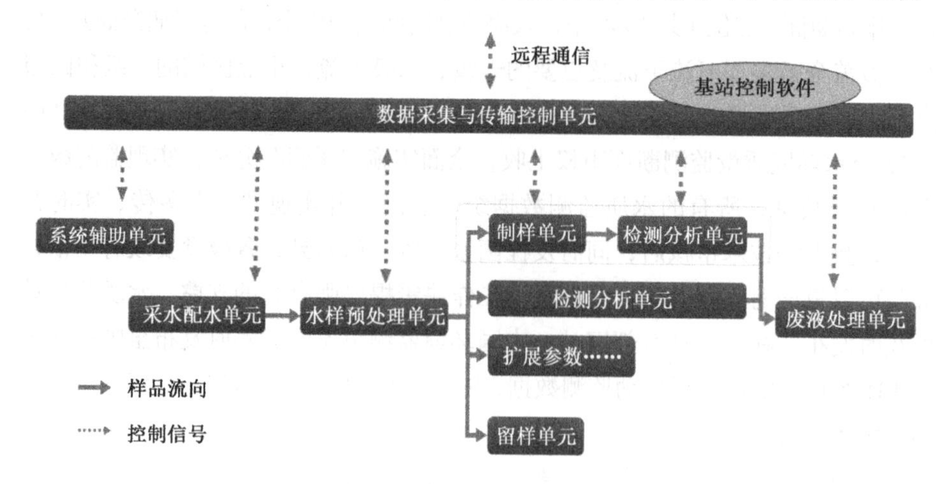

图3-12　地表水水质自动监测站的工作流程

目前，对于水质监测的主要指标为化学需氧量和氨氮。其中，化学需氧量是水体污染程度重要的综合评价指标之一，在一定程度上反映水体受还原性物质（有机污染物）的污染情况；氨氮是各类氮中危害影响最大的一种形态，是水体受到污染的标志。化学需氧量、氨氮水质自动分析仪正朝着自动、智能、灵敏度高、测试成本低等方向发展。《化学需氧量（COD_{Cr}）水质在线自动监测仪器技术要求及检测方法》（HJ 377—2019）、《氨氮水质在线自动监测仪技术要求及检测方法》（HJ 101—2019）两项标准已修订发布。地表水水质自动监测站的监测指标、监测仪器与检测方法如表 3-3 所示。

表 3-3　地表水水质自动监测站的监测指标、监测仪器与检测方法

编　号	监测指标	监测仪器	检测方法	备　注
1	pH 值	pH 监测仪	电极法	常规五参数
2	溶解氧	溶解氧监测仪	电极法	
3	浊度	浊度监测仪	电极法	
4	温度	水温监测仪	电极法	
5	电导率	电导率监测仪	电极法	
6	化学需氧量	COD 水质自动分析仪	微生物膜法	
7	氨氮	氨氮水质自动分析仪	电极法/光度法	
8	高锰酸盐指数	高锰酸盐指数监测仪	电极法/光度法	
9	总氮	总氮水质自动分析仪	光度法	
10	总磷	总磷水质自动分析仪	光度法	
11	总有机碳	总有机碳水质自动分析仪	干式、湿式氧化法	

2. 水污染预警溯源在线监测

1）建设内容

基于水质指纹比对的新型预警和污染来源识别技术，由于污染物种类和浓度不同，而三维荧光光谱与污染源特征一一对应，因此被称为“水质指纹”，可以用来识别污染排放源。基于污染预警溯源技术研制出的水质污染监测仪器，借鉴类似刑侦过程中通过“指纹比对”查找嫌疑犯的思路，将其引入水污染排放识别中，可实现污染快速预警、溯源及留证功能。其中，预警功能可以实现在线监测，当水质超出设定阈值时报警；溯源功能可以识别生活污水、造纸、印染、焦化、炼油、制药等 10 余种污废水所导致的污染，根据实际需求建立主要污染源数据库并进行识别；留证功能类似于监控摄像头拍照功能，把被

污染水体水质指纹保留下来，以便识别和判断污染肇事者。污染预警溯源技术可广泛应用于水源地保护、流域水体、工业园区和污水厂等领域[5]。

2）主要监测标准规范与仪器设备

水污染预警溯源仪分为台式、在线式和车载式 3 种类型，其中台式和车载式如图 3-13 所示，其主要功能是污染预警、溯源和留证，具有灵敏度高、响应迅速、操作简单、环保经济等优势，完成一次溯源任务需要 20～30 分钟，重现性好。目前，清华大学环境学院研究团队已建立了分类齐全、实用度高的水纹数据库，包含 13 大类 202 种污染源指纹库，以及涉及 29 个国家/地区的 255 个水体指纹库。

图 3-13　水污染预警溯源仪外观（台式和车载式）

3.4　污染源感知体系

污染源感知体系主要分为固定污染源、移动污染源及面源感知体系 3 类。

3.4.1　固定污染源

固定污染源是指污染物固定的排放源，包括工厂、企事业单位、饮食服务业单位及居民用于生活等的锅、窑炉、排气筒和排放口等。固定污染源感知体系主要针对重点工业企业和集中排放式污染源，目前初步形成“四控一体”的整体监控模式，包含末端监控、工况监控、预警反控、总量管控 4 类监控模式（见图 3-14）。

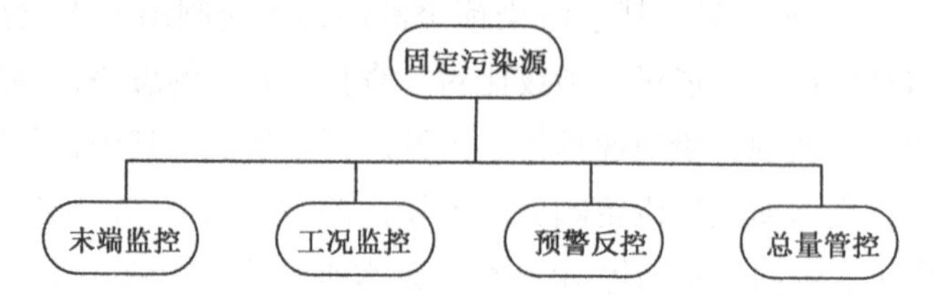

图 3-14　固定污染源“四控一体”感知体系

1. 末端监控

1）建设内容

固定污染源末端监控是指对污染源排放进行实时动态监控，及时、准确地提供各种污染源排放的污染物总量和各种污染物排放浓度的时空分布数据，为环境管理和生态环境监管执法提供依据，全面改善环境监测效率，提高环保监控的现代化水平。目前，全国约有 30000 家国家级、省级、市级重点排污单位安装了污染源排放在线监控设备并与环保部门联网。按照《国家重点监控企业自行监测及信息公开办法（试行）》和《国家重点监控企业污染源监督性监测及信息公开办法（试行）》要求，各级各部门及各单位均建立了企业自行监测及污染源监督性监测信息发布平台。

2）主要监测标准规范与仪器设备

在对固定污染源废气排放指标实施监控方面，最早从火电行业的 SO_2、NO_x 两项指标强制在线监测起步，发展到对钢铁、焦化、化工、建材等其他非电行业的 SO_2、NO_x 和颗粒物 3 项指标约束性实施强制在线监测，同时还开展了对于 VOCs、汞排放的自动监测。废水污染物在线监控主要包括化学需氧量、氨氮两项指标，并拓展到总磷、总氮、重金属等指标。我国已制定出台《固定污染源烟气（SO_2、NO_x、颗粒物）排放连续监测技术规范》（HJ 75—2017）等一系列规范，全面规范固定污染源排放烟气连续监测系统的适用性检测、安装、调试、验收、运行维护、手工比对、监督考核和自动监测数据审核等各环节，从而为国家总量减排、环境管理决策及环境执法提供可靠的技术支持。

（1）废气污染物在线末端监测系统。由烟尘浓度测量子系统、气态污染物浓度测量子系统、烟气参数测量子系统、数据采集与传输子系统组成，其架构如图 3-15 所示。通过采样和非采样方式，可实时测定气态污染物浓度、烟气中颗粒物浓度，以及烟气温度、压力、流量或流速、含湿量（或输入烟气含湿量）、烟气含氧量（或 CO_2 含量）等参数；计算烟气中污染物浓度和排放量。

（2）废水污染物在线末端监测系统。固定污染源废水污染物在线末端监测系统由五大部分组成（见图 3-16）：采样子系统、配电子系统、分析子系统、数据采集与控制子系统、数据处理与远程控制子系统。

系统所含各类仪表包括监测常规五参数的 DO、ORP、pH 值、电导、温度传感器，监测有机物的 TOC、COD 在线分析仪，监测营养盐的 NH_3-N/总氮、总磷/正磷酸盐、总磷总氮分析仪等。

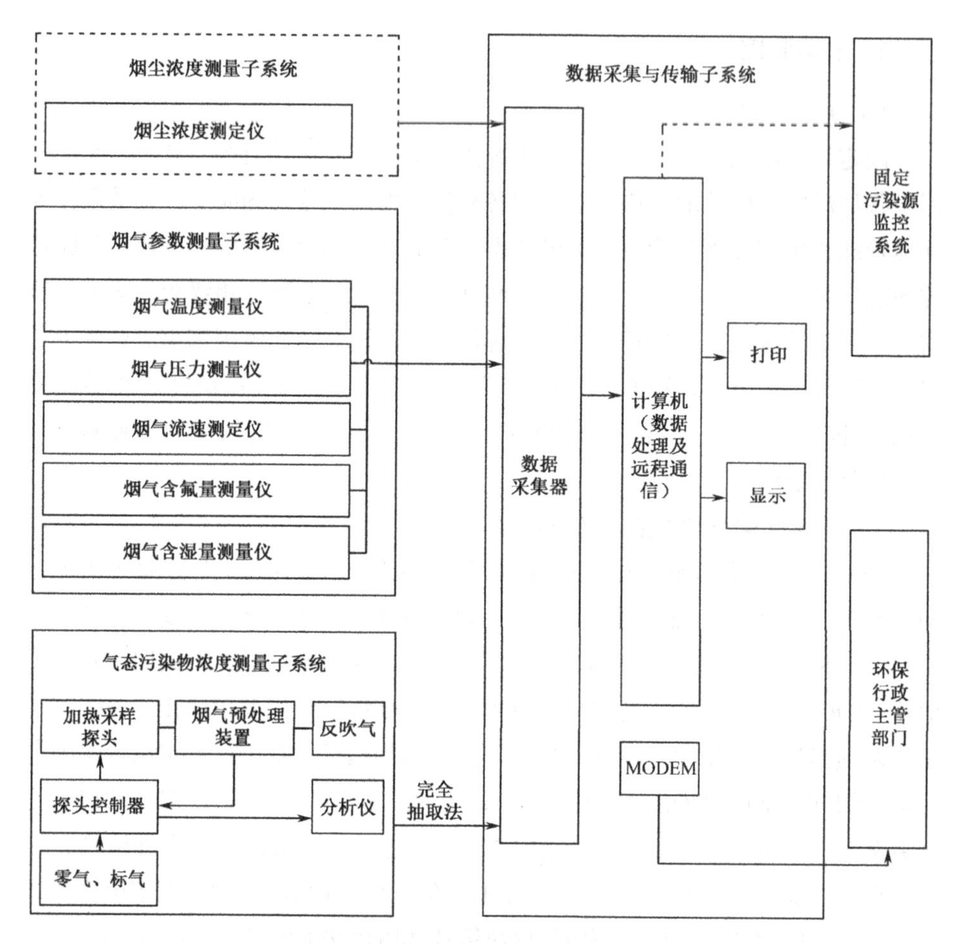

图 3-15　固定污染源废气污染物在线末端监测系统架构

2. 工况监控

1）建设内容

工况是指设备在和其动作有直接关系的条件下的工作状态，在环保领域主要是指生产性企业的生产设施和环保治理设施的运行状态。工况监控分为生产工艺过程工况监控和污染治理设施工况监控两大类，推动实现在线监控从“末端监控”向“全过程监控”转变，从独立单项指标向关联多项指标转变，能够根据验证规则自动进行工况分析，精确评价设施运行状态及排放数据的有效性，为确保监控数据的真实性和企业自证清白提供依据。通过对“企业生产情况、污染物产生、污染物治理、污染物排放”等重要过程参数信号的采集，建立所有过程参数信号的相关关系，从而判断企业生产情况、企业污染治理情况、

企业停产限产情况是否达标，自动验证其合理合法性，并自动远程报警。该系统采集的数据可以对从企业生产到企业排污行为的各节点进行分析和印证。

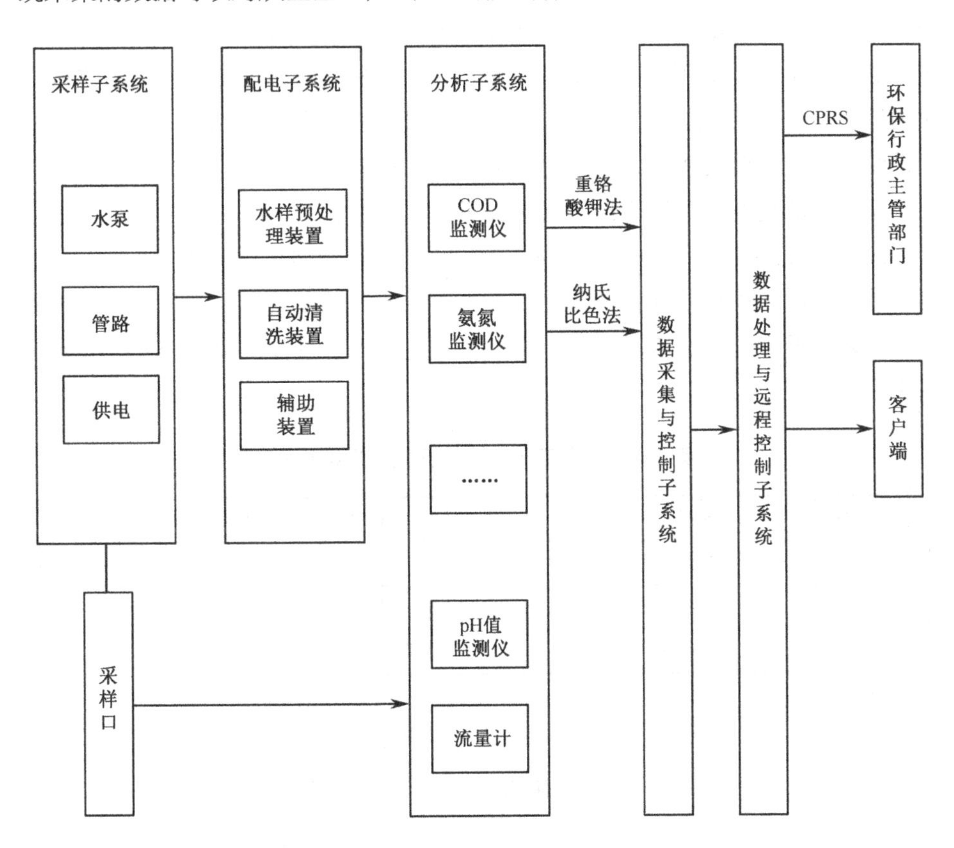

图 3-16　固定污染源废水污染物在线末端监测系统架构

生产工艺过程工况监控是指对原料的成分、用量，以及对生产工艺各环节的负荷、用电、产量和排放进行监控，以保障清洁生产全过程得以正常进行。生产工艺过程工况监控设备相当于一个节能减排的数据汇集中心，按照清洁生产标准，综合反映排污企业的原材料消耗、能耗和排放水平，并进行多路数据比对，真实反映企业排污和资源利用情况。

污染治理设施工况监控通过对脱硫、脱硝、除尘、水处理等典型污染治理设施的过程监控，监控污染治理设施的工艺过程参数，实现企业端污染产生、污染治理、污染排放全过程数据的监测、采集、传输、现场应用，有效判断污染治理过程运行是否正常，督促企业污染治理设施稳定运行，从而促使企业污染治理设施正常投运，杜绝企业偷排、超排行为。

2）主要监测标准规范与仪器设备

（1）生产工艺过程工况监控。通过实时采集和监控各种仪表、生产设施和排污设施的关键参数，监视主要生产设施的运行状况和效果。关键参数包括电气参数（如电流、电压、电功率等参数）、工艺参数（如物位、温度、流量、压力等）。生产工艺过程工况监控指标体系如表 3-4 所示。采用可靠的现场控制系统，可实时监视生产设施的运行处理情况；通过工厂总能源流转情况，在生产量估算的情况下，测算出污染排放量，以及应达到的净化指标，结合污染指标测算分析其综合治理情况，全面监测企业污染物治理效果和排放量情况。监测装置可实时采集和处理各种监测仪表和设备的关键参数，根据各行业的清洁生产工艺标准来进行选取。以火电厂为例，生产工艺过程工况监控关键参数如图 3-17 所示。

表 3-4　生产工艺过程工况监控指标体系

编　号	指标类别	相关参数（举例）
1	原材料消耗	进料皮带、称重设备、用水计量设备等
2	能耗	用电、用油、用气、锅炉功率、热效率、负荷等
3	排放指标	废水、废气排放浓度及 pH 值等

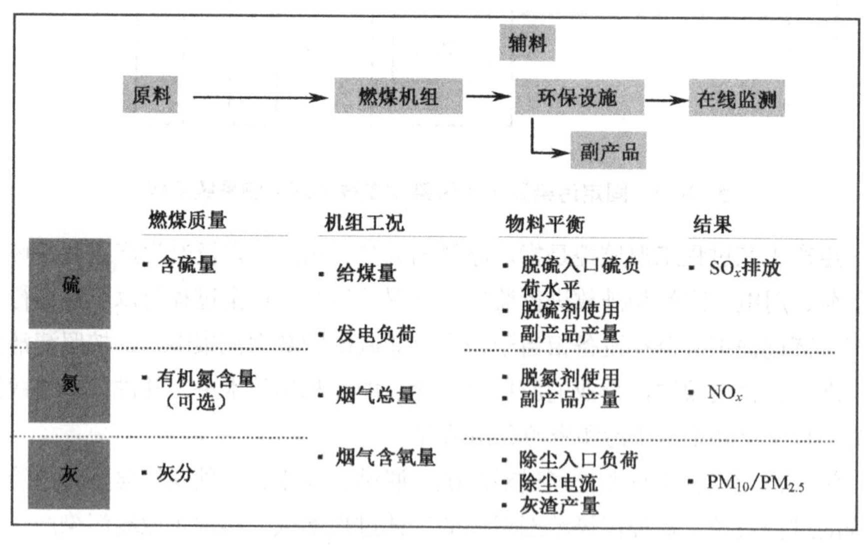

图 3-17　生产工艺过程工况监控关键参数（以火电厂为例）

（2）污染治理设施工况监控。污染治理设施工况监控主要包括废水污染治理设施工况监控、废气污染治理设施工况监控两大类。废水污染治理设施工况

监控包括对生活污水治理及工业企业污水治理设施的自动监控，监控指标包括鼓风机电流、鼓风量、曝气设备的运行状况、曝气池的溶解氧浓度、污泥浓度等。废气污染治理设施工况监控针对废气脱硫脱硝和除尘设施运行工况进行监控，主要实时记录锅炉负荷（或机组发电负荷）、风机电流和叶片开度、试剂泵电流、氧化风机电流、烟气温度、含氧量、污染物去除率等，在治理设施处于异常情况时，自动启动报警并可通过视频技术对现场情况进行远程监控。以废水污染治理设施为例，其工况监控参数如图 3-18 所示。

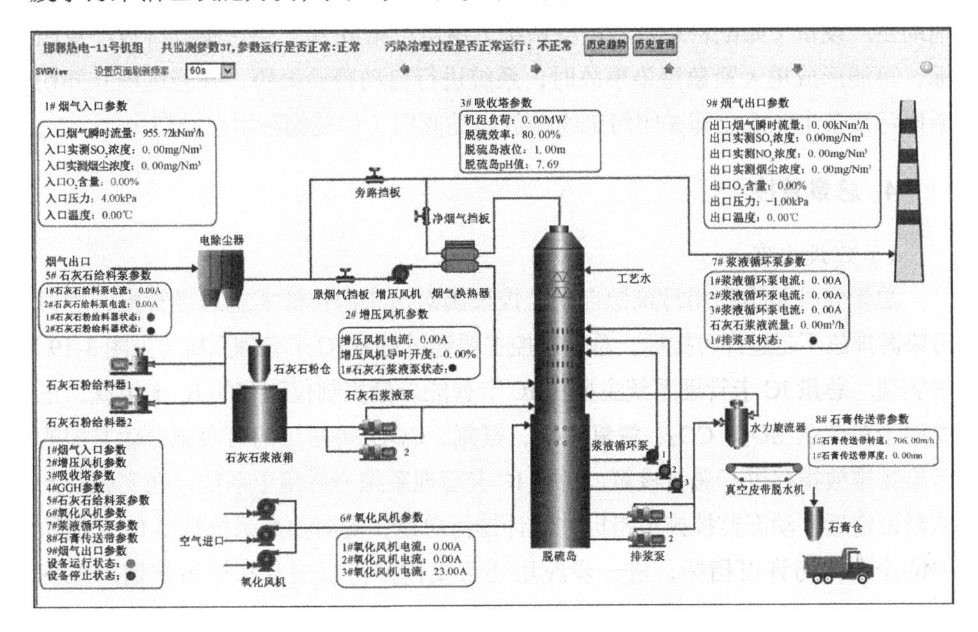

图 3-18　污染治理设施工况监控参数（以废水污染治理设施为例）

3. 预警反控

预警反控系统是指当某排污企业的污染物排放超标到一定的阈值（排放浓度或持续时间）后，排污企业仍没有主动采取有效措施，系统会自动采用声、光、电等形式向该企业发出警告信息，还可以通过远程电磁阀控制关键生产工艺流程，并分批、分级控制该企业的生活或生产供电系统，改变以往在线监系统“只监不控”的状态，从而实现“既监又控”，达到及时制止企业超标排放、支撑实现区域环境总量减排的目标。

预警反控系统常与污染源污染物排放浓度监控系统、生产工艺过程工况监控系统、污染治理设施工况监控系统、环境视频监控系统联合使用。根据对排污信息和污染治理设施运行状态的在线监测数据，自动关联汇总分析各排污企

业对排污治理的情况，对排污治理不正常的情况主动采取强制措施协助治理，在一定范围内控制污染物的排放，确保环保整改措施落实。

排污生产控制可分 4 级进行执行：第 1 级，当污染物净化设施擅自停运或运行异常时，系统进行自动或手动警铃报警，并能远程启动污染物排放净化设施；第 2 级，当污染物排放轻度超标时，系统进行自动或手动警铃报警，并能远程切断部分一般性用电（如办公区域用电），强化提醒报警功能；第 3 级，当污染物排放重度超标时，系统能够进行自动或手动警铃报警，并能远程切断辅助生产设备（如配料系统、进料系统）用电；第 4 级，当污染物排放严重超标，可能形成重大紧急污染事故时，系统进行自动警铃报警，并能远程立即切断排污设备电源或立即关闭污染物排放口的阀门（如关闭污水总排口）。

4. 总量管控

1）建设内容

总量管控是指利用污染源自动监控设施对污染源排放实施总量管控，确保污染源排放不超过许可指标。总量管控主要通过总量 IC 卡管理系统（见图 3-19）来实现。总量 IC 卡管理系统主要由 IC 卡智能总量控制仪和智能 IC 卡组成，主要用于对企业 SO_2、CO_2、氮氧化物、氨氮、COD 等常见的可实施自动监控的污染物排放指标进行总量核算。总量 IC 卡管理系统一并用于系统，在实施初始总量设定后，动态监控排污指标并统计排污总量，实时扣减系统智能 IC 卡模块中的企业排污许可指标，进一步应用还可支撑排污权交易和排污权信用抵押贷款。

图 3-19　总量 IC 卡管理系统（来源：天一信德环保）

在总量管控系统中，需要及时对企业剩余污染物排放总量进行月度、季度、年度统计，并在排污指标低于设定阈值时，启动智能控制模块的预警程序，通过报警灯、手机短信等方式向企业相关人员及环保监管相关部门人员报警；支持对产品的远程升级和维护；协助环保及相关部门对排污企业进行远程实时环保执法[6]。

2）主要监测标准规范与仪器设备

（1）IC 卡智能总量控制仪。IC 卡智能总量控制仪一般由总量监控柜体、数据通信传输模块装置（网络传输）、电源模块装置、显示模块装置、系统运行状态指示模块、总量非接触式 IC 刷卡模块装置等部分组成。

通过采集在线监控设备、生产设施负荷等相关数据内容，并实时反馈给环保部门中心后台进行信息确认；环保部门根据排污企业建设规模、所执行的排放标准和所处环境功能区域，按照排污量分配方案对企业分配排污量；IC 卡智能总量控制仪可实时显示企业各项指标排污量、累计排放量、剩余排放量，可在环保部门许可条件下对各项指标进行充值，并支持相关企业排放指标进行总量交易置换。当排污企业的某一指标排放总量达到阀值时（如设定为许可量的 90%）进行报警，给企业以警示作用，提醒排放总量交易置换。当某一指标超标后，可对控制系统进行远程联动控制，协助当地环保部门对排污企业进行远程实时环保执法，为实现排污许可控制、排污费上门缴纳、排污权交易提供数据支持。

排污总量控制数采仪的功能通过对智能 IC 卡读卡模块控制，完成智能 IC 卡与排放总量控制数采仪之间的数据交互，并通过企业现场仪器仪表获取所排放的污染物数据，计算各污染物的排污当量数，从系统存放的总当量数中扣减，并与设定的剩余报警阈值进行比对，如果低于报警阈值，则通过屏幕显示或向环保平台传输报警信息。

（2）智能 IC 卡。智能 IC 卡由环保部门统一分发至各家企业，每家企业的智能 IC 卡为唯一编号。企业可根据自身生产情况，按照环保部门核定的排污量，在环保部门购买相应污染物排放量存于智能 IC 卡。IC 卡智能总量控制仪实时采集企业排污量，并通过计算扣减已存污染物总量。当污染物总量扣减到一定数量时，由 IC 卡智能总量控制仪通过显示屏进行标识，同时通过网络向环保部门上报信息，由环保部门通知企业相关负责人采取相应措施，对在规定时限内出现的超标和超量排污企业采取限产、停产或其他减排措施，在符合污染物总量控制要求的情况下进行充值，从而实现排污总量控制功能。

5. 用电量监控

1）建设内容

用电量监控系统可实现污染治理设施的源头监管，从“用电分析”的角度，可迅速摸清各污染企业生产、污染治理设施的关联关系。通过安装电流互感开关、智能电表等，可实时监测及分析，实现生产作业行为、设备运行状态、电能消耗过程的“可视化、数字化、精细化”管理；通过对电流、电压和电量等各种用电情况进行提前预警，减少及杜绝用电及设备异常情况；同时，对污染治理设施的全天候监测，可防止企业出现偷排、减排、漏排等情况，使企业严格执行排放标准，最终实现 100% 达标排放。结合在线数据、用电量数据，制定限产减排清单，可实现错峰生产、重污染天气应急措施过程监管、异常提醒，评估应急减排措施执行效果。另外，电能监控智能分析系统收集的所有电能数据可为环保部门淘汰落后产能、执行环保电价、控制污染物排放总量、优化资源配置、改善人居环境决策提供数据支撑[7]。

2）主要监测标准规范与仪器设备

用电量监控作为工况监控的重要补充，若无法通过工况接入，则优先使用用电量监控。根据企业规模及现场实际情况，在每家企业部署一套或数套用电量数据集中器，实现该企业所有点位的用电量信息采集，并在对所有数据信息进行汇总后，统一传输至环保中心端平台。用电量采集示意如图 3-20 所示。

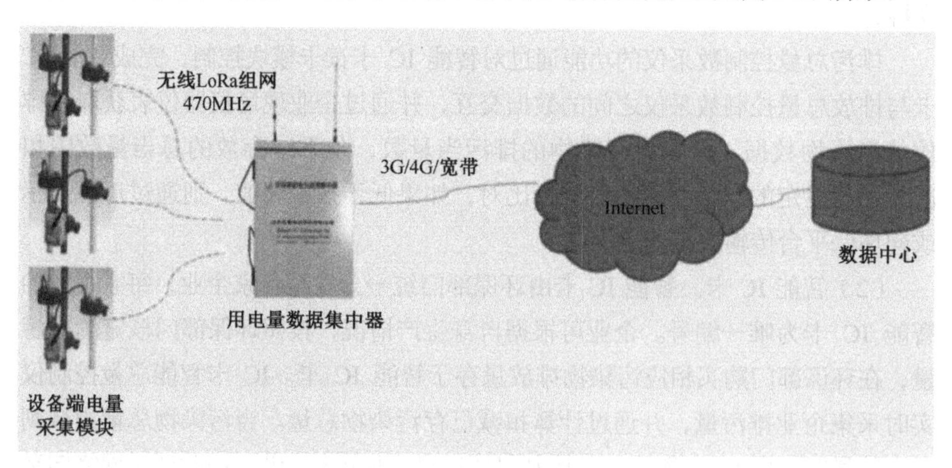

图 3-20　用电量采集示意

（1）用电量信息采集设施：使用开口式互感器进行穿刺取电，同时测量电压及电流信号，安装、部署设备端用电量采集模块必须不影响企业正常生产。

（2）高精度用电量计量单元：与开口式用电量信息采集传感器进行配合，独立精确计量用电量；有多种无线通信模式可选择，可以实现微功率长距离无线通信，具有超低功耗、数据通信保密的特点。

（3）智能用电量数据集中器：与用电量采集模块无线组网；具备高可靠性操作系统；实现智能多协议自动转换，以及多协议、多目标 IP 地址通信；具有大存储容量嵌入式数据库，系统可在线配置升级和管理。

（4）物联传输端：通过扩展 SCADA（数据采集与监视控制系统）接收的现场物联设备的类型，使系统能够识别并与用电量信息现场采集端的用电量数据集中器发起网络连接；拓展环保 HJ/T 212 数据传输标准，使用电量信息能通过国标协议进行数据传输。SCADA 将接收到的用电量信息现场采集端上报的用电量信息报文进行校验、解析，并重新组织为遵循数据处理规范的报文；再由数据处理层对所有数据进行分类，并进行统一的预处理及判断，将原始数据及初步的判断结果写入数据库。

3.4.2　移动污染源

1. 建设内容

近年来，移动污染源已经成为我国环境管理体系的重点监管对象。从重大活动的短期空气质量保障到大气污染防治“国十条”提出的长期达标规划，从国家层面的总量减排目标到城市层面的具体控制措施，都重点强调对机动车等移动污染源的控制。移动污染源排放管控主要在“天、地、车、人”4 个方面建设一个多元化的、闭环的移动污染源综合管控系统，实现对机动车的智能化精准监管（见图 3-21）。其中，多源实时排放监控系统是重要的感知移动污染源现状的系统，多源实时排放监控系统侧重于对移动污染源活动水平及排放的管理。例如，采用 OBD（车载自动诊断系统）技术了解车辆尾气控制系统是否正常工作，采用尾气遥感技术掌握目前车辆的平均排放现状并筛选出高排放车辆。通过对道路行驶车辆的精细化管理，建立高时空分辨率的车辆动态排放清单，从管理的角度算好车辆排放台账。治理措施系统侧重于对车辆排放的控制。例如，利用先进的科学技术减少车辆的尾气排放，特别是减少高排放车辆的尾气排放；发现并上报车辆排放中普遍存在的问题，并寻求技术层面的控制措施[8]。

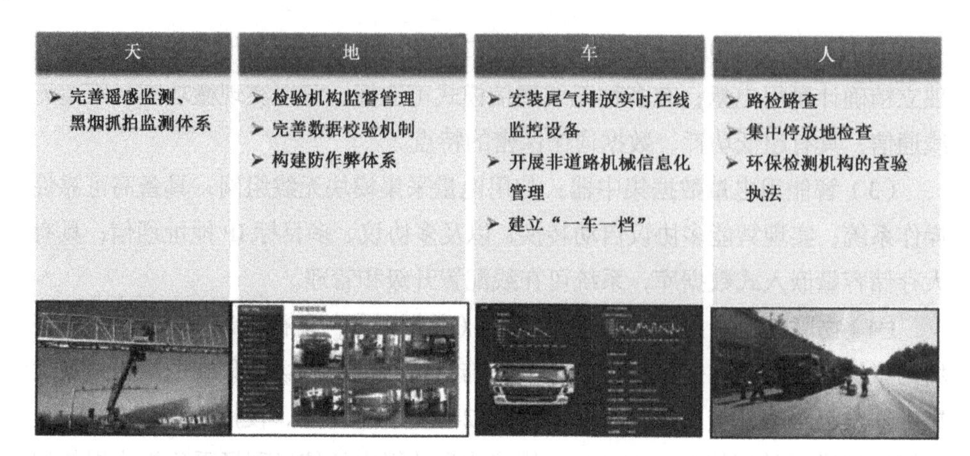

图 3-21 “天、地、车、人”移动污染源综合管控系统

2. 主要监测标准规范与仪器设备

在城市主要交通路口、交通干道、重型柴油车比较集中的路段及重点工业企业设置机动车尾气遥测点、道路空气质量微型监测点位，搭建机动车污染排放监管平台；通过实时数据联网进行机动车污染数据分析，实现城区高排污车辆快速筛查、重点区域高污染车辆限行管理，减少城区高污染机动车废气排放，并实时监控城市道路机动车污染排放整体状况，分析机动车污染排放对空气质量的影响，最终为应对机动车污染排放提供精准化管理措施，以改善城市空气质量[9]。一套完整的机动车遥感监测系统包括固定式遥感监测设备、便携式监测设备、移动式遥感监测设备，遥感监测设备（项目）配置如表 3-5 所示。

表 3-5 遥感监测设备（项目）配置

系统名称	设备（项目）名称	设备用途
固定式遥感监测设备	尾气遥测设备	监测机动车道路污染物排放，监测指标包括 CO、CO_2、NO、碳氢化合物、不透光烟度、车辆参数（车牌、速度、加速度等）
	黑烟车监测设备	对于浓度超标的柴油车辆，智能视频抓拍系统会自动进行视频抓拍保存、进行牌照识别，并自动将结果上传至服务器平台
	道路空气质量微型监测设备	实时在线监测道路区间空气质量，监测参数包括 NO_2、O_3、CO、颗粒物（PM_{10}、$PM_{2.5}$）、SO_2、VOCs、气象参数
	道路移动源颗粒物监测设备	实时在线监测道路区间颗粒物浓度，监测参数包括颗粒物（PM_{10}、$PM_{2.5}$）和 VOCs

续表

系统名称	设备（项目）名称	设备用途
固定式遥感监测设备	机动车污染源在线监测设备	通过国际先进的开放光程实时在线监测道路移动污染源的排放状况，结合道路车流量统计，评估机动车尾气对道路空气质量的影响
	信息联网设备	数据远程联网传输
	设备安装杆件	包括安装龙门架、F 杆等安装配套设施
	LED 显示屏	发布实时监测结果
便携式监测设备	透射式烟度计（适用于柴油车）	实时测试和自由加速测试，可选配转速仪，以测量发动机转速
	振动式转动分析仪	点燃式发动机、压燃式发动机及特殊燃料发动机转速测量，可配合工况法尾气分析仪、烟度计等进行转速的测量，还可用于普通尾气分析仪的双怠速及烟度计的简易工况法的测量
移动式遥感监测设备	尾气遥测设备	监测机动车道路污染物排放，监测指标包括 CO、CO_2、NO、碳氢化合物、不透光烟度、车辆参数（车牌、速度、加速度等）
	专用装载车	搭载遥感监测设备
	信息联网设备	数据远程联网传输
	车辆信息	全顺十五座并对车辆改装
机动车尾气遥感监测信息联网平台		综合“尾气遥测”“移动路检”“黑烟识别”“机动车环检”的功能串联，结合“处罚管理体系”生成处罚报告单；针对“某一辆”机动车，在遥测、路检、黑烟、环检 4 类监测数据的比对下，追踪分析、处罚控制，对车辆整改减少尾气排放起到积极的监督和控制作用，特别是对黑烟车强化行政执法（含监测数据的信息发射传输）

1）固定式遥感监测设备

固定式遥感监测设备主要由固定式机动车尾气遥测设备、黑烟车监测设备、道路空气质量微型站监测设备、道路移动源颗粒物监测设备、速度/加速度检测仪、车牌识别系统、气象参数监测仪、监控平台等组成[10]。固定水平式遥感监测设备、固定垂直式遥感监测设备安装示意分别如图 3-22 和图 3-23 所示。

2）移动式遥感监测设备

移动式遥感监测设备主要包括光源发射端、光源接收端、反射端、视频车牌捕捉系统、速度/加速度检测仪、环境气象测量系统、控制系统（见图 3-24）。

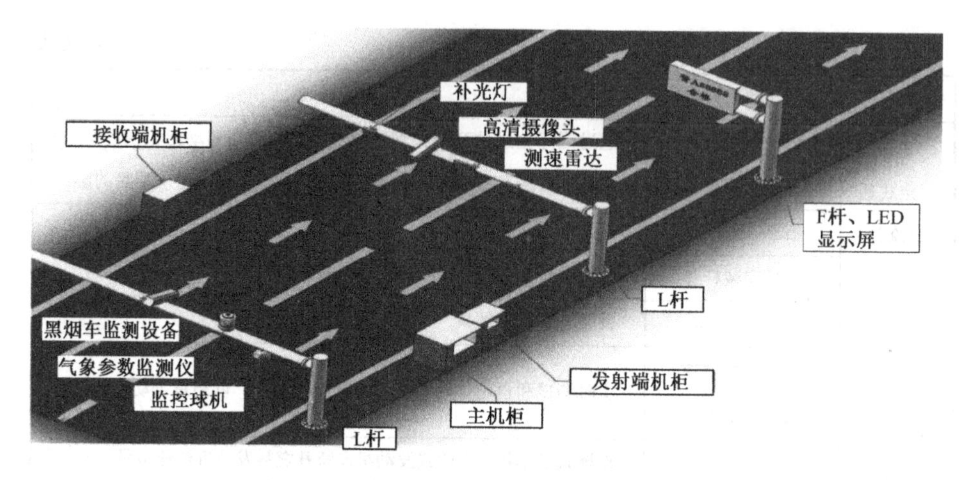

图 3-22　固定水平式遥感监测设备安装示意

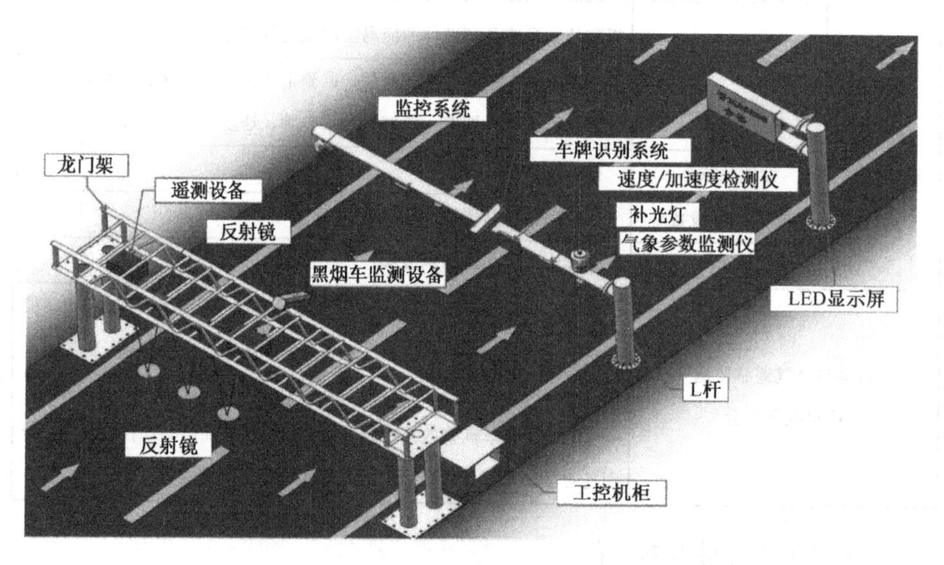

图 3-23　固定垂直式遥感监测设备安装示意

图 3-24　移动遥感监测车

3.4.3　面源

1. 建设内容

面源污染管控的主要内容包含工地扬尘、物料堆场和秸秆焚烧等引起的大气污染物无组织排放。

工地扬尘是大气污染的四大关键环节之一。目前，在城市扬尘污染治理中三大问题突出：一是建筑工地普遍缺乏环境污染防治主体责任意识，需要24小时不间断监控；二是扬尘面源监控点多线长，而环保监管人员数量少，疲于应付；三是扬尘治理涉及环节多，而且治理技术不成熟导致运行效果不稳定。《国务院关于印发打赢蓝天保卫战三年行动计划的通知》（国发〔2018〕22 号）指出，加强扬尘综合治理，严格施工扬尘监管。重点区域建筑施工工地要做到“六个百分百”，即施工工地周边 100% 围挡、拆迁工地 100% 湿法作业、物料堆放 100% 覆盖、施工现场地面100% 硬化、出入车辆100% 冲洗、渣土车辆100% 密闭运输。重点区域建筑施工工地还应安装在线监测和视频监控设备，并与当地有关主管部门联网。

秸秆露天焚烧的烟气中含有大量的CO、CO_2、氮氧化物、光化学氧化剂和悬浮颗粒物等，造成了大气污染，并且会在一定程度上增加雾霾发生的概率。环保部门每天都会用卫星监测秸秆露天焚烧情况，并对监测到的火点进行汇总发布，但点多面广，监管人员匮乏，监管力不从心；管理手段单一，监管信息不及时，效率低下，秸秆露天焚烧现象屡禁不止，给大气质量、生态环境、交通安全和火灾防护都造成了极大危害。为促进秸秆禁烧监管工作向常态化、智能化、高效化、规范化发展，需要通过红外热成像和智能图像识别技术、地理信息技术、融合通信技术等高新技术，建立秸秆焚烧监测预警和应急指挥系统，对秸秆焚烧行为进行实时监测、高效管控。

2. 主要监测标准规范与仪器设备

在工地扬尘、物料堆场监测点安装颗粒物监测仪、噪声监测仪，能连续反映被监测工地扬尘的变化情况，准确及时地捕捉污染物排放并发出预警信号，结合在线视频实现实时、直观、动态、可视化的扬尘环境监控。

工地扬尘在线监测设备应安装在建筑工程施工区域围栏安全范围内，并且应可以直接监控主要施工活动区域；监测点位应符合相关标准规范，宜布设在施工车辆主出入口、主作业面、主导风向的上下风向及扬尘隐患较大的区域附近。布设 1 个监测点位的，应设置在施工车辆的主出入口；布设 2 个及以上点位的，宜设置在施工车辆主出入口、主作业面，其中至少 1 个监测点位应设置在施工车辆主出入口。为保证监测数据的连续性和可比性，监测点位不宜轻易变动。在监测点位周围，不应有阻碍环境空气流通的非施工作业的高大建筑物、树木或其他障碍物。从监测系统采样口到附近最高障碍物之间的水平距离，至少应为该障碍物高出采样口垂直距离的 2 倍以上。扬尘在线监测设备技术参数如表 3-6 所示。

表 3-6　扬尘在线监测设备技术参数

站内设备名称	设备功能
扬尘监测系统	每天 24 小时连续监测大气中的颗粒物浓度，实时监测和传输施工现场的扬尘污染浓度数据，抓拍扬尘浓度超标图像；监测指标包括 $PM_{2.5}$、PM_{10}、TSP、相对湿度、温度等
无线视频采集系统	根据监管需要，采集实时视频，通过 Wi-Fi、4G、5G 等上传到管理中心服务器
气象参数传感器	提供现场气象参数
声级传感器	监测现场噪声参数
数据采集与通信传输模块	（1）充分利用 4G、5G（WCDMA/EVDO/TD-LTE），无线传输速率为 200kbps～1Mbps （2）Wi-Fi 自组网（2.4GHz/5GHz ISM 频段），无线传输速率为 54Mbps、150Mbps、300Mbps （3）Wi-Fi 丰富组网模式：覆盖、桥接（点到点/点到多点）、中继
可扩展智能管理终端	通过固定及移动智能终端，随时随地实现对前端音视频及数据的综合汇总分析管理，可支持计算机、平板电脑、智能手机等多种终端
一体化结构机柜	集成安装数据采集与通信传输模块、雨感，整机设计牢固，防雨淋、防腐蚀、防盐雾、防潮湿、防风沙、防霉变，适合长年在野外工作

秸秆焚烧监控点配备红外热成像高空瞭望视频点，综合运用无人机、高空瞭望视频等先进技术，实现对农田等区域秸秆焚烧的全天候监测（见图 3-25）。利用先进的大数据和云平台技术，对实时传输的视频摄像进行全面监控，同时结合专业的空气质量模型，将采集的数据按照空气质量变化的规律和趋势进行科学预测，对是否为火情进行及时、准确研判，同时避免监测失误、遗漏等问题的发生。在此基础上，科学、合理地安排不同区域的农田及秸秆可能覆盖点的执法人员，确保在确定火情并发布通知后，相关人员能第一时间奔赴现场进行处理，实现“及时止”的目标。

图 3-25　工地扬尘、物料堆场（左）与秸秆焚烧（右）视频监测设备

3.5　风险源感知体系

3.5.1　建设内容

通过物联网和大数据技术，对危险废物、危险化学品等风险源头的产生、储存、转移、处置等，进行电子标签化管理、电子联单、电子监控和在线监测，可实现从“起点到终点”的全生命周期电子化监管，对全过程进行实时监管、预测预警，从而有效防治污染事件的发生。风险源智能化感知体系如图 3-26 所示。在设备监管上，为运输车辆配备专用智能设备，实现 GPS、路线优化、远程锁车、自动称重、胎温胎压异常检测等全维度智能化功能，对车厢内的货物进行三维建模，做到危险废物运输的全程透明可视化，并通过桌面端或移动端人机交互平台实时调用系统所有功能，实现对运输车辆的智能化管理[11]。风险源精细化闭环监管体系如图 3-27 所示。

3.5.2　主要监测标准规范与仪器设备

1. 医疗危险废物监控

医疗危险废物监控主要实现对医疗废物、医疗危险废物的远程监控，实现产生单位、中转站、处置单位废物数量与重量的自动比对，实现废物超出监控范围的报警，实现废物实时定位，实现监控数据的实时通报，实现监控数据、转移联单数据的统计分析，能够与现场管理人员第一时间取得联系，从而控制污染势态发展。系统功能主要包括如下内容。

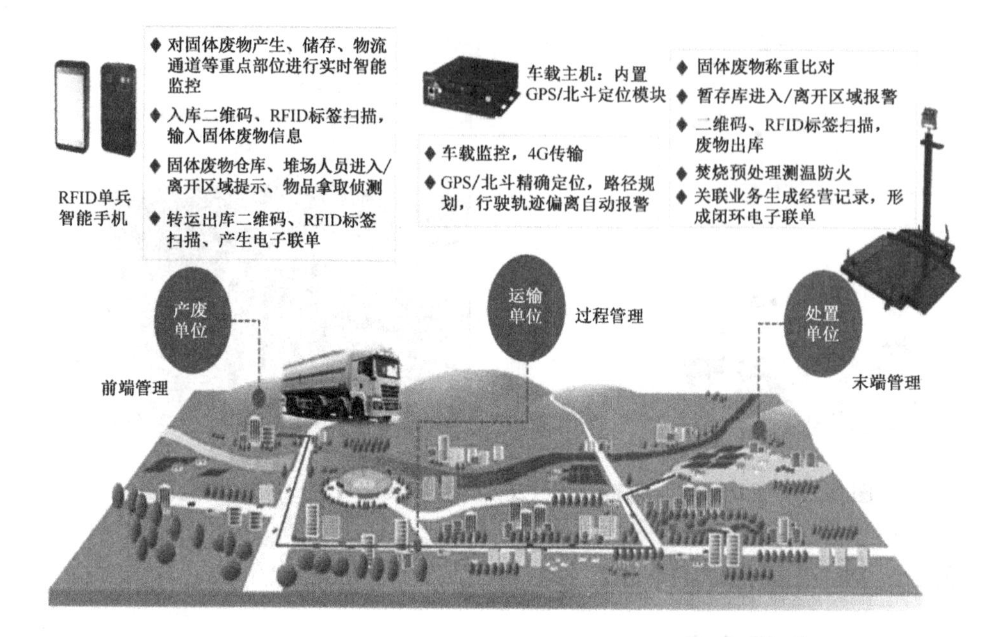

图 3-26　风险源智能化感知体系（来源：广软科技）

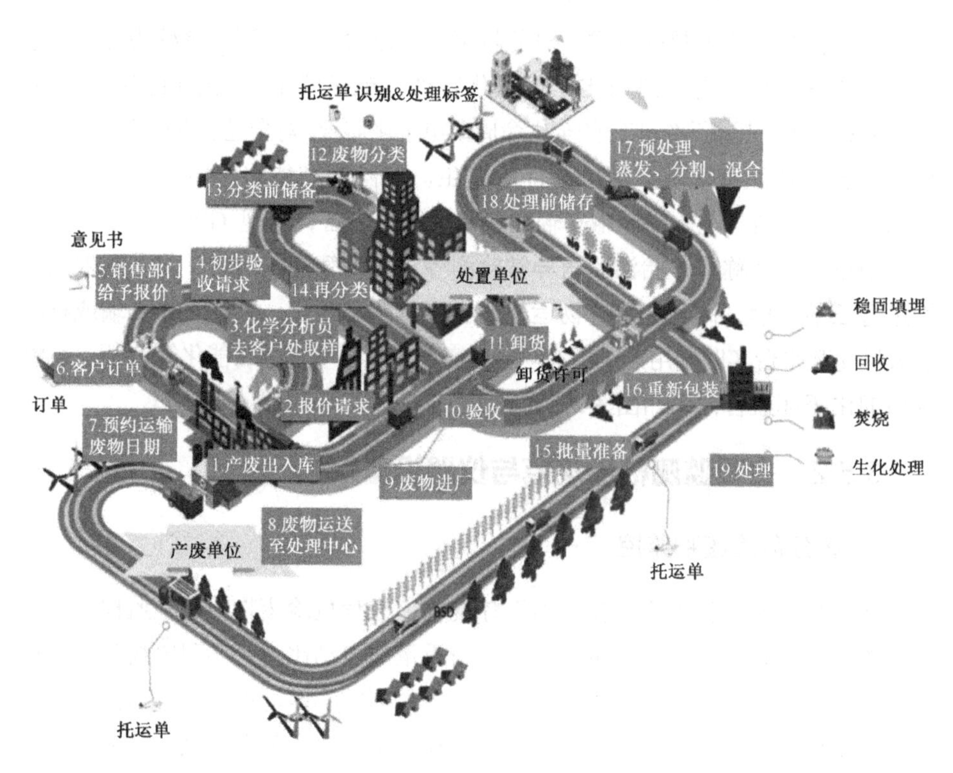

图 3-27　风险源精细化闭环监管体系（来源：广软科技）

1）电子联单全过程信息管理

使用电子联单对医疗危险废物进行全生命周期管理。电子联单会记录从装箱、装车、运输，到焚烧和处理完毕等整个医疗危险废物处理过程，方便实现全过程在线的跟踪管理。

2）收运车辆RFID管理系统

对医疗危险废物收运车辆的生命周期、任务的生命周期进行管理，全程管理收运车辆的任务、保养维修及车载设备的使用状况，确保收运车辆及时、有效、安全地完成收运任务。建立收运车辆RFID电子关锁系统，电子关锁系统包括读写器、控制终端、数据终端、手持机及中心服务器等，可跟踪收运车辆每次开关车辆箱门的信息。建立收运车辆GPS路线实时追踪系统，主要由车载终端和监控数据中心两部分组成。

3）视频监控系统

视频监控系统对医疗废物收取、运输、焚烧各关键环节进行实时、有效监控，可实现违规行为智能识别，并与车载摄像和电子关锁联动，当电子关锁打开时记录下开锁人员照片，确保对医疗废物收运过程的可视化监控。

4）RFID医疗废物焚烧核对系统

利用RFID技术对医疗废物初始信息进行记录，内容包括医疗废物所属单位、收取时间、重量等，同时将记录上传至服务器。系统在医疗废物收取点设有称重平台，自动上传相关信息到服务器，并改写医疗废物周转桶所带RFID信息。医疗废物周转桶经过运输分配后到达焚烧中心，在焚烧中心流水线称重台读取标签信息，并与称重台的称重信息进行比对，将比对结果上传到焚烧中心监控室，若出现比对失败信息则将进行报警。

5）监控中心可视化平台

监控中心可视化平台由数据服务中心、数据管理系统和监控中心3个部分构成，可实现对医疗废物收集、转运和处理等相关信息的综合决策分析。

2. 危险废物监控系统

危险废物产生量随着我国社会经济的高速发展不断增加，交通路况的日益复杂使危险废物运输事故频繁发生，造成严重的环境安全事件和局部环境污染。目前，危险废物运输已成为环境事件的主要风险源之一。危险废物运输存在多头管理、职责不清、数据不统一的实际困难。例如，交通运输部门负责危险废物运输资质；安监部门负责对危险废物的生产、运输和使用进行监督管理；环保部门负责对危险废物进行全过程管理和监督；等等。从环境应急的角度来看，按职能划分，危险废物监控预警由固体废物中心监管，但最终监管信息要纳入统一的应急平台，并与安全生产监督管理部门、交通运输部门等进行对接。危险废物监控系统功能主要包括以下内容。

1）实时监控与轨迹回放

实时在电子地图上显示车辆的位置、速度、方向等状态信息。同时，可在数据库中查询历史轨迹，对监控车辆进行历史行驶轨迹播放。

2）报警管理功能

自动记录并提示监控车辆在运输途中遇到的超速、高温等报警信息，监控人员可及时掌握车辆异常情况，还可对车辆行驶里程、停留时间、超速、速度分布、点火/熄火时间进行统计。

3）车辆停留信息统计

为防范个别司机在未到达预定地点便倾倒危险废物等违法行为，可通过统计危险废物运输车辆到达危险废物产生单位的频率和停留时间，来判定运输车辆是否按照工作计划到达危险废物产生、储存和处理单位并收集危险废物。同时，也为危险废物运输车辆和运输单位工作绩效提供了准确判断和评估依据。

3.6 移动式感知体系

移动式感知体系通过生态环境卫星、无人机、无人船（仿生鱼）等移动工具，并搭载大气环境、水环境、生态环境有关在线监测仪器设备，对以往固定式监测站点进行有力补充，能进一步丰富生态环境质量监测手段、提高环境监测数据的针对性和精准性，有利于提高生态环境监管水平。例如，生态环境部在 2019 年开展长江入河排污口排查整治专项行动时，按照“排查、监测、溯源、整治”4 个步骤，利用卫星遥感、无人机航测分析辨别疑似入河排污口，制定印发《入海（河）排污口排查整治无人机航空遥感技术要求（试行）》，要求“天地”结合、“人机”互补，实现应查尽查。

3.6.1 生态环境卫星遥感

1. 建设内容

遥感监测（Remote Sensing，RS）是空地一体化生态环境感知与响应体系建设的重要组成部分，具有宏观、快速、定量、准确等特点，可支撑环境监测从点转向面、从静态转向动态、从平面转向向立体，是实现环保精细化、信息

化管理的重要手段。目前，遥感监测时空分辨率持续增加，已从可见光发展到全波段，从传统的光学摄影演变为光学和微波结合、主动与被动协同配合的综合观测技术，具有大范围、全天候、周期性监测全球环境变化的优势，已经成为监测宏观生态环境动态变化最可行、最有效的技术手段。

遥感监测的应用领域包括自然保护区人类活动、生物多样性保护区、重点生态功能区、土壤污染风险防控、海岸带动态变化等。同时，遥感监测结果被纳入县域生态环境质量考核评分体系，有力支撑了县域生态环境质量监测、考核和评价工作。在环境执法、环境应急、核安全等方面，开展秸秆焚烧、生态保护红线、饮用水水源地等专项环境执法遥感监测；实施近海海域溢油、自然灾害等环境应急遥感监测；实施核电厂建设、核电站温排水等核安全保障遥感监测；实施污染源违规排放、非法开发等中央生态环境保护督察遥感监测；等等。卫星遥感监测在处理突出环境问题、责任追究等方面发挥了不可或缺的作用。

2. 主要监测标准规范与仪器设备

生态环境遥感监测已成功实现了水环境、大气环境、生态环境和环境监管等遥感监测业务化运行。在大气环境方面，我国制定出台了《卫星遥感秸秆焚烧监测技术规范》（HJ 1008—2018），实现全国秸秆焚烧、灰霾、沙尘、颗粒物、NO_2 等遥感动态监测。在水环境方面，实现全国重点湖库水华和富营养化、集中式饮用水水源地、城市黑臭水体治理、流域岸边带、良好湖库等遥感动态监测。例如，近期发射的高分五号卫星，可获取从紫外光到长波红外光波段的高光谱分辨率遥感数据，对陆表生态环境、内陆水体等地物目标，以及大气污染物、温室气体、气溶胶等环境要素进行综合探测，可为我国生态文明建设，以及提高我国在全球气候变化领域的话语权等重大需求提供数据支撑。

3.6.2　无人机搭载移动监测

1. 建设内容

无人机通过不同飞行高度可实现高空大面积监测，也可实现低空小范围高精度监测，还可通过多架次对上万平方千米的监测区进行监测。通过搭载光谱分析设备或大气污染物感知设备，可得到大面积监测区的各项监测数据，为整个监测区的宏观环境评价提供依据。通过全面展示监测区域环境状况、污染物影响程度和范围，支撑相关部门决策。同时，针对应急事件，无人机可快

速对监测区域进行大范围监测，单台无人机监测能力最高达到 200～320 平方千米/日。水体透明度、富营养化等监测结果能在较短时间内以高清图像、多种专题数据或三维水体污染状况变化动画等显示。

无人机拍摄生成的高清晰图像可直观辨别污染源、污染口、可见漂浮物等，并生成分布图。其生成的多光谱图像可直观、全面地监测地表水环境质量状况，包括水质富营养化、有机污染程度及透明度，从而达到对水质特征污染物监视性监测的目的。其结果能全面、直观地演示水域环境状况，对污染物影响程度和扩散范围进行监测和预警，从而达到为水污染事故应急处理处置提供技术支撑的目的，也可为环境评价、环境监察执法提供依据。

2. 主要监测标准规范与仪器设备

按照平台构型，无人机可分为固定翼、旋翼、伞翼和扑翼无人机，以及无人飞艇等类别。目前，在生态环境领域常用的为多旋翼无人机，具备较强的悬挂能力，悬挂重达到 1 千克；具备较长的续航能力，续航时间达到 1 小时以上，并可多功能扩展。无人机搭载移动监测系统组成如图 3-28 所示。

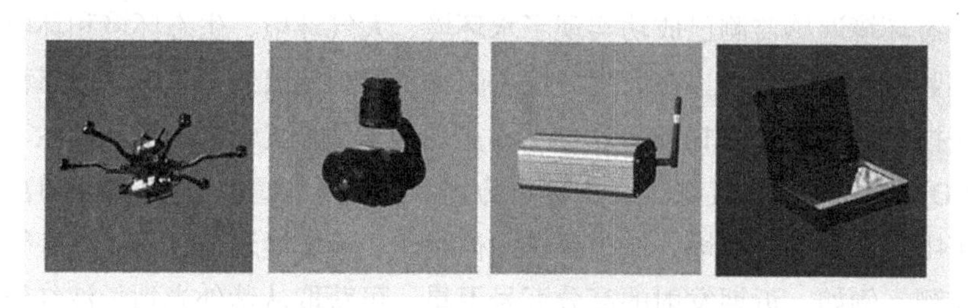

图 3-28　无人机搭载移动监测系统组成

无人机系统可以实现空对地的污染源信息判断、污染源位置识别，同时能够搭载空气质量检测仪，实现 AQI 六参数、风速风向气象五参数在线监测，实时回传监测数据，实现平台化展示。

无人机上搭载多光谱、高光谱、近红外、雷达等专业载荷，可进行 4K 级别的航空影像拍摄，其影像分辨率可以达到 0.1～0.5 米，优于国内外一些高分辨率卫星影像。无人机拍摄数据兼具卫星影像的价格和航空影像的快速采集优势，采用高性能计算机自动处理技术，可完成影像数据的预处理、精加工、镶嵌及高程数据生成。该高程数据能方便地与 GIS 和 RS 系统集成，快速搭建环保应用，提供综合性和周期性的环境信息服务。

3.6.3　无人船（仿生鱼）水质移动监测

1. 建设内容

实施全自动水质在线无人监测。全自动水质在线监测无人船是集最新的复合材料技术、水下动力推进技术、自主导航与自动控制技术于一体的新一代水上无人船产品[12]，具有机动、灵活实现大范围水体的水样自动采集、移动水质自动巡测、污染源调查与追踪等功能，可实现通过遥控在视距内多点、定时、定量自动采样，已广泛应用于环保、水利、渔政、气象、水务等常规作业和突发事件应急（见图 3-29）。

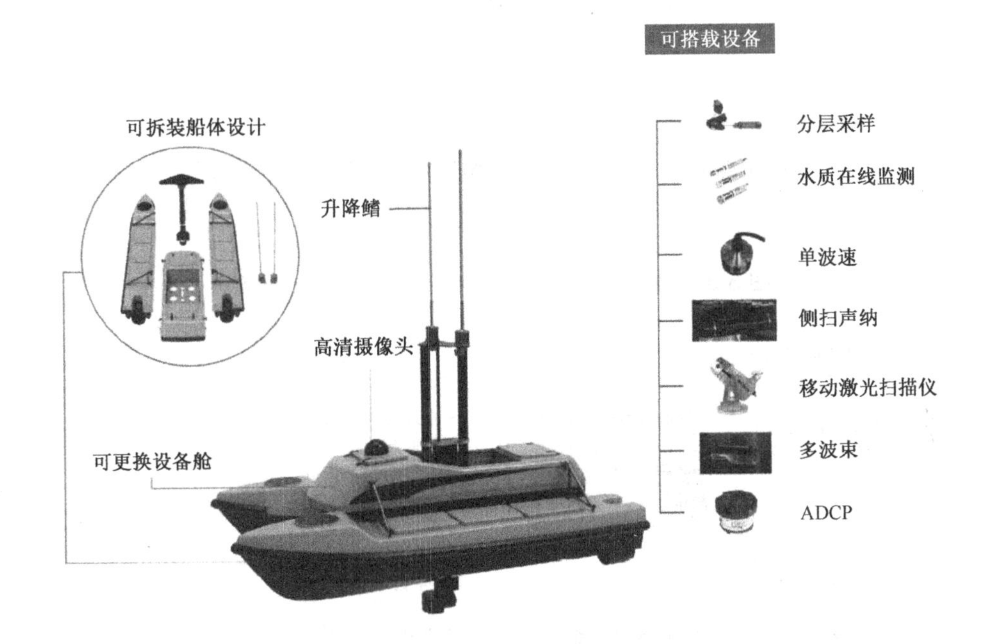

图 3-29　无人监测船效果（来源：云洲智能）

2. 主要监测标准规范与仪器设备

全自动水质在线监测无人船前端系统（见图 3-30）主要包括供电电池、主控系统、遥控器或地面工作站。主控系统可安装水质多参数分析仪、视频摄像头、采样装置等设备。

无人船可根据 GPS 定位进行遥控行驶，完成任务后自动返航，在超出控制信号覆盖范围时依然可以正常工作。无人船支持通过遥控器完成全部航行控制和采样任务，其流程为：智能自主导航模式可按设定路线行驶到采样位置，自动采集指定容量水样到规定容器瓶中，支持多点采样和水质在线监测；接收并执行地面基站的任务指令，并完成水质自动监测、标准化采样、智能定位、姿态调整、工作状态等航行控制和野外作业任务。其功能特点（见图 3-31）包括：实现各类数据信息的标准化采集与传输，无人船的数据信息实时发送回地面控制基站；支持无舵机转向功能和“倒车”航行技术；超声波自动避障，在自动导航模式下，10 米内即可探测障碍物，并采用自动变向技术自行绕过障碍物；失联保护，地面站与船信号失联时可自动回航至指定位置（如出发点）；遗失追踪，可 GPS 定位、当前位置短信查找。

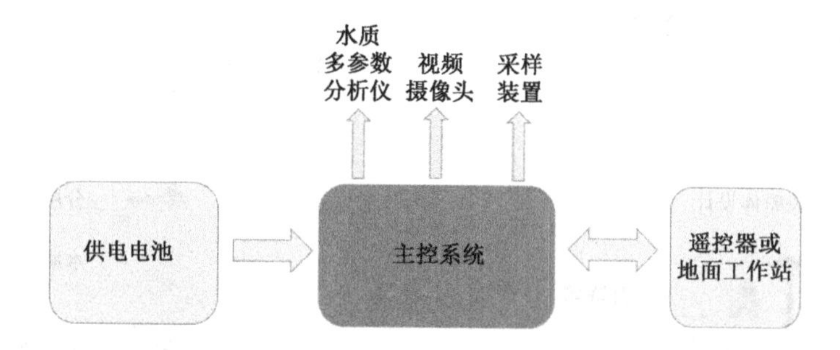

图 3-30　全自动水质在线监测无人船前端系统示意

实时数据展示

- 动态定位污染源头
- 自动测绘污染物扩散分布图

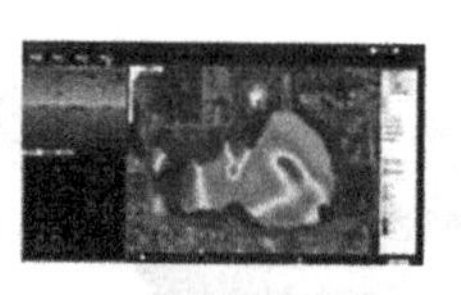

自动在线监测

- 实现大范围水质在线监测
- 突发情况调查取样
- 可以支持6～7种监测指标

智能自主导航

- 结合地图通过GPS精准定位，自主导航
- 自主设置目标路线

全自动标准化采样

- 定点、定量采样
- 混采、分采功能
- 自动生成采样报告
- 管路、容器材质可定制

图 3-31　无人船主要功能特点

另外，仿生鱼水下水质移动监测也逐渐兴起。仿生鱼实质上是一种水质参数采集传感器，通过在水下巡游，可将叶绿素、含氧量、pH 值、电导率等水质参数实时地传输到地面终端。为提高监测范围和监测效率、完成大面积水域各项指标精准监测，可给仿生鱼编队，按照编定的程序呈现三角形、线段等几何图形路径，实现集群智能协同采集数据。

3.7 生物活体感知体系

3.7.1 建设内容

生物活体感知在水环境污染防治方面应用较多，水体中污染物千差万别，常规理化指标仅反映其中很少一部分污染物含量，无法对所有污染状况做出综合评价。因此，生物毒性监测通过判断特定水生生物（如发光菌、蚤类、藻类、鱼类等）的生物活性来表征水质状况。当水生生物遭遇水质恶化或有毒污染物时，会自主改变其行为（如逃避、活动性下降、死亡等），通过对水生生物活性进行监测，可实现对水体污染的有效预警。将各类生物综合毒性监测仪应用于地表水在线自动监测，使其在水质判别、应急预警毒性研究等方面发挥重要作用。

3.7.2 主要监测标准规范与仪器设备

根据有关研究成果，生物毒性分析方法主要有发光菌急性毒性测试法、蚤类急性毒性测试法、藻类毒性测试法，以及鱼类急性、慢性监测毒性测试法[13]，标准主要包括《水质　水样对弧菌类光发射抑制影响的测定（发光细菌试验）　第 3 部分：使用冻干菌法》（ISO 11348—3—2007）、《水质　急性毒性的测定　发光细菌法》（GB/T 15441—1995）、《水质　用单细胞绿藻类进行的淡水藻类生长抑制性试验》（ISO 8692—2004）、《水质　物质对蚤类（大型蚤）急性毒性测定方法》（GB/T 13266—1991）、《水质　物质对淡水鱼（斑马鱼）急性毒性测定方法》（GB/T 13267—1991），以及美国出台的《使用发光海生细菌毒性试验法评定化学污染的水和土壤微生物解毒的标准试验方法》（ASTM-D—5660—1996 R2004）等，总体进展较慢。

目前，国内外品牌均有生物综合毒性在线自动监测仪。常见品牌有中国科学院生态环境研究中心 BEWs、深圳朗石 Lumifox8000、杭州聚光 TOX-2000、美国 UNIBEST Tox Alert、德国 BBE、荷兰 TOXcontrol、日本 Animan BS-2000A 等。目前，地表水质自动预警监测系统仍然以国际品牌为主，其中荷兰 TOXcontrol、德国 BBE、中国科学院生态环境研究中心 BEWs、深圳朗石 Lumifox8000 等仪器使用较多。各类生物毒性在线监测仪器主要性能指标对比如表 3-7 所示。

表 3-7　各类生物毒性在线监测仪器主要性能指标对比

分析方法	发光菌法	藻类分析法	蚤类分析法	鱼类分析法	电化学微生物法
主要生物种类	发光细菌	新月藻	水蚤	青鳉鱼	活性微生物
原理	发光强度测试	荧光测试	水蚤活度变化	鱼类活性变化	电流变化量测试
标准符合性	ISO 11348-3—2007/ GB/T 15441—1995	ISO 8692—2004	GB/T 13266—1991	GB/T 13267—1991	—
反应时间	5～30 分钟	1 分钟	20 分钟	30 分钟以上	3 分钟
测试生物管理	需要专业人员培养活化	外购更换，不需要专业人员	需要专业人员进行培养驯化	需要专业人员培养或外购更换	专业人员
温度环境	冷藏恒温	常温	常温	常温	常温
生物更换周期	1 周	2 周	2 周	1 周	无
反应范围	低浓度（ppb）	低浓度（ppb）	中浓度	中浓度	低浓度（ppb）
再现性	好	较好	一般	一般	较好
使用成本	高	较高	较低	较低	低
仪器故障率	低	较高	较低	低	高

3.8　生态环境大数据基础平台

生态环境大数据基础平台包括硬件环境和软件环境两个方面，是实现海量环保数据资源共享与智能管理的核心。硬件环境主要包括高性能计算服务器、传输网络和数据存储等设备，其设施的优化配置要有充分的可扩展性，并结合资源池的先进理念，实现物理层和逻辑层的共享。软件环境分为操作系统、云计算管理平台和数据业务平台开发；从面向用户的角度，软件平台又可划分为环保专有云和公共服务云。利用云平台的计算能力、共享资源、统一操作系统搭建各业务体系，可实现环保业务智能化、科学化管理。

3.8.1　平台功能架构

按照“以应用为先导”的原则，依据应用系统架构和业务需求规模来估算计算与存储需求，达到应用系统安全可靠运行、易于管理维护的目标[2]。在计算时要同时考虑未来平台扩展所需的计算能力。计算能力主要由以下 3 种类型的服务器构成：数据库服务器、应用服务器、Web 服务器。

生态环境大数据基础平台在功能架构上采用“三层结构”设计思想，在逻

辑上按“接入层、业务处理层和数据服务层”三层结构设计。将接入层独立出来，易于实现个性化和定制化，使平台的访问和使用更为灵活方便；将数据服务层和业务处理层分开，可屏蔽业务数据的存储、组织和访问具体细节，实现业务数据的充分共享，从而实现横向组合。生态环境大数据基础平台功能架构设计如图 3-32 所示。

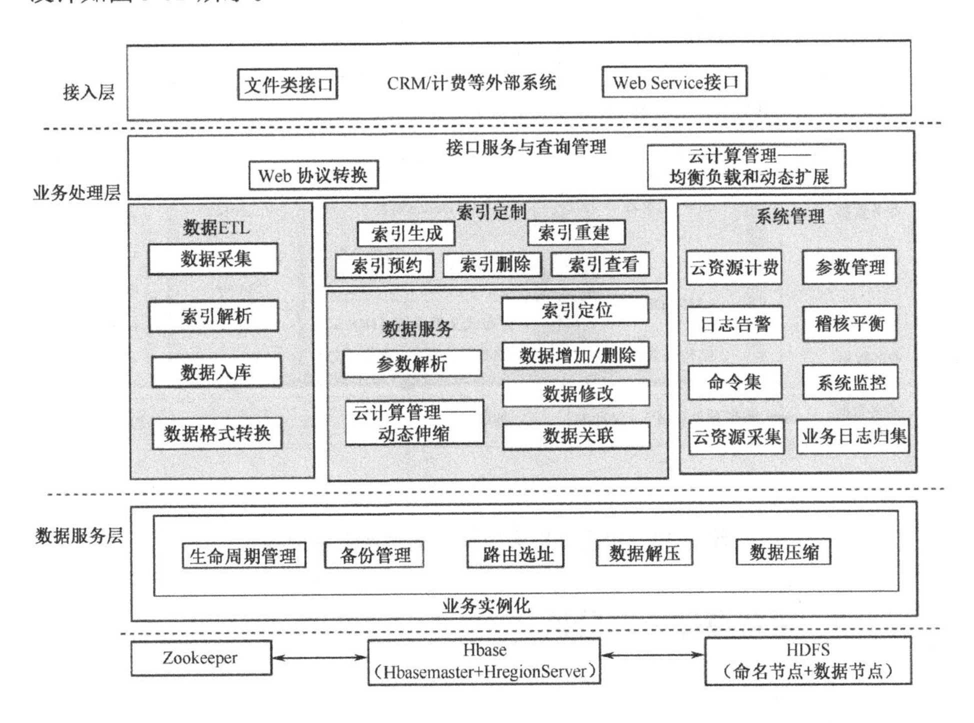

图 3-32　生态环境大数据基础平台功能架构设计

生态环境大数据基础平台采用模块化开发方式，各模块之间相互独立，模块通过接口进行开放和信息传输，任何一个应用模块的损坏和更换都不能影响其他模块的使用，可提供满足多源异构数据采集、存储、分析、融合服务的 PB 级大数据融合云系统，满足智慧环保监管平台对数据存储的高可靠、高可用、高存取效率、易于扩展的需求。各业务系统自建数据库需要完成与大数据中心的数据集成和整合，必须实现业务数据和生态环境大数据中心数据的同步。系统部署支持分布式计算、均衡负载和集群技术，提供良好的可扩展性和容错性；可靠性保障较高，能满足 7×24 小时业务运营要求；须具有较高的稳定性保障，能够应对各种突发流量、集中业务处理等极限环境的长期、稳定运营；须具有良好的升级扩展能力，以最大限度地提供在线升级和扩展功能，满

足在业务不间断运营情况下，进行系统接口、功能扩展的要求。

生态环境大数据基础平台逻辑架构如图 3-33 所示。根据业务逻辑划分，按照实时和非实时负载隔离、遵从 SLA 等级原则，将大数据处理平台拆分为 Stream（实时流处理）集群、Hadoop 集群和 MPP DB 集群 3 个部分。

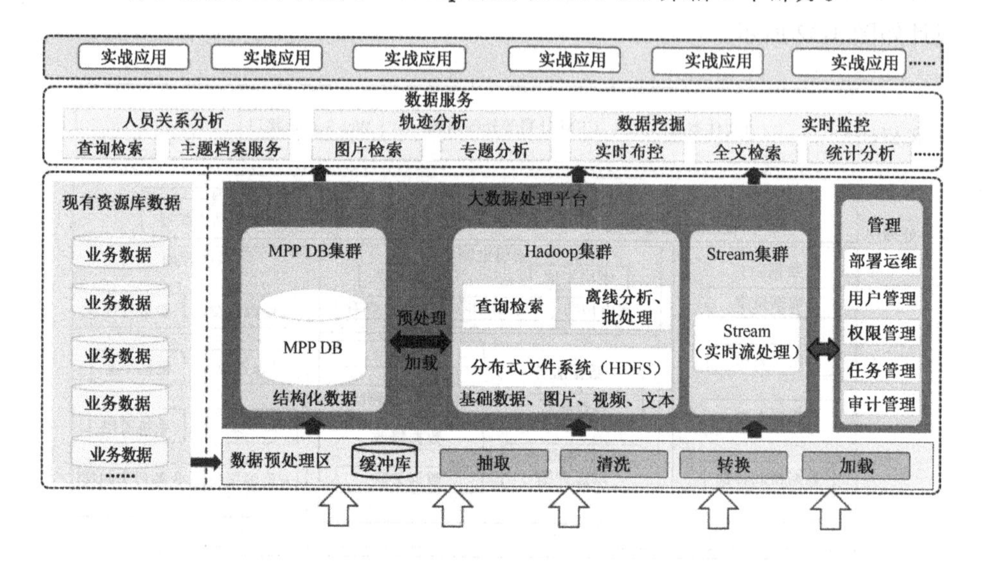

图 3-33　生态环境大数据基础平台逻辑架构

3.8.2　平台存储能力分析

汇集生态环境基础数据、业务数据、企业数据、图像数据、网络数据等内容，满足结构化数据、半结构化数据、非结构化数据存储要求，利用大数据分布式存储技术进行存储。主要信息类型包括文本、数值、图形图像及富媒体信息等。随着计算机技术的进步，以及生态环境管理部门需求的扩展和应用的深入，图形图像信息和多媒体信息的处理需求日益增加。

（1）文本型信息：各种政策文件、审批文件、研究报告、标准规范、技术指南等。

（2）数值型信息：各种动态监测数据、指标数据、统计数据、在线监控数据、普查数据等。

（3）图形图像信息：空间地理信息、“三线一单”图件、模型模拟、建设项目资料、各种扫描文件等。

（4）富媒体信息：视频监控、监督执法，以及会议录音、录像资料等。

3.8.3　数据容灾备份

数据容灾备份大致可分为 3 个级别：数据级别、应用级别、业务级别。数据级别容灾备份属于较低的保护级别，关注点在于数据，即灾难发生后可以确保用户原有的数据不会丢失或遭到破坏。根据业务要求，一般应采用应用级别或以上级别进行容灾备份，灾备中心安装一套与主站点相同的盘阵，对主站点的盘阵数据进行实时远程镜像，同时对应用服务器进行备份，将执行应用处理能力备份一份。当主系统发生故障之后，应用服务器重新加载数据继续运行，不会对系统正常运转造成较大影响。

3.9　生态环境精细化调控平台

生态环境精细化调控平台综合利用大数据技术、3S 技术、分布式存储、模型识别、智能分析等先进信息技术，构建了统一的生态环境数据资源中心。生态环境精细化调控平台包括精敏的量化溯源感知体系、可靠的动态分析管控体系、精准的管理决策支持体系、有效的环境执法监管体系、科学的深度治理支持体系，实现“量化溯源—动态分析—管理决策—执法监管—深度治理”全过程闭环管理，推动形成智能化、精细化调控的机制体制。实现短期和中长期环境质量目标预警分析、方案控制措施动态管理、方案实施效果定量评估等全方位决策支持。生态环境精细化调控平台功能结构设计如图 3-34 所示。

精敏的量化溯源感知体系
• 大气污染源排放清单动态管理系统
• 颗粒物在线源解析业务管理系统
• 工业企业用电量智能管控平台
• 园区水污染预警溯源系统

可靠的动态分析管控体系
• 空气质量动态分析系统
• 空气质量预报预警系统
• 移动污染源综合监管平台
• 污染源过程（工况）监控系统

A B C D E

生态环境
数据资源中心

精准的管理决策支持体系
• “一证式”综合监管系统
• 空气质量达标管理动态评估系统
• 重污染天气应急督导与效果评估系统
• 突发环境应急指挥调度系统

科学的深度治理支持体系
• 固定污染源深度治理
• 移动污染源深度治理
• 排污权在线交易管控系统
• 环境经济预测模拟系统

有效的环境执法监管体系
• 生态环境网格化综合管理系统
• 大气污染热点微网格智能监管系统
• “河长制”一体化管控系统
• 环境监察移动执法系统
• 固体废弃物全过程智能监管系统

统一的中心　集中的中心
共享的中心　生态的中心
智慧的中心

量化溯源—动态分析—管理决策—执法监管—深度治理

图 3-34　生态环境精细化调控平台功能结构设计

3.9.1 精敏的量化溯源感知体系

通过科学、动态的排放清单分析和污染来源追踪溯源，帮助决策者快速摸清污染来源，精准识别管控重点，为制定有效减排对策提供数据支撑与科学依据。目前，成熟应用主要包括大气污染源排放清单动态管理系统、颗粒物在线源解析业务管理系统、工业企业用电量智能管控平台、园区水污染预警溯源系统等。

1. 大气污染源排放清单动态管理系统

1）系统概述

编制大气污染源排放清单，实现大气污染源排放信息采集、清单核算、数据质控、可视化分析、动态更新与模型对接，为空气质量预报预警、重污染应急管理和空气质量达标规划等工作提供核心基础数据支撑。按照《大气挥发性有机物源排放清单技术编制指南（试行）》提供的城市人为源排放清单编制方法（见图 3-35），城市人为源排放清单包括化石燃料固定燃烧源、工艺过程源、移动污染源、溶剂使用源、农业源、扬尘源、生物质燃烧源、储存运输源、废弃物处理源、餐饮油烟等排放源共 10 类污染源；污染物种类包括 SO_2、NO_x、CO、VOCs、$PM_{2.5}$、PM_{10}、BC、OC、NH_3 共 9 种污染物。

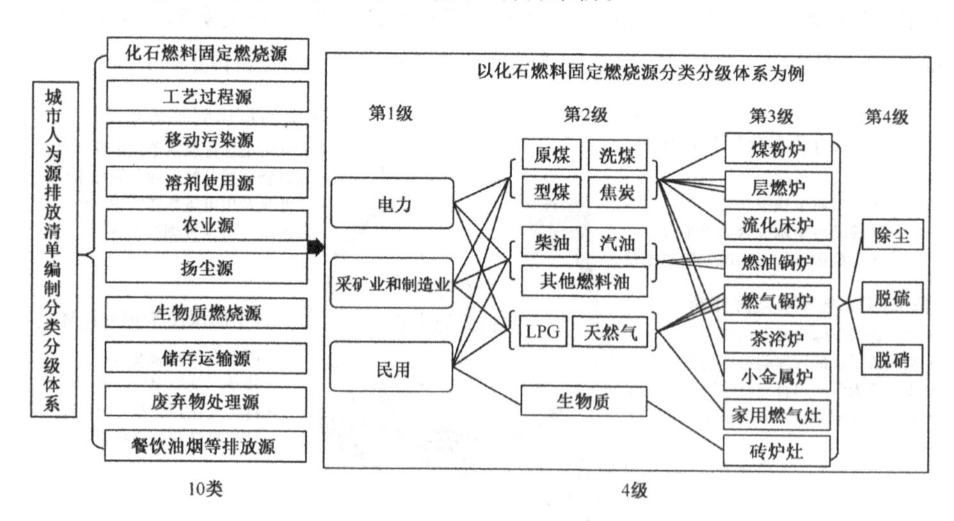

图 3-35 城市人为源排放清单编制方法

2）基础数据的汇总、处理与质控

依据城市人为源排放清单编制方法，按照规范格式整理汇总收集到的基础

数据及重点污染源调查数据。对比分析调查结果中污染源分类、基本信息和活动水平数据的可用性和完整性，剔除异常数据；对于多个来源数据，采用宏观数据作为约束，增加对比验证，必要时补充调研核验。推动建立分类合理、信息完整的污染源活动水平数据库。

3）排放系数的选择与修正

基于污染源调查数据，参考国家公布的相关排放清单技术编制指南给出的排放系数，同时基于《第一次全国污染源普查工业污染源产排污系数手册》及美国环境保护总署推荐的《美国 AP-42 排放系数手册》，调研、共享权威排放因子数据获取各类污染源的排放系数，并在必要时开展实地调查和测试的修正工作，尽可能地反映实际排放水平。

4）排放清单数据的审核、校验

建立高分辨率大气污染源排放清单，对历年排放清单进行计算和时空分配，建立空间分辨率为 1km×1km 的高分辨率网格化排放清单。通过对比模型模拟、地面观测和卫星数据反演的污染物浓度，对清单各排放源结果进行反馈和优化，改进排放清单。

（1）区域与城市排放清单耦合同化。系统将基于排放清单数据管理获得的城市排放清单，与区域排放清单数据进行耦合同化，进而获得高时空分辨率的网格化排放清单。系统能够对排放清单污染源覆盖范围进行检查核对，确定缺少的污染源种类和污染物，并从区域排放清单中提取相应数据，在时空尺度上与已有排放清单结果进行耦合。对于城市以外区域，系统能够利用区域网格化排放清单实现时空尺度上的匹配。

（2）排放清单与空气质量模式数据对接，对输出的排放清单数据进行处理，生成符合空气质量模式输入格式要求的排放清单，从而实现空气质量数值模拟，并对接空气质量数值模拟系统和空气质量达标管理动态评估系统，主要对排放清单进行时间分解、空间分解、化学物质分解、格式转换和区域—城市清单耦合同化等。

5）大气污染源排放结果的输出与特征分析

系统可以表单形式输出各类大气污染源的排放量计算结果，可以分行业、企业或区域进行查询统计分析。基于排放清单编制成果，对 10 类主要大气污染源排放特征进行深入分析，在空间、季节和控制措施等维度上，对污染源排放现状进行评价，为进一步制定控制对策提供数据支撑。

2. 颗粒物在线源解析业务管理系统

1）系统概述

颗粒物在线源解析业务管理系统可实现各类在线环境大气和气象要素（温度、风速、露点、相对湿度、降水量和大气压力等）在线数据的可视化分析，深度挖掘环境大气成分、排放清单和气团来源等海量数据，采用在线源解析技术实现大气颗粒物本地和区域贡献的逐时量化评估，分析城市与区域间传输通量，识别主要传输通道和重点影响[14]。

2）技术路线

根据《大气颗粒物来源解析技术指南（试行）》要求，可在外场观测和污染特征分析的同时，采用源排放清单、受体模型和空气质量模型联用的综合方法对细颗粒物开展源解析。本地来源贡献评估采用PMF受体模型，外来源贡献评估采用空气质量模型WRF-CMAQ（见图3-36）。

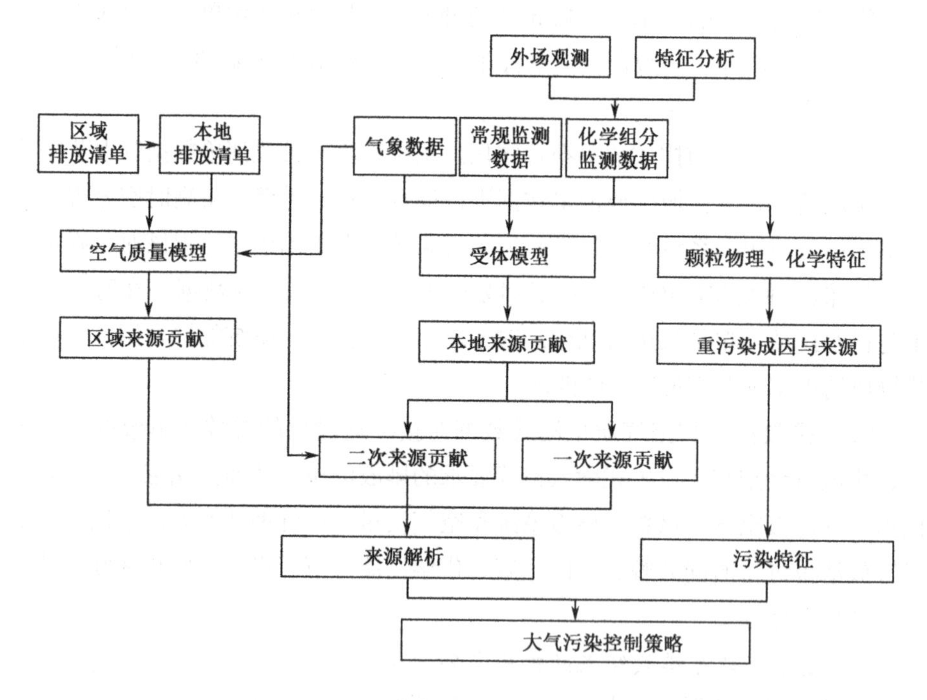

图3-36　颗粒物在线源解析技术路线

3）源解析数据质量控制

一般来说，源解析数据质量控制包括数据清洗与数据拟合分析两种形式。数据清洗对清洗数据进行解析入库保存，通知以表格的方式对数据进行展示，

支持表格翻页查看并设置每页显示的数据条数。数据拟合分析支持将当前所选的两类物种以散点图的方式进行展示，体现出两类物种间的拟合程度。

4）源解析结果展示与特征分析

源解析结果展示包括本地污染源贡献浓度展示、本地污染源贡献比例展示、本地污染源统计结果展示、最近 1 小时统计结果展示、区域+本地污染源贡献评估结果展示、区域+本地污染源贡献统计结果展示等，同时还支持根据日期对历史源解析结果进行查询展示。

3. 工业企业用电量智能管控平台

1）系统概述

企业用电量直接反映企业的生产和排放等行为。实现企业生产用电的实时（15 分钟或 1 小时）数据接入，挖掘企业用电量与企业污染物排放之间的内在关联，对精准溯源有重要帮助和意义。

2）企业用电热力图分析

收集企业的经度、纬度信息，制作企业用电热力图。在地图上标注工业企业位置，用不同颜色显示工业企业用电差异，可以将不同企业的实时和历史用电情况展示在同一张地图上，便于比较同一时间点各企业的用电情况，结合实时空气质量监测，可寻找浓度偏高的污染物源头，达到实时预警的目的。

3）用电异动分析

分析各行业用电的平均水平，找出小时变化、日变化、月变化、季度变化等规律，建立数学模型，构建不同的动态分析指标要素。同理，梳理各工业企业的相应规律和指标要素，自动化动态识别各工业企业用电异常情况，筛选出用电异常的工业企业，列入风控预警名单，并进一步对此类工业企业进行污染排放行为核查，达到事半功倍的效果。同时，在重污染天气过程中，结合工商登记数据，为重污染天气减排工作过程中重点企业和小散乱污企业非法偷排漏排核查提供第一时间的信息。

4）相关性分析

结合用电大数据和重点污染源在线排放数据，使用相关性分析方法，实时捕捉重点污染源排放与用电数据的反相关关系（见图 3-37）。结合用电大数据和周边空气质量变化数据，使用相关性分析方法，获取重点区域空气质量高污染与周边企业用电数据的正相关关系，依此判断该重点区域污染的主要来源企业，达到精准溯源的目的。

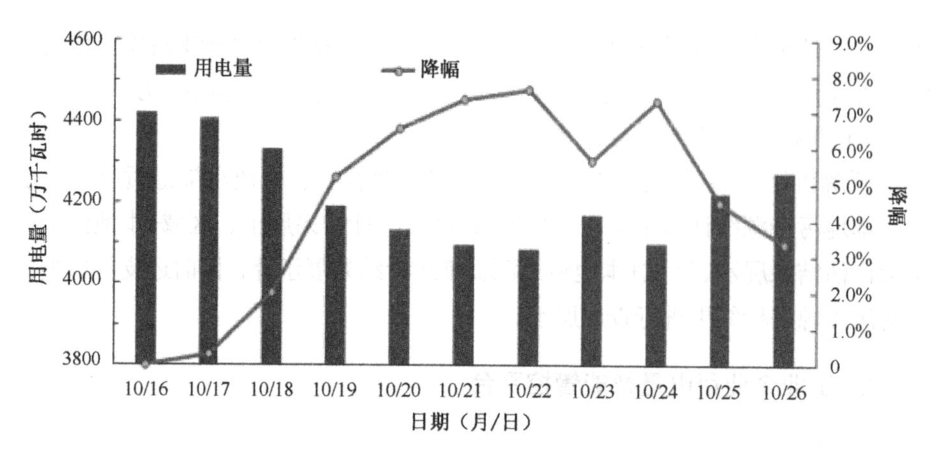

图 3-37 重污染天气橙色预警期间用电量变化情况

4. 园区水污染预警溯源系统

1）系统概述

运用物联网、互联网+、大数据、区块链、人工智能等先进信息手段，加强化工企业的排污监管水平，对企业废水处理和最终排放的各环节进行实时动态监管及模拟分析，构建基于“源—网—厂—站”4 级管控的网格化水质监测及智能化大数据监管平台体系，确保废水达标排放、降低收纳污水处理厂处理成本，尤其是加强对污水管网的监测监管。管网作为污水输送的唯一途径，受管网长度、天气变化、排污容量等条件影响，加强对污水管网的监测监管可全面提升园区水环境管理的科学化、精准化、智能化水平[16]。

2）主要功能框架

建立“源—网—厂—站”4 级管控体系（见图 3-38）、智能化水环境质量监管及污染预警溯源系统。一体化在线监测网络的构建需要基于科学指标，监测指标包括雨量监测、液位监测、流量监测和水质监测等；监测对象包括重点排水户、市政雨污水管网重要节点、截流井、入河排口、雨污混接、污水泵站和污水厂等。针对监测指标和监测对象进行实时在线监测和采样，因地制宜地根据区域实际情况进行合理布点。

污染智能预警联防联动。对各污水排口的水质状况及达标情况进行分析，结合企业污染物的排放类型对排污企业的特征指纹进行入库，建立企业污染物排放特征指纹库，通过在线采集的污水指纹特征与数据库中已知污水指纹特征的对比分析，实现对重点工业园区内企业偷排行为的快速识别（包括在稀释排污、降雨偷排、细水长流式排污等情况下的准确识别）。结合先进的水质监测

溯源设备在对污染超标进行及时预警的同时，实现异常水样取样留证和快速溯源分析，促进形成“水环境预警—溯源—应急”的高效联动机制，提高工业园区偷排漏排监管水平和溯源分析效率，也为违法排污企业的事后追责、责任落实提供重要依据，实现偷排行为的精准打击，保障工业园区环境安全。

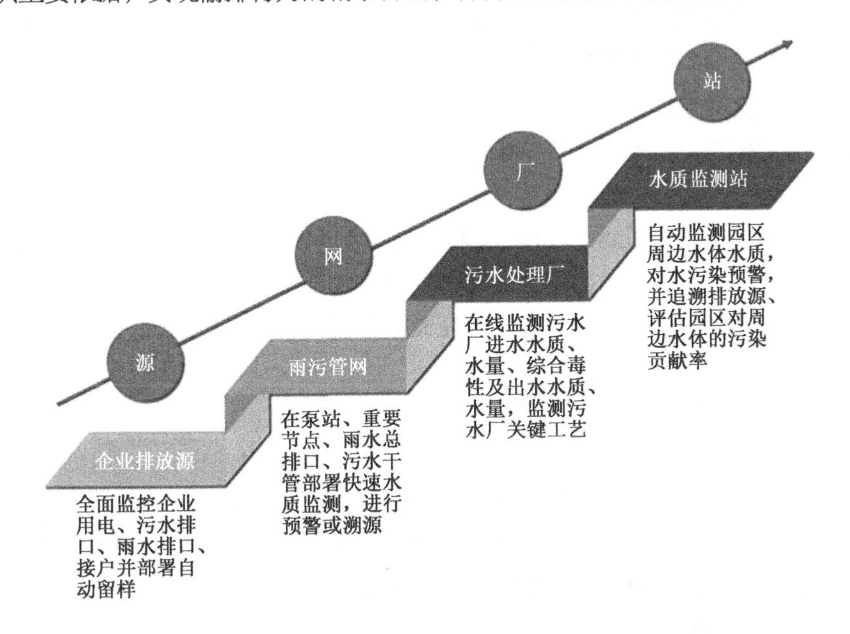

图 3-38　“源—网—厂—站”4 级管控体系（来源：辰安科技）

建立园区全方位的监测监管体系。当某污染排口排放浓度超标时，系统将进行智能超标预警和预警联动；当发现某企业的排口污染超标时，在系统中进行预警的同时，通过智能联动关闭该排口阀门，强迫停止超标废水的持续排放，避免超标污染物进入下一环节。由于园区内水质监测点位众多，为帮助环保人员快速捕捉有效报警信息，系统将设置合理的报警优先级方案，不同优先级方案搭配不同的显示方式和通知方式，易于管理人员区分不同优先级的报警。同时，系统将自动进行排放污染物的扩散模拟，并基于预设方案，对相应控制措施的实施效果进行定量分析。

3.9.2　可靠的动态分析管控体系

综合天地空一体化监测和数值模拟预报技术，深度挖掘海量数据，研判污染成因与变化趋势，将可视化分析结果实时推送给决策者，掌控全局信息，以从容应对污染防治挑战。目前成熟应用包括：空气质量动态分析系统、空气质量预报预警系统、移动污染源综合监管平台、污染源过程（工况）监控系统等。

1. 空气质量动态分析系统

1）系统概述

通过对全国范围空气质量监测数据的集成分析和挖掘，可实现全部站点数据实时更新、污染物浓度空间分布、空气质量达标差距分析、空气质量动态排名等功能，实时掌握大气污染物的时空变化规律，动态分析城市污染成因、排名变化与对标差距，实现分析结果的直观可视化。

2）主要功能

空气质量动态分析系统对空气监测站点、区域等的各指标按时间（日、月、年）进行排名及同比、环比、趋势分析，包括空气质量总览、AQI 分析、首要污染物分析、监测指标分析、优良天数分析、蓝天繁星天数分析等功能。

2. 空气质量预报预警系统

1）系统概述

空气质量预报预警系统采用国内外主流空气质量模式，集成实时监测和模式预报数据，准确预报未来5～7天环境空气质量，实现日常空气质量预报预警工作业务化运行，分为数值预报模式与统计预报模式两种。

2）数值预报模式

数值预报模式是空气质量预报预警系统的核心，在高分辨率排放清单空间化和气象预报数据的基础上，通过空气质量模型模拟预测未来一段时间空气中各种环境污染物的浓度，经业务处理流程处理后，可生产各种预报预警分析产品。数值预报模式主要分为 3 个模块：多模式集合预报模块、资料同化模块、污染来源解析和去向追踪模块。其中，多模式集合预报模块中的气象场数据一般选用中尺度气象模式 WRF。在基于排放源处理模型制作三维网格化排放源时，可选用美国 Environ 公司的 CAMx 模式、美国环境保护总署（EPA）的 Models-3/CMAQ 模式、美国国家大气和海洋局（NOAA）的 WRF-Chem，以及中国科学院大气物理研究所的 NAQPMS 模式进行空气质量预报（见图 3-39）。

3）统计预报模式

统计预报模式比较常见的是基于人工神经网络的统计预报，通过多组数据进行分析与训练，找出监测数据和气象数据的相关因子和相关系数；基于相关因子和相关系数，对未训练数据进行模拟，以确定其合理性；经多次训练和模拟，最终确定相关因子和相关系数；基于监测数据，通过线性关系来预报未来

空气质量，生成站点预报结果；持续评估预报结果，并通过专业化服务方式对预报效果进行调优[15]。

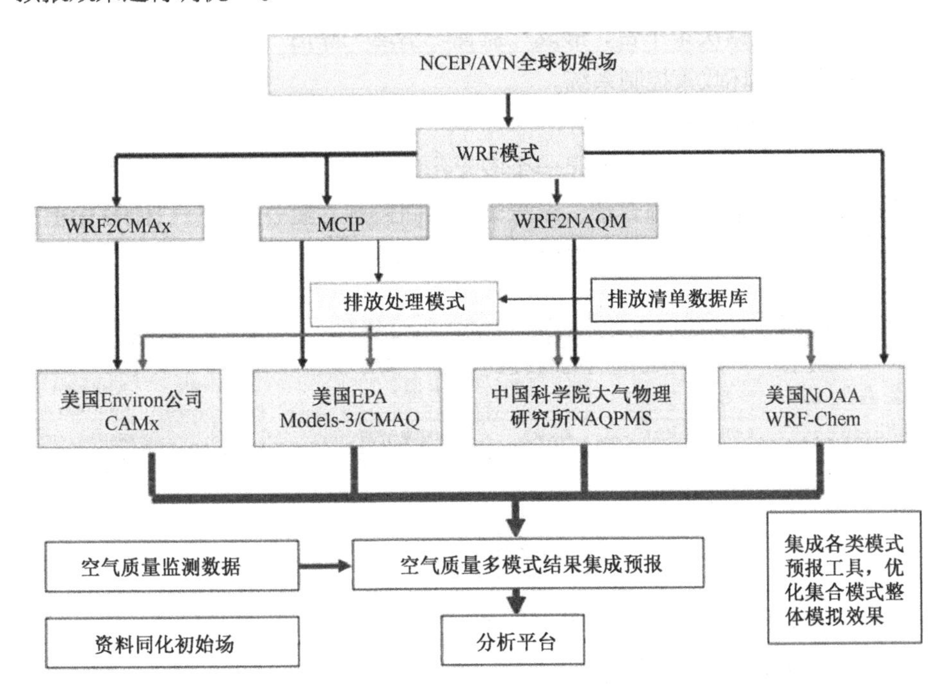

图 3-39　多模式集合预报模块架构

4）预报预警业务集成

预报预警业务集成是空气质量预报员开展预报的工作平台，分为日常预报和预警预报。在日常预报中可查看模式预报结果，包括污染物区域形势图；查看气象条件，包括模式预报结果和外部下载结果；查看空气质量监测数据，分析未来走势；如果需要会商，可以组织与气象部门的会商。在预警预报方面，根据预警会商意见，确定是否启动预警：若启动预警，根据应急预案开展工作；当满足解除预警条件时，通过预警会商确定预警解除等。

3. 移动污染源综合监管平台

1）系统概述

利用“天、地、车、人”一体化排放监控及机动车监管执法工作形成的数据，构建互联互通、共建共享的机动车排放信息平台。通过机动车排放监控决策平台进行数据分析，整合新车信息公开系统、机动车检测维修监管平台、机动车遥感监测平台、环保违法车辆信息平台等数据，进行机动车排放控制与监

管的技术手段和管理措施研究，构建主要交通干道“车—油—路”一体的移动污染源综合措施库，并进行控制措施的优先权排序分析；建立面向空气质量改善的机动车大数据决策平台，形成“监管—治理—评估”一体的针对移动污染源排放治理的闭环政策控制系统。

2）系统总体框架

移动污染源综合监管平台是一个多元化的闭环平台。平台主要由多源实时排放监控系统、治理措施系统、多污染物协同控制方案分析系统、计算与模拟支持系统、管理信息支持系统等构成（见图 3-40）。

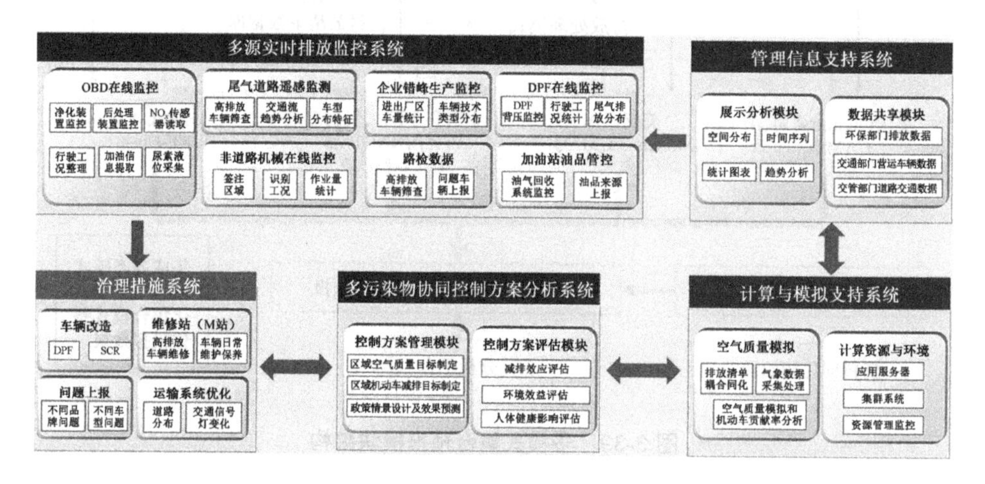

图 3-40　移动污染源综合监管平台总体框架（来源：智联万维）

3）机动车尾气排放遥感监测系统

通过固定式遥感监测设备，获取行驶中机动车尾气排放实时数据，采用先进的计算机网络和布点选址技术，对各遥感监测设备进行科学化组网，确保监测数据安全、有效传输；结合气象、交通、地理信息等外部数据，利用数据库技术构建尾气排放数据综合管理平台，实现海量、异构、多源数据的有效存储与管理；采用深度学习等大数据处理和分析技术，对机动车尾气排放相关数据进行智能处理和数据挖掘，获取最具辨识度的关键指标和统计数据，为政府部门建立执法体系和制定相关决策提供有效支撑（见图 3-41）。

4）重型柴油车远程在线监控系统

在城市重要物流路线、主要物流节点及通道设置监测点位，在主要物流节点（如重点企业集中分布区域、物料货运中转枢纽等）设置监测点，在交通路口、交通干道（高速、国道、省道）等主要运输道路路段设置遥感监测点，在

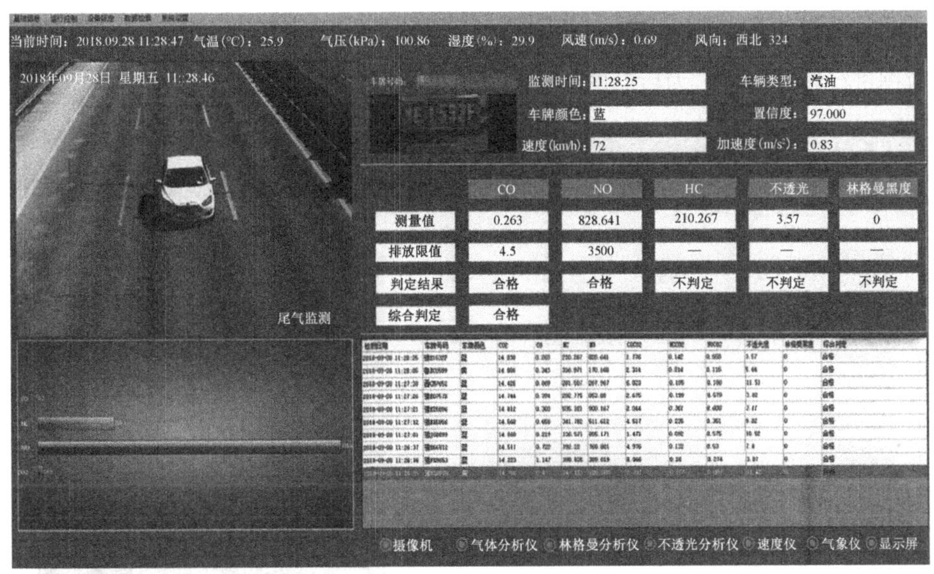

图 3-41　机动车尾气排放遥感监测系统

交通沿线、物流通道选定监测断面，建设尾气遥感监测、黑烟抓拍系统，对车辆流量及车辆牌照数据进行采集分析（见图 3-42）。将所有安装在道路上的监测系统的监控数据实时传输到监控中心，建立城市重型柴油车远程在线监控系统。遥测系统数据通过遥感平台实现数据传输、数据质量控制、省际和部门间信息交换等，实现城市遥感监测数据传输接入，以及部门间信息交换、数据统计、分析评价，向省级和国家联网报送数据，该部分需要整合至城市重型柴油车远程在线监控系统。基于嵌入式技术研发微粒捕集器（Diesel Particulate Filter，DPF）温度、压力、车辆行驶速度的监控设备，通过无线传输技术实现DPF 运行状态的实时监控监管，异常设备会在第一时间进行数据告警提示。通过安装车载诊断系统（On-Board Diagnostics，OBD）终端设备，建立移动污染源动态排放清单，能够识别重型柴油车重要物流通道，识别路网中排放热点路段及区域，为执法及管控提供数据支撑。

5）非道路移动机械排气污染防治数据信息综合管理系统

为防治非道路移动机械排气污染，有效监管非道路移动机械运行状况和使用时段，需要联合公安、交通运输、市场监督管理等部门建立机动车和非道路移动机械信息管理系统，实现资源共享、信息共享，有效降低非道路移动机械的使用和污染物的排放，建立非道路移动机械排气污染防治数据信息综合管理系统（见图 3-43）。非道路移动机械排气污染防治数据信息综合管理系统利用电子标签检测硬件，通过软硬件结合的方式将采集的数据传输到系统，对采集数据进行统计分析，为后期的决策和政策建议提供数据支撑。

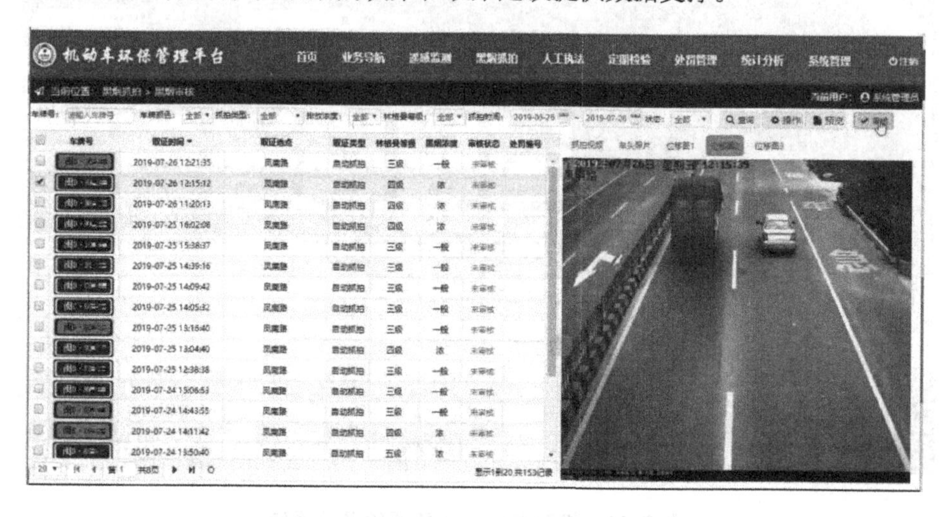

图 3-42　重型柴油车远程在线监控系统

非道路移动机械排气污染防治数据信息综合管理系统

首页　工程定位　通知公告　工程填报　现场检查　举报管理　成品油抽测　设备管理　任务管理　任务分配　查询统计　规范标准　科普宣传　信息发布　系统管理

统计分析：工程填报统计　现场检查统计　检查类型统计　处罚情况分析　在用设备分析　黑烟设备统计　设备所有者统计　制造商设备统计　经销商设备统计　任务状态统计

信息查询：工程记录查询　检查记录查询　处罚记录查询　处罚清单查询　处罚设备查询　黑烟设备查询　生产设备查询　黑烟举报查询　信息公开查询　录入工地清单

主管部门　-全部-　统计类型　行政区划　填报时间　2018-5-1　至　2018-5-28　工程状态

数据列表　填报数量　进场(在用)设备数量　出场设备数量

部门	行政区划	填报数量	进场(在用)设备数量	出场设备数量
交通局	禅城区	2	7	0
	南海区	0	0	0
	高明区	0	0	0
	三水区	0	0	0
	合计	2	7	0
住建局	禅城区	14	18	4
	南海区	0	0	0
	高明区	0	0	0
	三水区	0	0	0
	合计	14	18	4
水务局	禅城区	2	10	0
	南海区	0	0	0
	高明区	0	0	0
	三水区	0	0	0
	合计	2	10	0
国土局	禅城区	1	0	0
	南海区	0	0	0
	高明区	0	0	0
	三水区	0	0	0
	合计	1	0	0

图 3-43　非道路移动机械排气污染防治数据信息综合管理系统

6）机动车检测与维护（I/M）综合治理管控系统

在用汽车应当按照规定由机动车排放检验机构定期对其进行排放检验。依法通过计量认证的机动车排放检验机构（I 站），使用经依法检定合格的机动车

排放检验设备，按照国家有关标准规范对机动车进行排放环保检验。环保检验结果超标的汽车，车辆所有人应当及时到具有相应资质的维护站（M 站）进行维修。维修和治理结束后，车辆所有人在规定的期限内持尾气治理出厂凭证，到原机动车排放检验机构（I 站）进行尾气排放复检，复检合格后，机动车环保检测机构出具检测报告。依托互联网信息技术，为全面加强汽车尾气排放污染的综合治理，必须建立健全机动车检测与维护（I/M）制度。机动车检测与维护（I/M）综合治理管控系统流转示意和管控系统界面示意如图 3-44 和图 3-45 所示。

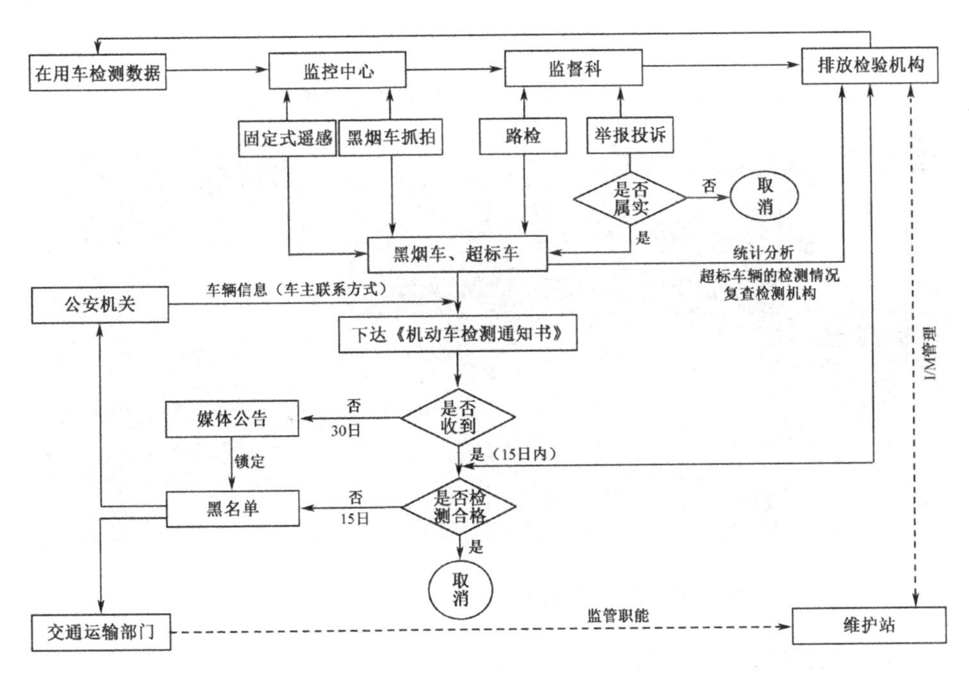

图 3-44　机动车检测与维护（I/M）综合治理管控系统流转示意

7）移动污染源综合分析决策系统

通过机动车排放监控决策平台数据分析，可追溯超标排放机动车生产和进口企业、污染控制装置生产企业、注册登记地、排放检验机构、维修单位、加油站点、供油企业、运输企业等信息，实现全链条环境监管。构建基于“车—油—路”一体的机动车综合措施库，结合排放清单、排放测试和微站观测，形成“监管—治理—评估”一套针对移动污染源排放治理的闭环政策控制系统。某省移动污染源综合分析决策系统示意如图 3-46 所示。

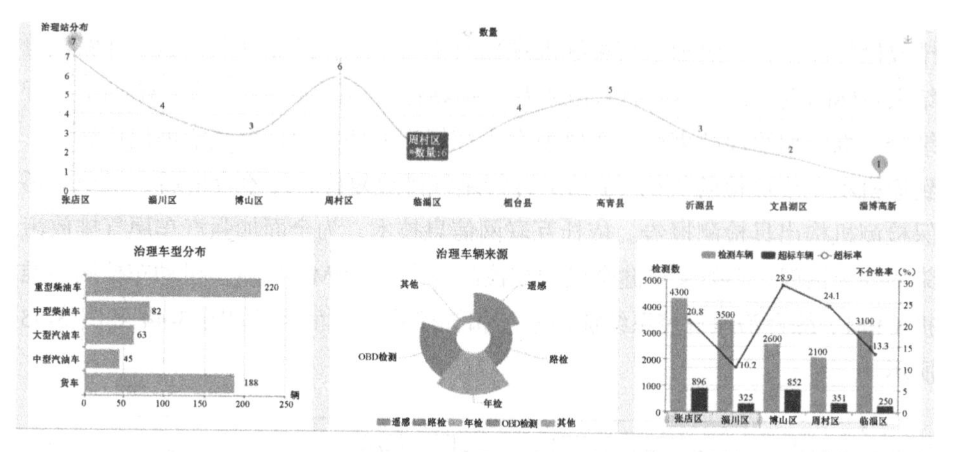

图 3-45　机动车检测与维护（I/M）综合治理管控系统界面示意

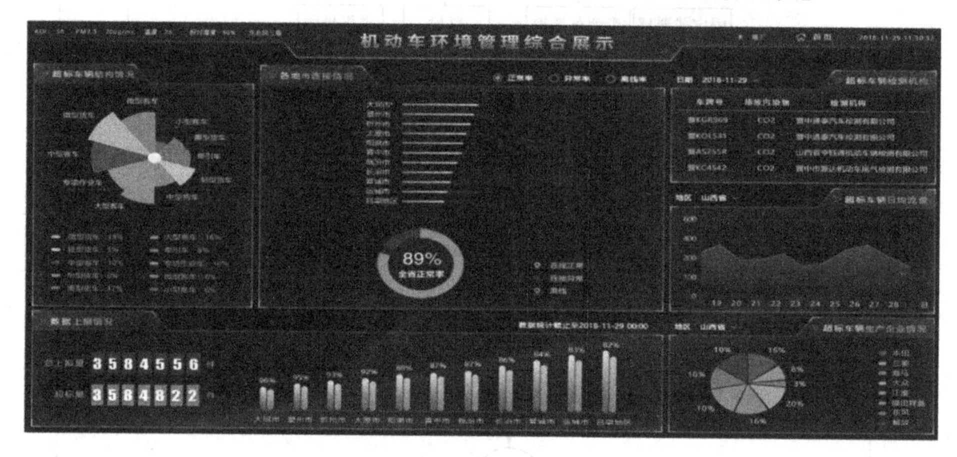

图 3-46　某省移动污染源综合分析决策系统示意

4. 污染源过程（工况）监控系统

1）系统概述

污染源过程（工况）监控系统进一步延伸了污染源末端自动监控系统有关功能，集数据实时采集、传输、分析、判定、预警、核查于一体。污染源过程（工况）监控系统在原污染源末端自动监测的基础上，深入采集原辅料用量、用水量、用电量及污染治理设施运行本身，通过抽取代表设施运行工况关键参数和判定模型，精确刻画污染防治设施运行状态。在判定方法上，实现从独立单项指标向关联多项指标转变，能够根据预先设定的验证规则自动进行工况分析，精确和完整评价污染防治设施运行状态及排放数据的有效性，为确保监控数据的真实性和企业自证清白提供依据。

2）技术路线

根据工艺设计，对影响污染物排放的污染源的生产设施、污染物治理设施运行的关键参数，包括工艺参数（如流量、温度、pH 值、含氧量、逃逸氨等）、电气参数（电流、电压、电功率）、水量水质参数（pH 值、电导率等）进行监测；结合企业生产工艺和污染源末端自动监测数据，全面监控企业的生产设施和污染物治理设施的运行，以及污染物治理效果和排放量情况，利用神经网络、模糊综合评价等方法判定污染物排放数据的合理性、真实性和可接受性。火电厂过程（工况）监控系统如图 3-47 所示。

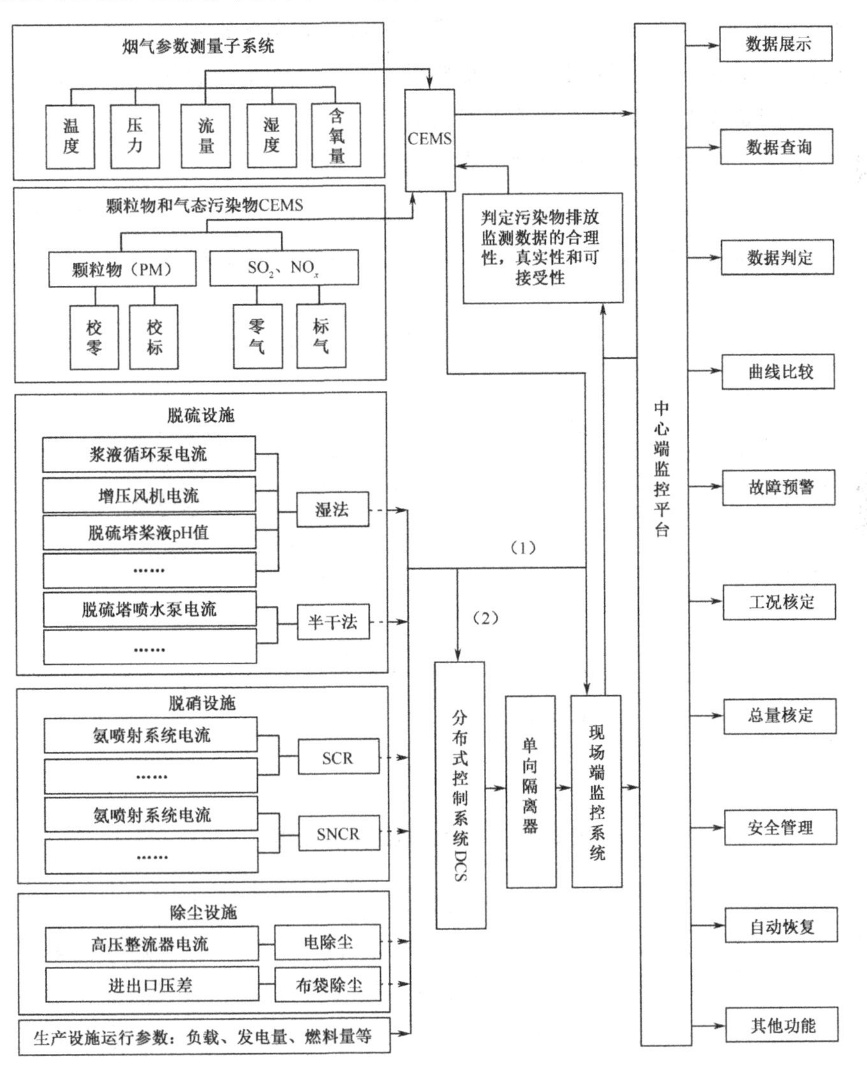

图 3-47　火电厂过程（工况）监控系统

3）主要功能

系统通过接收现场数据，对数据进行存储、汇总、分析，主要包括实时监控、工艺监控、数据查询、异常报警、数据存储、权限管理、数据上报、数据补遗等；建立在线监测数据相关异常情况判定模型并进行分析；对污染物治理设施运转状态进行汇总统计和关联分析。

4）过程（工况）诊断分析

在污染物治理设施运行时，许多工况参数相互关联。当其中某个工况参数变化时，与之相关联的工况参数也会随之变化，因此通过平台提供实时参数关联分析，可判断现场是否存在违规操作。平台在数据积累到一定程度后，对数据进行建模分析，将参数关联及分析模型等用单个或多个表达式进行定义，根据工况和排放参数之间的关联关系建模分析，从而预判污染事故的发生，及早发现并处置，使事故消灭在萌芽状态。验证分析平台通过预先定义的表达式，实时或定时调用工况数据，并将计算结果存入中心工况过程数据库中，通过告警方式将结果及时通知用户。某企业机组工艺流程如图 3-48 所示。

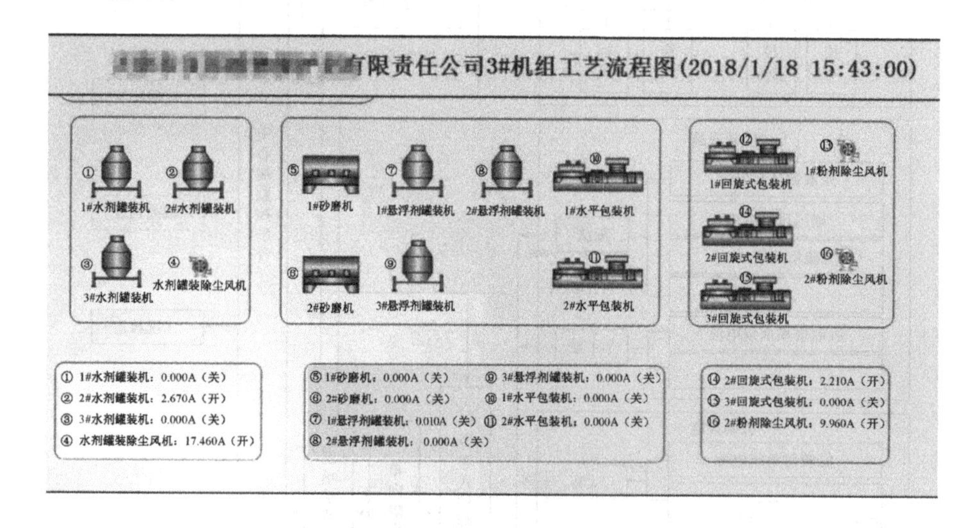

图 3-48　某企业机组工艺流程

以火电厂湿法脱硫工艺为例[17]，阐述如何建立污染源过程（工况）监控判定标准。一般分为 3 类：电气参数，如增压风机工作电流、脱硫塔浆液循环泵工作电流、氧化风机工作电流；理化指标，如喷淋塔浆液 pH 值等；状态指标，如旁路挡板开启程度。典型石灰石—石膏湿法烟气脱硫工艺监控判别点位如图 3-49 所示。

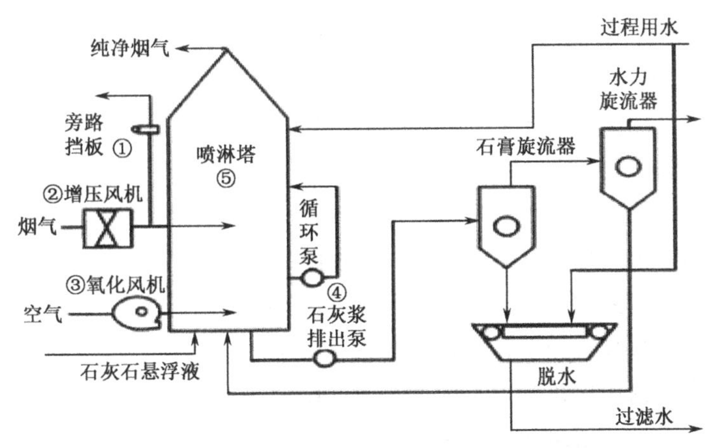

①旁路挡板开启程度；②增压风机工作电流；③氧化风机工作电流；
④脱硫塔浆液循环泵工作电流；⑤喷淋塔浆液pH值

图 3-49　典型石灰石—石膏湿法烟气脱硫工艺监控判别点位

其中，判定脱硫设施的运行细则如下。

（1）如果旁路挡板开启，判定为脱硫设施未投入运行。

旁路挡板一般为开关量，为0表示旁路挡板关闭，为100%表示旁路挡板开启。考虑电流及开关量的信号在传输和测量过程中会有一定漂移，误差在10%范围内，那么0±10%认定为旁路关闭，100%±10%认定为旁路开启。

（2）如果旁路挡板关闭（处于 0±10%内），增压风机未开启，则认定为脱硫设施未运行。

增压风机是否开启可以从电流信号来判定，电流信号为 0±10%认定为增压风机关闭，电流信号处于10%以上则认定为增压风机开启。增压风机工作负荷与增压风机工作电流信号大小相关，增压风机工作负荷还与脱硫塔输送风量相关，并且增压风机工作负荷越大，增压风机工作电流越大。

（3）如果旁路挡板关闭，增压风机开启，浆液 pH 值小于 5，则认定脱硫设施未有效运行。

（4）如果旁路挡板关闭，增压风机开启，浆液 pH 值大于 6，脱硫塔浆液循环泵开启个数小于其设计总数的一半，则认定脱硫设施未有效运行。

脱硫塔浆液循环泵开启的个数与入炉煤含硫量、机组负荷及脱硫设施设计处理能力密切相关。入炉煤含硫量越高、机组负荷越大，需要开启的浆液循环泵的个数越多。

（5）氧化风机正常开启是保证脱硫效率的重要指标，可以从电流信号来判定氧化风机是否正常开启。若电流信号为 0±10%，则认定为氧化风机关闭；若电流信号为 10%以上，则认定为氧化风机开启。

石灰石—石膏湿法烟气脱硫设施运行状况判定模型如下。

数学模型：$Y = X_1 + X_2 + X_3 + X_4 + X_5$

其中，Y 确定脱硫设备是否有效运行；

$$X_1 = \begin{cases} 0 & \text{旁路挡板开启，即信号值在}[0, 10\%] \\ 1 & \text{旁路挡板关闭，即信号值在}[90\%, 110\%] \end{cases};$$

$$X_2 = \begin{cases} 0 & \text{增压风机关闭，即信号值在}[0, 10\%] \\ 1 & \text{增压风机开启，即信号值在}10\%\text{ 以上} \end{cases};$$

$$X_3 = \begin{cases} 0 & \text{浆液pH值为}[0, 5] \\ 1 & \text{浆液pH值在}[6, 14] \end{cases};$$

$$X_4 = \begin{cases} 0 & \text{脱硫塔浆液循环泵开启的个数小于其设计总数的一半} \\ 1 & \text{脱硫塔浆液循环泵开启的个数大于其设计总数的一半} \end{cases};$$

$$X_5 = \begin{cases} 0 & \text{氧化风机关闭，即信号值在}[0, 10\%] \\ 1 & \text{氧化风机开启，即信号值大于额定电流的}10\% \end{cases}。$$

判断规则：只有当 Y=5 时，脱硫设备才能有效运行；否则，定义为脱硫设备无效运行。

5）过程（工况）智能报警

报警信息可通过各类关键字分类检索，并通过短信平台、超标预警系统等发给环保部门和排污企业。在发生异常报警后，环保主管部门可利用该系统向排污企业发送限期整改建议和督察督办通知；企业在收到督察督办通知后，可通过系统及时反馈处理报告。系统同时提供报警数据检索查询、图表曲线、导出保存功能，查询结果可作为环保部门现场检查或环境执法的依据。报警信息分为五大类：设备报警、超标报警、工况数据内部逻辑矛盾、网络报警及超限预警等。

3.9.3 精准的管理决策支持体系

精准的管理决策支持体系要致力于推动环境质量精准管控和环境应急精准管理，定量分析短期和中长期管控措施减排情况，沙盘推演环境质量改善效果，支持突发事件应急响应，筛选最优管控方案，跟踪评估执行成效，以最小成本换取最佳减排效益。目前，应用成熟的管理系统包括“一证式”综合监管系统、空气质量达标管理动态评估系统、重污染天气应急督导与效果评估系

统、突发环境应急指挥调度系统等[18]。

1.“一证式”综合监管系统

1）系统概述

排污许可证制度是固定污染源环境管理核心制度，对固定污染源实施全过程管理和多污染物协同控制，全面落实企业治污主体责任，强化证后监管和处罚，制定出台相关行业排污许可证申请与核定技术指南，按行业、地区、时限核发排污许可证，实现“一证式”管理。当前，我国正加快排污许可和总量控制、环境影响评价、环境保护税费改革、排污权有偿使用和交易衔接，实现全国所有企业在同一平台上申请排污许可证，所有核发部门在同一平台系统审核排污许可证，并专门建立面向社会公众的信息公开子系统，及时向社会公开排污单位的申请信息、环保部门已核发的排污许可证信息，方便公众查询并接受社会监督。同时，我国从横向和纵向等方面，积极开展全国排污许可证管理信息平台与其他固定污染源管理平台的全面对接，利用大数据推动固定污染源排污数据信息化工作，大幅度提高环境监管能力信息化水平。截至 2018 年年底，我国已完成 15 个污染物排放量大的重点行业的发证工作，共核发排污许可证 20000 多张，基本摸清了行业现状，为落实企业环保责任、构建新型监管体系打下坚实基础。

2）排污许可证信息分类管理

对接国家排污许可证申报系统，将排污许可证中重点信息分模块归类管理。内嵌公式，用于校验各相关数据之间的逻辑关系，对企业的守法责任履行情况进行辅助核查。其中，关键信息和重点指标实现了可视化，具体如下。

（1）排污单位：本地区所有排污单位的名称、单位地址、法人代表、邮政编码、社会信用代码、是否投产、投产日期、地理坐标、所占地是否属于重点区域、环评批复文件、竣工环保验收批复文件、“三同时”验收批复文件、是否有地方政府对违规项目的认定或备案文件或文号、是否有主要污染物总量分配计划文件和文号等。

（2）产品产能：显示主要生产单元名称、工艺名称、生产设施名称与编号、生产设施参数、产品名称、生产设计能力、近三年实际产量、计量单位、设计年生产时间等信息。

（3）产排污环节、污染物及污染治理设施：显示从“产污→污染治理设施→排放口”等整个产排污环节各产污节点有关污染物排放管理的信息，包括

废气/废水的产污环节、污染物种类、污染治理工艺、污染治理设施关键参数、污染物种类、污染物排放去向及规律等信息。

（4）排放口许可限值：显示每个排放口的编号、类型、执行浓度、执行总量指标限值、无组织排放控制要求等。

3）执行报告审核管理与信息分类管理

记录和查询区域范围内所有排污许可证，执行报告的线上申报结果查看、审阅和意见反馈；实现企业排污许可证执行报告审核结果的线上记录、存储和查询。具体包括记录、存储、查询和审核排污许可证执行报告（月报、季报、半年报和年报），并对执行报告审核结果进行记录（见图 3-50）。

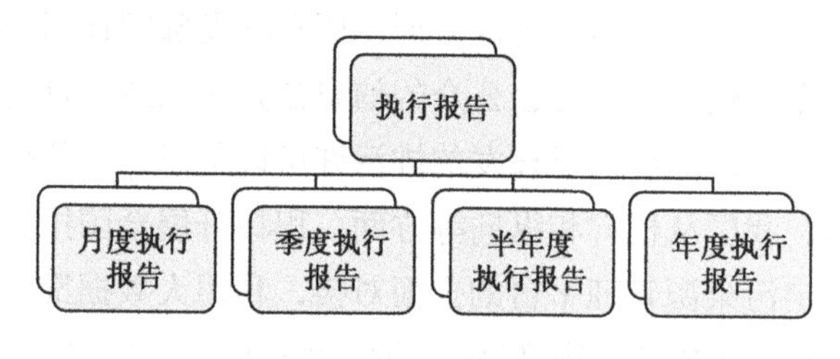

图 3-50　执行报告分类

4）排证后现场检查与执法辅助管理

排污许可证扫码信息快速查询：开发移动应用，现场执法人员扫描二维码即可快速查询该企业的基本信息、发证信息，以及当前排放口执行的排放标准、对应的污染治理设施、污染治理工艺路线、水和气主要污染物排放许可浓度、许可总量等排污许可内容及各项环境管理要求等。

在线数据智能比对：衔接污染源在线监测数据，将各排放口主要污染物在线监测的时均浓度和年度实际排放量的累计数据集成至平台，平台自动比对监测数据与许可证排放限制的差异，给出排放是否超标的比对结果，提示相关超标因子。通过智能比对，帮助现场执法人员快速掌握企业排污情况，为排证后现场执法检查提供便利的精细化服务。

2. 空气质量达标管理动态评估系统

1）系统概述

基于气象条件与污染物排放敏感度预警分析方法，建立环境质量、控制措施与排放清单的动态响应关系，实现与排放清单动态管理、空气质量达标管理动态评估的无缝对接，动态关联控制措施参数、排放清单三维逐时数据和空气质量模拟数据，提供以中长期空气质量达标管理为核心的可视化决策

支持系统。

2）技术路线

通过构建空气质量监测数据、排放因子数据库、污染源管控措施库、措施减排系数库等数据库，结合高分辨率排放清单技术、来源追踪模拟技术、减排动态测算技术、空气质量动态模拟、空间统计分析展示等技术体系，实现对环境质量改善效果的动态量化分析，对空气质量目标可达性进行评估。空气质量达标管理动态评估系统技术路线如图 3-51 所示。

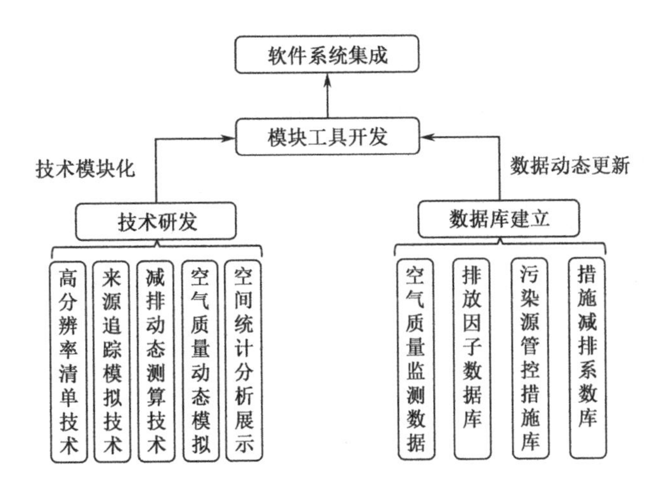

图 3-51　空气质量达标管理动态评估系统技术路线

3）空气质量目标动态分析

根据历史监测数据，系统提供污染物同比、环比变化趋势分析图表。在月度、季度、年度时点，动态分析剩余时段目标区域污染物浓度的目标值。基于来源追踪与成因分析系统，动态解析目标时段 $PM_{2.5}$ 和 PM_{10} 的来源，为制定污染治理措施提供决策参考。

4）减排措施动态管理

提供工业源、民用源、机动车、扬尘源、挥发逸散源等可控污染源控制措施可视化工具库，覆盖的控制措施包括国务院发布的《大气污染防治行动计划》，以及各地区的《大气污染防治行动计划》实施细则中的主要控制措施。基于排放清单动态管理系统，在后台逐条建立控制措施与污染物排放量的动态响应关系；提供控制措施自定义组合比较功能，快速完成控制措施对应的减排量核算，并根据测算结果和控制措施实施模拟效果对控制措施进行动态修订。

5）减排方案达标能力预评估

系统模拟评估不同的减排方案实施后空气质量改善效果和变化趋势。例如，能够在 5 小时内提供减排情景下全年的污染物空间分布图表，包括 $PM_{2.5}$、PM_{10}、SO_2、NO_x、O_3、CO 等主要污染物的时空分布图、指定站点的污染物浓度；对正常、不利、有利等多种历史气象条件情景进行沙盘推演，判断现有控制方案达标的可行性，供筛选最佳方案参考。

6）减排方案实施效果评估

针对污染物季均浓度和年均浓度的变化量，快速评估气象条件和减排方案影响的相对贡献率，用于辅助分析空气质量变化的原因及当前减排方案的可靠性，并以评估结果为基础做出必要调整[19]。空气质量达标管理评估系统如图 3-52 所示。

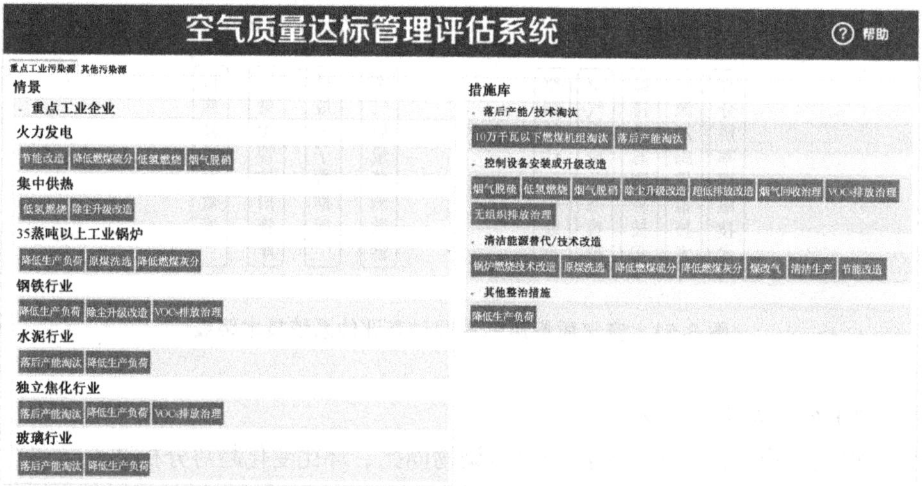

空气质量达标管理评估系统
帮助
重点工业污染源 其他污染源
情景
重点工业企业
火力发电
节能改造 降低燃煤硫分 低氮燃烧 烟气脱硝
集中供热
低氮燃烧 除尘升级改造
35蒸吨以上工业锅炉
降低生产负荷 原煤洗选 降低燃煤灰分
钢铁行业
降低生产负荷 除尘升级改造 VOCs排放治理
水泥行业
落后产能淘汰 降低生产负荷
独立焦化行业
落后产能淘汰 降低生产负荷 VOCs排放治理
玻璃行业
落后产能淘汰 降低生产负荷
措施库
落后产能/技术淘汰
10万千瓦以下燃煤机组淘汰 落后产能淘汰
控制设备安装或升级改造
烟气脱硫 低氮燃烧 烟气脱硝 除尘升级改造 超低排放改造 烟气回收治理 VOCs排放治理
无组织排放治理
清洁能源替代/技术改造
锅炉燃烧技术改造 原煤洗选 降低燃煤硫分 降低燃煤灰分 煤改气 清洁生产 节能改造
其他整治措施
降低生产负荷

图 3-52 空气质量达标管理评估系统

3. 重污染天气应急督导与效果评估系统

1）系统概述

建立重污染天气应急管理平台，实现事前预警、事中督导、事后评估全流程一体化的重污染天气应急督导与效果评估。其中，重污染应急控制决策与评估系统，可实现应急方案制定、最佳方案筛选、效果量化评估等多种决策管理功能。应急方案以高分辨率排放清单（固定污染源、移动污染源、工艺过程源等）为基础，针对各类排放源“一企一策”制定限产、停产、错峰生产等应急控制措施，通过各项措施与相关污染源活动水平、排放因子的定量响应关系，

从而有效评估各项措施相应的污染物减排量，降低污染排放峰值。系统提供重污染应急分级预案及个性化定制预案，自动进行网格化处理，通过空气质量模型的多种情景模拟筛选最佳应急方案。应急方案实施后，系统还可以自动分析对比环境观测与情景模拟结果进行绩效评价，深入评估空气质量改善效果，提高对重污染天气的应对能力，实现对大气环境污染综合监管，达到环境预防、预警、处置和事后评估一体化管理的目的。

2）重污染天气应急督导

重污染天气应急督导包含减排任务制定、减排指标确定、减排指标动态监管和应对效果评估，包括减排任务从制定到过程监管再到效果评估的全过程。在重污染天气状况下，快速调取多方数据，通过系统快速制定停产、限产企业名单和具体指标，生成减排任务。根据应急级别设置相应的减排比例，选定需要减排的企业名单。减排指标的确定分为减排任务制定和减排企业清单制定两部分内容。在实际减排过程中，可对企业、行业、区域内的排放量进行动态监管，对未完成减排任务仍超标排放的企业发送短信通知；还可根据实际减排需求，调整减排指标，同时对相应时期的空气质量进行动态监管，掌握空气质量变化趋势。

3）应急措施动态管控

应急措施动态管控针对重污染天气应对及重大活动空气质量保障，实现应急方案快速制定、最佳方案比对筛选与效果量化评估等多种决策管理功能。在应急措施动态管理方面，按照工业源、移动污染源、民用源和扬尘源提供污染物控制措施可视化工具库及操作界面；在控制措施方面，包括重污染应急预案相关措施及重大活动空气质量保障措施等；在控制方式方面，包括按照行业实施减排措施和按照重点工业源实施减排措施两类控制方式，基于污染源活动水平的应急控制参数，关联排放清单基础数据，并根据参数设置逐项核算、更新污染物排放量。

4）应急预案效果评估

应急预案效果评估包括应急预案效果预评估和应急预案效果后评估两大类。

（1）应急预案效果预评估，模拟评估不同应急预案实施后空气质量的改善效果和变化趋势，能快速生成可供预报预警模型使用的减排后三维排放清单数据，并在1小时内提供减排情景下的污染物空间分布图表，包括$PM_{2.5}$、PM_{10}、SO_2、NO_x、O_3、CO 等主要污染物的时空分布图及指定站点的污染物浓度。另外，应急预案效果预评估可对多种情景进行沙盘推演，筛选最佳方案。

（2）应急预案效果后评估，以图表形式显示指定应急预案实施后 $PM_{2.5}$、PM_{10}、SO_2、NO_x、O_3、CO 等主要污染物的环境观测与应急预案模拟对比结果，评估空气质量改善效果，以及应急预案措施与气象条件之间的相对贡献。

5）重污染天气减排效果分析

对区域内大气污染情况、排放量情况、减排情况、污染治理情况、重污染天气预警分析情况等进行综合分析和排名，使用户对区域大气污染防治进展情况获得全方位了解。同时，根据关键指标提供企业关停分析功能，为用户企业关停决策提供支持。分析功能包括污染物排放量分析、减排分析、能耗分析、落后产能分析、污染治理工程分析、重污染天气预警等。利用大气模型及相关分析手段实现快速污染源判别，根据指挥调度中心和执法调度中心反馈的数据及现状实现调控方案展示、评估等功能，为污染源调控、减排方案等管理决策提供科学工具。

4. 突发环境应急指挥调度系统

1）系统概述

当有突发环境事件发生时，基于各种信息资源（如周边防护目标、人群、资源、气象等信息）和大数据分析技术，对事件快速定位、定性，对事件的发展趋势和影响范围进行科学研判，并通过无人机、应急车、卫星遥感等渠道及时获取事件相关信息，动态调整应急预案，及时发布权威信息，增强环境应急处置能力[20]。

2）环境风险源动态管理

根据环境风险源申报主体所处行业类型和工艺特点，提取企业基本信息及环境风险属性信息，编制环境风险源申报表单，全面、准确地获取各类环境风险源信息。

3）环境风险源分类分级评估与可视化

综合考虑企业的工艺过程与风险管理水平、企业周边环境受体敏感性、企业风险物质的危险性等特征，研制典型行业、区域和重点环境敏感目标的风险源分类、识别与分级评估技术，制定风险源分类和定量分级技术导则与规范，开发环境风险源识别和评估方法，对本地区风险源进行分类分级评估，为风险区划、优化布局、风险管理提供科学、合理的决策支持依据。将重要环境信息进行环境“一张图”式的业务分类专题图层展示，实现环境风险源可视化日常监管，推动对辖区进行全方位、无盲区的环境安全监管[21]。

4）环境风险监控预警

环境风险监控预警是环境应急管理的关键环节。环境风险监控预警子系统与污染源在线监控子系统、环境质量在线监控子系统、过程（工况）在线监测

子系统进行对接，结合区域环境遥感监测辅助方式，建立全方位、立体化的环境风险监控预警体系，实现一体化监控预警，为环境应急管理和科学决策提供全面、有效、及时、有力的技术支撑（见图 3-53）。

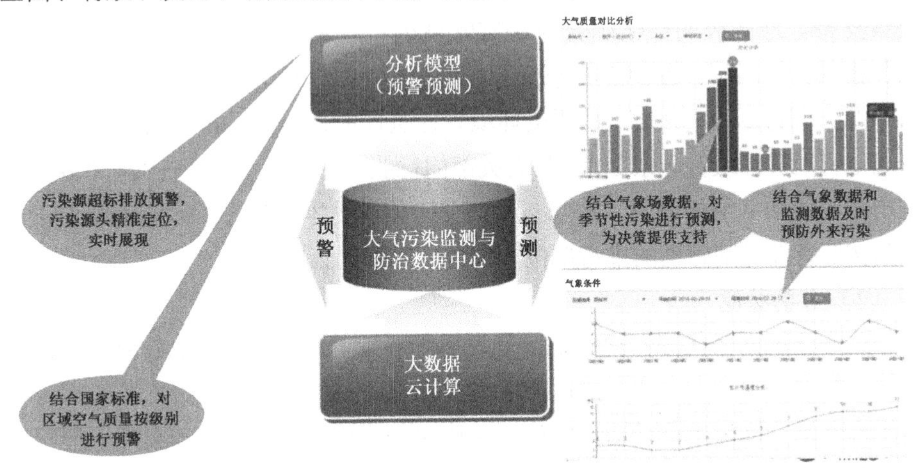

图 3-53　环境风险监控预警示意

5）应急指挥调度

应急指挥系统是实施应急预案的工具，是利用先进计算机技术、网络技术、无线通信技术、GIS 技术、GPS 技术、RS 技术，结合监控报警和生态环境“12369”呼叫热线投诉系统，综合各种智能技术为应急指挥人员提供应急对策，科学调度、及时处理重大污染事故，以及因环境污染问题引起的重大事件，提高监督管理、应急响应及处理能力，而建立的应急保障技术系统。

3.9.4　有效的环境执法监管体系

按照生态环境执法监管需求，整合网格化监测、网格化排放和网格化管理信息，通过有效的环境执法动态监管确保各项措施能够按计划实施，打通宏观层面治理决策与操作层面监管执法之间的“最后一千米”。目前，有效的环境执法动态监管在水、大气、固体废物 3 个方面均有成熟应用，包括生态环境网格化综合管理系统、大气污染热点微网格智能监管系统、“河长制”一体化管控系统、环境监察移动执法系统、固体废物全过程智能监管系统等。

1. 生态环境网格化综合管理系统

1）系统概述

充分利用先进的“互联网+”技术、大数据分析技术、GIS 空间分析技术、遥感监测技术，结合网格化划分，以实用化、可视化为主要特征，围绕环境改善目标，制定环境网格化规则，建立一套完善的生态环境综合信息网格化管理平台，实现信息实时动态更新，为区域大气防治监管执法提供数据支撑和数据决策支持。地区级网格化综合执法监管系统一般采用“一网”“两线”“多点”模式。“一网”是指建立一张环境监管责任网、行动网、落实网，力争将污染源一网打尽。“两线”是两条环境管理责任线，一条是市、县、乡党政同责属地管理责任线，一条是市、县有关部门行业一岗双责管理责任线。“多点”是指按照能纳尽纳的原则，将水、大气、固体废物等污染源、环境敏感点和各部门按照行业导则管理的排污单位全部纳入网格化管理。

2）主要功能

生态环境网格化综合管理系统分为平台端和手机端，可实现后台计划管理和任务指派管理，还可实现环保协管员灵活移动巡查和案件上报，及时将辖区内生态环境、排污企业、信访案件、污染纠纷、环境安全隐患等案件上报网格化平台并进行处置。生态环境网格化综合管理系统包括污染源网格、监测设施网格、监管区域网格 3 种网格地图，支持以网格抽查、列表抽查和地图抽查的形式，实现日常巡查和随机抽查相结合的管理模式。

3）网格协同处置

网格协同处置支持问题上报、案卷建立、任务指派、调查落实、处理反馈、结案归档等网格化运行过程中的信息协同，做到上下级网格化监管平台信息联动。平台还包含住房和城乡建设、城管、交通运输、园林、公安、环保等政府各部门用户，对于非环保部门处置的案件转交给其他相应部门，或者由环保部门联合其他部门协同处置案件（见图 3-54）。

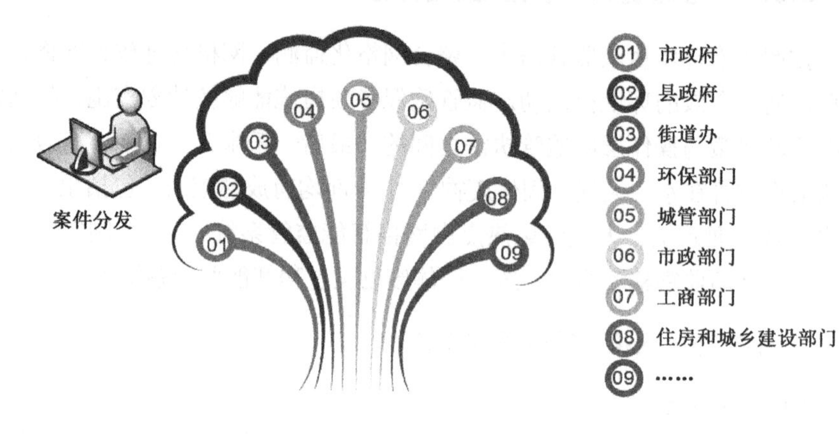

图 3-54 综合网格协同处置

4）网格监管指挥

建立“可视、可控、调度、联动”的网格监管指挥系统。接入在线监测系统，实现在线数据的实时监测；接入视频数据，实现现场指挥的可视化；结合事件定位、人员定位、车辆定位，实现灵活机动的网格化指挥调度；通过共享交换系统，实现省、市、县多级网格的信息联动和指挥联动（见图 3-55），实现环境监测、环境监察、业务管理、支持决策多业务信息共享与交流，以充分发挥网格化平台优势。

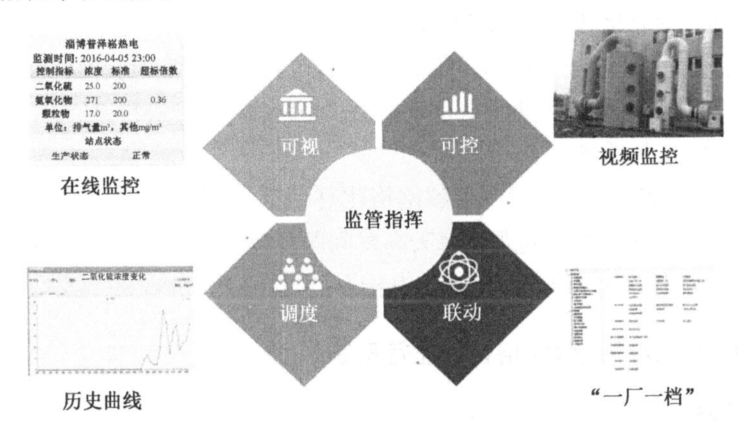

图 3-55　综合网格监管指挥系统

5）网格任务调度

采用工作流技术，针对需要环境监管指挥中心进行调度管理的案卷，为各部门、各县（市、区）指挥分中心、各业务科室、各县（市、区）专业部门提供任务调度、任务协同的办公平台。市级环保部门将市级层面受理的“12369”投诉问题、领导交办的问题等，派发至相应的县（市、区）调度分中心，并跟踪县（市、区）指挥分中心的任务处置状态，对超期的问题进行督办，对反馈的处置结果进行结案归档；各县（市、区）指挥分中心一方面对本县（市、区）的问题进行任务派发，并对环保网格员、业务科室、区级部门的超期问题进行督办；各业务科室、各县（市、区）专业部门可接收各县（市、区）指挥分中心派发的问题，开展任务处置，并将反馈结果按规定时间反馈至各县（市、区）指挥分中心；将所有投诉、举报的案件派发到派遣中心或专业处置部门，也可以对每个网格内的网格员进行每日巡查任务派发。任务调度内容主要包括任务信息收集、任务管理与处置、任务协同与移交、任务提示与督办、处置结果反馈等。

6）网格安全防控

完善安全防控体系，建立网格化的应急处置平台，建立网格内人员、装

备、物资器材信息数据库，及时处置事故并及时上报信息。对于重大事故，借助平台可实现上下级网格应急联动指挥和协同处置。

7）网格化考核评价

网格化考核评价为市局、各区（县）监督指挥中心开展生态环境保护监管运行成效评价提供科学量化依据，按照“两级考评机制”设计评价指标和评价模型：实现市局对各区（县）监督指挥中心的绩效评价，实现各区（县）监督指挥中心对业务科室、区级专业部门、街镇现场巡查人员的绩效评价。系统提供评价功能，对辖区内网格化环境监管的各方面进行考核评价：可按一定周期对城区、街道、社区、网格等进行区域评价；可按一定周期对案件处置的专业部门进行评价；也可按一定周期对环保网格员、坐席员等岗位进行评价。

8）移动督办管理

移动督办管理供各级用户了解网格化环保监管状况，包括重要紧急的问题、专业部门正在处理的问题、每天高发问题及各区域问题的处理效率和质量等，以便随时能够对重要问题下达督办指令。

2. 大气污染热点微网格智能监管系统

1）系统概述

大气污染热点微网格技术通过网格污染态势和变化规律分析，对大气排污异常区域进行预警、报警，实现对大气污染行为的主动式管控，以改变“亡羊补牢”的被动管理模式。基于大数据技术建立污染源排放行为知识库，对遥感、气象、工商、电力、污染源、环境质量、执法结果等各类数据进行融合分析；利用人工智能技术，快速定位疑似污染源，实现高精度的自动报警分析。借助热点微网格技术的精准定位功能，将环境监察执法从过去的“拉网式”“扫街式”排查模式转变为“点穴式”监察、“靶向性”治理模式，在一定程度上缓解了基层环境执法力量不足、监管范围广、执法任务重的压力[22]。

2）主要功能

基于微型站监测网络与网格化监管体系，开展污染物实时监控，精细刻画千米级网格化监测、网格化排放与网格化监管之间的定量响应关系，实现重点污染源与重点区域空气质量的过程化管控，为各项措施落地提供精准的靶向制导工具（见图 3-56）。

3）大气污染热点微网格多来源数据融合管理

融合多种类型的数据，如卫星分析数据、气象数据、子站数据等，形成三维立体监测体系，通过云平台计算分析后，得到热点微网格区域，如 500m×

500m 分辨率的高精度空气质量污染物浓度数据，将数据推送到数据库中。支持接入卫星分析数据，将目标区域及周边地区的空气质量反演结果以可视化的形式展示，包括卫星反演的污染物分布等；支持接入目标区域及周边地区的实时和历史气象数据资料，包括常规气象资料（如地面气压、温度、湿度、风速、风向等）、高空气象资料（如高空温度、湿度、风速、风向等）、污染相关气象资料（如逆温）等，并以可视化的形式展示。

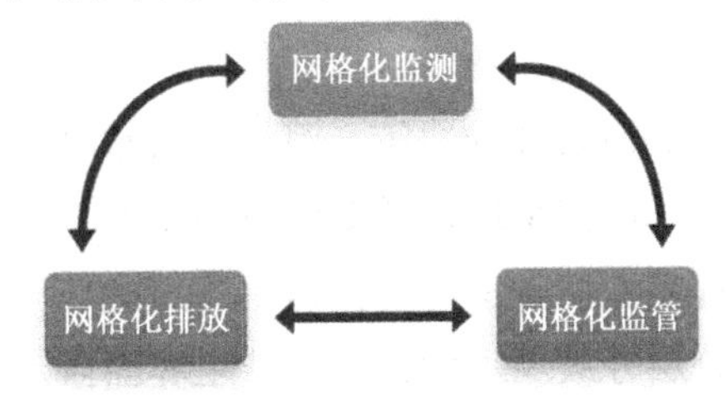

图 3-56　大气污染热点微网格智能监管系统架构

4）热点微网格评估及责任量化管理

热点微网格分析：按照生态环境部热点微网格监管技术处理规范，提供定期更新（如每 6 个月）的热点微网格识别结果，对热点微网格的污染物浓度进行实时跟踪与评估，对热点微网格的异常行为进行及时预警。系统提供热点微网格区域空气质量监测网络的实时数据，并与高分辨率气象信息和多来源卫星遥感数据融合，提供热点微网格区域，如 500m×500m 分辨率的高精度空气质量污染物分布，全面感知热点微网格重点监管区域的空气质量。开展热点微网格排名考核和属地管理，基于设备和网格数据，与卫星、气象、子站等数据进行融合与分析，按周、月度、年度评估热点微网格的污染水平和变化趋势，并给出同比、环比排名及重点污染时段浓度等指标，生成报表和综合分析报告，为热点微网格退出机制和增补机制提供决策支持。

5）热点微网格智能污染异常报警及监管支持

基于接入的卫星分析数据、气象数据，与高精度空气质量监测网络进行融合，对热点微网格污染物浓度进行实时汇总跟踪。能以网页及手机 App 的形式，在地图上显示热点微网格污染物浓度。自动智能识别重点污染区，自动跟踪并分析异常污染特征，掌握变化规律。明确属地内具体哪些区域需要重点关注、哪些区域是污染治理和监管的重点区域，以便为属地发现异常排放区域、了解污染排放规律、落实污染控制和执法提供强有力支撑。

3.“河长制”一体化管控系统

1）系统概述

“河长制”一体化管控系统面向各级河湖长办用户，提供便捷的信息采集更新、审核的信息化渠道，实现各级河长信息、河湖信息、“一河一策”信息、工程项目、排污口、报送信息等的采集管理，并为平台提供河湖长履职、数据更新维护及数据服务支撑。

2）主要功能

河长制综合监管各级河长领导决策、河长办日常办公服务，展示河长制工作概况，实现重点任务一体化呈现、关键信息多角度展示、主要工作多接口进入、基础数据全方位覆盖。河长工作台根据不同级别、不同地域河长及河长办公室分别设计，做好分层分级显示设计，支持主界面自定义配置功能。系统要提供河长“一张图”、巡河管理、统计汇总、信息查询等模块，为管理决策提供数据支撑[23]。“河长制”一体化管控系统总体框架如图 3-57 所示。

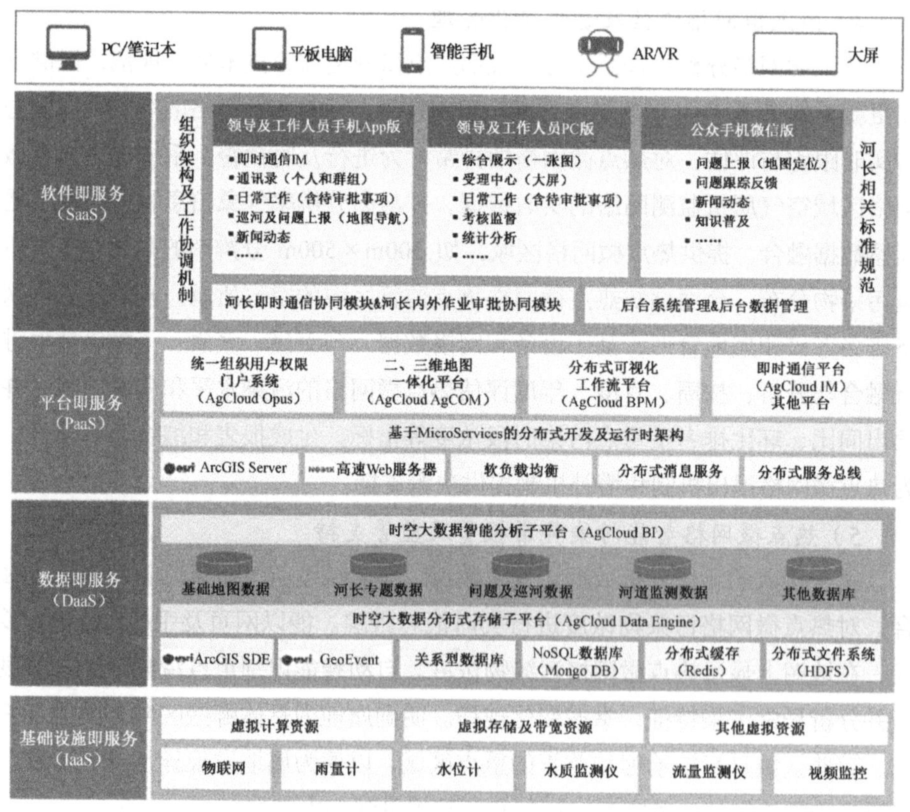

图 3-57 “河长制”一体化管控系统总体框架

3）河长制“一张图”专题展示

“一张图”基于电子地图的不同图层对河湖基础数据、河湖监测数据及各类专题数据进行展示，为河长制信息管理平台提供全方位、图文联动的信息服务。“一张图”实现矢量图层和不同时期的卫星影像图层任意切换，并通过图层利用方式在地图上展现河段分布、视频监控点、入河排污口、污染源、水质监测站、河道公示牌、河道事件分布、重点项目分布、巡河人员数量及分布等河湖管理相关元素，并标注对应名称，实现相关河湖档案信息、各类部件信息、“一河一策”信息等的列表查询，支持多图层叠加等功能。“一张图”提供属性查询、空间查询、通用查询、分类查询等查询方式，并开发地图标绘功能，使用户可以根据自己的需要在电子地图底图上进行点、线、面多种形式的标注[24]。

4）河长制基础数据动态监测

河长制基础数据包括实时水质水量数据、遥感监测数据和视频监测数据 3 类。实时水质水量数据集成实时水质、水情、水量、污染源查询、雨情、岸线信息等；遥感监测数据支持利用高分辨率遥感对辖区内的河流湖泊水体、岸线，以及非法排污、设障、捕捞、养殖、采砂、采矿、围垦、侵占水域岸线等违规用地、违法退水等监测信息进行展示与查询；视频监测数据主要是指在重点水库、重点河流入口架设的摄像头实时采集的视频监控信息等。

5）河长制考核评估

河长制考核评估主要针对各级河长工作情况进行考核，依据考核指标体系，县级以上河长可对下一级河长进行考核，考核评估结果汇总至上一级，服务于上一级的管理工作。考核项可由管理员根据各级各部门考核管理办法制定，考核周期分为月度考核、季度考核、半年考核、全年考核及指定时间段考核等，在考核周期内根据上报数据、考核指标及评分方案等，自动对各级河长目标完成情况（应巡查周期数、完成周期数、实际巡查次数、巡查长度、问题个数、问题处理率等）、任务完成情况（常规任务、派发任务、紧急任务）、措施实施进度、问题处理情况、河湖水质达标情况、重点项目的执行和推进情况及其他考核内容进行考核，并以图表形式对各级河长的履职情况及考核排名进行展示。对河长制考核统计数据进行汇总（见图 3-58），统计考核行政区划内或流域内的事件和巡河情况，依据事件的上报数量、处置情况、处置效率等指标，针对巡河次数、巡河任务完成情况等进行考核评价。

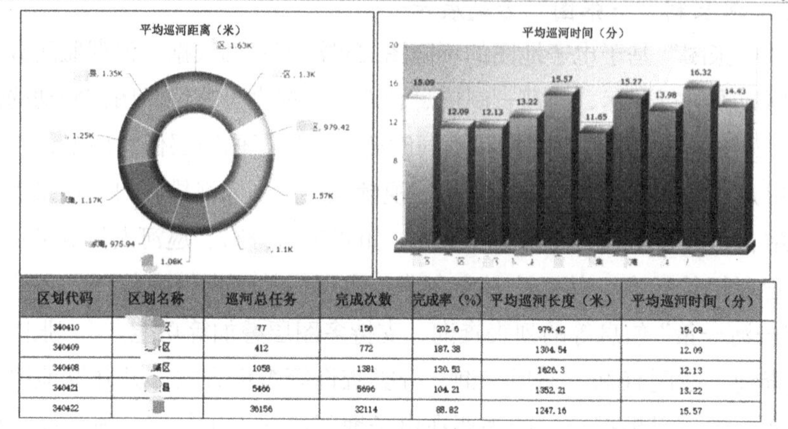

区划代码	区划名称	巡河总任务	完成次数	完成率（%）	平均巡河长度（米）	平均巡河时间（分）
340410	[illegible]区	77	156	202.6	979.42	15.09
340409	[illegible]区	412	772	187.38	1304.54	12.09
340408	[illegible]区	1058	1381	130.53	1626.3	12.13
340421	[illegible]县	5466	5696	104.21	1352.21	13.22
340422	[illegible]	36156	32114	88.82	1247.16	15.57

图 3-58　河长制考核结果统计汇总

6）移动端应用管理

开发河长 App，方便各级河长及河长办工作人员随时查看新闻动态、河湖信息、河长信息、重点项目、巡河情况、待办事件、考核成绩、法律法规等信息。

巡河 App 能够获取巡河任务、巡河情况，支持发现问题进行上报、查询已上报信息，也可对派发的巡河任务进行核查，以及查询已核查任务。河长 App 和巡河 App 界面如图 3-59 所示。

图 3-59　河长 App（左）与巡河 App（右）

4. 环境监察移动执法系统

1）系统概述

环境监察移动执法系统依据生态环境执法监管需求，通过移动智能设备、移动通信、离线 GIS、动态表单、大数据分析等技术，实现移动登录、定位报到、现场检查、亮证告知、信息核实、笔录制作、打印签名、电子归档等环境监察移动执法主要功能（见图 3-60）。系统支持多平台、多终端操作模式，将传统的执法工作与智能终端无缝结合，实现执法数据标准化采集、传输、存储，按照执法业务流程，做到执法过程有法可依、有据可查、阳光执法、透明执法，推动环境监察执法向规范化、精细化转变[25]。

图 3-60　环境监察移动执法系统主要功能

2）主要功能

（1）依法监察，标准监察：系统内置通用双随机检查标准项及 44 个主要污染行业标准检查项，包括 6 个大项、26 个小项、192 个子项的现场监察要点、标准法律用语、取证要点等检查要素。

（2）依法行政，规范流程：结合环境监察执法配套办法和现场监察实际场景，实现“查资料、听汇报、走现场、出文书、进流程”五大功能。

（3）数据分析，精准执法：结合大数据智能技术对企业行为要素进行关联分析，实现动态预警、精准执法。

（4）科技创新，智慧执法：系统支持电子签名、在线语音识别、营业执照及身份证扫描识别、在线验证真伪、执法记录仪远程对讲、实时画面传播等

功能。

3）环境监察移动执法前端应用

环境监察移动执法前端应用是指安装在智能手机或便携式计算机上的现场执法软件，包括任务管理、现场执法和“一企一档”等内容。

（1）任务管理：使用智能执法设备制定各类型执法任务，进行任务跟踪，基于法律依据将执法内容规范化、清单化，列出未处理、正在处理、已处理的任务信息，促进科学执法、规范执法、公正执法。

（2）现场执法：现场执法人员通过移动终端随时随地获取执法任务并开展现场执法工作，通过定位报到、现场检查、亮证告知、信息核实、笔录制作、打印签名、电子归档进行现场移动执法。同时，现场执法人员可通过智能设备对违法行为进行录音、录像、拍照及采样等取证工作。

（3）“一企一档”：展示被检查企业的相关信息，包括环评文件、环境管理数据、排污申报许可数据及在线监测、自行监测等数据内容，实现企业污染源相关信息的查询、统计和分析。

4）环境监察移动执法后台支撑

环境监察移动执法后台应用与执法终端互联，支撑其实现设计功能，并为执法检查前准备、执法检查过程中信息调用和采集，以及执法检查后信息分析汇总提供辅助支持。

（1）污染源管理：支持污染源数据导入、新增、修改、删除操作，设置污染源行业标签、管控级别、管理污染源“一企一档”等文件，为环境监察移动执法系统提供便捷化服务。

（2）任务中心：支持日常巡检、“双随机”专项检查、信访检查任务，支持信访系统对接、任务跟踪、任务分派、任务批注等功能，增加现场执法透明度。

（3）系统管理：支持移动执法人员、部门、岗位管理，支持行政区、表单、常用语句等数据管理，为智能终端提供可靠、可定制化的数据服务。

5）环境监管执法后督察与精准执法大数据分析

环境监管执法后督察包括限期整改、跟踪管理两部分内容。

限期整改是指，环境监察执法部门在现场执法中，如果发现企业有违反环保法律法规行为，可以当场下达限期整改通知书，责令企业在特定期限内完成整改。下达限期整改通知后，环境监察执法部门可对企业整改情况进行跟踪督办。限期整改通知包括整改天数、是否完成整改、整改到期日期等信息。在企

业完成整改后，环境监察执法部门应对整改事项进行验收。

跟踪管理是指，在实施行政处罚后，通过对行政处罚相对人跟踪调查，征询行政处罚相对人的意见或建议，了解整改进度和违法行为是否得到及时纠正，以及办案机构和办案人员查办案件过程是否规范、廉洁。建立回访登记台账，对回访中发现的问题分门别类进行归纳整理，并制定下一步工作措施。跟踪管理是行政处罚、限期治理、环境信访处理之后生成的任务，是对有关处理情况进行的后续跟踪管理。

绘制执法迁徙动态图，对海量执法数据进行可视化深度分析，全程、动态、即时、直观地展现每天所有执法人员的轨迹、走向特征，掌握各区域执法人员的分布情况、轨迹频率、现场执法密度，实时、立体地掌握区域内执法动态。环境监察精准执法大数据分析流程如图 3-61 所示。

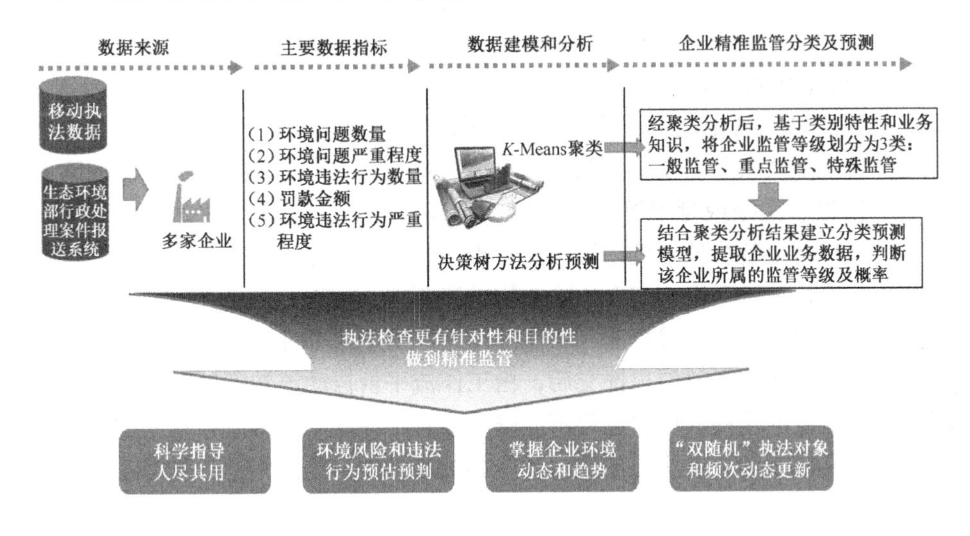

图 3-61　环境监察精准执法大数据分析流程

5. 固体废物全过程智能监管系统

1）系统概述

通过对固体废物尤其是危险废物的产生、收集、交易、运输、存储、处置行为数据的实时监控，构建“产废—转移—处置”流向监管数据网，以固体废物车辆运输全过程监控、预报预警管理为核心，全面实现固体废物运输监管的 24 小时管理，形成完整的固体废物运输管理体系，以达到监管有效性、数据更新及时性、管理决策科学性的目的。

2）固体废物信息收集

通过固体废物信息收集获得更全面的固体废物存量，须建立健全固体废物申报制度，通过实施常态化的申报制度，对固体废物实现动态管理。系统要实现固体废物申报和填报功能，对全辖区所有固体废物信息进行收集。固体废物收集信息包括固体废物产生源企业及其产生废物的相关信息、固体废物运输企业及其运输车辆、固体废物处置企业及可处置废物情况。固体废物信息收集功能包括单位注册管理信息、企业基本信息、固体废物信息、危险废物车辆信息及相关信息的查询统计功能。

3）固体废物申报登记

固体废物产生企业可通过互联网向环保部门进行固体废物申报登记，申报登记的内容及频次根据环保部门管理要求进行设定。危险废物产生企业可以通过申报登记状态和申报登记年份等方式，对企业自行填报的固体废物申报登记信息进行查询，获取企业关心的固体废物申报登记信息。

4）固体废物转移电子联单

固体废物尤其是危险废物转移电子联单是危险废物管理中最关注的一个环节。传统纸质联单需要申报领用，对填写规范难以控制，经常会发生在网上申报时错报、漏报或延报等情况，容易出现申报数据与联单数据不一致等问题。要从根本上解决危险废物转移监管难、转移联单运行效率低的现状，就必须利用信息化技术手段，实现危险废物转移管理全过程的电子化办理，以提高危险废物产生企业、处置企业、环保部门之间的业务办理效率。危险废物产生企业将填好的转移联单信息提交后，由工作流平台自动流转到处置企业审批。进入审批流程的转移联单信息将不能修改，若转移联单信息审核不通过则需要企业进行重新填报，重复工作流程。固体废物转移电子联单工作流程示意如图 3-62 所示。

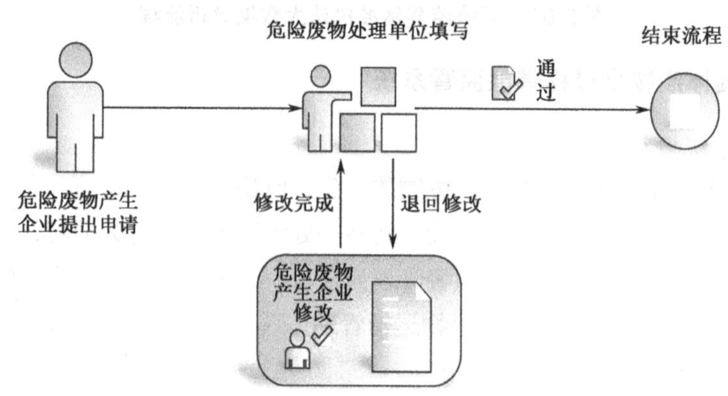

图 3-62　固体废物转移电子联单工作流程示意

5）固体废物运输动态监管

固体废物尤其是危险废物运输动态监管主要包含 GPS 车辆监控、轨迹回放等功能，实现对安装车载 GPS 的危险废物运输车辆的实时动态管理，使环保管理人员能对运输车辆进行实时监控；要求具备预报预警、自动保存车辆近一年内行驶路线和里程、对运输车辆相关数据汇总分析等功能。实施电子围栏预报预警，采用基于地理信息的临界区触发机制，通过一键式触发，以选取的任意坐标点为中心，以用户选定的距离为半径，画出一个电子围栏。当运输车辆未按照联单预计转移时间、进入水源地保护区等环境敏感区或超出既定运输途经区域范围时，系统提供及时的报警功能。环保管理人员可实时定位车辆点位，查看相关联单，要求企业对异常情况进行核实说明。

绘制固体废物转移动态图，对固体废物的产生、收集、交易、运输、存储、处置行为数据进行可视化深度分析，实现全程、动态、即时、直观地展现每天所有固体废物的轨迹、走向特征，掌握各固体废物的分布情况、轨迹频率、流入流出频率，实时、立体掌握区域内固体废物转移动态。

3.9.5　科学的深度治理支持体系

按照生态环境质量改善需求及控制对策，以数据库、方法库、模型库和知识库为支撑，运用大数据、人工智能、规则引擎等，从理论基础、资金成本、运行效果、附加价值等指标快速遴选出最先进的治理技术，量身定制科学、可靠和具体的深度治理方案，推动市场体系在污染治理过程中的应用，实现从源头到排放全过程污染物排放控制。运用大数据技术，自动对实时采集的数据进行挖掘、分析、建模，建立各种环境业务相关的分析模型，掌握重点污染源企业的排放规律，完成对数据多角度的分析和对比，深入挖掘大量业务数据所揭示的环境管理问题，促进运用市场手段实现最低成本、最优效益减排，支撑污染企业和相关污染源实施超低排放改造和全面达标排放，支撑区域环境经济社会协调发展。目前，成熟应用包括固定污染源深度治理、移动污染源深度治理、排污权在线交易管控系统、环境经济预测模拟系统等。科学的深度治理支持体系不仅重视管控软硬件体系的建立，也需要依据管控目标进一步完善工作方案和工作流程。

1. 固定污染源深度治理

1）重点行业问题诊断分析

调研重点行业企业的生产工艺和烟气排放治理情况，调研具体信息包括企业的经纬度、燃料类型、锅炉类型、燃料消耗量、生产工艺、装备水平、烟气现有排放强度和浓度、处理设施的类型和效率等。对照国内最先进水平进行综合评估，判断电力、钢铁、焦化、水泥、陶瓷、铸造、化工等重点行业发展水平在全国所处的位置；制定深度治理两级标准和达标技术方案，根据高标准绘制烟气深度治理示范工程技术路线，将有关信息纳入管控系统。

2）深度治理标准和达标技术方案制定

在评估结论基础上，结合实际情况，为相关行业制定深度治理两级标准，即“优先标准”和“门槛标准”。“优先标准”以国内最先进的环境管理水平为依据，“门槛标准”以现行排放标准或大气污染物特别排放限值为依据。根据两级标准的要求，分别制定满足两级标准要求的达标技术方案，并估算改造建设的投资额、效果和时间表。企业经过深度治理后，达到“优先标准”，不受或少受停限产管控限制；达到“门槛标准”，按照管控规定部分限产或停产；经验收达不到“门槛标准”的企业，一律由当地政府依法责令停产整治。

3）烟气深度治理技术效果跟踪评估

针对已经完成深度治理技术示范工程建设任务的重点行业企业，开展深度治理技术效果跟踪评估，评价减排工艺水平和实际效果，并提供运行和维护建议，调整更新企业污染物防控方案。同时，将示范工程的技术方案在相关行业进行推广，提升重点行业污染物控制整体水平。烟气深度治理技术流程与重点行业如图 3-63 所示。

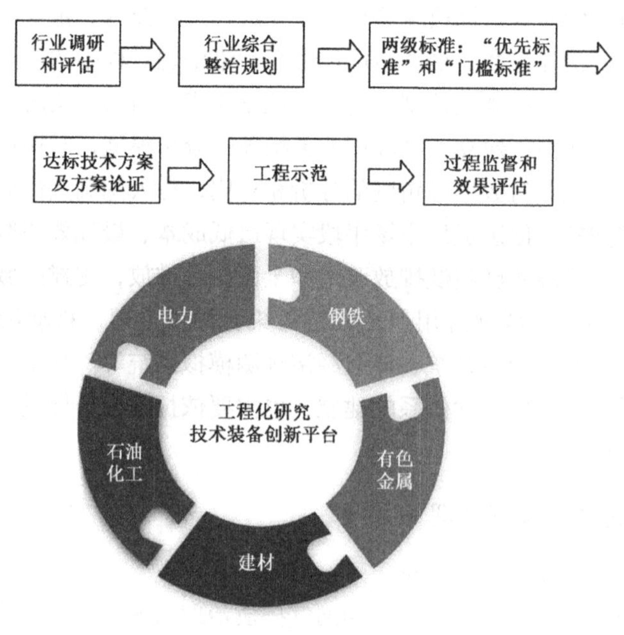

图 3-63　烟气深度治理技术流程与重点行业

4）臭氧前体物治理

分析臭氧污染特征和演变规律，研究臭氧浓度及其前体物 VOCs 和 NO_x 排放之间的动态响应关系，识别前体物中关键活性组分，分析现在及未来各行业主要控制技术的成本效益，建立可行的臭氧污染防治和前体物管控策略。臭氧前体物治理解决方案如图 3-64 所示。

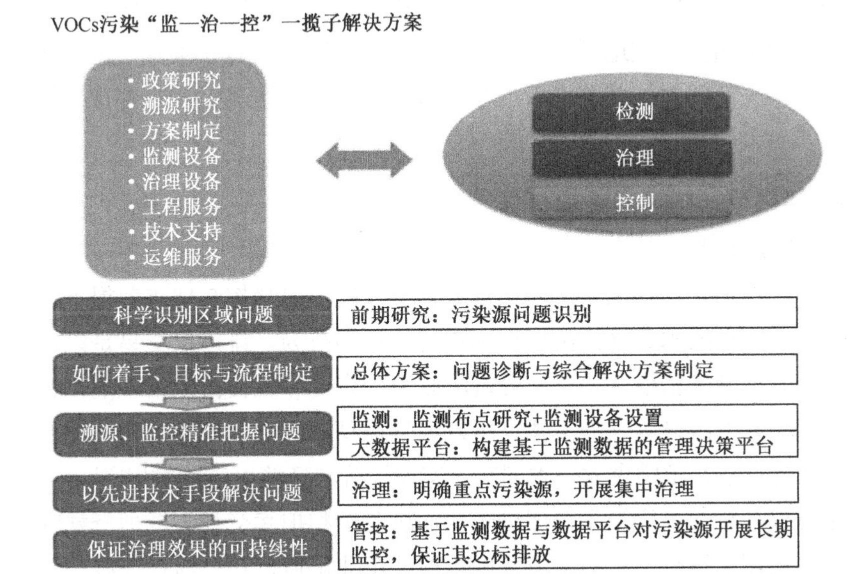

图 3-64　臭氧前体物治理解决方案

2. 移动污染源深度治理

利用移动污染源综合监管平台，严格控制柴油车尾气污染，对柴油车尾气污染进行治理。由于国三标准柴油车污染重、无尾气处理装置等现状，重点对国三标准重型柴油货车实施改造治理。

1）制定加装改造颗粒物捕集器（DPF）工作方案与指南

组织制定《国三重型柴油货车尾气治理（加装颗粒物捕集器改造）工作方案》《重型柴油货车尾气治理（加装颗粒物捕集器改造）指南》，按照其中的技术规范和标准，召开专家论证会，公开招投标提供加装改造和维修等全过程服务的企业，筛选确定产品供应商名单。

2）实施柴油车区域限行

根据两个阶段的国三标准重型柴油货车改造任务安排，研究制定配套的区域限行方案，划定限行区域，对未在时限内完成加装改造的国三标准重型柴油

货车严格限行，并逐年扩大限行范围，在报政府部门批准后向社会发布实施。组织对加装改造后的车辆核发通行证。

3）强化政府部门监督管理

依据机动车环保检验合格标志或网站核定车辆信息，确定辖区内属于国三标准重型柴油货车的单位及社会个体车主，并通过政府采购或自行选择的方式在产品供应商名单中认定加装改造企业，在规定时限内完成进入限行区域的国三标准重型柴油货车改造任务，加强辖区内加装改造网点和维修治理企业的监管；责成相关部门对加装改造后的车辆进行审核，由区县公安交管部门核发通行证。

3. 排污权在线交易管控系统

1）系统概述

排污权交易是指在满足环境质量和主要污染物总量控制要求前提下，排污单位对依法取得的水、气排污权指标进行交易的行为。排污权交易是以市场机制为基础的污染防治模式，可充分调动政府、企业和社会污染治理的积极性，让企业主动成为污染治理的主体，可以大幅提高资源配置效率，有效降低污染治理的社会成本，激励企业技术创新，实现经济与环境可持续发展[26]。

排污权在线交易管控系统促进企业通过竞价和拍卖交易、抵押贷款等市场行为来优化环境效益，实施环境深度治理。企业可自行在排污权在线交易管控系统中进行注册登记、受理审核、激活报名、发布公告、开展竞价等操作。排污权在线交易管控系统可使排污权储备交易部门摸清区域排污储备总量及构成状况，规范排污权初始分配及交易过程，提高部门的业务管理水平和工作效率，方便排污企业获取或出让排污权，提高交易成功率、激活二级交易市场，为环境管理部门提供行之有效的环境管理手段和工具，提高企业减排积极性，促进污染物总量控制及污染减排指标的达成[27]。

2）业务流程

排污权交易流程主要包括申请、审核和交易三大部分。排污权交易流程如图 3-65 所示。

3）系统功能

排污权在线交易管控系统包括实时交易、交易管理、统计分析、政府储备、决策支持五大子系统等。排污权在线交易管控系统总体框架如图 3-66 所示。

（1）一级市场体系。一级市场主要为以政府为主导，依据管辖区域内的排污区域容量，为企业分配合理的排污权。

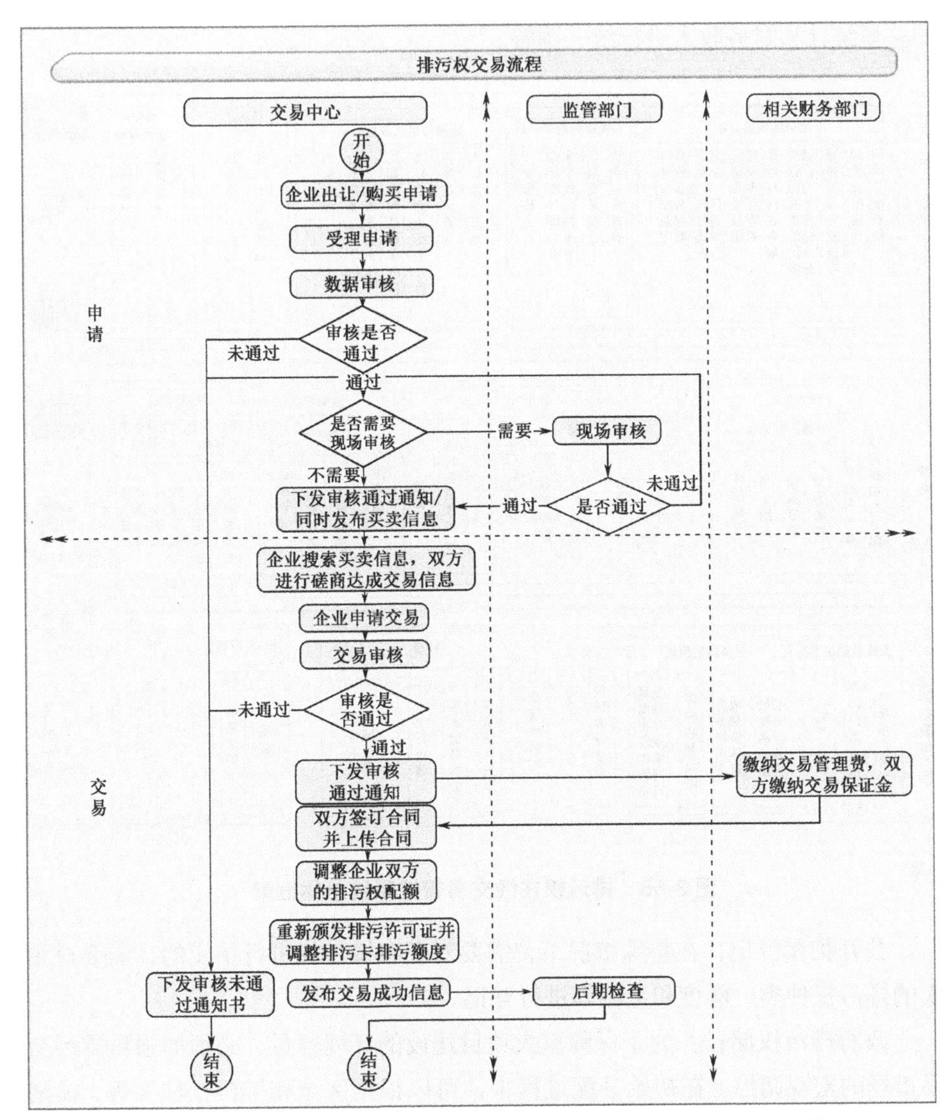

图 3-65　排污权交易流程

初始有偿分配：环保部门在为企业分配排污权的初始过程中，对企业排污权的分配都是阶段性分配。在分配排污权初始过程中可有多种分配方式供选择，其中可以依据一些数据来进行分配，如排放绩效法、历史排放量法等，最后依据制定的价格体系对初始分配排污权进行有偿使用登记。

定价出售登记：由于市场的需求，环保部门可以把自己拥有的一部分排污权进行出售，并对出售过程中的额度和所得收入统一进行登记，分别为各区域的总量统计和财务收入进行统一调整。

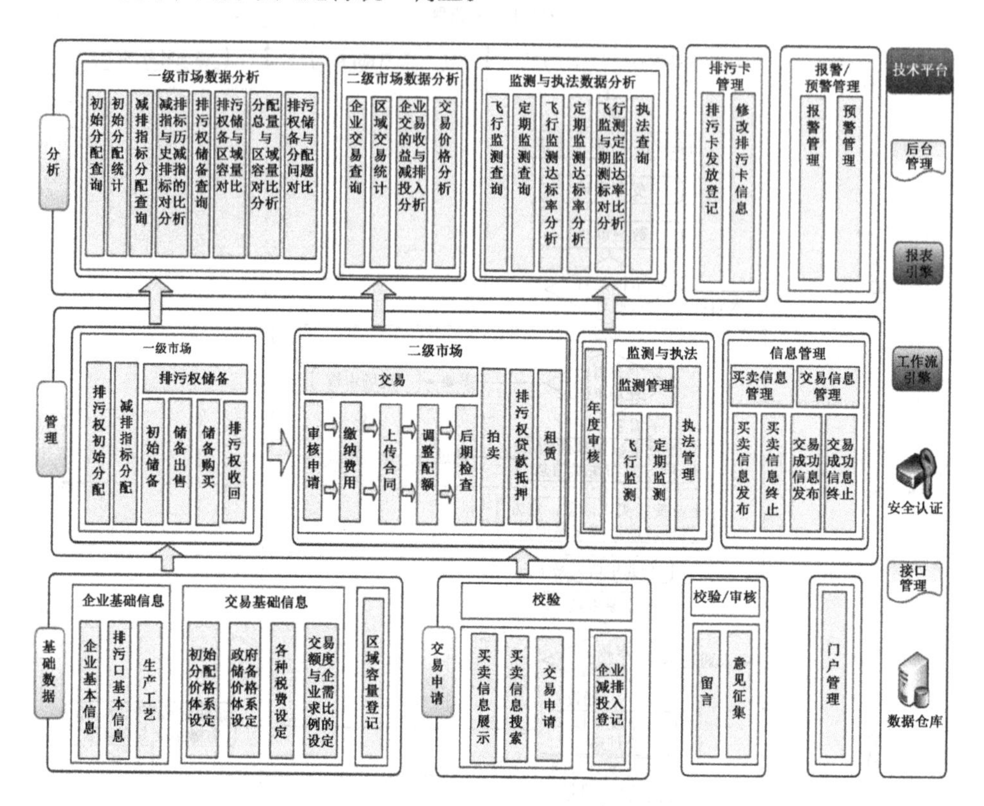

图 3-66　排污权在线交易管控系统总体框架

公开拍卖登记：在特殊情况下，需要对现有排污权进行拍卖的，需要对拍卖的排污权种类、额度和金额等进行登记。

政府排污权储备：为了保障重大项目建设的环境容量，必须加强对排污交易市场的宏观调控。在初始分配过程中，可以根据区域和排污权种类等，摸清政府现有排污权的储备情况，从总体上把握排污权总量和政府排污权储备总量，使政府能够对排污权交易市场进行有效调控，在排污权分配和交易过程中提供直接的数据依据。

（2）二级市场体系。二级市场主要由各企业根据自己的实际排污情况通过交易的方式来达到企业排污的合理调配。二级市场的主体内容是通过交易来买卖排污权。

申请排污权需求信息：依据企业的实际情况做出决定（转让/受让），并且形成相应的文件在排污权交易系统中进行登记，登记完毕后直接上报环保部门

进行审核。

环保部门审核：环保部门根据企业提供的申报情况，分析企业所申报信息的具体内容，结合企业的排放情况，从整体上进行数据分析；如果分析通过则转入监管与执法系统进行现场查看，并将现场数据录入系统。

双方磋商并达成交易：需要交易的企业可以查询交易信息，如果有符合条件的交易信息可以双方进行磋商。双方达成交易意向后，可以向符合条件的交易中心提出交易。

调整指标配额：经过环保部门确认交易发生以后，系统可以自动匹配交易情况，对交易双方排污权的种类、额度、年限等数据自动进行调整。

排污权贷款抵押管理：为体现排污权交易的价值，并缓解企业在一定时间内资金紧张等问题，环保部门可以协调商业银行对困难企业的排污权进行抵押贷款。在此过程中，可以把企业所得的排污权进行实物化抵押，如果企业不能还贷还可以将排污权出售来还贷。

排污权贷款抵押登记：结合排污权交易过程中的情况，可以进行排污权交易的贷款登记，明确登记的内容，如金额、期限、交易总额比例等。

排污权贷款抵押和到期出售：贷款到期以后，如果贷款企业因各种原因无法还贷，由环保部门根据抵押的情况，对抵押的排污权通过各种方式进行出售，并对抵押过程进行详细登记。

（3）交易信息数据分析。主要处理交易过程中产生的各种数据，通过不同层次的数据组合，反映交易的各方面，有利于调整排污权交易市场。

周期性交易信息分析：用户选择不同的周期，对该周期内交易的数据进行综合分析，得出交易的需求量和活跃程度，以反映该时间段的交易情况。

地区交易信息分析：由地理位置来分析交易数据，从交易数据反映该时间段区域性的排污水平和需求量，并且可以从横向角度对比其他区域的交易需求水平。

排污权交易价格分析：可以对不同地区、不同时间段、不同种类的污染源进行统一的价格分析，得出价格波动情况及价格的平均值，对排污权交易过程中交易双方提供基本的价格指导。

企业交易收益与减排投入分析：综合企业在排污权交易市场的收益情况和企业在减排过程中的投入，得出企业减排的绩效值。

（4）排污权项目的收益管理。排污权项目的收益管理具体分为初始收费收益管理和排污权超标处罚收益管理。将在整个排污权收费系统中产生的收益，都统一作为排污权项目收益处理，同时对收益的使用也进行统一管理。

4. 环境经济预测模拟系统

1）系统概述

环境经济预测模拟系统集宏观经济发展预测、环境系统变化趋势分析、基础数据资源加工整合、环境战略政策模拟于一体，是一个全面、丰富、自主、灵活的战略决策系统。建成后的环境经济预测模拟系统有助于优化整合信息资源，提高工作效率；有助于准确把握经济发展态势和环境变化，提高宏观决策的前瞻性、应变能力和科学性。

环境经济预测分析实现环境对经济发展的影响预测，建立在经济与环境相互影响的理论方法研究基础上。环境经济预测模拟系统利用投入产出模型和计量经济模型这两类产业预测模型的基本思路，将计量经济方法、投入产出分析方法、扩展线性支出系统方法结合，将总量驱动和分量加和相结合，从潜在生产能力的测算出发，利用生产函数理论和计量经济方法，预测未来的经济增长、投资、消费、净出口、就业、财政、收入等经济总量指标。通过扩展线性支出系统和固定资产投资积累构成研究消费结构、非污染治理投资结构、污染治理投资结构和进出口结构，形成最终需求结构。通过环境经济投入产出表，形成最终需求、环境污染治理需求等诱导的各部门总产出，以及相应废气、废水、固体废物的排放量和污染治理费用[28]。根据环境经济投入产出表，预测和分析污染治理费用对国民经济的影响（如 GDP、产业结构、利税、就业和物价水平等）。

2）整体框架与功能

环境经济预测模拟系统以宏观计量经济模型和环境变化模拟模型为核心，围绕规划决策所需功能进行开发。环境经济预测模拟系统整体框架如图 3-67 所示。

宏观计量经济模型：在对大量统计数据整合的基础上，针对地区社会经济系统发展特征，采用计量经济模型等方式建立宏观计量经济模型，进行模型校验，利用可视化的方式直观展示预测成果，对地区经济宏观走势和变化趋势进行判断。

环境变化模拟模型：综合运用 3S 技术等手段，集成中尺度以上气象模式、大气扩散模式、水文水质综合模型、市政排水系统模型、城市和农业面源模型等宏观环境模型和不确定性分析模块，对省域、市域等尺度上的宏观环境问题进行分析预判，结合各种优化决策技术为政策制定提供服务。

环境损益价值评估模型：环境损益价值评估研究的目的是通过对环境质量、污染物排放量、生态质量状况、人体健康等敏感要素和受体的变化趋势分

析，合理选择环境改善或恶化的评估指标，运用环境资源价值评估方法，估算生态环境质量变化价格，并结合绿色国民经济核算方法，为宏观环境经济政策提供决策支持。

图3-67　环境经济预测模拟系统整体框架（来源：山西省环境规划院）

本章小结

本章从服务于政府部门生态环境保护管理角度出发，提出了“硬件+软件+应用+调控”的“物联网+”生态环境运行模式，系统描述了环境质量感知体系、污染源感知体系、风险源感知体系三大感知体系的建设现状、主要监测标准规范与仪器设备，阐述了区域集成和系统调控的主要方向——建立精敏的量化溯源感知体系、可靠的动态分析管控体系、精准的管理决策支持体系、有效的环境执法监管体系、科学的深度治理支持体系五大体系，归纳总结了各体系的总体情况、技术路线和主要功能。

“物联网+”生态环境的软硬件集成与区域调控，利用先进、高效的物联网、大数据、云计算等信息技术，对所有结构化、非结构化环境信息进行深度关联分析，建立生态环境领域发现问题、分析问题、处理问题、事后评估、考核问责、整改完善的工作机制，实现摸清现状、把握规律、发现趋势、自动预警、动态反馈、快速溯源和精准问责，提供全面集中、多层次、多角度的环境保护信息，形成政府主导、部门协同、企业主体、社会参与、公众监督的生态环境监管格局，构建“精敏感知，全程管控，重点突出，精准施策”一体的精细化和精准化生态环境管控体系，可实现“量化溯源—动态分析—管理决策—执法监管—深度治理”全过程闭环管理，推动形成智能化、精细化调控的机制。

参考文献

[1] 王尔德，宋旭．“环保物联网不但要能一起站，还要能一起看、一起用”——专访山西省环保厅杜斌博士[J]．中国环境管理，2015，7（06）：22-25.

[2] 罗三保，杜斌，孙鹏程，成钢，杨海龙．基于物联网技术的环保能力建设研究[J]．中国环境管理，2014，6（03）：49-52.

[3] 李振，杜斌，彭林，孙鹏程．山西省污染源自动监控系统的设计与实现[J]．中国环境监测，2012，28（03）：130-135.

[4] 吕立慧．基于车载激光雷达的大气颗粒物走航探测技术研究及应用[D]．合肥：中国科学技术大学，2018.

[5] 吕清，顾俊强，徐诗琴，吴静．水纹预警溯源技术在地表水水质监测的应用[J]．中国环境监测，2015，31（01）：152-156.

[6] 苏州天一信德环保科技有限公司网站[EB/OL]. [2019-12-09].

[7] 杨清，周进．用电数据用于污染源企业工况监控技术的研究[J]．污染防治技术，2019（03）：44-48.

[8] 袁祚涌，肖平．运用大数据推动机动车污染防治工作的建议[J]．城市建设理论研究（电子版），2018（19）：102，98.

[9] 智联万维（北京）网络信息科技有限公司网站[EB/OL]. [2019-07-19].

[10] 山西国惠华光科技有限公司网站[EB/OL]. [2019-08-15].

[11] 广州市广软科技有限公司[EB/OL]. [2019-12-13].

[12] 云洲智能科技有限公司网站[EB/OL]. [2020-3-09].

[13] 李军，王经顺，陈程．生物综合毒性在线自动监测仪的现状与问题研究[J]．环境科学与管理，2013，190（09）：125-128.

[14] 喻义勇，王苏蓉，秦玮. 大气细颗粒物在线源解析方法研究进展[J]. 环境监测管理与技术，2015，27（03）：12-17.

[15] 朱莉莉，晏平仲，王自发，等. 江苏省级区域空气质量数值预报模式效果评估[J]. 中国环境监测，2015，31（02）：17-23.

[16] 北京辰安科技股份有限公司网站[EB/OL]. [2019-12-09].

[17] 杜斌，冯琨，彭林，李凌昇，谢明，张丽琴. 火电厂烟气脱硫设施运行工况实时监控系统判定标准的设计与实现[J]. 工业安全与环保，2015，41（06）：90-94.

[18] Yingjiong Zhao, Bin Du, Bokai Liu. Smart Environmental Protection: The New Pathway for the Application of the Internet of Things in Environmental Management[J]. Applied Mechanics and Materials, 2013: 325-326.

[19] 北京美科思远环境科技有限公司网站[EB/OL]. [2019-12-09].

[20] 罗三保，薛安. 基于规则引擎的突发性大气污染事故应急处理系统研究[J]. 北京大学学报（自然科学版），2012，48（02）：296-302.

[21] 孙菲. 突发环境事件特征分析与应急技术支持数据库建设[D]. 青岛：山东科技大学，2017.

[22] 王春迎，潘本峰，吴修祥，等. 基于大数据分析的大气网格化监测质控技术研究[J]. 中国环境监测，2016，32（06）：1-6.

[23] 王龚博，于忠华，卢宁川. 河长制管理实施成效分析与展望[J]. 环境科学与管理，2019，44（05）：1-4.

[24] 广州奥格智能科技有限公司网站[EB/OL]. [2019-11-06].

[25] 江苏神彩科技股份有限公司网站[EB/OL]. [2019-12-09].

[26] 赵英煛，杜斌，彭林，杨花，成娜. 山西省排污权交易体系的设计与实践[J]. 环境工程，2014，32（05）：138-141.

[27] 杨花，杜斌，赵英煛，等. 山西省碳排放权交易基础分析及对策研究[J]. 生态经济，2014，30（3）：84-87，91.

[28] 杨花，杜斌，吕锋骅，等. 基于 IPCC 排放清单和 LEAP 模型的山西省 CO_2 排放研究[J]. 环境污染与防治，2014（3）：103-109.

第4章

"物联网+"资源循环利用

内容摘要

资源循环利用不仅是消纳固体废物的有效途径，还能缓解资源、能源和环境的压力，增加国民经济收入，创造就业机会，因此深受大多数国家的高度重视。然而，随着信息化、绿色化发展的深入推进，传统资源循环利用体系已不适应新时代发展的需求。"物联网+"为资源循环利用产业的持续健康发展注入了新活力，带来了新的经济增长点。如何充分应用各种现代化信息技术，推动物联网与资源循环利用的深度融合，加速传统再生资源产业的转型升级，促进行业数据共享和监督管理，是推进生产系统和生活系统循环连接，以及加快构建资源循环利用体系的重要手段。

4.1 资源循环利用

4.1.1 资源循环利用的定义

资源循环利用是指："根据资源的成分、特性和赋存形式对自然资源综合开发、能源原材料充分加工利用和废弃物回收再生利用，通过各环节的反复回收利用，发挥资源的多种功能，使其转化为社会所需物品的生产经营行为。"资源循环利用也是改变传统的"资源—产品—废物"的线性经济流动模式，形成"资源—产品—再生资源"的物质闭环流动型增长模式，将人们生产和生活过程中产生的废物重新纳入人类生产、生活的循环利用过程，并转化为有用的物质产品，也就是循环经济发展模式。资源循环利用的基本特征如下。

资源循环利用是客观的，是人类社会经济发展过程中不可避免的一种社会生产和再生产形式，是人类社会在发展到一定程度后，面对有限的资源和环境承载力做出的必然选择[1]。

资源循环利用是科技的，产生和发展依赖先进的科学技术。只有通过技术的不断进步，才能实现更广泛、更有效的资源循环利用，不断扩大可供人类使用的资源范围，解决人类面临的资源短缺和生态环境保护问题。

资源循环利用是系统的，是社会再生产领域涉及多个部门的系统性、整体性的经济运行方式。虽然不同的社会再生产环节有不同的表现形式，但只有对整个社会再生产系统进行系统的协调，才能实现资源的有效循环利用。

资源循环利用与社会经济发展和生态环境保护是统一的。资源循环利用的社会再生产模式不仅可以解决资源环境危机，而且可以实现社会经济的可持续发展。另外，物质生产和产品流通的实现形式，从社会再生产的宏观层面和工业企业的微观层面都反映在资源循环利用中。

资源循环利用是能动的，是人类理性面对资源环境危机，进一步深化人类对客观世界认识的产物。

4.1.2 循环经济的内涵

资源循环利用是循环经济的核心内涵。循环经济是“人类为应对自身发展进程中的资源与环境难题而提出的一种新的资源循环利用型经济运行形态”。循环经济是由可持续发展理念指导的，需要由清洁生产这种形式来实现，并应用到环保和污染治理活动中。循环经济的基本特征是节约资源及循环利用，循环经济是一种物质闭环流动型经济。循环经济是为了解决因经济发展而引发的日益严重的污染问题而提出的，因而最早出现在一些发达的工业国家中。循环经济倡导在不断循环利用材料的基础上发展经济，其目的是实现可持续发展，解决社会经济发展与生态环境保护之间的矛盾。如今，循环经济的概念在西方已普遍达成社会共识，并有良好的发展趋势。

我国的基本国情是人口众多，资源相对短缺，生产过程中不乏资源的破坏和浪费现象。为了保证经济的快速增长，我国采取了消耗资源的增长方式，这使我国经济发展与资源供给短缺之间的矛盾日益突出。循环经济理念作为解决问题的关键，能够指导合理开发利用自然资源，大力推进资源循环利用产业的发展[2]。党的十九大报告明确指出，加快生态文明体制改革，建设美丽中国。人与自然是生命共同体，人类必须尊重自然、顺应自然、保护自然。我们要建设

的现代化是人与自然和谐共生的现代化，既要创造更多物质财富和精神财富以满足人民日益增长的美好生活需要，也要提供更多优质生态产品以满足人民日益增长的优美生态环境需要。必须坚持节约优先、保护优先、自然恢复为主的方针，形成节约资源和保护环境的空间格局、产业结构、生产方式、生活方式，还自然以宁静、和谐、美丽。因此，必须大力发展循环经济，而循环经济的核心是资源循环利用。通过这一循环将经济活动具体化为资源—生产—分配—交换消费—再生资源，从全社会角度开辟解决资源供给与使用的新型途径，以实现资源的持续合理利用，从而达到经济发展与环境资源的协调、人与自然的和谐，保障经济社会的可持续发展。

4.1.3 资源循环利用产业

资源循环利用产业是节能环保产业的重要组成部分。“十二五”期间，我国资源循环利用产业规模稳步扩大，技术装备水平不断提高，废物利用量逐年增加，政策机制不断完善，商业模式不断创新，产业集中度明显提高，为改变传统的“批量生产，大量消费，大量浪费”的增长方式和消费方式探索了一条可行的道路，在缓解资源紧张、保护生态环境、应对气候变化、稳定扩大就业和促进绿色转型方面发挥重要作用。“十三五”期间，我国全面贯彻落实创新、协调、绿色、开放、共享发展理念，推动发展方式转变，提升发展质量和效益，引领形成绿色生产方式和生活方式，促进经济绿色转型，进一步壮大资源循环利用产业。

我国资源循环利用产业规模增长迅速，在“十二五”期间，年均增长12%左右；2015 年年底，产值突破 15000 亿元，约占国内生产总值的 3%。其中，工业固体废物产生量 36.8 亿吨，综合利用率将近 50%，综合利用产值达 8500 亿元，比 2010 年的产生量增加近 7 亿吨，综合利用率提高近 8%。主要回收资源约 2.4 亿吨，占回收总量的 70%，回收利用产值 6500 亿元，回收率提高 6%，回收利用产值增加 2000 亿元。2017 年，我国资源循环利用产业产值超过 2.6 万亿元，解决就业约 3700 万人，大宗工业固体废物综合利用率达到 65%，主要再生资源回收利用率达到 70%，成为节能环保产业的重要支撑。2017 年，我国十大品种再生资源回收总值为 7550.7 亿元，再生资源回收企业数量逼近 10 万家，从业人员达到 1200 万人。根据国家层面的规划，2020 年我国主要资源产出率比 2015 年提高 15%，主要废弃物循环利用率达到 54.6%左右。2017 年国家发展改革委等 14 个部委联合发布的《循环发展引领行动》中提到，资源循环利用产业产

值实现 3 万亿元的大突破。随着可再生资源回收企业的变化，市场交易频率大大增加，可再生资源回收量和市场规模增长缓慢的状况发生了变化，资源循环利用产业已经走过低谷期，迎来持续稳定发展的高峰期。

资源循环利用产业的快速发展使其战略地位日益凸显，技术装备水平也不断提高。近年来，我国逐渐形成较为完整的资源循环利用技术体系，并在重点领域取得突破。例如，开发了高铝粉煤灰提取氧化铝、废杂金属清洁再生处理、汽车和重型机械关键零部件再制造、生活垃圾焚烧发电、城市与工业污泥高含固厌氧消化生物制气等一批具有自主知识产权的核心技术与装备，实现了大规模产业化应用。当前，资源循环利用技术水平不断提升，产业化应用取得突破。在资源循环利用领域，国家科技支撑计划及相关公司逐年加大对该领域的研究预算，培育了许多具有自主知识产权的先进技术，逐步形成了资源循环利用技术创新体系。仅单个资源化领域中国申请的专利总数就过万件。资源循环利用产业的崛起，不仅因为产业自身受人关注，还有后天的苦心经营发展。资源循环利用产业自身的情况注定了它不可能永远默默无闻。生态文明建设上升至国家战略高度，绿色低碳发展的循环经济体系成为必然要求。回收作为资源循环利用过程中重要的一环，备受关注。

资源循环利用产业规划引领作用逐渐增强的同时，资源循环利用示范取得了显著成效。国家发展和改革委员会支持建设 49 个国家“城市矿产”示范基地、118 个循环利用转化园区、100 个厨余资源利用和污水处理试点城市，推动了再制造的建设试点示范基地和循环经济示范城市；工业和信息化部推动工业固体废物的综合利用基地试点工程建设和可再生资源综合利用重大示范工程等试点建设，每年可利用各种废物约 5 亿吨。示范试点的建设，广泛传播了循环利用理念，不断完善和创新政策机制、商业模式，深入发展各行业和领域的循环利用模式，使产业的循环组合更加合理、资源消耗最小、环境风险最小，达到经济效益最大化。

除了行业内部环境的变化，外部环境也正日益优化。在中央环保督察与地方环保督察的双重夹击下，许多小乱散污型的再生资源回收企业或作坊被大量关闭，这大大驱动了行业的转型升级，进而刺激新模式与新技术的产生与普及。自 2018 年以来，我国资源循环利用产业一个显著的变化就是：从小散乱粗放型的发展模式向集约化、规范化、标准化迈进。经过 2018—2020 年的迅速发酵酝酿，从“十四五”时期开始，我国资源循环利用产业的年复合增长率将可以达到15%～20%，赶上甚至超过整个环保产业的增长速度。在此过程中，具备丰富健康的现金流、政府补贴、全备的资质及多重销售渠道的资源循环利用企业，将成为最大的受益者，并发展成未来行业的佼佼者。

另外，资源循环利用产业法规体系已初步建立。2008 年颁布的《中华人民共和国循环经济促进法》明确指出，发展循环经济是国家经济社会发展的一项重大战略，《中华人民共和国循环经济促进法》在 2018 年进行了修正。随后，我国又先后发布了一系列相关法律法规，地方政府也相继颁布实施了法律条例或地方法规，初步形成了由国家法律、行政法规、部门规章和地方法规组成的循环经济法律法规体系。

从配套政策体系维度来看，资源循环利用政策机制也在不断完善。在财政政策方面，我国设立循环经济发展专项资金，投入 100 多亿元支持循环经济重点项目，投入 300 多亿元支持循环经济和资源节约项目；我国还建立基金，对列入目录的产品回收处理活动给予一定补贴。在价格和收费政策方面，我国实行了惩罚性电价、差别电价、生物质发电上网优惠电价、阶梯式水价等政策。在税收政策方面，我国实行减免增值税和企业所得税优惠等。在金融政策方面，资源循环利用列入绿色信贷、绿色证券、绿色债券、绿色保险的支持范围。在产业政策方面，我国从产业布局、准入制度、技术标准等多个方面，制定了一系列促进产业结构调整的政策，不断深化改革，以加快形成资源综合利用产业市场化机制。

4.2 “物联网+”与产业转型升级

4.2.1 资源循环利用产业发展的短板

资源循环利用产业是为节约资源和循环利用废物而提供物质基础和技术保障的产业，包括可再生能源产业、环境修复产业、再生资源产业及其相关服务业，通常包含回收、处理（拆解、分选、破碎等）、循环利用、再生品销售等环节。资源循环利用产业是循环经济体系的末端环节，也是决定循环经济能否完成闭环周转的关键环节[3]。资源循环利用具有极高的经济价值，对废物的资源化，可增加直接经济价值，达到废物减量、减少环境污染、间接增加生态效益的目的。同时，减少对自然资源的直接消耗，可推动可持续性发展，并间接增加资源化的社会收益。但是，目前我国资源循环利用的程度较低，还面临一些发展短板，亟须转型升级。

第一，回收不规范。资源循环利用产业大多依赖分散式的回收网络，在灵

活高效的同时，也存在很多不规范的地方。一方面，在收集站点、运输环节等存在环境污染问题；另一方面，交易环节大多是现金交易，造成国家税收流失，对物品的来源也缺乏核查。此外，一些特定领域，如铅蓄电池等危险废物，报废汽车、废家电等高值废物缺乏全生命的追溯体系，导致资源回收与利用的数据缺失，无法对来源、用途、去向等加以管控，造成了相当数量的再生资源流向不规范的拆解处理企业，产生了新的污染问题。

第二，标准不统一。资源循环利用产业目前正处于快速发展阶段，工艺技术和装备水平参差不齐，虽然已经有少部分工艺技术比较先进，但多数仍处于企业生产的试验探索阶段，产品技术标准难以统一。此外，技术标准分布不均、发展不及时等问题也十分突出。由于制定标准需要长时间的准备，国家标准或者行业标准的修订（制定）过程很长，从申请提交到最终报备颁布，有些需要 5 年甚至以上[4]。在此过程中需要经过多个环节，投入大量的人力、物力、财力，否则企业很难长期规范工作。因此，回收利用体系尚未规范与完善，这成为制约行业发展的瓶颈，也影响了产业的转型升级。

第三，利用不环保。再生资源加工处理环节很容易产生二次污染。我国疆土辽阔，再生资源的分布较为分散，集中统一规模生产的难度较大，有些个体户受经济利益驱使处理不规范，甚至将一些不适合再次回收利用的资源进行二次加工后作为商品卖出以谋取利益，或者为节省加工费用而未做好二次污染的防护措施，从而造成环境污染和生态破坏。目前，我国再生资源行业大部分经营规模较小，加工利用技术不先进，容易导致严重的二次污染和资源浪费。一些规模较大的企业不具备深度加工能力，与国外先进理念和成功经验仍存在较大差距。

第四，产品不高端。多数企业对于优质再生资源的回收利用水平低，缺乏深加工，分拣加工后的产品附加值低、结构单一、同质化现象明显，废旧物资整体利用水平不高，企业盈利空间小、生存压力大。近年来，循环经济虽然发展较快，但是缺乏技术带动力强的战略项目，加之地方政府财力有限、企业自身资金和技术性人才结构性缺乏，绝大部分企业以生产原材料为主，产品附加值低，整个行业正处于由粗加工向精加工转轨阶段，但目前仍然是低端产品占大多数。

4.2.2 “物联网+”促进产业转型升级

在产业化发展到信息化、绿色化的今天，传统的模式已经难以满足资源循环利用产业的发展和升级。拥抱物联网时代，拥抱互联网、大数据，用信息优势改造传统模式，将物联网融入渗透到传统产业中去，发挥其强大的技术创新、商业模式创新及应用创新能力的优势，从资本、市场、资源等方面破除行业壁垒、突破瓶颈，促进产业结构优化升级。同时，政府也在积极推动、大力推广利用物联网和互联网技术配合回收的新模式和两网协同发展的新机制等。商务部联合国家发展和改革委员会、工业和信息化部等出台的《关于推进再生资源回收行业转型升级的意见》，进一步促进了“物联网+”与资源循环的快速健康发展。

“物联网+”对资源循环利用产业的促进作用体现在以下 4 个方面。

第一，“物联网+”提升了规范化水平。通过对产业内传统回收模式的分析可以发现，即使经过正规的回收流程，仍有很大一部分资源不能运送到回收公司，而是流入非法商贩手里。传统的回收模式会导致一部分的环境污染，并且很大程度地提高了资源回收成本。物联网和互联网等先进技术的出现，正是重新布局回收网络、创新回收方式的一个大好机会。利用物联网、互联网、大数据等新技术建立一个逆向回收网络系统，能够减少传统回收模式中的多余环节，降低回收成本，减少环境污染，并且能够保证资源在监管范围内、环境安全可控，还能够有效引导资源的流向，促进资源的聚集，这对于整个产业的升级改造都具有非常重要的意义。

第二，“物联网+”有助于建立追溯体系。物联网是将各种信息传感设备与互联网相结合的网络。通过物联网，可进一步完成物体之间的信息交互，最终实现对物体的识别、定位、跟踪和分析，因此物联网是智能化的综合网络。将物联网技术应用于资源回收过程中，可以通过收集和分析信息，实现对信息的实时监控和追溯，并进行数据挖掘分析，为科学决策提供依据。一个基于物联网技术的信息平台能够有效地收集、回收和处理可回收资源，对过程信息进行监控、跟踪和管理，最终实现高质量的智能资源回收，这将改变原有的回收模式，提高回收效率。物联网、互联网等技术使得建立监控追踪体系成为现实，实现网点回收、物流中心仓储分拣等全程监控追踪。物联网增加了追溯技术实现的可行性，让追溯信息大数据平台的建立成为可能。综合运用数据挖掘技术、数据分析技术、信息追溯技术等信息技术进行技术集成与应用；从数据来源、数据质量、数据规模等角度，建立数据采信规则，形成多方交叉反馈验证方案，建设分品种的信息大数据平台。平台将通过视频监控技术、GPS/北斗定位跟踪技术、RFID 技术等物联网技术，将资源循环利用的过程，如废物产生、转移、处理、存储等全生命周期的各环节串联起来，实现资源循环过程的可视化监管。

平台通过信息采集、业务数据比对实现预测预警，提高监管效率，降低环境风险，最大限度地保证资源循环过程的效率和安全性。在商品流通过程中，利用 RFID 技术建立统一的产品标识体系，实现产品的追根溯源，从而使商品信息透明化，使消费者可有效规避商品的信息盲区，为市场价格和服务体系的标准化管理创造了条件。废物溯源的实现促使废旧产品质量鉴定体系更完善，使商品的流通全过程处于完善的监控体系内，强化了对商户的监督能力，促进了市场的规范和服务质量的提升。完备的可回收资源循环利用市场的资质认定制度，规范了废旧产品交易行为，遏制了欺诈、销赃等非法市场行为，提高了废旧产品市场的信誉，为理顺整个逆向物流奠定了基础。

第三，“物联网+”能够监控全过程回收利用方式。当前，缺乏政府和社会监督及进行后续的有效监督是我国废旧物回收行业最大的问题和瓶颈。“物联网+”资源回收模式不仅可以将非正式的回收者（拾荒者等）整合到正规的流程中，而且可以通过公开各类信息，包括不同废旧物的回收价格、回收品类、回收网点、回收人员信息等，实现信息透明化，方便国家和地方政府及时了解和监督整个回收过程和回收行为。同时，这种方式可以减少回收的中间环节，既能够提高整个资源循环利用环节的效率，又能够促进政府的监督管理。通过制定推行规范行业秩序的政策措施，建立以绿色、低碳、环保为基础的开放透明的行业准入和退出机制，并借助互联网平台实现资源回收。在源头回收方面，政府可制定统一的再生资源网络回收运营标准，对开展网络回收的回收商进行资质考核、信息监管、回收过程监督等，对末端处理环节也可以通过实时调控和定期检查的方式进行监督。这有助于改变在传统回收模式下企业混乱的经营组织秩序，实现其经营模式规范化，其监管相对多样化的传统回收模式难度较小。

第四，“物联网+”促进高值产品销售。近年来，物联网、互联网技术介入再生资源回收领域，装备技术升级改造加快，《中华人民共和国环境保护法》于 2015 年 1 月 1 日起实施，对再生资源回收行业的要求不断提高，经营范围拓展到了废弃电器电子产品、废钢铁、报废汽车、废家电等高价值产品及一些附加值高的废旧产品。

4.3 典型应用场景

“物联网+”在资源循环领域扮演着越来越重要的角色，其典型应用场景包括促进资源回收、实现废物在线交易、加强追溯识别功能、助力产业共生、典

型品类再制造和实现信息共享等方面。

4.3.1 “物联网+”促进资源回收

随着社会的发展，废物数量剧增，导致环境污染加剧。我国为解决这一难题，大力促进有效的资源回收利用。资源回收，主要是对一些低价值废物的回收。当前，再生资源回收利用面临不少问题，对于再生资源的回收利用，顾名思义，回收是关键。近年来，废物回收处理行业面临许多挑战和难以解决的矛盾。县级以下地区存在竞争无序、垃圾分类进展缓慢、运输体系不完善等问题，而为解决现有问题，最重要的是解决“两网融合”这个关键点。“两网融合”即“城市环卫系统与再生资源系统两个网络有效衔接、融合发展，突破两个网络有效协同发展不配套的短板，实现垃圾分类后的减量化和资源化”。未来，大力推进“两网融合”的发展，是解决当前资源回收难题的重点工作，而高新技术则是实现“两网融合”的工具和手段。

随着社会的发展进步，信息网络技术特别是物联网技术开始广泛应用于可再生资源回收领域。许多公司已经开始创建“物联网+”产业，大大提升了可再生资源的回收能力和效率，也为促进我国再生资源回收利用行业的发展提供了一种新的解决途径。随着互联网、大数据和物联网等工具的应用，传统回收行业面临转型升级的重大机遇，众多创新型回收企业也获得了宝贵的发展机会。智慧城市建设是当前的发展趋势，在“物联网+”可再生资源回收相关业务系统和模式的支持下，采用业务咨询与信息系统相结合的方式，创建可以落地且真正有利于城市进行垃圾分类的解决方案。通过对各类资源生命周期的分析，预计到“十四五”时期，许多以前使用过的资源物质将逐步达到报废高峰，可再生资源废弃量增长速度将不断加快。传统的买卖商业模式将会被取代，可再生资源回收与社区服务相结合、“两网融合”等新型回收模式将层出不穷，企业间兼并重组加剧，行业集中度进一步提高。互联网、大数据和二维码等信息技术被可再生资源回收公司广泛应用。

案例：“虎哥回收”的 O2O 立体服务平台

“虎哥回收”（浙江九仓再生资源开发有限公司）位于杭州市余杭区，成立于 2015 年 7 月。公司投资 5 亿元，在杭州市余杭区建立了一套城市生活垃圾分类的样板体系，并成功运行。“虎哥回收”现有专用生活垃圾分类回收车辆 200 辆，资源化分选总仓占地面积 30000 余平方米，构建了一条集“居民家庭—服

务站—物流车—总仓”于一体的生活垃圾分类高速公路。“虎哥回收”也借此实现了居民生活垃圾的分类投放、收集、运输和处置。当前，“虎哥回收”服务居民达到 20 多万户，居民垃圾分类参与率达到80%以上，生活垃圾减量达到户均 0.9 千克/天，回收垃圾资源化利用率达到 98%、无害化率达到 100%。秉承“科学回收，无限创造”的发展理念，“虎哥回收”专门回收利用居民日常生活中产生的废旧物资等城市可再生资源。其战略合作企业浙江盛唐环保科技有限公司是国家四部委定点废旧家电拆解处理企业，拆解人员均持证上岗，可保证回收的废旧物资能得到安全、环保、可续的拆解处理，并投入高效再生产中。“虎哥回收”自行建设互联网相关的研发和运营团队，以及遍布整座城市的完善的物流网络和仓储体系，现拥有专业物流车 200 辆、持证回收员 600 名，以保证高效回收可再生资源。截至 2017 年 11 月 1 日，“虎哥回收”共回收处理干垃圾 4277.8 吨、小件垃圾 3014.6 吨；回收家具 7756 件，家具质量达 1181 吨；回收电器 3909 件，回收电器质量达 82.2 吨。在“虎哥回收”服务站试点区域内，单户家庭日均回收量达 0.9 千克，平均每户家庭生活垃圾减量率达 30%左右。

“虎哥回收”模式有效破解了垃圾分类难题，作为商务部可再生资源回收创新案例、国家发展和改革委员会“互联网+资源循环利用”优秀典型案例、浙江省企业管理现代化创新成果之一，受到了广泛好评，是杭州市知名的垃圾分类和可再生资源回收服务品牌。“虎哥回收”项目是浙江省实体商业转型升级试点工程之一，已被列为浙江省循环经济“991 行动计划”重点支撑项目，已入选资源节约循环利用重点工程 2017 年中央预算内投资备选项目。“虎哥”“虎哥回收”系列品牌已获得 5 项商标注册，自主研发的互联网平台已获 3 件软件著作权，顺利通过 ISO 9001 和 ISO 14001 质量管理体系认证。“虎哥回收”已成为中国物资再生协会、浙江省再生资源回收利用协会、杭州市再生物资行业协会、余杭区再生资源行业协会的副会长单位，以及中国循环经济协会下属的互联网+资源循环利用产业促进联盟成员。“虎哥回收”获得这些成就的原因有以下几个方面。

“虎哥回收”设立社区居民生活垃圾分类和商品配送服务站，通过探寻新型模式，以及物联网和互联网等信息工具的使用，实现生活垃圾源头分类、收集、运输和分选处理处置的全过程智慧化管理。为便于居民操作，“虎哥回收”将生活垃圾分为干垃圾和湿垃圾两大类。其中，干垃圾包括废纸类、废玻璃类、废塑料类、废金属类、废旧家电类、废旧家具类、废包装物类、废纸塑铝复合包装类、废纺织物类等；湿垃圾包括蔬菜瓜果、蛋壳、腐肉、畜禽产品内脏、肉碎骨等厨余垃圾和卫生间垃圾。“虎哥回收”的回收品类是干垃圾部分。另外，“虎哥回收”的回收方式为：针对废旧家电、废旧家具等大件垃圾，按照件数单独回收；针对废塑料、废纸、废玻璃、废金属等小件垃圾，统一装进可回收垃圾袋打包回收，具体回收方式如表 4-1 所示。

表 4-1 “虎哥回收”社区生活垃圾分类回收方式

序号	品类	常见品种	回收方式	计价方式
1	大件垃圾	废旧家电	单件回收	市场价
2		废旧家具	单件回收	免费回收
3	小件垃圾	废纸、废包装、废塑料、废金属、插线板等	“虎哥回收”专用垃圾袋打包回收	环保基金兑换商品

在惠民服务方面，“虎哥回收”社区生活垃圾分类服务站将居民生活垃圾按重量计提“环保基金”，居民获得的环保基金将存入每个居民的专用账户。环保基金可以在“虎哥商城”或“虎哥回收服务站”等兑换商品。“虎哥回收”推出的服务理念是“你环保，我请客”，以垃圾上门回收、商品免费配送、价格优惠等优势鼓励广大居民参与垃圾分类回收。在信息监管服务方面，“虎哥回收”通过互联网技术，对居民家庭产生的生活垃圾，按袋（件）进行二维码识别、跟踪溯源管理，实时监管生活垃圾回收、清运和处置全过程。同时，将居民家庭的垃圾回收和分类情况数据实时提供给管理部门，供管理部门监管。

“虎哥回收”的服务模式是将生活垃圾分类与可再生资源回收、利用相结合，真正实现了“两网融合”。以“虎哥回收”在杭州市余杭区运行两年的情况来看，该模式的优势非常明显。第一，分类方法简单，易于群众接受，减量效果显著。“虎哥回收”实施的干湿两分模式，便于居民操作，短时间内居民参与率即达到80%以上。第二，分类端口前移，居民自行在家里做好分类，再由企业进行精细化分类和资源化利用。现有的生活垃圾分类模式相对复杂，在公众意识不强的情况下，“虎哥回收”模式将专用垃圾袋发放至群众家庭，并进行上门指导和利益回馈，实时监控居民的垃圾分类动态，帮助居民形成固定的生活垃圾分类习惯。第三，全产业链运营，市场化程度高，政府可以把精力充分集中到宣传、引导和考核上来。当前的生活垃圾分类模式，前端分类、宣传、清运和处置各环节由不同的单位进行运作，政府介入较深，责任划分难以明确。“虎哥回收”模式具有全产业链运营的基础，而且市场化程度高，政府可以通过购买服务的形式，将自身的精力集中到宣传、引导和考核上来。第四，实现了生活垃圾分

类精准到户的信息监管。借助物联网、大数据、云计算等信息技术，“虎哥回收”通过二维码扫入系统，收集每户家庭投放的生活垃圾的质量和种类，构建了生活垃圾从产生、收集、清洁运输到处理再利用的全过程数据链。政府可以通过这种生活垃圾分类精准到户的信息监管系统，对收集到的数据和信息进行挖掘，制定相关政策和监管措施。第五，全面提升了试点小区的面貌，改善了人居环境。“虎哥回收”还利用从家庭垃圾袋到社区服务站，再到清运车，最后到分选仓库这种生活垃圾处置路线，连通了垃圾回收和利用两个环节，解决了废弃电器电子产品等垃圾回收和资源化处理的难题，提供了“生活垃圾一站式解决方案”。“虎哥回收”的成功少不了上述任何因素。

垃圾处理水平其实也代表一个城市的生态文明程度。要成为生态之城，跻身卓越的全球城市，“垃圾围城”无疑是每个城市必须解决的问题。由于没有补贴机制和强制措施，物业公司难以落实垃圾分类投放管理，很多城市的“不分类不收运”无法严格执行，“混装混运”等仍有发生。因此，需要具备专业的回收车队，主动、及时前往满箱的回收机清运垃圾，这样既减轻了物业的清运压力，又将垃圾分类贯彻到收运环节，保证了分类的质量，并将生活垃圾分类与可再生资源回收、利用相结合，实现“两网融合”，打造“物联网+”资源回收新模式。未来，这样的资源回收模式会越来越普遍，居民的接受程度也会越来越高。“物联网+”资源回收能够以智能高效的方式，提高垃圾分类参与率、处理效率和质量，助力生活垃圾“减量化、资源化、无害化”，能够使每位公民践行绿色、低碳、健康的生活方式，有利于推进大家共同创建美好家园。

4.3.2 “物联网+”实现废物在线交易

随着生活水平的提高，废物产生的速度也在加快。废物回收体系建设虽然已有很大进步，但公众意识没跟上，回收操作的便利性也不够，仍有大量废旧物品无法进入正规回收渠道。另外，如果对废物处置不规范、不科学，不仅容易造成资源的浪费，更有可能给环境造成一定影响。目前，我国推进各类废物信息平台建设，并鼓励互联网企业积极参与，促进现有可再生资源交易市场向线上线下一体化的方向转型升级，打造全国性可再生资源在线交易系统和平台，并逐步产业化、行业化、区域化；继续完善在线信用评估和供应链融资体系，开展在线招标并发布价格交易指数，提高稳定供应能力，增强主要可再生资源的定价能力。

一是可以加快可再生资源的回收利用，利用互联网等工具提高回收利用效率和循环利用过程，实现回收产业规模化、规范化、信息化，规范回收链条。

未来，企业可以依靠物联网等现代信息技术实现系统化的可再生资源产业布局，积极构建线上线下信息交互平台。该平台应当具备多种功能，可以收集各类可再生资源的详细数据，集约调配物流回收半径的各项数据，对数据进行挖掘计算和分析，在商城进行交易结算、提供供应链金融等。这可以加快可再生资源的回收利用，利用物联网等工具提高回收利用效率，完善循环利用过程，实现回收产业规模化、信息化，以及回收链条合理化、规范化。交易平台凭借物联网的技术优势，能够完成固体废物生产企业和相关企业之间的信息自动分析和动态匹配，更好地提高交易效率，减少不必要的环节，大大降低了交易成本。此外，有效管理回收从业人员，有利于减少对环境的二次污染，有助于加强政府对可再生资源回收市场的监管和指导。

案例：“爱回收”的 O2O 资源回收在线交易

爱回收网成立于 2011 年 5 月，它采用当下比较流行的 O2O 商业模式，主营业务为回收和以旧换新，主要回收的产品有笔记本电脑、手机、家电、数码产品等。爱回收网通过多个回收商的在线实时出价，为用户及时提供整个网络的最高价格，并提供给消费者优质便捷的免费上门回收服务，且建设了覆盖热门商业区及商店的回收点。“爱回收”致力于为用户提供“安全，高价，便捷”的一站式废弃电器电子产品回收服务。截至 2016 年 9 月，爱回收网主要针对手机、计算机、智能数码、摄影摄像、家用电器五大类近万种型号的废旧电器电子产品开展回收、维修和以旧换新服务，且可回收品种仍在不断增加。

来源：爱回收网

“爱回收”对于投废者下单成功的交易有 3 种具体回收方式可供选择：其中两种是针对北京、上海、广东、深圳地区用户的上门回收，或者就近门店回收；另一种是针对全国用户的快递回收。“爱回收”将不同的产品集中收回后，经过不同层次、标准的处理方式，再将回收的产品分类发放到不同商家手中[5]。“爱回收”线上回收流程如图 4-1 所示。

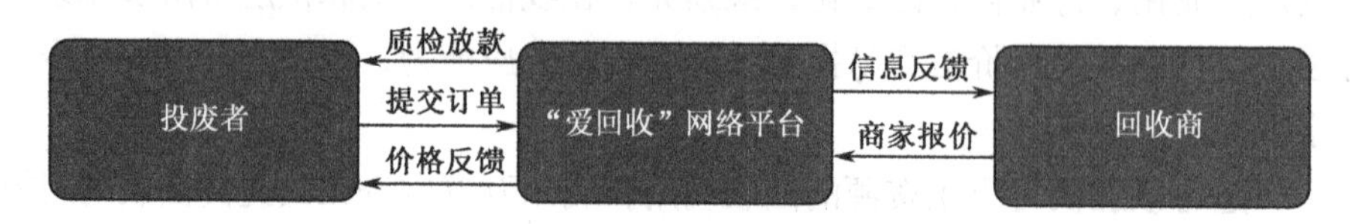

图 4-1 “爱回收”线上回收流程

投废者通过“爱回收”网络平台在线提交订单，该网络平台将信息反馈给回收商，回收商竞价报价后，该网络平台将最高价反馈给投废者，投废者接受报价，在线选择上门、门店、快递回收方式中的一种，线下输送产品至指定回收商，“爱回收”质检放款，完成交易。“爱回收”线下处理流程如图 4-2 所示。

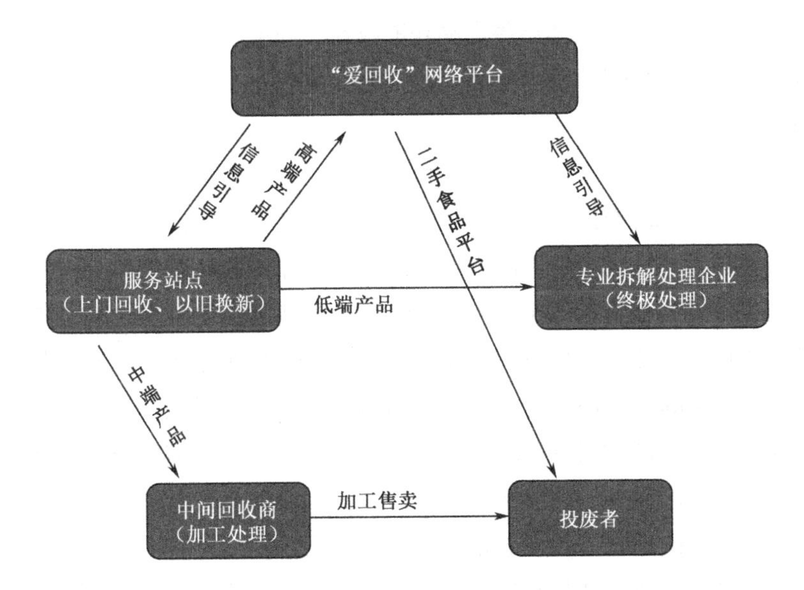

图 4-2　“爱回收”线下处理流程

在“爱回收”整个回收链条下，“爱回收”网络平台、投废者、中间回收商和专业拆解处理企业都通过资源共享实现了利益共赢，其共赢模式如图 4-3 所示。

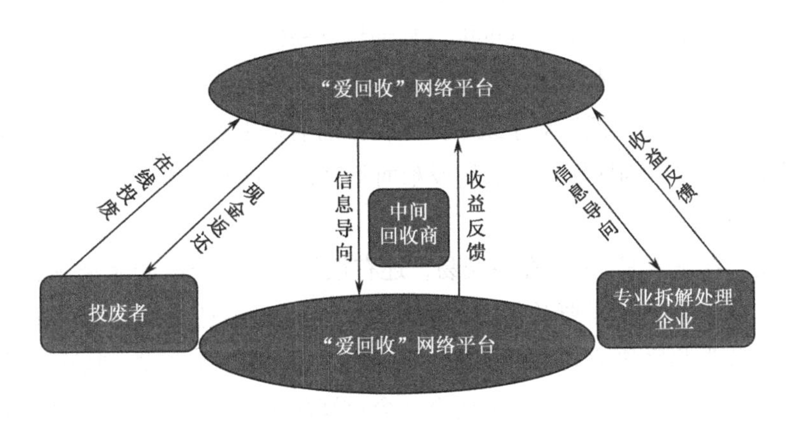

图 4-3　“爱回收”共赢模式

“爱回收”网络平台的特点是，它既是一个促成交易的第三方服务平台，也是一个直接参与回收工作的中间回收商。投废者通过“爱回收”网络平台获取回收渠道和报酬返还，“爱回收”网络平台则能够从中获取大量用户群并回收资源产品；中间回收商通过“爱回收”网络平台获取所需资源信息，“爱回收”网络平台则通过直接向回收商出售产品获取收益；同样，专业拆解处理企业通过“爱回收”网络平台获取回收信息，“爱回收”网络平台通过向其提供可拆解产品获取收益。

“爱回收”网络平台的操作简便，线下回收、交易方式多元，能够让客户快速感知其回收模式的有用、易用、便捷；二手置换、以旧换新、线下体验店等平台创新性和趣味性也较高，进一步加强了用户的信任感和偏好。“爱回收”网络平台的共赢模式让包括各类回收商、专业拆解处理企业在内的参与者能够利益共享，履行了企业的社会责任，用户接受程度也逐渐提高。4 年之内“爱回收”就有超过 2000 多万的用户群，可以预期，未来其用户发展潜力巨大。

然而，“爱回收”线下网点的建设容易受到区域经济发展的影响，因此“爱回收”提供的上门服务、门店回收大多只能在北京、上海、广州、深圳等经济发达、商业密集的地区进行规划布局。虽然“爱回收”的机制能够让客户直观感受回收产品的价值，并具有持续的用户吸引力，但是这种模式的定价机制不够完善和透明公开，需要进一步探索。另外，“爱回收”在交易成本控制方面缺乏对人工成本的有效控制，只能通过交易价格和设定价值来控制运输成本和管理成本，整体的控价不够完善。“爱回收”平台技术也需要及时更新换代，并加强对线下回收流程的整体监督和管理。

在交易成本控制方面，“爱回收”只通过交易价格及价值设定来控制运输成本和管理成本，未能体现它如何控制人工成本。在信息沟通及过程监管方面，“爱回收”平台技术较低，对于线下回收过程的信息化监管程度也较低；线下回收处理体系建设也因区域性网点建设难而不完善，这些都表现出其回收模式的低效率与局限性。

实现“物联网+”废物在线交易，还有很长的路要走，光靠企业的努力仍然是不够的。首先，需要政策方面的支持，应通过绿色金融、绿色采购、税收优惠、荣誉奖励等完善激励政策，以解决企业的后顾之忧。其次，公众的安全和环保意识也亟待加强，需要全社会重视起来。当前，回收行业多元化的在线交易模式已经开始不断出现，特别是利用物联网、互联网技术平台的在

线交易模式，也涌现了一批利用物联网、互联网等技术的新型企业。相信不久的将来，利用物联网、互联网进行多元化回收的在线交易模式将是行业发展的一条出路。

4.3.3 “物联网+”加强追溯识别功能

物联网结合FRID、EPC、5G、互联网等技术可以实现资源信息的实时高效、自动非接触式处理，通过网络实现信息共享，对资源信息进行高效管理和跟踪。对资源信息实现自动、快速、并行、实时、非接触式的处理，并通过网络实现信息共享，从而达到对资源信息高效管理和追踪的目的[6]。物联网可以准确跟踪收集到的资源信息，并实时掌握资源回收市场的变化动态，突破传统信息传播模式的障碍，解决信息传播途中的延误问题，及时、迅速地将资源信息传送到网络数据库中，以为资源循环利用提供一套完整的解决方案。其中，应用场景最普遍、最典型的应该是对危险废物的追溯和识别。

危险废物管理是一个多目标、多层次、多因素互相影响的复杂过程。如果利用传统的模式，很难实现对危险废物的全方位管理。利用物联网平台是环保行业的一个新型探索，也是未来的发展趋势。物联网能够进行信息增值业务的拓展，通过获取准确、全面、及时的信息提供独一无二的服务，并通过合理应用物联网思维和大数据技术，达到最优环境效益和效率。在物联网技术的帮助下，逐步提高危险废物风险防范水平和应急处理能力，提升危险废物管理水平，并通过完善生产者责任延伸的资源信息采集系统，与全国资源信息共享平台对接，提高企业获取和采集资源信息的能力。物联网集合了编码技术、网络技术、射频识别技术等，突破了以往收集信息模式的瓶颈，并通过信息共享使环保机构、部门能够准确、全面地获取资源信息。继而对这些采集到的资源信息进行监控，利用网络数据库技术对采集到的信息进行分析，以便日后更好地为资源循环利用做贡献。

目前，由于回收体系不完善、回收渠道有限，危险废弃物的交易双方存在信息不畅、沟通受阻等现象，尤其是危险废弃物的回收处置环节一直存在不少问题。回收处置环节是处理危险废物供应链的核心，其他各环节均围绕该环节展开。目前，我国的危险废物回收模式比较传统（见图4-4），回收效率低，难以形成规模效益，并且很容易在处置过程中因为处理不当而导致环境污染。

“十二五”时期，我国提出了大力支持物联网等先进技术的应用，物联网发展取得了显著成效。“十三五”时期，我国经济发展进入新常态，创新是引领发展的第一动力，促进物联网、大数据等新技术、新业态广泛应用，培育壮大新动能成为国家战略。我国特别提出了要推动物联网在污染源监控和生态环境监测领域的应用，开展废物监管等应用。当前，物联网正在进入跨境整合、创新优化、集成落地和规模发展的新历程，既是挑战，也是重大的发展机遇[7]。在我国政府大力提倡物联网的战略背景下，在危险废物回收模式中应用物联网思维，有利于激发公众参与回收的热情，有助于政府规范回收标准，促进供应链上各参与者之间加强合作，共同参与到社会回收活动中来。将互联网思维应用在回收处理模式中，有利于激发公众参与回收的热情，提高回收规范程度，促进供应链上各成员加强与社会的回收合作，也有利于规模系统化的逆向物流回收系统从理论逐渐走向实践[8]。一直以来，由于危险废物的来源复杂多样、成分危险，危险废物想要实现规模化、环保化的逆向回收模式有些困难。运用物联网技术，加强集中管理，可以引导循环绿色生活理念的形成，有效化解复杂来源问题，实现危险废物逆向物流全过程的规模化、精细化和可视化管理。这不仅有利于形成危险废物循环利用和处理产业链，还能够有效降低生产企业的成本，推动对循环经济的实践及对物联网等技术的探索。针对危险废物的逆向物流回收系统包含 4 个流程，分别是危险废物回收、检测分类、中转运输和拆解交易（见图 4-5）。

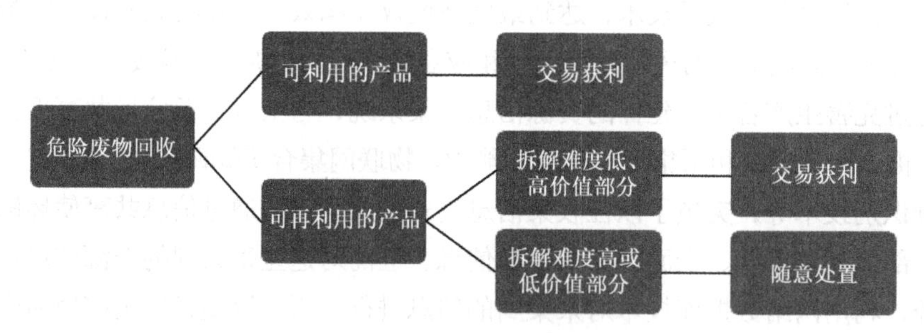

图 4-4　危险废物回收模式流程

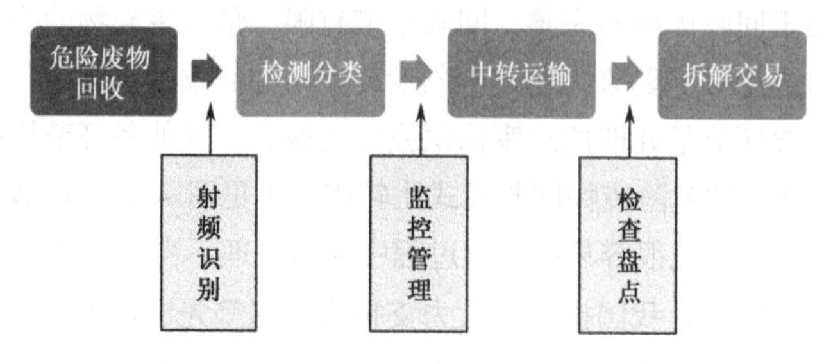

图 4-5　基于 RFID 技术的逆向物流回收系统

案例：“天能集团”的铅蓄电池全生命周期追溯体系

天能电池集团股份有限公司（简称“天能集团”）的主营业务是制造电动车环保动力电池，同时还研发、生产、销售新能源汽车锂电池、汽车起动启停电池、风能太阳能储能电池等各类产品，是一家集城市智能微电网建设、绿色智造产业园建设等于一体的大型实业企业。针对铅蓄电池行业存在的身份信息问题、追溯技术路径问题、溯源管理问题、溯源成本问题等，天能集团设计了铅蓄电池全生命周期追溯体系应用方案（见图 4-6）。铅蓄电池的全生命周期管理包含产品设计、原材料采购、制造、销售、回收再利用等。天能集团一直高度重视绿色设计产业化应用，打造“电池研发—制造—销售—废电池回收—原料再生—电池再制造”绿色循环产业链，将责任前移，从新产品研发、设计源头开始，探索以“二维码+无源射频识别”技术手段建立电池产品全生命身份信息系统，为履行生产者责任延伸制度提供强有力的手段。

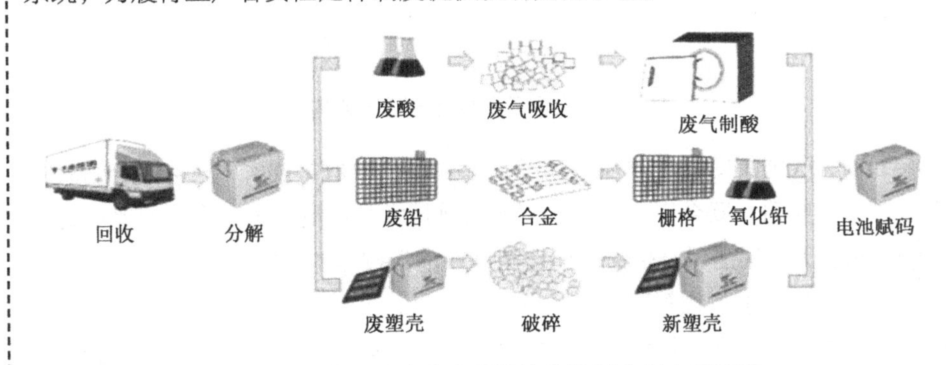

图 4-6　铅蓄电池全生命周期追溯体系应用方案示意

天能集团设计的这套追溯体系的操作路径简单，流程按照新电池赋码—收集—存储转运—处置来对铅蓄电池的全生命周期实现追溯功能，具体的操作路径如图 4-7 所示。

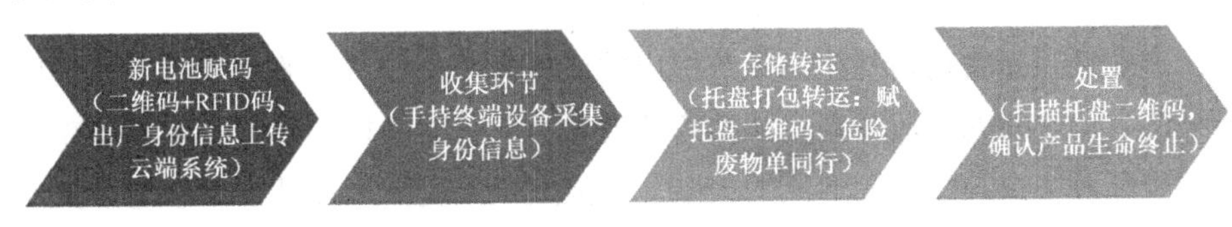

图 4-7　追溯体系设计操作路径

此外，天能集团设计了回收云平台追溯管理系统，该系统除了有 PC 端，还有 App 端。为提升系统效率和操作便利性，回收云平台升级后的所有业务都可以通过 App 端操作，非常便捷。回收云平台具有七大角色功能，分别是平台运营商、回收代理商（收集网点）、回收商（集中转运点）、终端门店、物流商、加工处置企业、政府监管机构。通过回收云平台，能够实现“来源可查、去向可追、全程可控”，其基本运营架构如图 4-8 所示。

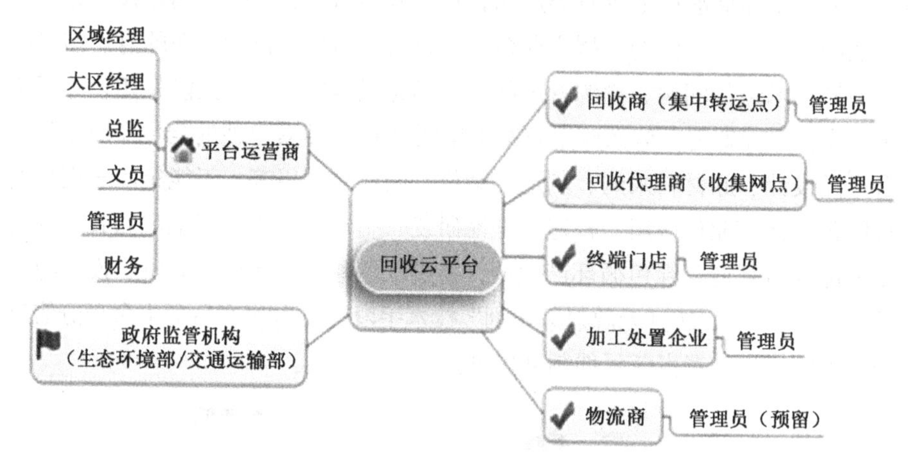

图 4-8　回收云平台基本运营架构

目前，天能集团已经联合 NEC 等公司探索“RFID 技术”在电池全生命周期追溯中的应用，联合甲骨文探索“区块链技术”在电池全生命周期追溯的行业级应用。天能集团对全生命周期追溯体系前沿技术的研究和探索，证明了 5G 时代的来临推进了万物互联世界的发展。但是，这还需要国家相关部门和政策的支持，如加强回收行业增值税抵扣力度、制定全产业链消费税返还补贴政策、统一监管平台和政策并大力支持骨干企业等。

未来，将物联网技术应用在回收零件或产品的可追溯，甚至应用于废物回收的全过程，还有很长的路要走，但已经是不可逆转的发展潮流和趋势。

4.3.4　“物联网+”助力产业共生

产业共生是模仿自然生态系统提出的新概念。从经济学的角度看，共生是指经济主体之间的物质关系；从抽象角度看，它代表了根据某种共生模型在一定共生环境中由共生单元形成的关系。最被大众接受的产业共生概念是丹麦卡伦堡公司出版的《产业共生》一书中的定义：产业共生是指通过不同企业间的合作，共同提高企业的生存能力和获利能力，同时，通过这种共识实现对资源的节约和环境保护[9]。在资源回收行业，物联网的发展使得信息实现共享，把传

统的回收产业和新兴的互联网、物联网等高技术含量企业联系起来，所以未来的万物感知、万物互联产生的联动将会带来全新的产业，这个产业在整个产业大变革、思维大发展、信息大爆炸的过程中，将会推动新一轮的产业群体出现。

“物联网+”将各种新型信息创新成果与经济社会各领域深度融合，推动技术进步、效率提升和组织变革，提升实体经济创新力和生产力。“物联网+”资源循环利用产业旨在促进物联网与资源循环利用产业的深度融合，探索建立规范的“物联网+”资源循环利用体系，创新商业模式，推动产业转型升级，提升产业竞争力。新时代赋予了“物联网+”资源循环利用产业新的战略地位，也提出了新的要求，需要探索新路径、提出新举措、创新新模式、形成新动能，需要各方齐心协力，共同为推动资源循环利用产业健康有序发展做出贡献。鼓励回收企业与各种废物产生企业建立产业集群战略合作关系，建立适合产业特点的回收方式。同时，借助物联网技术，通过分析大数据，组建数字地图，创建地理方位和其他相关信息，有助于大城市工业的多样性，实现工业共生及废物的资源化。

案例：天津“泰达”的生态产业园区

天津泰达科技发展集团（简称“泰达”）是天津经济技术开发区管理委员会直属企业，成立于 2010 年 11 月。天津经济技术开发区是全国首批国家级经济技术开发区，经过 30 多年的开发建设，从一片盐碱滩发展成为聚集万余家企业的产业聚集区，是天津市最大的产业园区，是全国综合发展水平最好的国家级经济技术开发区。天津经济技术开发区建区以来，秉承可持续发展理念，坚持经济与环境并重，特别是近年来坚持将循环经济理念融入“大项目引领，小巨人推动”发展战略，坚持以重大项目建设为抓手，以科技进步为支撑，以体制机制创新为动力，持续优化园区功能空间、产业结构和基础设施体系，全面提升园区资源能源利用效率和废物资源利用水平，系统化地探索资源利用最优化、环境污染最小化、经济效益最大化的循环经济发展路子，取得了阶段性成果。

泰达目前已启动建设了大健康产业园、智能无人装备产业园、电子信息产业园、节能环保产业园四大专业化园区，运营管理天津市首个高水平创新创业综合服务体、创新创业生态系统示范基地——泰达双创示范区，发起成立泰达“创联盟”，以“创新、创业、创投、创客”四创联动创新发展模式，以“共享、合作、发展、共赢”为宗旨，促进创新创业资源要素共建共享，构建科技创新创业生态系统，为创业者提供高水平资源共享平台，打造区域经济转型升级和持续增长的重要引擎。结合以大项目为龙头的产业链条打造，开发区积极引入循环经济理念，通过大力引进补链项目，促进产业共生、动静脉产业互补，推行绿色供应链管理，形成以大项目为核心的产业上下游循环链网。

来源：泰达网站

近年来，泰达在环境保护方面取得了令人瞩目的成就。园区 GDP 年增长 18%，与此同时，能耗、水耗和污染物排放均呈现下降趋势。泰达循环经济发展模式具有明显的特色。泰达一直以来主动自觉关注废物源头减量，推动节能减排，注重主导产业之间的产业关联，构建循环经济产业链。在区域层面，泰达重视建立产业共生网络，高效利用资源。通过多方努力，泰达循环产业园（见图 4-9）拥有类型多样的企业，产业链衔接合理，实现了资源闭合流动、高效利用、污染零排放，形成了由点及线到面三位一体相互辅助的生态工业园区。

图 4-9　泰达循环产业园

泰达也致力于构建产业循环链，通过直击产业痛点，根据相关工作中遇到的困惑和难题，进行精细调研，通过调研加强了与企业的沟通，了解废物产生、回收及综合处理情况，发现潜在的对接机会，促进了产业共生工作的开展。同时，泰达开发建设了产业共生信息平台，平台以废物资源数据调查与统计为基础，形成废物交换信息采集与更新、识别、对接提示及管理追踪的信息自动化办公系统，促进企业间废物资源交换的实施，促进企业间开展产品和副产品交易、推进先进科技应用，成为促进滨海新区产业共生与循环经济发展的重要工

具，对产业共生网络的构建提供了有力的信息支持，打造了一条循环经济的“绿色闭环”，也搭建了产业共生网络，并逐渐形成规模。

但是，泰达的产业共生同样也面临着一些难点和痛点，如回收体系不规范、生产者延伸制度落实不佳、商业模式尚不成熟等。另外，区域产业共生网络建设还需要政府发挥引导作用，通过专职机构宣传与组织参与，以促进其发展及长期运行。当前，泰达低碳中心牵手清华大学环境学院循环经济产业研究中心，已经推出以服务为核心 2.0 版本的天津经济技术开发区循环经济信息服务平台，尝试利用“物联网+”探索在产业废物交换中的新模式。泰达低碳中心正准备率先建立国家级经济技术开发区绿色联盟，届时泰达的循环经济发展模式将有望走出天津，成为可以在全国范围内进行推广和可复制的经济技术开发区先进经验。

4.3.5　“物联网+”典型品类再制造

循环利用的发展催生出一个新的产业——再制造产业，发展再制造是实现循环经济和资源循环利用的必然选择。中国是全球制造业大国，随着经济的快速增长，中国机械装备的保有量也有了大幅增加，大量的机电产品和设备等达到了报废的高峰期，为再制造产业发展提供了大量的“原材料”，再制造产业已经步入了全面加速阶段。再制造的品类丰富多样，最常见的再制造产业主要包括零部件再制造和机电产品再制造，企业总数已超过 500 家以上，年均产值达 500 亿～800 亿元。

再制造是一个相对较新的生产活动，能够实现资源高效循环利用，通过再制造能够让废旧的机械或零部件等拥有新的生命。再制造所需要的“原材料”即毛坯，如废旧机械设备等，采用特殊的专业技术工艺，对毛坯进行新的“制造”，这样再制造出来的产品在性能或质量上均不逊色于原始产品。再制造既可以实现大量报废产品的再利用，也可以降低成本。与传统制造业相比，再制造产业可节省 50%的成本、60%的能源、70%的材料和降低 80%的排放，实现近乎“零废物”产生，经济、社会和生态效益显著。作为循环经济的高级形式，再制造产品的质量和性能可以达到甚至超过新品的水平（见图 4-10），并实现了规模化生产，因此再制造不仅是后市场转型的重要方向，而且是重要的战略举措，将极大地促进传统后市场的维修业务。

我国绿色再制造产业在发展过程中机遇良多：我国有巨大的市场和需求，能够为再制造产业提供强大的动力；有力的政策支持为再制造产业发展提供了坚强的保障；不断深化的国家重大战略为再制造产业发展提供了广阔的空间；

日新月异的新技术突破为再制造产业发展提供了重要的支撑[10]。但是，绿色再制造产业同时也面临许多挑战：我国再制造产业整体规模和发展环境落后；再制造配套政策法规和产业链条不够完善；技术发展难以满足再制造产品的多元化需求；社会各界尤其是用户对再制造产品认可度不高。尤其是在再制造供应链的整个环节中，一直存在信息不对称的问题。即便回收商、再制造商及零售商之间逐渐加深了信息共享，但其与消费者、其他参与者之间的信息不对称情况仍比较严重，这就导致了再制造产品在我国的市场接受度不高。未来，再制造产业的发展将逐渐向智能化方向发展。智能再制造是“以产品全生命周期设计和管理为指导，将物联网、大数据等新一代信息技术与再制造回收、生产、销售、管理、服务等各环节融合，通过人技结合、人机交互等集成方式，开展分析、策划、控制、决策等”。在关键再制造环节以智能化再制造技术为核心，借助物联网等先进技术，能够减少生产能耗和污染、调高制造效率、降低成本、提升产品质量，推动再制造产业升级和发展。路迈网就是再制造产业中借助物联网、互联网、大数据等技术的发展，迎来了另一个创新增长点的优秀专业再制造零部件供给平台。

图 4-10　旧件和再制造产品的对比

案例：“路迈网”——中国专业再制造零部件供给平台

路迈网（见图 4-11）是上海路迈信息技术有限公司旗下的电子商务平台，坐落于上海临港国家再制造产业示范基地。路迈网是临港再制造示范园区公共服务平台，开创了再制造产业全新的 B2B 模式，应用先进的互联网和物联网技术，致力于成为国内权威的再制造产品信息及交易平台。路迈网成立以来，一直得到中国汽车工业协会汽车零部件再制造分会、再制造技术国家重点实验室、中国循环经济协会再制造专业委员会、京津冀再制造产业技术研究院、机械产品再制造国家工程研究中心、上海临港国家再制造产业示范基地、中国平安保

险（集团）股份有限公司及全国再制造企业的大力支持，如图 4-12 所示。

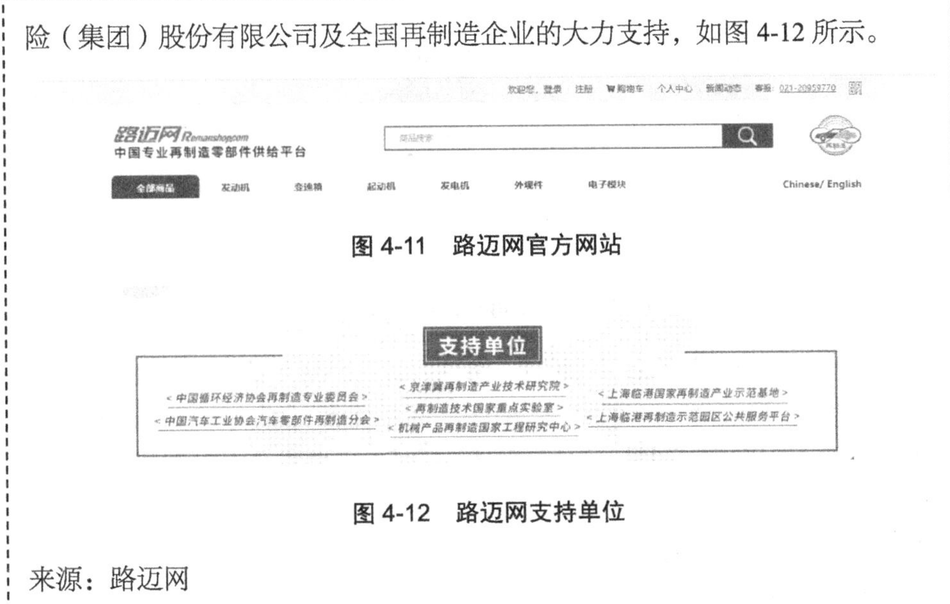

图 4-11　路迈网官方网站

图 4-12　路迈网支持单位

来源：路迈网

路迈网合理地利用汽车零部件再制造产业资源优势，联合全国各地汽车零部件再制造企业（见图 4-13），打造中国专业再制造零部件产品供给平台，帮助国内专业再制造厂家推广再制造产品，为国内外汽车售后市场带来高品质、高保障、性价比高的再制造零部件产品。2018 年，路迈网在全国建立运营中心，负责当地的产品销售和推广工作，终端网点已覆盖全国各重点经济城市。平台拥有强大的后台数据整合技术，再制造企业通过网站即可直接为客户提供服务，客户也可多元化、多角度查询到所需的再制造产品。专业的运营服务团队，一对一保姆式服务，全程跟踪服务，解决了客户售前、售中、售后出现的问题。平台已有起动机、发动机、发电机、变速箱/阀体、电子模块、四门两盖等 2000 多种再制造零部件产品，基本覆盖市场常见车型，如图 4-14 所示。

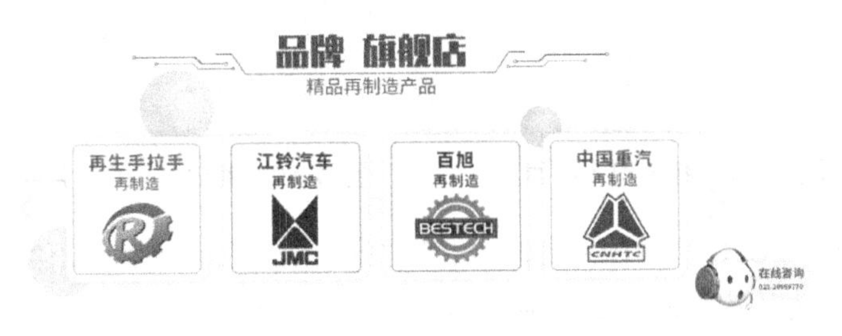

图 4-13　路迈网再制造品牌众多

图 4-14　路迈网再制造产品种类丰富

路迈网的再制造产品采用一站式采购的方式，产品丰富，由专业的再制造工厂直接供货。路迈网所提供的再制造产品，价格优惠，仅为原厂新件的 50%～70%。另外，路迈网在价格优惠的同时还保证质量，其产品均按照国家再制造标准生产，会负责质保期内出现的质量问题。路迈网打造了以客户为中心的服务体验，提供专业的一对一服务。

路迈网包括进销存系统、客户关系管理系统、线下物流配送管理系统、分布式系统设计和实现、产品信息追溯系统、统一编码识别系统（见图 4-15）。路迈网将通过再制造产品线上销售与线下服务的 O2O 运营模式及 ERP 大数据处理中心（见图 4-16）和再制造企业紧密联合，在大数据关键技术与智能云分析技术等的支持下，为再制造行业、保险行业、政府机构等提供再制造产品认证、销售、用户服务、再制造产品溯源和个性化服务。路迈网主要进行再制造产品销售，并致力于建立旧件回收体系，其与保险行业对接，可提供专业的行业分析建议。

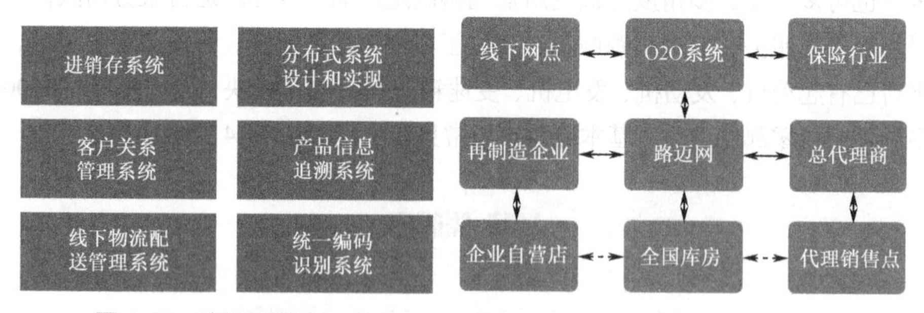

图 4-15　路迈网系统组成　　图 4-16　路迈网 ERP 大数据处理中心

路迈网 O2O 平台由网上商城、支付应用的后台系统和线下实体构成。其中，网上商城为用户展示商品服务，提供注册、订单、购买、支付服务等。支付应用的后台系统支撑网上商城线下网点的商户管理、商品管理、交易管理、结算系统和支付网关等。路迈网在建设线上交易线下服务 O2O 模式（见图 4-17）的

同时，大力开展实体销售网点及合作网点的建设。路迈网在全国各大汽配城建立销售及售后网点，所有网点及店铺均为统一风格设计，体现整体品牌形象。路迈网实行统一采购、统一铺货、统一定价机制，避免行业内恶性竞争，促进行业健康有序发展。

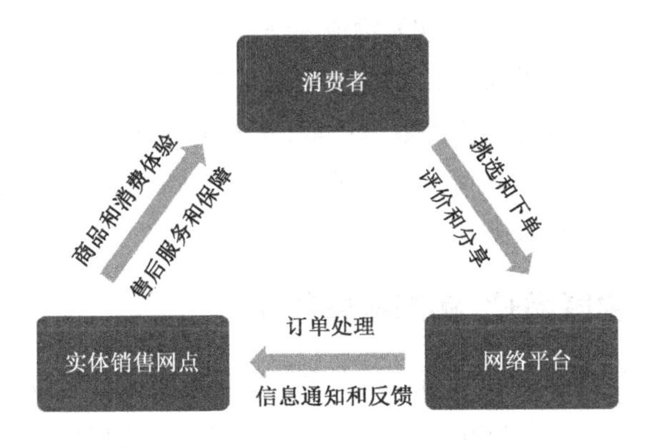

图 4-17 路迈网 O2O 模式

目前，我国再制造产业正处于蓬勃发展时期。大量的机械装备进入报废高峰期，年报废汽车约 500 万辆，全国役龄 10 年以上的机床超过 200 万台，80%的在役工程机械已超过质保期，30%的盾构设备处于报废闲置状态，办公设备耗材大量更换，造成了大量的资源浪费和环境污染。经济社会发展要求再制造产业发挥更大作用，机械行业现状需要再制造产业扩大规模。面向 2030 年，再制造产业在技术层面将满足更高要求，朝着智能再制造的方向发展。物联网和互联网平台的出现有助于智能再制造的实现。物联网能够提供准确、实时、高效的数据采集支撑，将服务拓展到产品的全生命周期，对设备进行远程监测、预警和维修等；还能够从集中组织生产向分散化组织生产转变，推进制造向个性化定制产品和服务延展。另外，物联网有助于打造新的生态商务模式，为企业提质增效。利用物联网和传感器技术，能够在生产过程中实时监测运营设备和产品，大数据建模与仿真能够提供预测服务。通过对大数据平台的建设，可以积累产品的属性数据、产品或设备的运行数据、项目或企业的运营数据、行业价值链相关数据、宏观外部环境数据、消费者行为数据等，并构成大数据系统，从而促进创新，提前预测、诊断设备和产品故障信息。智能再制造体系还能够使再制造企业通过构建再制造设备互联、信息共享的工业物联网平台，实现旧件回收、物流配送、加工生产和后市场服务等各环节的协同和优化。

特别是在物流方面，物流对再制造的成本和运行效率十分重要。现代物流

产业也朝着物联网、大数据和云计算相结合的方向发展。智能物流将传感器、RFID、GPS 与云计算、大数据等深度融合起来，应用于物流的各环节，从而实现整个物流系统的智能化、信息化、数字化，并进一步实现智能再制造。

我国智能再制造产业还处在起步阶段，还需要大量学习国外的先进经验。德国 Callparts 将汽车再制造和智能物流相结合，借助物联网和互联网平台为用户提供快速搜索零部件的服务，开发了一套互联网管理系统来追溯管理汽车零部件的全生命周期。经过不断的数据积累，Callparts 构建了关于零部件的专业数据库，并得到了客户的认可。客户可以通过网站搜索自己需要的零部件，并获得全球范围内的配送服务。

4.3.6 “物联网+”实现信息共享

目前，我国资源循环利用面临来自多方的挑战，以危险废物处理为例进行说明。根据危险废物转移联单现行管理要求，如果需要转移危险废物，企业需要填写 5 张表格，由不同的管理部门进行审核和确认。如果业务跨省、市转移，还需要获得各地区环境管理部门的审核和批准确认。整个转移流程非常复杂且麻烦，需要的时间长且效率低下，无形中增加了企业的成本和相关部门的压力。另外，现有的管理模式不够完善，缺乏对危险废物转移运输路线、路线周围环境的敏感目标、运输车辆的实时位置等信息的实时掌控，如果发生了危险废物突发事故，难以进行事前预警及快速开展应急救援等工作。目前，我国能够收集到的危险废物相关数据较少，信息平台建设不完善，也无法实现数据开放和共享，无法进行大数据分析并为决策提供支撑。

随着信息技术的发展，我国对物联网、大数据技术支持的力度加大，原来传统的管理模式正逐步转向大数据管理模式。这是从被动管理向主动和智慧管理的转变。作为继计算机、互联网之后，世界信息产业的第三次浪潮，利用物联网能够减少生产和经营成本，提高经济效益，还能够为产业提供先进技术支撑，是企业快速发展的关键战略[11]。目前，资源回收行业也构建了自己的数据中心，未来要实现各部门和企业的信息及时互通、信息共享，建立面向服务的信息共享平台，必须大力发展物联网。政府可以借助物联网、互联网技术建立全国性的废物信息交流平台，所有产废企业都可以通过平台进行自主报价，废物资源化利用企业也可以通过平台进行线上询问。借助废物交易信息系统，各方都能够及时交流获取信息，极大地促进废物的回收利用；甚至可以进一步将废物信息交流平台扩大，涵盖至资源循环的所有维度。

对于危险废物产业来说，随着信息技术的发展和对危险废物管理要求的提高，物联网已经成为收集数据和分析监控的重要工具。物联网能够全面感知、传输数据并进行智能化操控，可对危险废物从产生、收集、存储、运输到处理处置的全过程实时进行动态监控和管理。通过建立的物联网大数据平台，管理部门可以实时掌握危险废物的基本情况，包括数量、安全性、存储情况、运输路线、处置情况、资源化情况等。目前，我国政府也采取了一些行动。为加强我国固体废物环境管理能力建设，生态环境部建成了“全国固体废物管理信息系统”。该系统覆盖全国各级固体废物管理部门，用户可通过系统进行废物进口核准、危险废物申报登记等业务工作。同时，部分省市为提高固体废物环境管理的信息化水平，结合本地实际情况，建成了固体废物管理信息系统和数据库。

不仅是危险废物行业，资源循环利用整个产业都面临着相似的情况，生态环境部建成了废弃电器电子产品回收处理信息管理网站，可以为行业内各类管理信息系统和数据库提供建设经验。未来，作为支持环境管理科学决策的重要技术手段，物联网可以将已完成移动执法系统建设省份的环境大数据有机连接起来，汇总各省的环境本地数据、环境质量情况、污染监测情况、环保监察数据及环境应急等全方位数据，搭建监察大数据平台，并与卫星遥感、污染天气、应急等数据形成互动，形成三位一体的环境移动执法大数据平台。同时，对大数据进行深入分析和研究，对环境形势进行全局性和综合性的研究和判断，依据此制定环境政策，做出环境风险预测和应急措施处理等。政府通过物联网、互联网手段实现信息共享是推进我国环保事业的必经之路。

4.4 关键的影响因素和实现路径

4.4.1 政策因素

整体来说，“十二五”时期，我国便开始对促进资源循环利用给予了政策支持。国家发展和改革委员会联合工业和信息化部、住房和城乡建设部、财政部和商务部等相继实施了“再制造”“城市矿产示范基地”“园区循环化改造”等重大工程，修订了相关法律法规和政策措施，加大了对可再生资源回收利用和管理的支持力度。在此期间，我国也出台了一系列的财政优惠政策，给予企业财政补贴或优惠支持，减少企业成本，激发政府积极性，鼓励地方和企业发展与可再生资源回收利用相关的活动，促进资源循环利用产业发展。

“十三五”时期，部分领域还继续这么做，但不再是主流。财政奖励和补贴

虽然激发了企业和政府的投资积极性，但也很可能引起企业盲目投资，导致产能过剩。因此，“十三五”时期，一方面是实施财政奖励和补贴政策；另一方面是继续探索新的方式，如 PPP 模式。PPP 模式的优势在于能够减少企业投资成本，激发企业创新能力和企业责任，搭建企业和政府之间的桥梁，建立一种社会与政府合作的持久模式，从而为可再生资源行业的持续蓬勃发展注入新鲜活力和保障。

“十三五”时期，特别是 2017 年国家发展和改革委员会、财政部等 14 部委联合发布的《循环发展引领行动》，明确了未来我国资源利用产业的发展目标，即到 2020 年，我国绿色循环低碳产业体系初步形成，城镇循环发展体系基本建立，新的资源战略保障体系基本构建，绿色生活方式基本形成。到 2020 年，我国资源循环利用产业产值达到 3 万亿元，循环发展成为建设生态文明、推动绿色发展的重要途径。

“十四五”时期是实现美丽中国奋斗目标的承前启后阶段。可再生资源回收行业作为支撑经济与社会发展的基础性、战略性产业，其回收体系建设无论从世界范围还是从国内情况来看，都面临重要的发展机遇和诸多挑战。促进可再生资源工作向产业化经营、资源化利用和无害化处理方向加快发展，在让垃圾“变废为宝”的同时，必将产生良好的社会效益与环境效益，这不仅是产业发展的目标方向，也是实现生态文明建设任务的重要内容。

在物联网和互联网方面，我国也发布了很多政策指导性文件，来加强生态环境的保护。《中共中央　国务院　关于全面加强生态环境保护　坚决打好污染防治攻坚战的意见》等相关纲领政策，在中国高质量发展面临的资源环境问题、固体污染防治政策的新发展、地方资源循环利用产业化的试点等方面都体现了互联网条件下的政策变化。相比传统大规模、中心式、同质化、单向度的回收模式，在“互联网+”背景下的回收模式呈现了小批量、网络化、个性化、精准化、各方参与互动型、管理更精准、成本更低、效率更高的新特点。《关于推进再生资源回收行业转型升级的意见》明确了推进再生资源回收行业利用信息技术从松散粗放型向集约型、规模型、产业型、效益型方向转变。物联网从 2009 年被列入国家五大新兴战略性产业之一之后，其市场发展速度逐渐加快，产业规模已经超过 9000 亿元，年复合增长率高达 25%。2011 年 11 月 28 日，工业和信息化部发布了《物联网“十二五”发展规划》，提出要推进重点领域应用示范工程，加强公共服务平台工程的建设，包括智能环保领域。2013 年 9 月，国家发展和改革委员会等 14 个部委发布了《物联网发展专项行动计划》，提出了要

推动污染源监控和生态环境监测应用，重点支持环保领域应用示范及推广。2017 年 1 月，工业和信息化部发布了《信息通信行业发展规划物联网分册（2016—2020 年）》，提出要坚持绿色发展，加快信息技术在经济社会各领域应用，助力传统产业绿色化转型。加强行业生态文明制度建设，深入推进基础设施共建共享，大力支持使用绿色节能技术和设备，建立节能环保评估机制，促进节能环保评估技术和平台的发展和建设。在污染源监控和生态环境监测领域，通过开展废物监管、环境（水质、空气质量等）监测、综合性环保治理、污染源治污设施工况监控等建设，大力推动物联网的应用。推动物联网在提升能源管理智能化和精细化水平领域的应用，实现智能控制和精细管理，推动能源管理平台的建设，为大型工业园区提供合同能源管理服务。

4.4.2　市场因素

国内物联网产业已初步形成环渤海地区、长江三角洲、珠江三角洲和中西部地区四大区域集聚发展的产业空间格局，其中，长江三角洲产业规模最大。未来，中国物联网产业空间演变将呈现产业发展“多点开花”的趋势。可以预见，未来物联网与资源循环利用产业的结合将会越来越密切。

受到政策及上游行业经营状况良好等因素的影响，“物联网+”资源循环利用的市场增长迅速，产业规模进一步扩大，产业集中度不断提升，并且不同领域的市场也出现了明显的分化。但是，市场存在的一些问题也制约了行业的发展和竞争力。第一，创新能力不强，技术创新能力有限。第二，投资回报机制不健全，市场竞争秩序混乱。这影响了企业的创新驱动力，导致企业交易成本超标。第三，市场信息严重不对称，缺乏公平、公正、客观的技术、市场、信用等信息渠道，信息发布主体混乱，环境治理需求方极容易被各种错误的信息所误导，从而阻碍先进技术的推广和优质企业的发展。第四，企业想走国际化也存在不少困难。一些企业依靠自身实力参与国际市场的竞争能力还未达标，并且国际竞争激烈，海外不发达国家市场环境较差，在境外融资困难，难以享受国家政策支持。

因此，应该从 4 个方面着手。第一，要提升产业的创新能力，在资金、政策方面加强基础研究和应用示范的支持力度，提升环境科技水平，超前部署具有未来市场需求和市场竞争力的研发任务，培育产业新的经济增长点。第二，要健全和创新投资回报机制。完善资源环境产品价格形成机制，推进资源组合开发模式，推行资源化处理技术，鼓励企业积极进行模式创新，以应对市场的变化。第三，要改善外部环境，治理市场混乱秩序，加快建立行业信用体系，对不诚信行为实行联合激励和失信惩戒，并鼓励信用信息公开化、透明化，规范行业信息发布。第四，要完善企业服务体系，发展服务经济，企业以提供服务的形式满足消费需求，并确保其所使用的产品能够有效回收和循环利用，以提高物质的回收利用效率。同时，建立完善的城市新型可再生资源回收利用体系，加强废物资源分布和流向信息采集，推动资源循环利用全产业链受益。整合传统回收渠道，推动“两网融合”，实现可再生资源交易市场向线上线下结合转型升级，并建设重点品种全生命周期追踪平台。提高物联网在资源循环产业的市场份额，在新时代万物互联趋势的背景下，对资源循环产业进行产业升级。

4.4.3 技术因素

随着理念转变及物联网、互联网等创新思维的影响，资源循环利用产业的内涵向产业链中端进行不断延展、深化，已发展出众多资源循环利用创新模式和技术，以提高可再生资源的利用效率、实现资源的循环利用。在物联网应用方面需要重点关注和突破的关键技术和工程，主要包括传感器技术，如核心敏感元件，以及传感器集成化、微型化、低功耗等一些重点应用领域，还包括体系构架共性技术及物联网与移动互联网、大数据融合的关键技术。

“物联网+”资源循环利用产业也面临很多技术问题，其中最为突出的就是低价值废物的追溯体系建设。建立一个监管平台，能够从全过程实现对资源产品的信息化和可追溯化监管。利用物联网等先进技术建设监管平台，将低价值废物全生命周期的各环节连接起来，突破低价值废物无人监管、难以监管的瓶颈，实现资源全过程智能化、可视化监管。

另外，在技术政策指导技术发展方向的过程中，可以取长补短，学习和研究国外发达国家在技术发展和突破上的进展，以及在资源循环利用领域技术发展的趋势。目前，资源循环利用技术研究和开发的重点领域应包括“三废”综合利用技术、共伴生矿产资源综合回收利用技术、可再生资源回收利用技术，以及它们与物联网技术的融合等。同时，要加强资源循环利用的技术转让与转化服务，推动资源循环利用技术可以合理转化及应用。鼓励引入国外先进的可以直接应用于资源循环利用产业的技术装备，推动国内自主知识产权和技术研发的发展，积极将现有科研成果向生产力转化。在条件允许的情况下，可建立技术转化和资源回收利用基地，为技术的转让和服务提供贸易渠道。

4.4.4　实现路径

资源循环利用应贯穿于资源源头开发、生产加工、消费、回收利用的各方面，从全生命周期的角度进行全方位整体性规划调控，以实现资源的合理开发和利用、清洁生产，推动新兴消费方式。通过多渠道综合提高资源利用效率，保障资源循环利用链的紧密衔接。同时，应该和当代先进的物联网技术结合，实现我国资源的永续利用。其主要实现路径可分为以下几步。

（1）立足国内。实现路径首先要立足国内，加强资源的管理与保护，要在资源全球化的基础上实施全球配置，从全球资源配置的高度研究资源战略问题。将封闭的、自给自足的孤立市场改变为开放的、利用国内国际两种资源和国内国际的两个市场。地球资源分布不均衡，具有多样性和复杂性等特征，造成世界各国资源状况也具有极大的差异性。到目前为止，世界上还没有一个国家能够完全依靠本国资源来发展经济。经过多年的实践，在全球经济一体化的今天，只有建立开放的、充分利用国内国际两种资源的资源供应体系，实施两种资源、两个市场的全球资源战略，才能真正保证我国建设与发展所需要的资源供应。

（2）梳理现状，开展试点。要完善政策措施，梳理现有优惠政策，给予“物联网+”资源循环更好的政策发展空间，充分发挥可再生资源回收利用体系中物联网的平台作用，促进可再生资源交易更加方便快捷、更加透明、更加绿色。鉴于物联网和资源循环的融合刚刚起步，现有的实践和案例还不够成熟，探索“物联网+”资源循环发展路径还需要很长的路要走，需要先从典型品类和关键品类做起，评估已有实践经验、总结成功做法、剖析实际问题、从市场和政府两方面入手有针对性地引导模式创新。要大力开展区域试点先行，再扩大区域应用。

（3）加强技术统筹。通过统筹协调、技术融合和模式创新加强资源环境动态监测。目前，行业技术体系不完善，制约了环境监测层次的迈进，因此要突破技术上的瓶颈。据欧洲智能系统集成联盟预测，全球物联网在 2015—2020 年开始进入半智能化阶段，RFID 技术、传感器技术、返程通信技术等相对成熟。因此，现在正是实现物联网和环境领域深度融合的好时机。目前，我国对绿色生态的研究和应用大多数还处于感知层面，缺乏对环境污染进行深入分析的能力，以及对突发性环境问题进行提前预警及事后处理的能力。物联网和大数据技术有助于提升污染监测的预警时间范围，减少环境污染治理的决策时间，制定合理的决策方案并降低决策的风险。然而，当前公众参与程度还比较低，物联网和环保相结合的应用还以政府部门、相关机构和企业的环保信息发布为主。

虽然一些环保类 App 已经尝试推出了一些功能来提升用户的参与度，但是远不能达到需求，应继续扩展公众对此的需求度。未来，基于物联网的环保感知技术应更多地向微型化、生活化方向发展，进而改善人们的生存环境。为此，通过统筹协调，共同开辟出一条新路径是行业继续发展的基础和持续进步的动力。

本章小结

本章重点阐述了资源循环利用的内涵，分析了“物联网+”对资源循环利用产业转型升级的作用，详细介绍了6个典型的应用场景，讨论了影响“物联网+”资源循环利用未来发展的关键因素和实施路径。

参考文献

[1] 陈德敏. 资源循环利用论[M]. 北京：新华出版社，2006.
[2] 王崇梅. 中国经济增长与能源消耗脱钩分析[J]. 中国人口·资源与环境，2010，20（003）：35-37.
[3] 杜欢政，张芳. 中国资源循环利用产业发展模式研究[J]. 生态经济，2013（7）：33.
[4] 杜欢政，王岩，彭光晶. 浅谈资源循环利用产业技术标准创新路径[J]. 再生资源与循环经济，2015（2）：10-12.
[5] 胡耀伟. 互联网背景下我国再生资源典型回收模式比较研究[D]. 北京：北京物资学院，2017.
[6] 潘金生. 基于物联网的物流信息增值服务[J]. 经济师，2007（9）：241-241.
[7] 本刊评论员. 创新引领新常态[J]. 国家电网，2016，000（002）：3.
[8] 鹿斌. 基于 EPR 制度的电子废弃物“互联网+”回收模式研究[D]. 青岛：青岛大学，2017.
[9] 黄河，李思莹，肖艳玲，等. 构建集群共生网络产业集群发展新思维[J]. 商业经济研究，2011，005：121-122.
[10] 徐滨士，李恩重，郑汉东，等. 我国再制造产业及其发展战略[J]. 中国工程科学，2017，19（3）：61-65.
[11] 凌江，王波，温雪峰. 以大数据驱动固体废物管理创新的思考[J]. 资源再生，2016（10）：19-23.

第5章

物联网+固体废物综合管理的关键技术和核心装备

内容摘要

固体废物量大面广、种类繁杂、识别困难，“物联网+”是推动提升固体废物收运效率和降低环境风险的重要手段，迫切需要关键技术和核心装备的支撑。资源循环利用涉及回收、收运、分拣、处理处置、监管等各环节，各类通用的“物联网+”技术与设备在产业链上已形成了广泛的应用。其中，城市固体废物综合管理全过程的信息获取、数据传递及加工等是关键技术，固体废物识别回收终端、智能计量设备、高灵敏度物联网读写设备、智能化收运车辆、自动分拣设备和智能移动终端等是核心装备。“物联网+”固体废物综合管理关键技术和核心装备的突破，支撑形成了全过程的实时监控、在线交易和智能化管理的硬件开发、软件设计与系统集成能力。

5.1 回收环节

5.1.1 自动识别技术

在资源循环利用的回收环节，自动识别技术主要应用于对废物产生源——消费者或生产者的身份识别和物品的交投认证，是对废物进行源头管控及后续追踪的关键技术。目前，应用于“互联网+”资源循环利用回收环节的自动识别技术主要有一维码（One-Dimension Barcode）技术、二维码（Quick Response

Code）技术和射频识别（Radio Frequency Identification，RFID）技术。

一维码和二维码同属条形码技术（见表 5-1）。条形码技术是在计算机应用中产生发展起来的一种广泛应用于商业、邮政、图书管理、仓储、工业生产过程控制、交通运输、包装、配送等领域的自动识别技术。它最早出现在 20 世纪 40 年代，是由一组规则排列的条、空及其对应字符组成的，用以表示一定信息的标识。在一维码的应用上，既有通过让交投者在废物资源上粘贴条形码以实现对其身份的识别，如“阿拉环保网”对废旧小型家电的回收、南京市再生资源智能自助回收箱项目中对废报纸等的回收；也有通过扫描废物资源已有条形码实现对其生产厂商、种类、规格的自动识别，如北京盈创再生资源回收有限公司开发的饮料瓶智能回收机。在二维码的应用上较为典型的有绿色地球的垃圾分类服务。在该服务流程中，用户居民使用门牌号进行实名登记注册，并获得专属的二维码和可回收垃圾袋，再将塑料、金属、废纸和衣物等可回收垃圾分类装入垃圾袋，贴上自己专属的二维码即可把垃圾投递进小区内的可回收箱，或者拿到周末的回收专场进行现场投放，获取可以兑换生活用品的积分。杭州市的部分社区开展了二维码智能分类投放试点，居民扫描记录其身份信息的二维码后，对应垃圾品种的投放口就会打开，垃圾分类信息与居民身份信息进行绑定，并实时上传至数据库中实现生活垃圾分类的有效管理。

表 5-1　一维码和二维码对照[1]

条形码	编码字符集	信息容量	信息密度	纠错能力	可否加密	对数据库和通信网络的依赖	识别设备
一维码	数字（0~9）与 ASCII 字符	一般仅能表示几十个数字字符	低	只提供错误校验，无法纠错	不可	高	利用扫描式识读器进行识读
二维码	数字、汉字、多媒体等全部数字信息	一般能表示几百字节	高	提供错误校验和纠错	可以	低	行排式二维码可采用扫描式识读器和摄像式识读器进行识读，矩阵式二维码采用摄像式识读器进行识读

RFID 技术是一种非接触式的自动识别技术，其基本原理是利用射频信号和空间耦合（电感耦合/电磁耦合/电磁传播）传输特性，实现对目标对象的自动识别及相关的数据获取，达到身份识别的目的[2]。RFID 技术可识别高速运动物体，并可同时识别多个标签，操作快捷方便，并且可适应较恶劣的工作环境。

与条形码技术相比，RFID 技术具有信息量大、抗干扰能力强、非视觉范围读写等特性。由于其坚固、保养成本低、唯一识别等优点，早在 20 世纪 90 年代，欧美发达国家或地区就开始将其应用于城市固体废物的管理，以实现垃圾收运和收费过程的自动化[3]。例如，德国确立用无线射频识别作为垃圾回收箱识别系统和称重系统的标准技术，并确定废物处理的无线射频装置的频率[4]，在 21 世纪初已有 20%的固体废物实现应用 RFID 技术进行管理[5]。欧洲其他部分地区也建立了基于 RFID 技术的城市固体废物收运体系，以助力“Pay As You Throw”（PAYT）收费制度的实施，从而实现对垃圾产量的源头控制[6, 7]。

RFID 技术在我国资源循环利用回收环节的应用方兴未艾，在实践中多被尝试应用于餐厨垃圾的回收，即通过为餐厨垃圾桶配备 RFID 标签实现对其产生源——餐饮企业的身份识别和交投认证，如苏州市餐厨垃圾在线实时监管系统、上海市餐厨垃圾流向实时监控网络系统。在生活垃圾回收、可再生资源和电子废物回收方面，我国在理论框架和系统设计上的探讨较多，但在实际中鲜有应用。

5.1.2　智能回收终端

智能回收终端应用于废物回收环节具有巨大优势。一是对于废物产生者，可以随时按需交投而不必等待回收者上门，提高了交投便利性；二是对于废物回收者，可以定点及时清运，节省了上门回收的成本且提高了收运效率；三是对于废物管理部门，可以实时掌握废物分布情况，便于进一步规划与管理。

智能回收终端主要有 3 种功能：自动分类、自动监测总量和自动识别身份。自动分类功能通过自动检测技术实现，可以检测垃圾类别并回收到相应类别的存储空间中。自动监测总量功能通过集成自动检测技术和通信技术实现，可以实时监控装置内废物总量，并通过满溢报警来通知回收人员及时清运。自动识别身份功能通过 RFID 技术、条形码技术等自动识别技术来实现，可以追踪产品的生产信息及用户的身份信息，并据此执行相应的奖惩制度。

根据智能回收终端的回收品类数量，可以将其分为单一品类智能回收终端和多品类智能回收终端。在单一品类智能回收终端方面，典型的有电子废弃物回收箱（见图 5-1），居民凭“低碳环保卡”可以兑换积分，积累一定积分后可去回收企业兑换相应的奖品。有些电子废弃物回收箱，通过一体式触摸操纵屏实现会员自主交投。2012 年以来，饮料瓶智能回收机（见图 5-2），以及手机、旧衣物等智能回收机也开始在全国各地出现，并得到一定程度的推广应用。在

多品类智能回收终端方面，有些公司推出了针对塑料、金属、废纸、衣物等多种回收资源的智能回收箱，如图 5-3 所示。用户进行实名注册后可领取专属的二维码和可回收垃圾袋，将垃圾分类装袋后可投入智能回收箱。智能回收箱可通过传感器扫描垃圾袋上的专属二维码识别用户信息，并连同垃圾的质量数据一起传输到后台数据库，以积分形式存入用户账户。

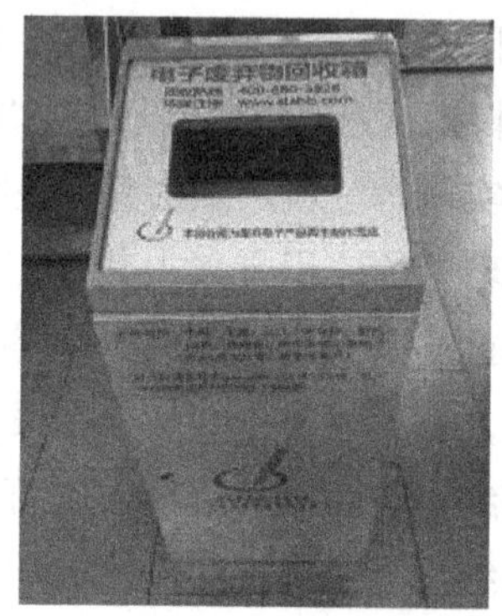

图 5-1　电子废弃物回收箱

图 5-2　饮料瓶智能回收机

图 5-3　垃圾分类智能回收箱

5.1.3　智能计量设备

智能计量设备多应用于有价废物的回收阶段，通过集成自动识别、无线传输、GPS 等多种技术，可实现废物体积、质量、个数等的自动测量、回收价格的自动计算、地理位置的实时获取、交易信息的实时记录和上传。智能计量设备可以免去烦琐的人工计量过程，在减少人力成本的同时提高精确度，解决废物产生端数据回收难、来源无法跟踪等问题。

例如，清华大学和有关公司研发了专用智能电子秤（见图 5-4），可以通过扫描二维码获取用户信息，选择废物种类并称重后，自动生成相应交投品类和积分并发送短信给用户。另外，还有公司研发出安装于传送带上的皮带秤，废旧物资被放在传送带上，上方的红外线可以自动扫描二维码，并通过皮带秤对整包物资进行自动称重和数据记录。

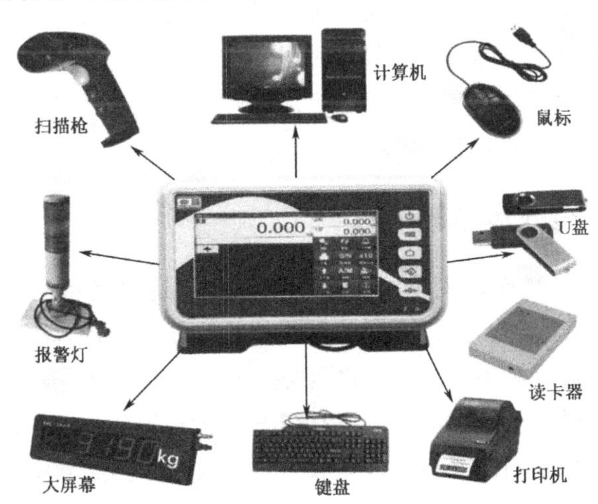

图 5-4　可再生资源回收称重的智能电子秤

5.2　收运环节

5.2.1　GPS 技术

GPS 技术是利用导航卫星和空间基站对地球表层空间物体以三维标注的方式进行唯一定位的技术，其精确度是由 GPS 卫星星座、地面雷达监测系统、GPS 信号收发器 3 个部分保证实现的，具有精度高、定位快、全天候等特点。

在资源循环利用领域，收运车辆的管理、路线规划和优化都和具体的地理位置及时空分布信息紧密相关，GPS 技术在其中起到不可或缺的作用。GPS 技术广泛用于收运车辆的定位、跟踪及紧急路况援助，还可针对目的地自动创建可行路线并给出建议路线规划指示，为开展收运工作提供便利。此外，与地图功能结合，GPS 定位还可帮助居民迅速找到周边的物联网回收箱位置，方便交投。利用手机的 GPS 定位功能，还可自动找到最近的废物回收人员位置和信息，实现定制化预约收废等服务。目前，GPS 技术已经在我国上海、泰安、杭州、苏州等多地推广，用于作业车辆的实时监控和作业路线的优化设计。

GPS 电子围栏技术是先进的周界防盗报警系统，主要由高压电子脉冲主机、前端配件和后端控制系统 3 个部分组成。主机用于产生和接收高压脉冲信号，并在前端探测围栏处于触网、短路、断路时发出报警信号，传输到后端控制中心实现区域监控和应急处理。在资源循环领域，电子围栏技术还未广泛应用，但也不乏将其用于垃圾场收运车倾倒作业监管中的尝试。目前，山东点服软件有限公司开发的生活垃圾清运作业管理系统可以通过电子围栏技术实时监控清运车辆进出垃圾处理场的次数、时间等[8]。有的研究提出，通过在垃圾场周围设立电子围栏可以限定车辆的行驶区域和路线，当有垃圾收运车辆不按规定位置倾倒垃圾时实现即时报警[9]。

5.2.2 智能收运车辆

智能收运车辆是连接废物回收端和处理端的运输装备，能通过集成车载 RFID 读写、传感称重、GPS 定位、无线传输等技术有效解决收运过程中废物流向流量不明、二次污染监控难、收运安排不合理、即时响应慢等问题。

德国早在 20 世纪就已经使用了带有 RFID 读写器的智能收运车，能通过自动称重和用户信息配对来支持“按量收费”的政策。例如，中联重科依托工程机械数据管理平台在环卫车行业率先开发应用了环卫装备远程数据监管中心。国内部分试点还在环卫车上安装智能模块，连接收运车辆和环卫云平台，通过 GPS 系统和无线传输来获得车辆的位置、油耗等信息，实现车辆超出作业范围 5000 米即自动熄火的功能，做到实时监管。清华大学与有关企业在国家科技支撑计划课题的资助下，针对餐厨垃圾收运开发了集 RFID 读写器、GPS、提升型自动称重设备、无线传输模块等于一体的智能收运车辆，并在苏州老城区得到长时间运行。苏州市餐厨垃圾智能收运车辆如图 5-5 所示。

无人驾驶的应用也成为智能收运车辆未来发展的方向之一。垃圾收运车辆作业线路区域固定、作业时间固定并可避开行车高峰、作业速度低、安全系数较高等特点有利于加快智能驾驶的推广和应用。例如，启迪环境科技发展股份有限公司未来拟通过无人驾驶环卫车结合物联网、图像识别、云平台管理、自

适应控制、智能机械臂等，实现环卫的自主作业，包括自主作业路线规划、自适应路面控制等；同时，结合人工智能、机器视觉、感知融合、精准定位、深度学习、路径规划等技术，充分发挥物联网、云计算、大数据等信息化网络平台作用，最终实现全自动、全工况、精细化、高效率、平台化、可视化、网络化的无人化环卫作业。另外，通过为环卫作业车辆加装智能采集设备，实时回传采集数据至中心平台，并通过图像处理、分析、查重等技术，实现外业采集、内业处置，达到城市部件（如井盖、雨水篦子、路灯杆、广告牌等）实时采集更新或增量更新的目的，形成城市数据资产，同时收集城市道路、标志、建筑等信息，生成城市高精度地图，辅助无人驾驶应用。

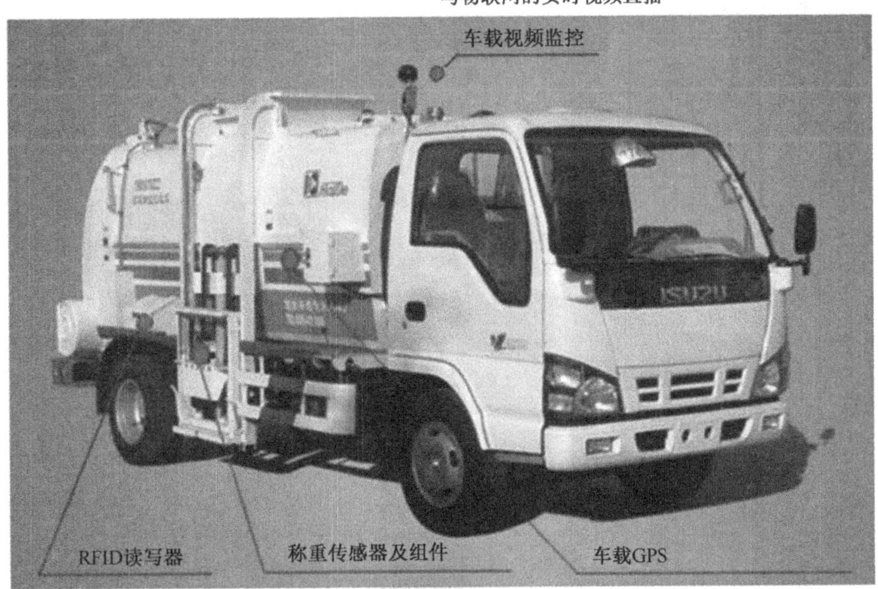

图 5-5　苏州市餐厨垃圾智能收运车辆

5.3　分拣和处理处置环节

在分拣和处理处置环节应用较为典型的核心设备是自动分拣设备，主要通过自动检测废物的类别来实现废物的分类和挑选，通常应用于分拣中心和处理中心，其关键技术为自动检测技术（详见 5.5 节）。

在分拣中心，自动分拣设备可以检测不同的垃圾类别，从而实现垃圾分类，便于垃圾分类后被运往不同的处理处置设施。在进行回收物品处理时，自动分拣设备可以基于自动检测结果，利用机械手等方式，对橡胶、塑料、金属等不同类别的可回收资源进行分离，便于后期进入不同的再生加工程序。例如，已有的智能塑料分色机可以根据所给物料的颜色差异自动分选出所需要的塑料。这种装备可用于再生塑料回收造粒加工企业、塑料注塑和化纤企业对三色 PET 和杂色 PE、PP 等破碎料的分拣。除颜色信息外，陶朗自动分拣设备 AUTOSORT（见图 5-6）还能够同时综合塑料材质进行分拣，从各种混合废料中分拣出高纯度的 PET、PP、HDPE、LDPE、PE 等有价值的可回收材料。此外，废旧金属的自动分拣设备在业内也较为流行，有代表性的生产企业包括挪威陶朗和德国双仕。

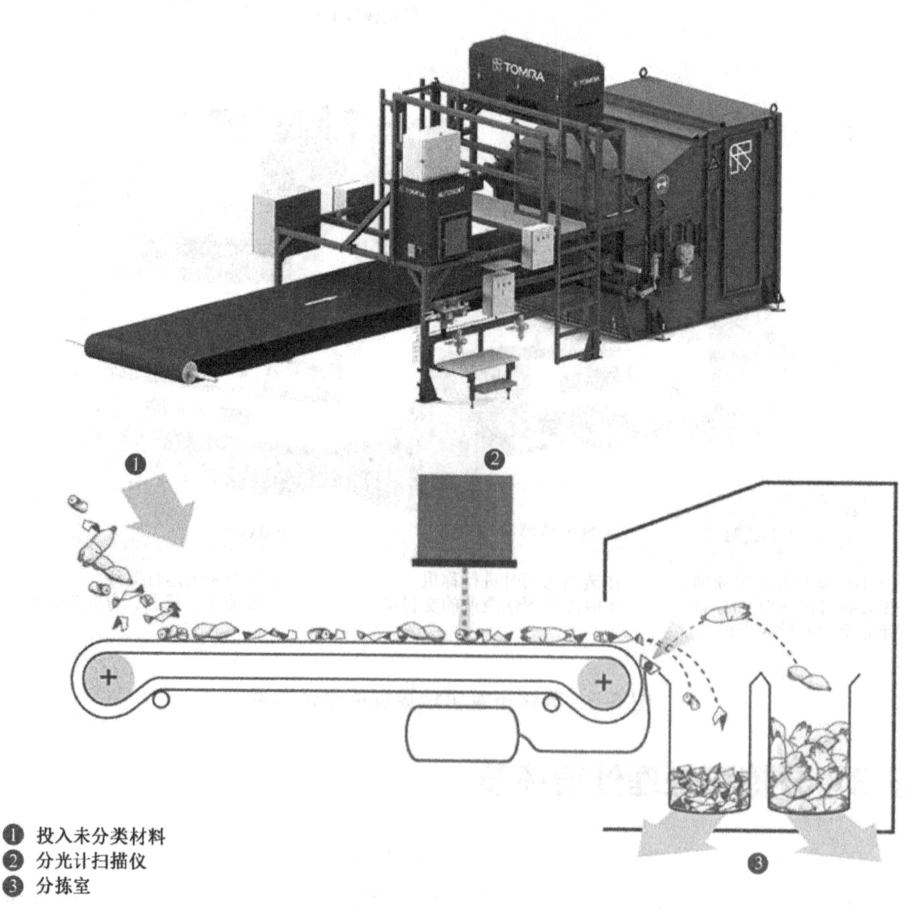

图 5-6　陶朗自动分拣设备 AUTOSORT

5.4　监管环节

5.4.1　遥感技术

遥感一般是指利用卫星、飞机、飞船等飞行物上的传感器/遥感器通过电磁波辐射的信号传播远距离实现对地球表面物体的探测和识别。不同的地物能够反射或辐射不同波长的电磁波，利用这种特性，遥感系统可以产生不同的数字图像并与其他空间数据进行重叠。一套遥感设备包括传感器/遥感器、数字通信工具、图像处理和工作平台。遥感技术是从 20 世纪 60 年代初在航空摄影技术基础上发展起来的，经过几十年的迅速发展目前已成为一门实用的、先进的空间探测技术，被广泛应用于资源环境、水文、气象、地质地理等领域。

在固体废物监管环节，遥感技术已被运用于废物终端处置场的选址、固体废物处置场地环境特征和影响的监控，以及填埋垃圾环境影响的评估[10]。例如，通过远程感知获得大型都市填埋场附近的环境特征，评估其选址和渗滤液质量是否符合有关国家规定——结合遥感技术和江苏省苏州市、无锡市 5 个选定填埋场的地理信息系统数据库，检验相关数据是否符合国家环保要求和公共卫生条例。该系统针对选定垃圾填埋场开发了远程监控框架，考虑了人为的环境威胁以避免潜在的健康风险，但无法提供实时数据信息并为固体废物管理提供局部服务[11]。

我国固体废物堆场遥感调查应用始于 20 世纪 80 年代末，当时主要利用航空遥感影像通过人工判读，调查城市垃圾和固体废物的位置、规模、类型及其在特定区域的数量与分布。经过 30 余年技术发展和应用实践，目前国内多基于国产卫星或无人机高空间分辨率影像，通过人机交互或自动识别等方式，对不同类型的固体废物堆场（如尾矿库、煤矸石堆场等）与产生源（如农膜等）的组分、体量、使用状态及其环境风险进行研究。如图 5-7 和图 5-8 所示分别为不同堆场的典型遥感影像，以及基于遥感影像的尾矿库对周边环境的潜在危害性评估实例。总体上，我国固体废物遥感应用具有采用影像多源化、识别对象精细化、识别方法自动化、研究目标多样化的趋势，但受固体废物类型的多样性、组分的复杂性及现有技术的局限性影响，当下固体废物遥感自动识别技术并不成熟，未能大范围应用。

遥感技术在固体废物调查及其环境影响评估中也有应用。其研究过程主要包括收集并预处理遥感影像等数据、建立遥感解译标志库、识别并核实固体废物堆场、评价区域环境敏感性、测算固体废物堆场的潜在危害性等，最终形成

“一图一表一建议”，即固体废物堆场空间分布图、环境风险评价清单、空间管控对策建议。

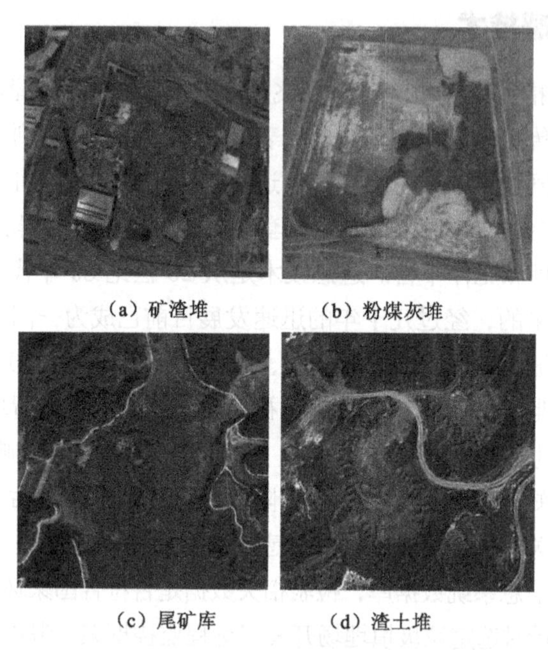

（a）矿渣堆　（b）粉煤灰堆

（c）尾矿库　（d）渣土堆

图 5-7　堆场典型影像

图 5-8　基于遥感影像的尾矿库对周边环境的潜在危害性评估实例

5.4.2 GIS 技术

GIS 是一种具有回收、存储、管理、整合、操作、分析和显示空间数据（这些数据又被称为地理空间数据或地理参考数据）的计算机系统，GIS 技术是分析和处理海量地理信息的复杂空间技术。GIS 技术的优势在于具有混合数据结构、有效的数据集成、独特的地理空间分析、快速的空间定位搜索、复杂的查询、强大的图形可视化表达手段、地理过程的演化模拟、空间决策的支持等功能。

GIS 通常由 4 个层次组成，即空间数据生成、数据管理、制图和显示、数据分析[12]。空间数据生成包括数据采集、质量检查、数据输入和格式转换。栅格数据与矢量数据是 GIS 中空间数据组织的两种最基本的方式。矢量数据是利用欧几里得几何学中点、线、面及其组合体来表示地理实体空间分布的一种数据组织方式。栅格数据就是将空间分割成有规律的网格，每个网格称为一个单元，并在各单元上赋予相应的属性值来表示实体的一种数据形式[13]。

GIS 可以处理大量的图形、数据和模型，并将图形和数学模型结合起来，使大量复杂的数据直观地体现出来。数据的直观分析有助于识别难以通过表格或文字形式观察到的模式、趋势和关系[14]。结合其他空间和通信技术，GIS 技术已被成功应用于城市规划、资源管理、环境保护、灾害预测、投资评价、土地利用等领域。

在固体废物监督管理上，GIS 技术也得到了广泛的应用。固体废物填埋场、垃圾箱和转运站的选址，以及基于历史和预测数据的收运路径和调度优化，是 GIS 技术应用最为广泛的领域[15]。GIS 技术在其他方面的应用，还包括基于社会经济数据和地区人口学的废物产生量的预测、地方管理规划、集成化管理系统的建立和风险评估[10]。基于 GIS 技术等时空信息分析技术，2018 年 12 月启动的科技部重点研发计划项目“张家港市固体废物园区化协同处置技术开发与集成示范”，由清华大学环境学院牵头开发张家港市典型固体废物收集收运智能管理平台，其开发技术框架如图 5-9 所示，以实现典型固体废物管理场地高精度识别—动态监测、收集收运优化预警和产生收运的时空模拟与趋势预测。

5.4.3 视频监控技术

视频监控系统由摄像、传输、控制、显示、记录五大部分组成。摄像机将视频图像传输到控制主机，控制主机再将视频信号分配到监视器及录像设备，并同步录入语音信号。操作人员可以通过控制主机来调节镜头及多路摄像机和云平台的切换。利用特殊的录像处理模式，可对视频图像进行录入、回放、处

理等。视频监控系统可以大大减少人力资源的投入，同时做到全面、实时。

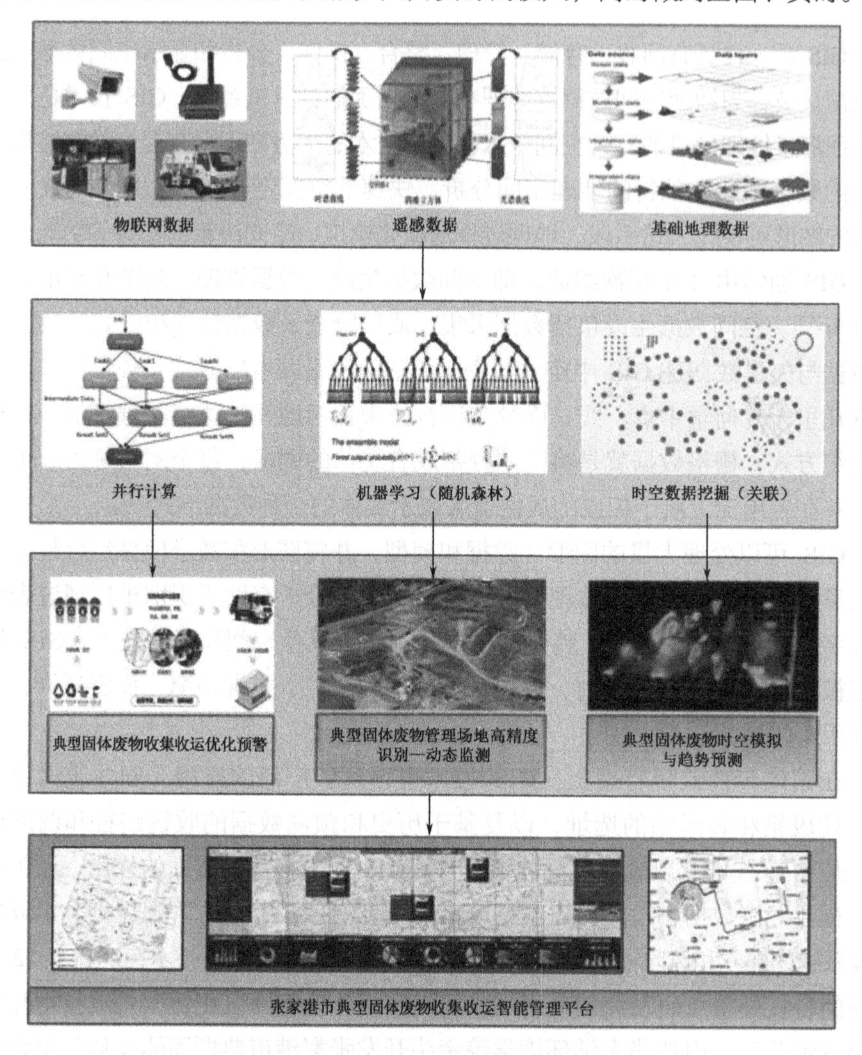

图 5-9　张家港市典型固体废物收集收运智能管理平台开发技术框架

传统的视频监控系统由人工对监控画面进行监视和分析，而新兴的智能视频监控系统可以通过对原始图像的一系列算法，进一步分析目标的行为及事件，并按照预先设定的安全规则发出警报，实现全天候自动实时分析与报警[16]。

视频监控可以用于垃圾投放场地的监控。例如，广州市和汕头市部分小区自2014年起在垃圾站架设了视频监控设备，用于监督居民文明倾倒、自觉分类的行为，并对不文明行为通过媒体予以曝光处理。该方式对规范垃圾投放行为有很好的效果，并在广州市更多垃圾投放点推广使用。威海市环翠区环境卫生

管理局则通过与城市管理办公室视频监控系统联网，对城市主干道路环卫情况进行全方位 24 小时监控管理，实现了无盲区全覆盖[17]。

视频监控可以用于垃圾中转场地的监控。例如，青岛莱西市在环卫停车场、垃圾中转站等安装了 30 多个视频监控探头，对作业质量进行远程监控[18]。

视频监控也可以用于垃圾处理场地的监控。例如，苏州市已经在垃圾填埋场地建立视频管理系统，远程可视化监控包括作业平台、地磅出入口、渗滤液处理站在内的填埋场全貌，以确保作业安全[19]。

视频监控除了在生活垃圾监控上的应用，还可以用于其他废物的监控。例如，建筑渣土清运监管系统利用视频监控技术，实时监管建筑工地渣土来源及产生量，防止在运输过程中发生随意倾倒事件。此外，视频监控技术还应用于可再生资源回收网点的监控。重庆市作为全国首批可再生资源回收体系建设试点城市之一，自 2006 年起对各回收网点实行视频监控，监督回收行为[20]。自 2008 年起，东莞市供销社在废品回收站推广视频监控技术，在经营场所的出入口、主要通道、交易站台、仓库及停车站等重点位置安装视频监控设备[21]。徐州市《再生资源回收管理办法实施细则（试行）》提出：“生产性再生资源回收企业应在场地进出口和过磅处等部位安装视频监控设施，设立专用监控室，24 小时开机，摄像资料图像清晰，保存 15 日以上。”

除传统视频监控应用之外，对智能视频监控的研究和应用也正在兴起。例如，基于垃圾场中对火灾隐患和人员财产安全的智能管控需求，采用先进的机器视觉技术对周边环境、异常人员及车辆检测、火灾监测等进行实时智能分析，大大提高了回收场的安全系数，建立垃圾回收场智能视频监控方案[22]，实现了场站室内室外的全覆盖。中联重科股份有限公司研发了一套具备实时监控、报警提醒的环卫系统，其架构如图 5-10 所示[23]，对采集的视频图像序列自动进行提取、描述、跟踪、识别和行为分析，借助计算机进行海量数据处理和高速行为分析，为监控者过滤无关内容、提供关键信息，并通过与其他系统的联动形成统一管理。该系统成功地在长沙市芙蓉区市容环境卫生管理局得到应用示范。启迪环境开发的车载 AI 视觉识别系统可实现 AI 视觉识别案件自动上报。通过在环卫车辆上部署 AI 视觉识别设施，自动发现测试道路区域井盖丢失、垃圾堆放、道路遗撒等案件，实现自动拍照立案、即时派遣、即时处置，提升处置效率，做好支撑保障。同时，AI 视觉识别系统可辨别道路整洁情况，自动控制扫盘力度、拉长作业里程，实现节能减排。启迪环境的视觉识别系统如图 5-11 所示。

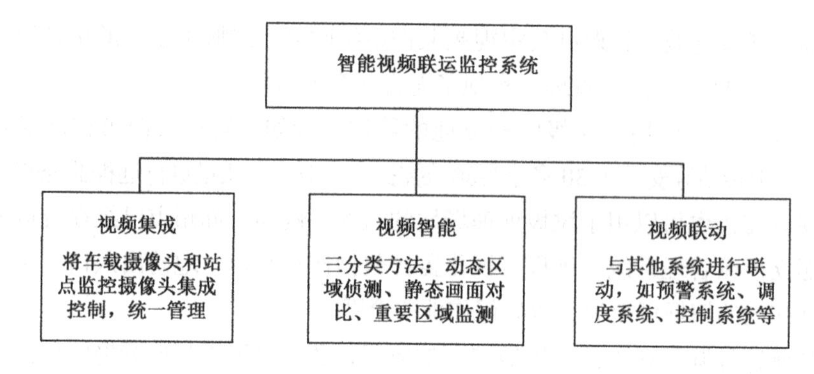

图 5-10 智能视频联动监控系统架构

资料来源："基于物联网的环卫系统研究与应用"[23]

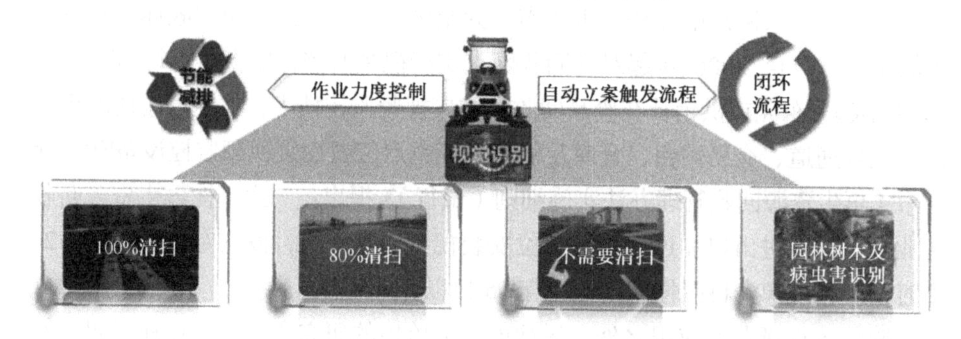

图 5-11 启迪环境的视觉识别系统

5.4.4 云计算

云计算是随着计算、存储及通信技术快速发展而出现的一种基础资源共享的新型商业计算模型。根据美国国家标准与技术研究院的定义：云计算是一种按使用量付费的模式，这种模式提供可用的、便捷的、按需的网络访问，进入可配置的计算资源共享池（资源包括网络、服务器、存储、应用软件和服务），这些资源能够被快速提供，只需要投入很少的管理工作，或者与服务供应商进行很少的交互[24]。

传统计算是以个人计算机为中心的本地计算，而云计算以互联网为纽带构建一个由大量网络设备连接而成的数据中心，并将海量数据存储到该数据中心，基于强大的计算功能，为上层服务和应用提供快速、安全的存储和计算服务[25]。云计算具有超大规模、高可靠性、价格低廉等特点，可以满足资源循环利用产业中海量数据的存储、计算与共享。云计算所采用的与地理位置无关的

虚拟化“资源池”，使产业中不同环节的用户可以随时随地根据自身需求像使用水、电一样按需购买云计算资源，获得便捷、低成本的数据存取渠道。

目前，我国正积极推进云计算在再生资源领域的应用。2016年5月29日，华为企业云与中国再生资源回收利用协会在武汉签署了战略合作协议，双方在共建“再生资源云”平台、共同推进再生资源“互联网+”行动、智慧城市再生资源回收利用解决方案等领域达成全方位战略合作[26]。华为将发挥在云服务领域的技术优势和资源优势，联合产业链应用合作伙伴共同为再生资源行业的10000多家企业和供销社体系的几万家企业提供“互联网+”服务。

5.4.5 大数据分析与解释技术

大数据是指大小超出了常用软件工具在运行时间内可以承受的回收、管理和处理数据能力的数据集。从广义上讲，大数据技术包括数据的采集、存储、分析和解释[27]，其中，数据分析是最核心的部分。除了智能算法、统计分析等传统数据分析方法，大数据分析技术还包括分布式文件系统、分布式数据库等一系列云计算技术。

从技术角度看，大数据技术是云计算技术的延伸。但与传统的数据分析不同，大数据时代的数据分析还包括进一步通过聚类分析、模式相似性挖掘等实现数据挖掘。数据的价值不仅在于其分析结果，更重要的是要借助技术手段，基于大量杂乱的实际应用数据，通过在数据库管理系统上综合运用统计和机器学习的方法提取出模式，以支撑经济、社会、生活的预测、规划和决策等[27]。

此外，随着数据量加大和分析结果的复杂化，结果的输出技术——大数据解释技术得到发展（主要是可视化技术），即通过图形化展示方式对数据交互进行表达，以呈现数据中隐含的信息和规律。

固体废物综合管理行业拥有海量数据，大数据分析技术可以不断深入挖掘数据价值，为产业情况评估、政策制定等提供参考。大数据解释技术则可以优化人机之间的信息传递方式，方便人对数据的理解与应用。例如，环卫领域对大数据技术的应用方式主要是打造整合产业链的大数据平台。2016年10月28日，中国城市环境卫生协会智慧环卫专业委员会在北京主办了第一届中国智慧环卫高峰论坛，在论坛上启动了中国首个覆盖环卫全产业链的大数据云平台——中国智慧环卫云平台。该平台内容涵盖分类回收、保洁收运、生产处理、产品回归等环节，能依托大数据分析实现环境监测、生产运营监管、环卫舆情分析等多种功能，通过图表、视频等可视化方式帮助企业和政府进行生产和监管数据的展示优化，提高管理者的决策效率。

大数据技术也被应用于城市矿产领域，可以城市矿产资源形成的生产、消费、使用、废弃 4 个阶段构建城市矿产资源大数据系统[28]。清华大学环境学院也建立了类似的系统，通过数据建模、可视化等技术，提供废旧产品全生命周期清单数据，探明城市矿产资源储量及其分布格局，了解不同省份城市矿产资源的开发现状及趋势，预测城市矿产未来的发展前景。

5.4.6 智能决策支持技术

1971 年，Scott Morton 创造了“决策支持系统”（Decision Support System，DSS），第一次指出计算机对于决策的支持作用。DSS 经过几十年的发展已经走向成熟，但是该系统忽略了对人类思维和行为的模仿。20 世纪 50 年代，人工智能（Artificial Intelligence，AI）技术出现，研究者应用专家系统（Expert System）将大量知识存储于计算机中，并利用这些知识进行推理，编写程序来模拟人的智能行为。智能决策支持系统（Intelligence Decision Supporting System，IDSS）就是将人工智能（AI）和决策支持系统（DSS）相结合，能更充分地运用人类知识通过逻辑推理来解决复杂决策问题的辅助决策系统[29]。

在固体废物综合管理产业中，从垃圾桶、垃圾中转站、回收站点、填埋厂、加工厂的选址问题，到收运车辆的路线规划问题，以及废物处理和再加工过程中的工作状态控制问题，都需要做出管理决策。城镇垃圾总量、垃圾组分、可回收资源规模的预测及治理目标确定等也广泛存在决策问题。运用智能决策支持系统可以大大减少工作人员的重复劳动，避免人工操作引起的失误，提高工作效率。例如，昆明市城市生活垃圾规划管理智能决策支持系统，以城市生活垃圾规划管理为总目标，设定定量预测、收运规划和定位选择 3 个子目标，分别形成 3 个模型群，即垃圾处理处置设施定量模型群、垃圾处理处置设施定位模型群、城市生活垃圾规划模型群（见图 5-12），利用已有的有关区域社会经济情况、垃圾产生源、垃圾治理系统各环节运行情况的数据库，实现预测、规划、评价等功能[30]。通过昆明市的数据库构建、可视化查询、垃圾产生量预测、垃圾处理方式优化等过程，该系统实现了昆明市垃圾焚烧厂选址的智能决策。

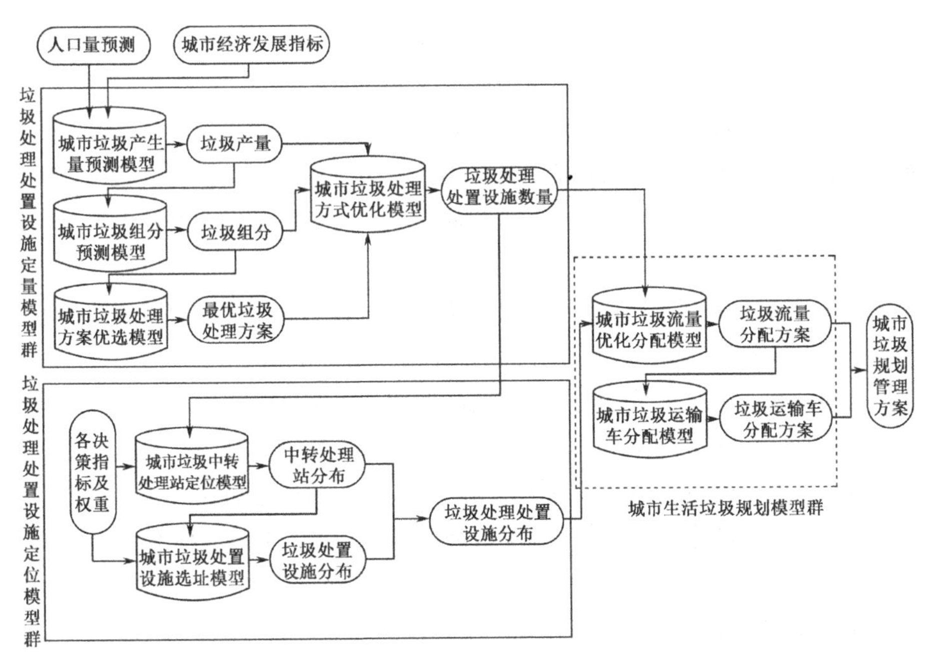

图 5-12　昆明市城市生活垃圾规划管理智能决策支持系统组织体系[29]

5.5　通用技术与设备

5.5.1　自动检测技术

自动检测技术是指由计算机控制的，对系统、设备、部件的性能检测、连续监测、故障检测和故障定位技术[30]。该技术可以完成自动测量、数据处理和结果输出等一系列过程，具有高效、精确、实时的特点。

通过自动检测技术，可以判别废物的可回收性、实现自动分类、检测桶内垃圾量、检查运输设备及监测垃圾处置环节。通过自动检测技术在垃圾回收装置上的使用，可以实现垃圾总量监测和自动分类。例如，有些饮料包装的智能回收机可以自动检测回收仓空间，在将满时会自动报警给管理平台。上海市国际旅游度假区也通过自动检测垃圾量，在垃圾桶快满时将信息传递到环卫工作人员的手持终端 App，提醒及时清理。部分研究者以自动检测技术为依托，进一步提出了自动压缩垃圾的智能垃圾桶构想[32]。智能垃圾桶以底部传感器检测垃圾质量，以红外线传感器检测垃圾高度，并通过压缩机构模块实现垃圾桶的自动压缩功能。

此外，自动检测技术也可以用于实现垃圾桶的自动分类功能，通过光电传

感器、电感式传感器等对电池、易拉罐、塑料瓶等进行自动识别。目前，重庆市已经将这种自动分类的智能传感器投入垃圾分类试点中。

垃圾转运装置上的自动检测技术可及时判别垃圾车等运输装备是否发生故障。为提高垃圾车液压控制系统的可靠性，垃圾车液压控制系统自动检测装置是一种成功的实践[33]。当前的叠加式控制阀组是液压控制系统的核心部件，目前主要由工作人员对元件进行手工检测及判断，故障发生率相对较高。自动检测装置基于 VB 编制了测控系统，可以对叠加式控制阀组进行耐压测试，还具有数据采集和分析等功能，可以提高液压控制系统的可靠性。

自动检测技术在生活垃圾处置装备的使用，可实现对焚烧烟气等污染物排放情况的连续监测。2001 年，江苏省无锡市滨湖区华联村开始筹建垃圾热电联产工程，在该工程中较早地采用烟气自动监测系统，通过烟气采样、样气处理和分析、信号传输等过程，在线监测焚烧后烟气是否符合排放标准[34]。苏州市垃圾焚烧厂也利用自动检测技术采集焚烧时炉温数据及焚烧后烟气中 NO 浓度、CO 浓度等相关指标，实时监测排放情况[18]。广州环保投资集团有限公司还提出了垃圾焚烧炉火焰参数自动检测方法，利用监控摄像头实时获取炉膛内火焰图像并传输到火焰检测机进行分析，将分析结果输出到自动焚烧控制系统以调整焚烧状况[35]。

依托卫星遥感技术，自动检测技术还可应用于垃圾场整体监测。中国科学院遥感与数字地球研究所和北京宇视蓝图信息技术有限公司合作，以北京市平原地区为研究区域，利用北京 1 号卫星融合数据，研究了计算机自动检测技术对北京地区非正规垃圾场的识别和监测作用。实践表明，完全的自动检测技术目前还不可取代人机交互判读，但可以提高人机交互判读的工作效率，同时为卫星遥感开辟了新的应用领域[36]。

自动检测技术还可用于废物的可回收利用性评估。以报废汽车为例，在德国报废汽车进入拆卸公司后，首先经过清洗、拆解、分类，将金属车架、塑料、导线等分类堆放在一起。经过自动检测，完好的部件将被送到汽车修理厂作为备件使用，稍有缺陷的部件再修复后可以继续使用，其余的部件作为回收材料进行再生处理[37]。以宝马汽车公司发动机曲轴箱的再制造流程为例（见图 5-13），在进入再生产过程前，首先要进行零部件缺陷的自动检测[38]。例如，报废汽车零部件再利用的无损检测技术包括射线检测、超声检测、磁粉检测、渗透检测、电磁涡流检测等，以及超声相控阵技术、红外热像无损检测技术、激光全息照相无损检测技术 3 种新型自动检测技术[39]。国外已经开始以高

分辨率 CT 为工具，以三维重构为手段，结合图像处理、数学分析、计算机模拟仿真等研究材料疲劳微裂纹扩展[40]。未来，报废汽车零部件无损检测技术将向更自动化、更智能化的方向发展。

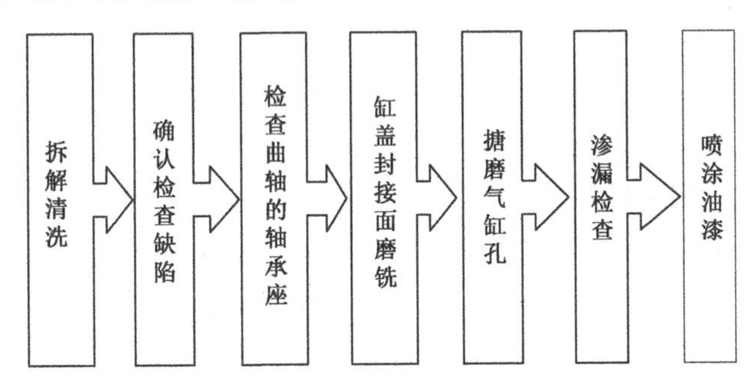

图 5-13　宝马汽车公司发动机曲轴箱的再制造流程[38]

另外，废旧汽车的轮胎在翻新前也需要经过合格性检测以判断是否可以进行翻新。美国军用标准、美国联邦航空局等制定的标准均规定航空轮胎在翻新前需要对胎体进行检测。通常采用激光全息照相无损检测法、X 射线检测法、激光数字无损检测法，并通过计算机图像分析软件将轮胎缺陷的位置、大小确定出来，也可以通过计算机设定缺陷模型来自动判定轮胎是否可以翻新[41]。

还有用于判别废弃瓶可回收利用性的自动检测技术。例如，美国邦纳工程国际有限公司将 Mini-Array 传感器用于可回收瓶外形尺寸检测以判断瓶子是否破损，具体流程如下：将可回收瓶放在以 300mm/s 运动的传送带上，同时将高分辨率可见红光的 Mini-Array 传感器安装在传送带两侧；当每个瓶子通过光束平面时，检测到的相关信息将被传送到控制器，并模拟输出瓶子的外形图像；当控制器输出的图像具有不规则外形时，判定该瓶子破损并将其单独取出[42]。

此外，再生资源分拣也广泛应用自动检测技术。TITECH 在再生资源分拣领域处于全球领先地位。其于 1996 年推出了大容量光学近红外分选设备，对废料流进行自动检测，检测出其中的无菌纸盒进行回收。TITECH 随后推出的 TITECH Autosort 系统以近红外（NIR）和可见光谱（VIS）为通用模块，可以自动检测回收物的材质、颜色等信息，实现从混合废物流中分选出各种目标物料。此方法目前被广泛应用于城市生活垃圾、工业垃圾、电子垃圾、废旧金属等各种回收物的检测与分选中。目前，TITECH 已经开始投入中国的资源再生产业中。1999—2001 年，Graft-project Identitex 项目利用材料在近红外区域的反射性，开发了一套基于近红外光谱分析方法（NIR）的纺织废弃物自动检测和识别系统[43]。此系统根据不同的材料具有不同的含湿量、表面结构等，对红外

光的反射和吸收是特定的原理，通过建立储存光谱样本信息的光谱标准库，可以在生产线上进行自动检测，将不同材料的纺织回收品区分开。该研究项目已在荷兰一些公司进行试点。

机器人自动检测技术也在近些年开展了若干研究。例如，针对废旧金属回收物中成分混杂的现状，设计了基于视觉的机器人废金属分拣系统[44]。废金属物块经传送带进入视觉检测范围，摄像机拍摄快照并送入计算机，计算机根据机器视觉对目标识别的算法，分析图像中有色金属物体的特征并对应相应类别，经过视觉标定技术将物块在机械手坐标系下的定位信息发送到分拣机械手的控制器；控制器根据物块类别确定抓取点和放置点，并规划运动轨迹、发出动作指令，最后由机械手完成金属物块的分类工作。

5.5.2 无线通信技术与移动通信技术

无线通信是指利用电磁波进行信息传递的通信方式。19 世纪末期的无线电报通信试验是其使用的开端。无线通信技术发展初期，由于技术条件限制，人们主要采用中长波进行通信，而后短波通信、微波通信、卫星通信相继兴起，构成了无线通信的主要方式。随着社会发展，人们对信息获取方式的要求提高，无线通信也从固定方式发展为移动方式，即移动通信[45]。

从 20 世纪 50 年代至今，移动通信发展主要经历了 4 个阶段，正在向第五代移动通信（5G）迈进。第一代移动通信技术采用模拟技术，存在容量有限、保密性差、不能提供数据业务等缺点；第二代移动通信技术（2G），以产生于欧洲的 GSM 为主要规格标准，核心是数字语音传输技术（未推广到电子邮件等其他方面）；第三代移动通信技术（3G）能同时提供语音和数据业务，可以利用不同网络间的无缝漫游技术将无线通信系统和互联网连接；第四代移动通信技术（4G）是集 3G 和 WLAN（无线局域网）于一体、传输速率更高、综合应用更广的新型通信技术[46]。为了满足智能终端的快速普及和移动互联网的高速发展，同时提高传输速率、增强可靠性、降低能耗，面向2020年以后的人类信息社会需求的新一代移动通信技术 5G 也已经在积极部署中。

在移动通信技术的发展过程中，GPRS（General Packet Radio Service）技术起了重要的过渡作用。GPRS 即通用分组无线业务，是在 GSM（Global System for Mobile Communication）系统上发展出来的一种新的分组数据承载业务，属于第二代移动通信技术（GSM）向第三代移动通信技术（3G）的过渡技术[47]。传统的 GSM 系统采用电路交换方式，即在信息源端和接收端间建立实时电路

连接，构成专供两端用户通信的专用信息通道。在通信期间，该通道始终被双方占用直至通信结束。而 GPRS 基于分组交换方式，将不同终端的信息按照等长标准数据格式分成数据组或信息包，并加上目的地址、分组编号等信息，通过非专用的逻辑子信道进行数据快速交换。信息包到达接收端后，可按照分组编号重新组装成原始信号[48, 49]。与 GSM 数据通信相比，GPRS 具有传输速率高、接入时间短、接入范围广、无线资源利用率高的特点。

移动通信技术在固体废物综合管理的数据实时传输方面具有重要作用，能够快速连接并保持实时在线，以较高的速率传输环卫车、垃圾桶、垃圾场等前端设备所获取的数据信息，便于后端监管。目前，研究与应用主要集中于 GRPS 技术。例如，基于郑州市城市建筑垃圾的车载监控终端系统，将定位系统（GPS）所获取的位置、速度等信息通过 GPRS 技术传输到监控中心，从而实现实时监管。

苏州市环卫部门与清华大学环境学院等有关机构合作，研发了在线监控系统，并实际应用于城市环卫车辆的监管中，苏州市在首批 40 辆作业车上部署了该系统，有效解决了车辆监控、路线规划、质量考核等问题；在餐厨垃圾收运方面，研发了集成GPRS技术的餐厨垃圾回收装置，并利用RFID技术收集的垃圾位置、质量等信息，通过 GPRS 技术上传到远程控制中心，从而实现对餐厨垃圾的跟踪和监控（见图 5-5）[50]。苏州等地的应用试点表明，该系统极大地减少了市政环卫部门的管理难度，提高了工作效率。随着无线通信技术特别是移动通信技术的发展，预期更现代化的通信技术将广泛应用于固体废物综合管理。

5.5.3　计算机网络互联技术

自 1969 年美国国防部利用分组交换理论建立分布式网络系统“阿帕网”之后，各科学研究团体都针对特定的需要（覆盖范围、传输速度等），采用不同的数据格式和数据交换约定建立了各自的网络体系。网络互联技术就是在不需要变更任何网络体系结构的前提下，在支持各网络原有服务的同时实现网络间的数据投送，从而使不同网络上的用户能相互通信和交换信息。网络互联技术主要包括物理层面互联（以中继器为设备连接不同网段）、链路层面互联（以网桥为设备实现物理层、链路层协议转换）、网络层面互联（以路由器为设备实现网络层和以下各层转换）、高层互联（以网关为设备实现应用层和以下各层协议转换）[51]。

由于我国经济社会发展和信息管理自动化的需求不平衡，各地区、各部门已经先后建立了不同类型的网络，因此无论公用网或大型专用网都涉及网络互联。利用网络互联技术，可以在资源循环利用产业中实现不同系统、不同网络之间的信息传递和资源共享。

上海市针对餐厨垃圾收运体系初步设计了基于物联网的餐厨垃圾收运管理系统（见图 5-14），构建了产生、收运、处置等全过程的信息网络，并将厨余垃圾和废弃食用油脂两条收运线路的管理统一到一个信息化平台，从而降低了收运成本[52]。通过不同系统和网络间的数据传输与共享，该平台不仅可以实现对各区域、各环节的统一管理，而且通过与其他监管部门的网络互联，还可以实现不同部门间的协同工作。除此之外，有必要搭建标准、规范的信息化管理平台，集成日益成熟的网络互联技术以进一步推广到全国各地。

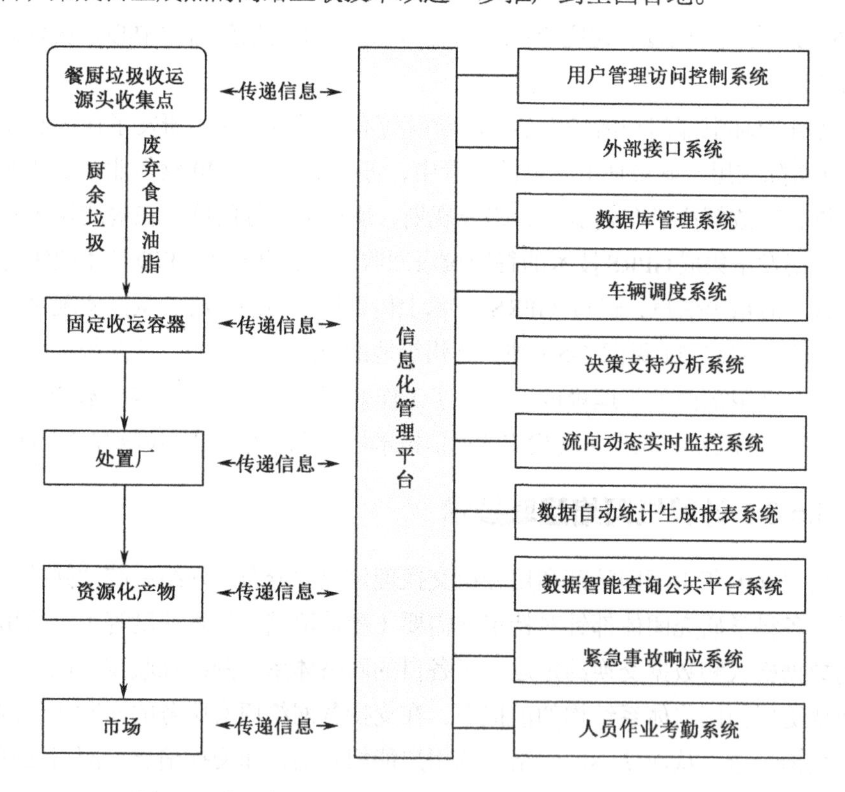

图 5-14 基于物联网的餐厨垃圾收运管理系统

5.5.4 移动互联网技术

在无线通信技术“移动宽带化、宽带移动化”的发展趋势下，带宽提高后移动通信所能提供的服务与固定网络越来越接近，因此互联网日益向移动互联

网延伸。《移动互联网白皮书》认为，移动互联网是以移动网络作为接入网络的互联网及服务，包括移动终端、移动网络和应用服务 3 个要素。移动互联网技术是传统互联网技术和移动通信技术的有效融合，具有便捷性和个性化两个特点。便捷性体现在终端的可移动性上，用户可以随时随地入网进行信息的发送与获取。个性化体现在信息贡献上，在 Web 2.0 时代用户从信息获得者变成信息贡献者，用户数据可以在网络上进行保存与共享。

目前，移动互联网用户数量的不断增长，对于资源循环产业中提高居民参与积极性是一个很好的契机。从再生资源回收角度，移动互联网可以改变传统线下的回收方式，转为“线上预约，线下交投”的 O2O 方式。利用移动互联网，居民根据自身情况通过相关 App 或微信公众号可以随时随地填写废品种类、收货地址及时间等信息，预约回收人员上门收取。通过该方式回收资源还可直接运回利废企业进入再生产环节，既为市民提供了足不出户的便捷清运服务，又为利废企业省去了中间的收购环节，通过打破信息不对称和增值服务，解决了生产原料的来源和成本问题。因此，移动互联网+资源循环利用已发展为一种新型商业模式。

从环卫监督角度，移动互联网可以让居民随时随地拍照，并通过微信公众号等途径上传，对自己身边的环卫质量进行实时监督与披露。与政府自上而下的监管方式相比，这种由居民发挥的监督作用更广泛、更及时。例如，启迪环境科技发展股份有限公司的互联网云平台就提供了手机 App 即时上报环卫事件等功能[53]。除此之外，环卫部门还可以搭建微信群，更方便地协调区域内环卫作业。例如，河南南阳[54]、山东莒南[55]部分地区也已经开始进行相关尝试。

5.5.5 信息标准化技术

信息标准化主要是指信息表达的标准化，其主要内容有图形符号标准化、信息分类编码标准化等[56]。在图形符号标准化方面，我国于 2009 年 12 月 1 日开始实施的《产品及零部件可回收利用标识》，规定了生产者需要用特定的图形标识出产品使用后不可随意丢弃而应单独回收的信息，并标识可再生利用率及产品使用期限，供消费者、回收者、处理者参考。

信息分类编码标准化也是信息标准化的重要内容。通过建模技术、代码编写技术、Web 开发技术等，可以对事物赋予具有一定规律、易于人和计算机识别处理的符号，形成代码元素信息。通过分类编码，可以减少对信息的重复采集、加工和存储，保证信息表述的唯一性、可靠性和可比性，推动信息资源共

享。在资源循环利用产业中，建立标准的分类体系和编码系统有利于对废物追踪溯源，落实生产者责任延伸制度；有利于构建规范的再生资源回收数据库，对回收物和回收过程实行全程跟踪；有利于对废物进行精准分类，便于后期进入不同的处理程序，提高整体效率；有利于再生产品的识别和追踪，落实问责制度，方便监管。

目前，资源循环领域废物的编码已经开始引起重视。2011年12月5日我国发布了由中国标准化研究院和清华大学环境学院联合编制的国家标准《废弃产品分类与代码》(GB/T 27610—2011)。该标准采用层次码技术，用4位数字表示，其中第一位、第二位数字表示大类，第三位、第四位数字表示小类，对废纺织品、废皮革制品、废木制品、废纸制品、废橡胶制品、废塑料制品、废建筑材料及制品、废玻璃及制品、废钢铁及其制品、废有色金属及其制品、废机械产品、废交通运输设备、废电池、废照明器具、废电器电子产品这些大类及其细分小类制定了一一对应的编码，形成了废物回收的标准分类编码体系，如图5-15所示。

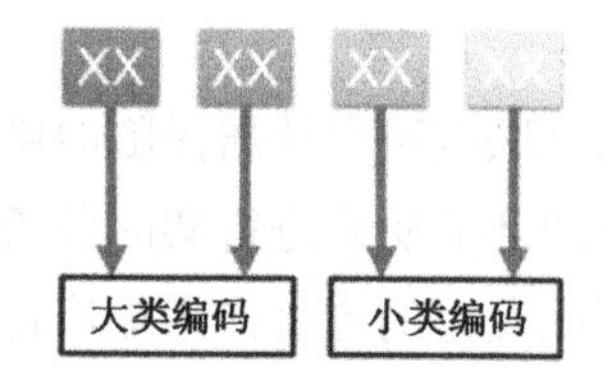

图5-15　废物回收层次码技术标准分类编码体系

5.5.6　传感器

传感器通过应用自动检测技术能够将感知的信息以特定形式输出，可以满足资源循环产业中回收、收运、分拣、处理各环节信息转化和传输的需求。在回收环节，传感器可以用于扫描二维码识别其中的信息（如识别垃圾袋的信息）。在收运环节，车载传感器可以检测车速、各种介质温度等工况信息，确保正常的工作状态。在分拣环节，传感器可以用于自动检测废物中有价值的可回收资源并进行分类。例如，TITECH于1996年就利用近红外传感器来自动检测废物流中可回收的无菌纸盒。除此之外，美国还研发了新型有毒物质检测传感器，巴西也成功研发了新型农药检测传感器，未来可以应用到废物有害性检测中，提高回收利用的安全性。在处理环节，传感器能实时输出处理场地及装置中的压力、温度、湿度、气体组分等数据，可以监控并调整工作参数及状态。

5.5.7　智能移动终端

智能移动终端是指安装了开放式操作系统、使用宽带无线移动通信技术实现互联网接入从而为用户提供服务的终端产品，包括手机、平板电脑等设备。智能移动终端主要通过移动通信技术和移动互联网技术，实现了信息随时随地收发和传递，以方便从指挥中心向各级环卫及回收工作人员下达工作指令，也方便工作人员向指挥中心汇报工作情况。智能移动终端大大降低了信息沟通成本，也降低了大众在资源循环产业的参与门槛。

从再生资源回收角度看，智能移动终端改变了传统回收方式，实现了线上线下相结合的 O2O 模式（如“回收哥”“易再生”“淘绿网”等线上交易平台）。从监管角度看，智能移动终端的便捷性可以提高群众参与度，居民可利用手机随时将身边的环卫情况以照片或视频的方式上传网络，以实现社会公众的监管。

本章小结

本章分别阐述了固体废物综合管理的回收环节、收运环节、分拣与处理处置环节、监管环节涉及的“物联网+”关键技术和核心装备。其中，回收环节主要包括自动识别技术、智能回收终端和智能计量设备，在减少人力成本、提高精确度和交投便利性的同时，有效解决废物源头管控难和无法追踪溯源等问题。收运环节主要包括 GPS 技术和智能收运车辆，在收运车辆的管理、路线规划和优化上发挥了重要作用，可有效解决收运过程中废物流向流量不明、二次污染监控难、收运安排不合理、即时响应慢等问题。分拣与处理处置环节主要采用自动分拣设备，可实现对废物的快速分类和自动挑选。监管环节主要包括遥感、GIS、视频监控、云计算、大数据分析与解释、智能决策支持，通过对空间数据、影像数据的采集和管理，以及数据的高效处理，实现监管的精细化和动态化，提高管理部门决策的客观性和时效性。此外，自动检测技术、无线通信技术和移动通信技术、计算机网络互联技术、移动互联网技术、传感器和智能移动终端在上述各环节均有应用和渗透，支撑上述各环节的信息获取、传输和接收。

参考文献

[1]　计库. 二维条码与一维条码、RFID 比较[J]. 中国自动识别技术，2008(03)：32.

[2] 游战清，李苏剑. 无线射频识别技术（RFID）理论与应用[M]. 北京：电子工业出版社，2004.

[3] Baker T., Skumatz L. Assessment of garbage by the pound (GBTP) system options for the city of Vancouver[J]. U.S.: Skumatz economic research associates. INC., 2002.

[4] 邱江，赵静，周倚天. RFID 技术在固体废物收运管理中的应用[J]. 环境卫生工程，2009，17（6）：1-2.

[5] Hannan M. A., Arebey M., Begum R. A., et al. Radio Frequency Identification (RFID) and communication technologies for solid waste bin and truck monitoring system[J]. Waste Management, 2011, 31(12): 2406-2413.

[6] Abdoli S. RFID Application in Municipal Solid Waste Management System[J]. International Journal of Environmental Research, 2009, 3(3): 447-454.

[7] Wyld D. C. Taking out the trash (and the recyclables): RFID and the handling of municipal solid waste[J]. International Journal of Software Engineering & Applications, 2010, 1(1): 1.

[8] 山东点服软件公司. 生活垃圾清运作业管理系统[EB/OL]. 2018-3-24.

[9] 周勇. 城市环卫精细化管理信息系统分析与设计——以章丘数字环卫管理平台为例[D]. 济南：山东大学，2012.

[10] Hannan M. A., Mamun M. A. A, Hussain A., et al. A review on technologies and their usage in solid waste monitoring and management systems: Issues and challenges[J]. Waste Management, 2015, 43: 509-523.

[11] Yang K., Zhou X. N., Yan W. A., et al. Landfills in Jiangsu province, China, and potential threats for public health: Leachate Appraisal and spatial analysis using geographic information system and remote sensing[J]. Waste Management, 2008, 28(12): 2750-2757.

[12] Lu J. W., Chang N. B., Liao L. Environmental informatics for solid and hazardous waste management: advances, challenges, and perspectives[J]. Critical Reviews in Environmental Science and Technology, 2013, 43(15): 1557-1656.

[13] 朱志军. 支持地理栅格数据管理的空间数据库技术研究与实现[D]. 长沙：国防科技大学，2009.

[14] Basagaoglu H., Celenk E., Marino M. A., Usul N. Selection of waste disposal

sites using GIS[J]. Water Resour. Bull, 1997, 33(2): 455-464.
[15] 黄凯奇，陈晓棠，康运锋，等. 智能视频监控技术综述[J]. 计算机学报，2015，20（6）：1093-1118.
[16] 尹小毅. 威海市环翠区数字化环卫建设的有益探索[EB/OL]. 2013-8-19.
[17] 王建高，吕文波，刘宗才. 青岛莱西打造“智慧环卫”数字化管理新模式[EB/OL]. 2013-5-6.
[18] 谢瑞林. 物联网技术在苏州市生活固体废物处置监管中的应用分析[J]. 污染防治技术，2014（4）：9-11.
[19] 李文君. 循环经济下的再生资源回收体系物流网络构建研究[D]. 重庆：重庆交通大学，2013.
[20] 谭志红. 废品回收站将安装视频监控设备[EB/OL]. 2017-03-24.
[21] 李春桃. 一种垃圾回收场站智能视频监控解决方案[J]. 福建电脑，2014（11）：31-32.
[22] 谢琼琳，谢长宇，薛海，等. 基于物联网的环卫系统研究与应用[J]. 建设机械技术与管理，2015（2）：109-111.
[23] Mell P, Grance T. The Nist Definition of Cloud Computing. National Institute of Standards and Technology[J]. Communications of the Acm, 2010, 53(6): 50-50.
[24] 王意洁，孙伟东，周松，等. 云计算环境下的分布存储关键技术[J]. 软件学报，2012（04）：232-256.
[25] 王晓易. 中国再生资源回收利用协会与华为企业云达成云计算战略合作[EB/OL]. http://news.163.com/16/0602/00/BOGVSPHU00014AED.html. 2016-6-2.
[26] 张锋军. 大数据技术研究综述[J]. 通信技术，2014（11）：1240-1248.
[27] 郭学益，严康，田庆华. 城市矿产大数据应用展望[J]. 有色金属科学与工程，2016（6）：94-99.
[28] 张海英. 智能决策支持系统的设计与应用[D]. 西安：西安理工大学，2002.
[29] 李劲. 城市生活垃圾规划管理智能决策支持系统[D]. 昆明：昆明理工大学，2008.
[30] 郑绪胜，孙彩贤. 自动检测系统原理应用和发展状况的研究[J]. 现代电子技术，2006，29（14）：145-147.
[31] 谢梦阳，李光明，张珺婷，等. 信息化技术在城市生活垃圾收运管理中的应用[J]. 环境科学与技术，2016（S1）：318-324.
[32] 赵天菲，王鸿翔. 自动压缩垃圾的垃圾桶[J]. 中国科技信息，2013（12）：

176-178.
[33] 王燕坤. 垃圾车液压控制系统自动化检测系统设计[J]. 流体传动与控制，2015（1）：46-48.
[34] 唐涛，周建新，龙良雨，等. 垃圾发电厂采用的自动化技术[J]. 电力系统自动化，2006（24）：94-96，131.
[35] 李俊欣. 垃圾焚烧炉火焰参数自动检测方法[J]. 自动化与信息工程，2015（2）：44-48.
[36] 刘亚岚，任玉环，魏成阶，等. 北京1号小卫星监测非正规垃圾场的应用研究[J]. 遥感学报，2009（2）：320-326.
[37] 俞骏威. 浅析我国报废汽车的回收与再利用[J]. 质量与标准化，2011（6）：28-31.
[38] 周孙锋，杜春臣. 德国报废汽车回收利用体系对我国的启示[J]. 汽车工业研究，2012（5）：27-31.
[39] 庞林花，文桂林. 报废回收汽车零部件再利用的无损检测技术[J]. 华南理工大学学报（自然科学版），2014（11）：55-62.
[40] Doyle, P. A. On Epicentral Waveforms for Laser[J]. Journal of Physics D: Applied Physics, 1986, 19(9): 1613-1623.
[41] 盛保信. 翻新轮胎胎体检测的必要性和检测方法[J]. 现代橡胶技术，2008（3）：1-7.
[42] 中国传动网. MINI-ARRAY 用于可回收瓶子外形尺寸的检测[EB/OL]. 2017-3-24.
[43] Luiken A.，Bos P.，田玲玲. 消费后纺织废弃物的自动识别和分类[J]. 国际纺织导报，2010（11）：66-67.
[44] 张朝阳. 基于视觉的机器人废金属分拣系统研究[D]. 北京：中国农业大学，2015.
[45] 田桂花. 浅谈无线通信技术的发展[J]. 价值工程，2010（22）：151-152.
[46] 郭广旗. 移动通信技术在运输管理中的应用[D]. 北京：北京工业大学，2014.
[47] 李宏，江华斌，刘会斌. 苏州市环卫车辆 GPS 监控系统建设实践[J]. 中国建设信息，2009（6）：12-13.
[48] 张寅. 基于 GPRS 的远程无线监控系统瓶[D]. 秦皇岛：燕山大学，2006.
[49] 付红丹. 基于 GPS/GPRS 的车载监控终端技术研究[D]. 成都：电子科技大学，2010.

[50] 冯波，殷柯柯，杨智灵，等. 采用 GPRS 技术的餐厨垃圾收集装置设计及实现[J]. 科技传播，2012（24）：138-139.

[51] 王明会. 移动互联网技术及应用热点浅析[J]. 信息通信技术，2010（4）：14-19.

[52] 郭娟，贺文智，吴文庆，等. 物联网技术在城市生活垃圾收运系统中的应用[J]. 环境保护科学，2013（1）：49-53.

[53] 王俊改. 互联网+环卫：桑德环卫“云平台”进军千亿市场[EB/OL]. 2015-9-22.

[54] 时君洋. 镇平县环卫局巧用微信平台，打造“智慧环卫”[EB/OL]. 2016-8-13.

[55] 李慧慧. 小平台 大作用——莒南巧用微信平台打造“智慧环卫”[J]. 城建监察，2016（8）：29.

[56] 何绍华. 现代信息技术标准化与质量管理[J]. 中国图书馆学报，2003（1）：57-60.

第6章

物联网+固体废物综合管理的应用实例

内容摘要

基于我国互联网的规模优势和应用条件，我国可以充分发挥现代化信息技术在生活源、工业源等固体废物管理中的基础性配置作用，大力推动“互联网+”与可再生资源分类回收、公共服务平台和再制造的深度融合，充分运用互联网、物联网、云计算、大数据技术，打破固体废物全过程管理中的信息不对称格局，建立规范的回收利用体系，减少流通环节，提升正逆向物流的耦合度，加速我国固体废物综合管理行业的转型升级，促进资源循环利用产业健康持续发展。移动互联网、云计算、大数据、物联网等信息通信技术与固体废物综合管理产业的深度融合，目前应用比较成功的领域主要包括生活垃圾收运、餐厨垃圾收运和处理、可再生资源的分类回收、工业园区循环化改造等。

6.1 物联网+生活垃圾分类

6.1.1 传统生活垃圾分类的现状和问题

我国已有 46 个重点城市先后开展了生活垃圾分类的试点工作，目前已经有一套客观上存在的传统垃圾分类模式（见图 6-1）。在这种模式下，生活垃圾可再生资源回收体系（以下简称“回收体系”）和城市环卫垃圾清运处理体系（以下简称“环卫体系”）并行运行。回收体系是指生活垃圾由社区居民、社区垃圾分类桶流入回收者及拾荒者，经回收网点、分拣中心、集散市场等中转收

运环节，最终到废旧橡胶厂、废旧纺织品厂、废旧纸张厂等资源回收再利用企业等一系列活动。环卫体系是指生活垃圾由社区居民流入社区垃圾分类桶，由环卫工清理并经垃圾楼、转运站、中转站等中转收运环节，最终到垃圾填埋场、垃圾焚烧厂、垃圾堆肥厂等最终处理点等一系列活动。

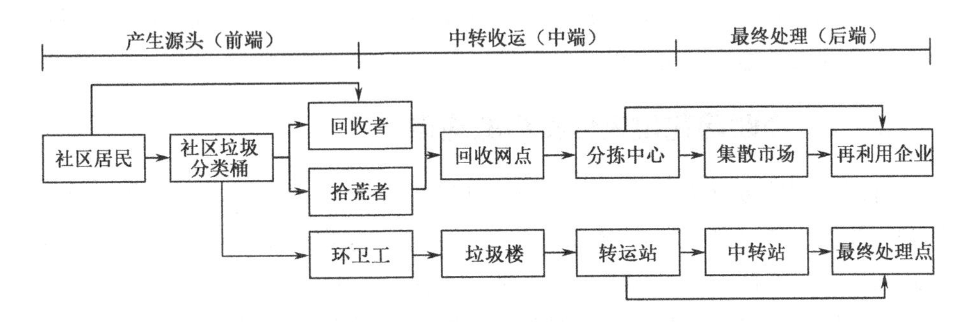

图 6-1　我国现存的垃圾分类模式

传统垃圾分类回收存在许多问题，既有在产生源头、中转收运和最终处理环节的局部问题，也有系统性问题。产生源头环节的主要问题在于，虽然有垃圾分类桶，但桶内分类结果较不准确。究其原因可能是以下几个因素导致的：一是社区居民普遍缺乏垃圾分类的习惯和动力；二是垃圾分类缺乏标准、缺乏引导，分类因人而异；三是垃圾分类的投递不便利、交易不便利。中转收运环节的主要问题在于前端实现了一定程度的分类回收，但是后续中端的中转收运环节没有继续按照所分类别进行分开收运，这样造成前端已分类的垃圾又混合在一起，既挫伤了垃圾分类的积极性，又背离了垃圾分类的真正目的。另外，中转收运环节的问题还包括：现存垃圾分类桶中的高价值部分容易被回收，低价值部分往往无人管理，被随意丢弃造成二次污染；垃圾的运输成本偏高，收运效率偏低；等等。最终处理环节的主要问题在于，由于前端分类效果不太好，当前存在的分类垃圾“纯度不够”，最终处理者依然面临居高不下且日益增长的垃圾产量。另外，再利用企业无法从垃圾分类上获得稳定、低廉的回收资源，故而缺乏规模效益。

另外，传统垃圾分类回收还存在两个系统性问题。一是传统垃圾分类模式没有将垃圾的“分类管理”从前端、中端贯穿到后端。具体表现为前端分类参与度低、分类不准，中端中转收运环节低效、杂乱，后端最终处理方式单一、粗糙，更难说垃圾分类管理的减量化、资源化、无害化等长远目标。虽然前端、中端、后端 3 个环节遇到的困难是互为因果的，但生活垃圾的产生毕竟存

在源头，要破解这个问题需要从最前端的垃圾分类着手，同时兼顾中端和后端具体情况统筹考虑。二是传统垃圾分类模式目前缺乏一体化、系统化、规范化的设计及构建，具体表现为回收体系和环卫体系的各类主体目前依然“各自为战”，相互之间没有实现有效的衔接和协作。要实现生活垃圾一体化、系统化、规范化的分类管理，需要统筹考虑两个体系在垃圾物流、人员队伍、场地设施、车辆设备等方面资源的有效配置、相互协作和共享共用。

6.1.2 物联网在垃圾分类中的应用

针对生活垃圾分类收运和管理的常见问题，发达国家较早地提出和应用了物联网技术，这主要包括 RFID 和 GIS 等信息技术手段。RFID 技术是一种非接触式的自动识别技术，可同时识别多个高速运动物体的标签，主要应用于垃圾分类桶的信息识别。GPS 技术主要应用于收运车辆的管理、路线规划和优化等与具体地理位置及时空分布信息紧密相关的收运设施。这些技术手段可以满足生活垃圾“按量收费”与“分类监管”的管理需求，从而实现垃圾的源头收集。

20 世纪 90 年代中期，德国开始使用 RFID 技术识别并监控垃圾收集信息，为垃圾清运费“以量收费”提供数据基础。利用收发器和读取器为每个垃圾分类桶分配一个电子标签，垃圾分类桶在清空作业时，清运车尾的 RFID 检测装置会自动记录垃圾重量、获取垃圾桶 ID 编号并上传数据，后台系统自动计算住户需要缴纳的垃圾清运费。调查表明，在德国实施“以量收费”政策的地区应用 RFID 管理系统后，其垃圾收运总量（包括可回收与不可回收）减少了 17%，不可回收垃圾总量减少了 35%[1]。2003 年，美国利用 RFID 技术创造了“再生银行”模式，即对可回收垃圾分类桶进行称重及信息匹配后，对参与居民提供一定的垃圾处理收费折扣和部分商家消费折扣等经济性奖励，从源头激励居民自觉开展垃圾分类[2]。2010 年，美国俄亥俄州用 RFID 技术监督居民的垃圾分类行为[3]，若某个可回收垃圾分类桶数周内没有使用，垃圾分类桶的芯片将向管理中心发出提醒信号，市政管理员将会检查该地区附近的垃圾分类桶，若发现其中垃圾超过规定比例没有被正确归类收集，则会对有关居民予以罚款警示。澳大利亚系统集成商 Datanet 为南澳大利亚州垃圾管理局开发了一套垃圾箱识别系统，自 2009 年起，该系统为约 20 万个垃圾箱贴上超高频 EPC（Electronic Product Code）标签，将 RFID 的 ID 码、箱体序列号与详细地址对应，可在环卫作业时记录实际清理的垃圾箱数量并将数据实时上传，以确定政府所需要支付的垃圾清运费，实现政府对垃圾清运公司的监督责任[4]。

物联网技术让垃圾分类模式的物流管理更有效率。Hannan 等[5]介绍了一种

将 RFID 技术与通信技术集于一体的垃圾箱和垃圾运输卡车的监控管理系统。这种监控管理系统提出了一种新的技术框架、硬件结构和接口算法，结合了 RFID、GPS、GPRS、GIS 及摄像等技术，构建了一套信息化的监控管理系统。这种监控管理系统可以记录和存储垃圾箱和垃圾运输卡车的 ID、垃圾收集时间、垃圾量状态、GPS 地理坐标等各类信息，可以用于对垃圾运输物流系统的实时监控和管理。芬兰也用互联网技术尝试构建了分类收集和自动分拣的方式[6]。芬兰在宾馆试点推广用有回收标识的纸袋取代塑料袋，在袋子上贴上代表相应垃圾种类的含有 RFID 电子标签的便签。垃圾袋被送到处理企业后，RFID 电子标签会被自动化机械手臂自动识别，并将垃圾分类分拣到相应的储存箱。

国内也试验将物联网技术用于相关领域。上海市浦东新区早在 2009 年就开始试行一种智能化的城市生活垃圾监测系统[7]，这种系统基于分布式传感器技术和 GIS 技术，在每个垃圾桶上安装一套传感装置，这套传感装置所构成的监测网络通过 GPRS 技术与后台数据管理系统、中央监控系统连接。可以根据各网络节点（装有传感装置的各垃圾桶）的真实数据流，分析研究废物产生的类别、源头和原因，以应对生活垃圾的快速增长。这些数据还可以作为参数对垃圾收运车辆的路线、排班、调度等进行优化。

2010 年以来，更多机构开始在生活垃圾的分类、收集、运输、处置和公共监督等环节开拓物联网技术的融合运用，采用 RFID、电子标签、GIS、GPS、感应称重、视频监控等技术手段，提高了生活垃圾收运和处置的管理水平（见表 6-1）。

表 6-1　物联网技术在国内环卫系统的应用情况

<table>
<tr><th colspan="2">环　节</th><th colspan="2">目的及途径</th><th>技术设备</th><th>试点城市</th></tr>
<tr><td colspan="2" rowspan="3">收集</td><td colspan="2">总量监管</td><td>RFID</td><td>青岛市</td></tr>
<tr><td rowspan="2">分类监管</td><td>研发自动分类装置</td><td>雷达</td><td>重庆市</td></tr>
<tr><td>鼓励居民自觉分类</td><td>电子标签</td><td>宁波市、上海市等</td></tr>
<tr><td colspan="2" rowspan="2">运输</td><td colspan="2">车辆定位监管</td><td>GPS</td><td>上海市、苏州市、泰安市等</td></tr>
<tr><td colspan="2">路线最优规划</td><td>GIS</td><td>上海市、泰安市等</td></tr>
<tr><td rowspan="4">处置</td><td rowspan="3">焚烧</td><td colspan="2">进场监管</td><td>地磅称重系统</td><td rowspan="3">苏州市</td></tr>
<tr><td colspan="2">过程监管</td><td>视频监控技术</td></tr>
<tr><td colspan="2">排放监管</td><td>CEMS 系统</td></tr>
<tr><td>填埋</td><td colspan="2">监控填埋场全貌</td><td>视频监控技术</td><td>苏州市</td></tr>
</table>

来源：温宗国等（2018）[7]。

本节以苏州市为例说明物联网在生活垃圾分类收集系统中的应用，更详细的信息可参见温宗国等著的《资源循环利用的产业互联新时代》(2018)。

苏州市人口规模1058.4万人，日均产生生活垃圾180万吨。生活垃圾收运设备包括：1395辆三轮电瓶车用于配套单放垃圾桶和垃圾房，39辆四轮吊桶车和46辆后装式压缩车用于配套单放垃圾桶或垃圾亭，185辆四轮侧装车用于配套具有垃圾分类功能的垃圾亭。生活垃圾由环卫作业人员通过三轮电瓶车、小型后装式压缩车等运输至小型转运站，经压缩后由大型运输车运输至处置场所；部分区域则采用大型后装式压缩车直接将垃圾运输至处置场所。苏州市生活垃圾收运存在几个问题：对生活垃圾收运设施缺乏监管、跟踪和统计；对生活垃圾收运车辆的运行路径、收集时间、分类收集等缺乏规范性监督；对生活垃圾的处理全过程体系也缺乏相应的监督与优化管理。

基于此，清华大学环境学院集成应用了RFID、GIS、视频监控等技术与设备，尝试建立了苏州市生活垃圾收运物联网管理系统。本系统对生活垃圾桶安装RFID标签，对生活垃圾收运车辆粘贴RFID读卡器并加装电子称重设备，对每辆进入垃圾中转站的垃圾收运车辆进行称重，实时掌握垃圾中转站的容量状态，实现“实满实清”。通过在车辆上安装GPS跟踪模块，实时掌握车辆运行情况，并利用电子围栏技术杜绝不按规定路线收集清运的现象。在线监控收集站情况，对未及时收集转运的收集站进行在线任务调度，确保垃圾及时转运。通过视频监控模块实时掌握各收集站、中转站的作业现场状况，对脏乱、违规作业等行为及时进行处理。在苏州市的环卫设施GIS平台上，可以实时展示苏州市所有的生活垃圾试点小区、果壳箱、垃圾桶、垃圾房等设备设施的位置信息和收运基本数据。

苏州市生活垃圾收运物联网管理系统集成了4个子平台：生活垃圾基础数据库、生活垃圾设施基础数据库、生活垃圾收运车辆GPS管理、生活垃圾终端处置监控平台，可实现两大功能：对生活垃圾收运全过程进行实时监督与管理，对生活垃圾收运数据的管理与应用。

通过生活垃圾设施基础数据库、生活垃圾收运车辆GPS管理、生活垃圾终端处置监控平台，监管人员可以使用实时监管模块远程掌握垃圾填埋场、焚烧厂的数据，实现对城市生活垃圾跟踪追溯、实时监控、统计处理等全过程的高效管理。此外，系统还能根据每天的实时数据自动生成大量报表，满足管理者对生活垃圾战略管理和规划的需求。目前，系统能生成的主要报表包括生活垃圾产生的分区域日报表、周报表、月报表、年报表、时间段报表等。

6.2　物联网+餐厨垃圾收运处置

6.2.1　餐厨垃圾收运和管理的现状和问题

长久以来，我国城市餐厨垃圾的主要流向有两种：一是非法出售给养殖户饲养潲水猪，或非法售给炼油小作坊生产地沟油，造成严重的社会和环境问题；二是混合其他市政垃圾收运处置，增加了生活垃圾处置过程中的渗滤液产生和处置负担。2010 年，国家发展和改革委员会、财政部、住房和城乡建设部启动了餐厨废弃物资源化利用和无害化处理试点城市建设工作，100 个城市先后入选成为试点城市。试点城市均建立了餐厨垃圾统一收运处理体系，但仍有一系列问题亟须利用技术手段解决。

在试点体系下，餐厨垃圾由有资质的企业统一收集处理，这破坏了原有“潲水猪”“地沟油”从业者的利益体系，而餐饮企业不仅失去了原有的出售餐厨垃圾的收入，还需要缴纳处理费，许多餐饮企业持抵制态度，偷卖现象严重，甚至在上缴的餐厨垃圾中掺水，这导致已建成的餐厨垃圾处理设施原料不足，整个体系难以实现高效率运转，监管部门也难以发挥作用实行充分监管。因牵涉利益关系，某些地方政府管理人员与地沟油作坊合谋，为避免无资质企业或个人上访闹事采取消极监管。餐厨垃圾流向难以监控，政府职能部门监管乏力。

同时，合规的餐厨垃圾资源化与安全处置也存在诸多弊端。例如，缺乏统一的收集运输利用体系，使餐厨垃圾各环节负责主体不明确；中小型城市餐厨垃圾收集主要由环卫部门或其他非处理企业负责，可能存在添加生活垃圾增加重量多收费的情况，导致餐厨垃圾与其他垃圾混合。另外，政府对餐厨垃圾收运处理的监管主要体现为对企业资质及处理资料的静态监管，而对于餐厨垃圾收集、运输、预处理及末端处理的全过程还无法实现有效、实时动态监管。

因此，餐厨垃圾收运处理系统的长效运行需要物联网工具的应用，以实现系统运行的动态监管，明确各环节的责任主体，避免垃圾收运掺假等不法行为，实现系统高效率运转及餐厨垃圾真正的资源化和无害化处理处置目标。

6.2.2　物联网应用于餐厨垃圾收运体系案例

和生活垃圾收运管理体系类似，物联网技术应用于餐厨垃圾收运体系，主要通过 RFID、GIS、GPS、视频监控等技术手段，并配合软件系统以收集、分析和监管数据。与生活垃圾收运管理体系稍有不同的是，在餐厨垃圾收运体系

中，通过物联网对垃圾产生量、运输量和运输路径的实时监管尤为重要。本节以苏州市为例，具体说明这些技术的应用及效果。

2011 年，苏州市成为全国首批餐厨垃圾资源化利用和无害化处理试点城市，建立了餐厨垃圾“收集—运输—处置”一体化运行模式。在这种模式下，利用传感器、3G 无线通信等核心物联网技术和传统 GPS、GIS 技术，实现了餐厨垃圾的产生、收集、运输和处理环节全流程的信息化监测（见图 6-2），基于物联网技术和硬件的应用，专业化的餐厨垃圾全过程监管信息平台建设完成（见图 6-3），可以实现餐饮企业管理、餐厨垃圾源头计量、运输过程 GPS 定位及视频监控、餐厨垃圾处理厂生产环节及产物监管，并可对相关监管数据（如计量数据、环保数据等）开展实时采集、传输、统计和分析。除此之外，平台还可将产生、收集、运输和处理的台账数据电子化，并与市容市政、财政、环保、卫生等部门平台对接共享，便于政府部门对系统进行全天候监管。

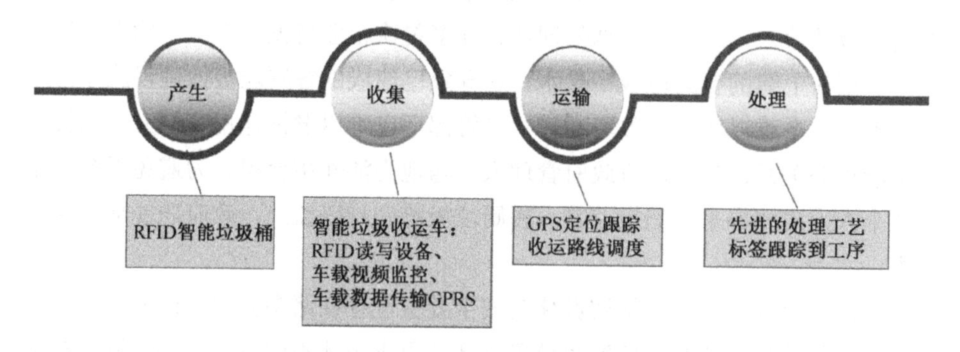

图 6-2　餐厨垃圾收运处理全过程物联网监控与信息化管理

苏州市餐厨垃圾收运管理系统中的主要硬件创新是 RFID 智能垃圾桶和集成多项物联网技术的智能垃圾收运车。每家餐饮企业均配备 RFID 智能垃圾桶，收运人使用手持 RFID 读写器读取垃圾桶 RFID 标签数据，包括餐饮企业、垃圾桶重量、收运时间及地点，并通过 GPRS 无线上传到后台进行数据处理。餐饮垃圾收运车辆安装称重传感器、摄像头、GPS 模块、RFID 一体化读写器、GPRS 模块及视频服务器，实现对垃圾桶的识别、餐饮垃圾量的统计、餐饮垃圾收运现场的实时监控及车辆的实时定位。

RFID 读卡器模块用于读取餐饮垃圾桶上的 RFID 电子标签，读取的数据传输到收运车辆的车载控制器，再通过 GPRS 模块将数据上传到数据中心。称重传感器组件在提升装置提升垃圾桶过程中进行称重，重量数据通过有线连接传输到收运车辆的车载控制器，再通过 GPRS 模块将重量数据传输到数据中心。

车载 GPS 组件实时上传地理位置数据，视频监视摄像头的信号通过同轴电缆传输到硬盘录像机。

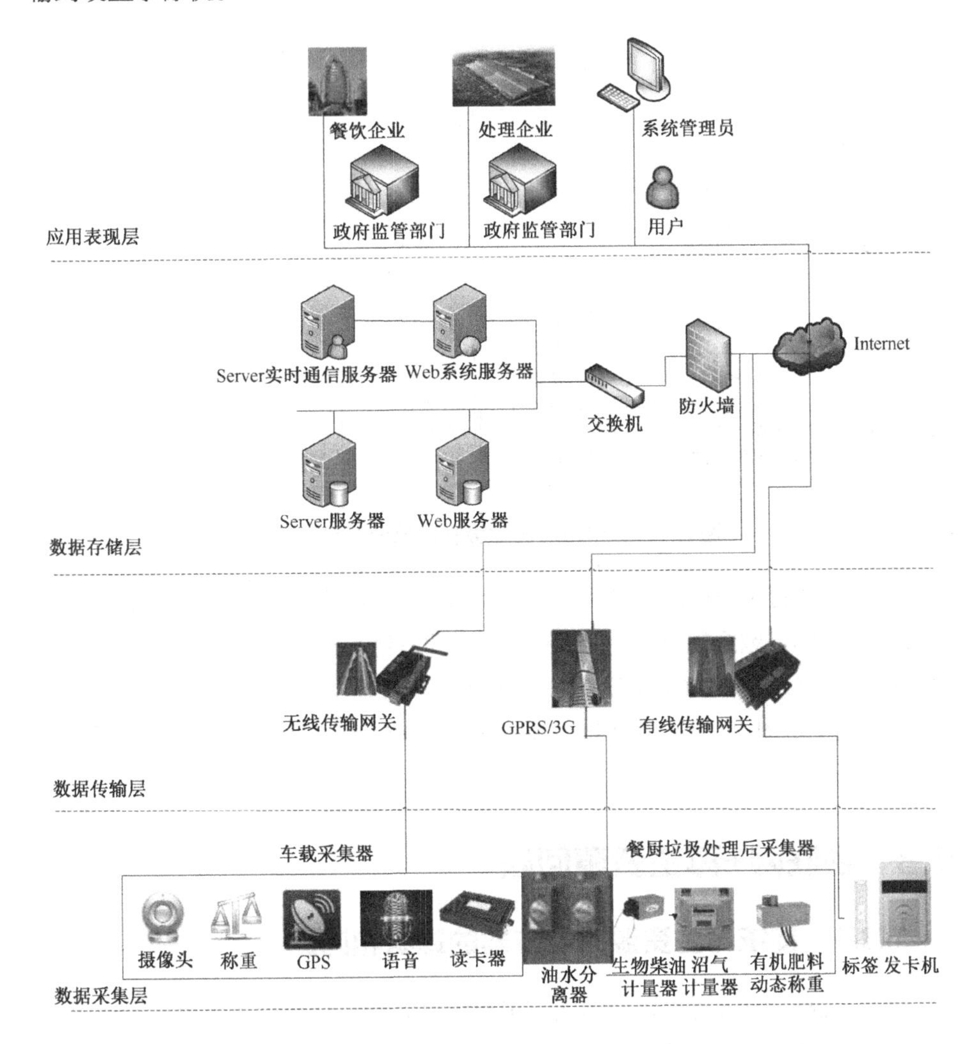

图 6-3　基于物联网的苏州市餐厨垃圾在线实时监管系统架构设计

苏州市餐厨垃圾收运管理系统还针对餐厨垃圾收运处理过程监管缺乏与滞后的问题，构建餐厨垃圾在线监管平台，有效解决餐厨垃圾收运处理过程信息实时采集、实时监控和全过程管理的集成难题。监管平台是基于 C/S 架构的数据库信息管理系统，综合应用无线射频、通信网络、传感网络、互联网等多种信息技术。

平台可呈现餐厨垃圾产生、收集、运输、处理过程，包含显示、查询、统

计、分析、报告等功能，主要由餐饮企业监管、运输车辆监管、处理企业监管、执法模块、可扩展的业务模块等组成（见图 6-4）。

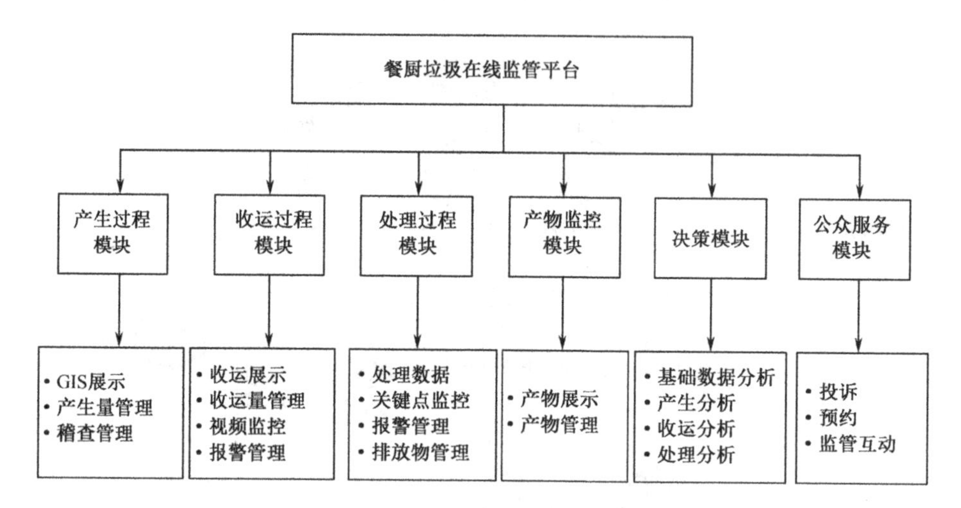

图 6-4 苏州市餐厨垃圾在线监管平台架构

苏州市餐厨垃圾收运管理系统于 2014 年年初试运行，在苏州市姑苏区投放 RFID 智能垃圾桶 36084 个、餐厨垃圾专业收运车辆 36 辆，配备 RFID 读写器及传感称重、GPS、GIS、无线视频监控等硬件设备。2015 年餐厨垃圾收运规模达到 13.30 万吨，比 2012 年增加了 2.26 万吨，示范区域餐厨垃圾收运量增加 20.5%。

6.3 物联网+再生资源回收

6.3.1 传统再生资源回收方式的现状和问题

长久以来，中国再生资源的回收主要依靠大量活跃在城乡的流动回收者和拾荒者。拾荒者在垃圾场或街道社区垃圾桶捡拾再生资源制品，流动回收者靠小三轮车游走于社区或用四轮卡车针对社区居民和商业点进行有价回收。经众多流动回收者和拾荒者，使再生资源从产生端到回收网点，进而经过分拣中心进入再利用企业（见图 6-5）。据中国再生资源协会估计，全国再生资源从业人员有 1200 万人。商务部发布的《中国再生资源回收行业发展报告（2018）》显示，截至 2017 年年底，我国再生资源回收总量约为 2.8 亿吨，现行的再生资源回收体系为中国生活垃圾的二次分类、再生资源回收和资源综合利用做出了巨大贡献。

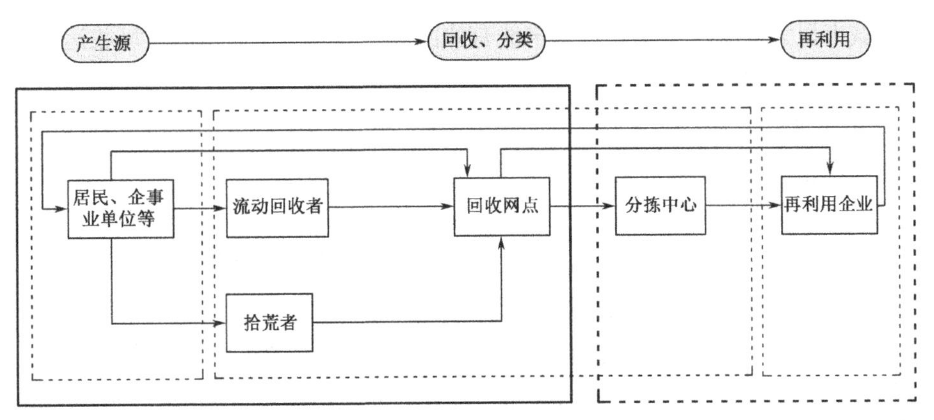

图 6-5 传统再生资源回收体系

但是，在传统再生资源回收体系下，再生资源的产生者、回收者、再利用企业和政府的管理者都面临不同程度的问题。因为体系不规范和非正规回收的强流动性，对于产生者，垃圾分类和再生资源交废的不便利，再生资源估值完全依赖回收者一口价，无价可依；回收网点无法全面掌握市场行情、库存，交易管理比较混乱；再利用企业存在供货来源无保障、收购成本高的情况；政府管理部门对再生资源的流量、流向没有监控，对违规行为无法监管，政策制定无数据可依。造成这些问题的原因有几个方面：一是传统回收体系中信息的不对称和时效性差；二是中间环节过多，流通成本过高；三是缺乏全过程追踪的智能化监管工具。

传统再生资源回收体系中的中小企业普遍存在账期长、货品集压问题。中小企业规模小、融资能力差、抗风险能力低，现金流极易断裂，企业正常生产经营易受影响。缺少资金使得企业在技术、人才投入等方面具有较大困难，回收企业难以延伸产业链，再生产品技术含量低，创新性差，竞争力弱，企业利润微薄，难以发展壮大。传统再生资源回收利用行业“低、小、散”格局和行业形象将长期存在。在环保压力、产品升级、原材料价格上涨等诸多因素的影响下，再生资源主要品种价格出现暴涨、暴跌情况，都不利于资源综合利用的长期发展。

同时，传统再生资源回收体系中非正规回收人员数量也有萎缩趋势。随着中国人口红利的消失和教育水平的提高，以及城市精细化管理对传统拾荒者生活空间的挤压，传统“拾荒者大军”数量减少。根据商务部《中国再生资源回收行业发展报告（2016）》统计，中国再生资源回收利用的从业人员从 1800 万人缩减到 1200 万人。这使得依靠大量非正规部门人员的传统回收模式难以为继，城市里大量低价值再生资源未能有效回收，并随着一般生活垃圾收运到垃圾焚烧厂和填埋场，增加了市政垃圾处置设施的压力和运行成本。据统计，2016年北京市生活垃圾清运量增加了15%，部分原因是周边再生资源集散市场的拆除和非正规部门人员的流失。

另外，在传统再生资源回收体系下，低价值再生资源的回收率走低。废玻璃、废塑料膜、废木料、废复合包装等低价值再生资源在垃圾总量中的质量占比约为30%。低价值再生资源利润低、成本高，导致回收者和投售者的收集和交售积极性不高。市场自身又很难对低价值再生资源发挥调节作用，大多数企业仍未形成具有一定规模的回收体量。因此，低价值再生资源回收难仍是国内再生资源回收行业发展的问题之一。

因此，在当前社会经济发展形势下，传统再生资源回收人员和回收率趋低，传统再生资源的回收需要与垃圾分类相结合，形成“两网融合”的分类回收模式。本节以北京爱分类为案例，介绍互联网模式的垃圾分类和再生资源回收“两网融合”新型模式。

6.3.2 物联网+再生资源回收应用案例

北京爱分类环境有限公司成立于2004年，总部位于北京市中关村科技园昌平园，是以垃圾分类+互联网为基础的综合环境服务商，业务涵盖垃圾分类、垃圾清运、“两网融合”、再生资源循环利用、分拣中心运营、环卫信息化等综合性业务。按照住房和城乡建设部与北京市关于实现垃圾分类管理的要求，以及分类投放、收集、运输、处理4个环节全覆盖的工作要求，北京爱分类建立了“一网、二分、三全”的生活垃圾分类和再生资源回收“两网融合”体系。

1. 一网：互联网+垃圾分类，实现垃圾分类全流程信息监管

生活垃圾从产生开始，到分类收集、分类运输、分类处理，再到再生资源回收利用，第三方企业对每个环节都有明确的监管，切实做到垃圾不屯留、不落地、日产日清、不交叉污染和二次污染。创建的信息云平台记录了每户家庭投递的垃圾种类及质量、垃圾累计减量、居民活跃度、再生资源交易量、便利店交易量等数据，实现垃圾分类源头可溯、去向可查、风险可控、数据可知、精准到户、实时监督，为政府对垃圾分类的精细化管理提供决策依据。

同时，作为互联网+垃圾分类专业运营商，第三方企业研发、设计了多个

系统，主要包括居民预约系统、居民信用系统、居民支付系统、上门回收派单系统、物流系统、调度系统、ERP 系统、再生资源交易系统、溯源系统、大数据系统、运营平台系统等，让垃圾分类运营更加智能化。

2. 二分：将生活垃圾简单分为干湿两大类

具体来说，北京爱分类在源头将生活垃圾分为可回收物、有害垃圾、厨余垃圾、其他垃圾 4 类，并在此基础之上进一步简化为“二级四分”法，即老百姓只需要将生活垃圾分为干、湿两类垃圾即可，前端居民简单分，企业后端精细化，这种简单、方便的分类方式极大地化繁为简，大幅度提高了老百姓参与垃圾分类的热情和积极性。相应地，街道小区范围内也大幅度减少了垃圾桶的采购费用。

3. 三全：全分类体系、全链条运营、全社会治理

全分类体系：将生活垃圾全品类覆盖，不是单一品类，不是只减量可回收物中的较高价值的部分。爱分类是全品类回收，包括小件干垃圾，这样做的最大特点是：除传统意义上的可回收物外，将更多低附加值的生活垃圾也纳入资源回收利用渠道，包括市场上回收公司不要的玻璃、泡沫，真正实现生活垃圾减量化、资源化、无害化，并且后端资源化利用率高达 95%以上。

全链条运营：爱分类将在前端引导居民参与垃圾分类，对分类投放、分类收集、分类运输、分类处理做到了全链条管理，为政府与企业提供一站式整体解决方案，提高了垃圾分类的效率与协同效应。

全社会治理：垃圾分类是一项巨大的系统工程，涉及政府、企业、公众和公益组织的多方协作。爱分类一直提倡政府主导、企业专业化运营、全民参与的垃圾分类模式，只有让专业人做专业事，才能达到预期效果。

爱分类的模式主要具有以下几个优点。

（1）简单分类：对于垃圾分类，居民普遍需要一种更加便捷、简单的方式参与其中。分类方法越简单，人们参与垃圾分类的热情越高涨。爱分类针对当下年轻人生活节奏快、老年人上下楼不便等问题，进一步简化垃圾分类方法，在北京市四分法基础上创立居民简单分、企业精细分的“二级四分”法，将生活垃圾分为干、湿两类。居民只需要在开通爱分类环保账户后，将生活中的小件干垃圾按照干净、无液体、无异味的回收标准放进回收袋内，满袋后用微信或电话预约，就可在家享受免费的上门回收服务；将湿垃圾中的厨余垃圾定点

交投，其他垃圾扔进其他垃圾桶即可。这种“垃圾只分一次”的方法，轻松解决了居民头疼的垃圾分类难题，参与方式更加简单、更易操作，大大提高了居民参与垃圾分类的积极性，破解了老百姓参与垃圾分类的难题。

（2）高效清运：作为垃圾分类的重要一环，爱分类在清运环节采取封闭式电动车、货车及厨余垃圾运输车封闭式分类运输干、湿垃圾，避免遗撒、混装、混运及二次污染问题对环境产生的破坏。爱分类用封闭式物流车将小件干垃圾和厨余垃圾分别运送至分拣中心和市政厨余处理厂，形成“家庭回收袋”→“小区服务站”→“垃圾清运车”→“分拣中心”的“隐形”垃圾分类链条，有效破解了垃圾分类混装混运和不同部门之间的协作难题。

（3）信息监管：爱分类共开发了16套信息系统，覆盖了前端的预约系统、派单系统、调度系统、支付系统等垃圾分类全流程的管理，可以对垃圾分类管理过程中的垃圾来源、垃圾类别、垃圾量实现源头可溯、去向可查、风险可控、数据可知，实现垃圾分类精细化管理，为政府提供监管与决策依据。

通过互联网回收技术的应用，爱分类在北京服务近20万户居民垃圾分类。爱回收还建立了分拣中心，采用工业机械和人工分拣相结合的形式，对从居民家中回收的各种干垃圾进行精细化二次分拣，干垃圾可细分50多种，把更多的低附加值可回收物纳入分类体系。同时，通过大规模机械化，爱回收的垃圾回收利用率比传统垃圾回收站高出30%以上，垃圾减量效果明显，破解了垃圾从源头减量与高效资源化的难题，每年通过垃圾分类实现再生资源回收利用近30万吨。

6.4 物联网+工业园区循环化改造

6.4.1 园区循环化改造的信息平台需求

为了解决园区发展中资源循环利用问题，我国在《工业绿色发展规划（2016—2020）》《绿色制造工程实施指南（2016—2020年）》等“十三五”关键文件中都对园区产业衔接、物质共享等资源循环利用提出要求，并通过绿色园区、园区循环化改造、生态工业园等试点的建设任务进行落实。

随着各园区发展规模和经济体量壮大，园区内企业产生的数据量急剧增加，传统的管理方法使企业数据无法及时发送给园区管理者，园区管理者拥有的信息也很难有效传达给企业，这种信息不对称成为园区资源管理的瓶颈。具体问题如下。

（1）传统管理手段无法处理庞大的资源信息。随着资源循环利用研究和实践的不断拓宽和深入，园区内数百家企业的资源循环利用信息可能会有上万条。如果企业之间存在这样的信息壁垒，甲企业不知道可以从乙企业购买，乙企业的产品不知道可以卖给园区丙企业。企业之间的资源不能得到有效交易和满足，就会降低园区整体的资源循环利用效率。

（2）园区管理者无法发挥机制优势。我国工业园区的管理以管理委员会行政管理模式为主，这种管理模式具有机制优势，使园区管理者可以整合园区各种信息，打破企业信息壁垒，促进园区企业间的资源循环。但是，这种机制优势的发挥依赖园区资源信息的及时掌握和有效整合。

（3）传统管理手段无法满足资源循环的实际需求。现有的园区信息平台无法对接园区在资源循环利用方面的实际需求，导致园区对整个资源流动没有全局观，还需要大量人力去调研，无法满足企业的实际需求。如果在引进一家企业入驻园区时，园区管理者对园区有哪些企业、设施可以与之形成上下游产业不甚了解，就无法判断企业在产品类型和环境要求方面是否适合进驻该园区，招商引资也不知道从何入手。

因此，利用物联网和互联网技术，搭建园区资源循环利用信息平台，可以解决园区循环化改造中的信息管理瓶颈问题，提高园区资源循环利用的效率，这是园区循环化发展和生态化发展的必要工具。

目前，国内多数工业园区均建设了园区管理服务平台，有的平台仅是门户网站，作为对外展示和对内信息发布的窗口，很少掌握园区企业在生产环节中的具体参数，信息平台对园区企业的信息收集仅停留在宣传或介绍层面，未能实现对园区和企业资源管理的指导作用和功能。有些平台可以梳理园区内的物质流动、产业链结构等资源信息，并静态展示园区的产业链条和物质代谢，但无法进行更新迭代，产业链结构、物质流数据仅粗略展示，浪费了数据研究分析的价值，无法对园区资源循环利用管理起到指导作用。本节以丽水经济技术开发区循环化管理服务平台动态型园区循环化改造信息平台为例，说明物联网/互联网对园区循环化建设中资源循环利用的促进作用。

6.4.2　物联网+工业园区循环化改造应用案例

物联网/互联网真正应用于园区的循环化改造管理系统，可以对园区物质流动、指标数据、产业链结构进行动态实时跟踪展示，形象展示园区经济、环境和产业发展情况，可辅助园区进行资源管理决策、判断资源循环利用的可行

性。丽水经济技术开发区2017年正式上线了动态型园区循环化改造信息平台，在与运输车辆、污染监控等设施传感器信息互联的基础上，对园区近300家企业、1061种物质（293种原料、286种产品、482种废弃物）进行梳理，通过桑基图、力导向图、电子地图等形象、直观地展示园区物质流动情况、产业链结构情况，真正意义上实现了资源循环利用信息化管理。

（1）物联信息汇总分析。通过智能感知、识别技术与普适计算等通信感知技术，收集企业原料、产品等物质信息，以及水资源、能源等资源信息，监控污染排放、能耗情况等，通过数据采集功能将信息汇总至平台，为资源循环利用分析构建数据基础。

（2）资源循环利用共生热点识别。在收集了大量物质信息后，平台通过共生热点识别算法，识别园区企业间、行业间、区域间的共生热点（园区内两家企业A、企业B可发生产业链衔接的连接点，如图6-6所示），判断园区资源的循环利用机会。

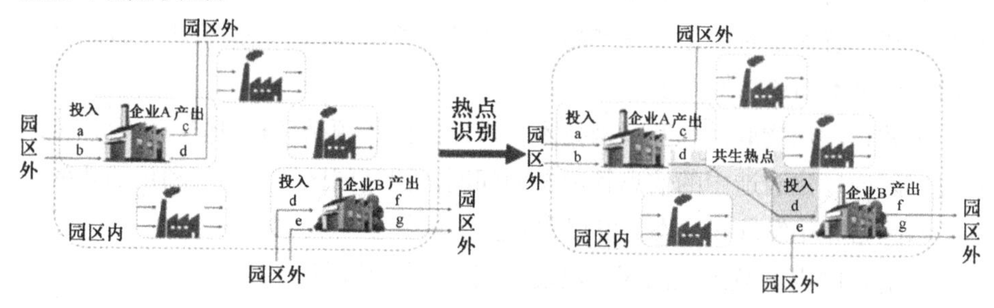

图6-6　共生热点识别原理示意

（3）资源循环利用管理。通过信息探测汇总及共生热点识别，平台可实现对资源的精细化管理。平台将园区企业历史数据沉淀形成物质流桑基图、产业链结构示意图，使园区内物质的来龙去脉一目了然，实现园区资源精细化管理。

平台物质代谢分析以可以多层展开的桑基图为可视化形式，同时支持多级展开。其中，一级（桑基图最左侧）为原料信息，初始为原料大类，展开后呈现每种原料名称及数量；二级（桑基图中间栏）为行业信息，初始为行业类别，展开后呈现原料流入的企业名称；三级（桑基图最右侧）为产品信息，初始为产品大类，展开后呈现每种产品名称及数量。在多级展开的桑基图设计上，园区管理者可实现对资源的精细化管理。

相关的产业链信息也可以分布图的可视化形式展示。可用线条及箭头在显示园区布局的图上体现企业间资源关系的流动方向。

6.5　物联网+固体废物综合管理展望

物联网中的信息获取、数据传递及加工等关键技术，有关废物识别回收终端，智能计量设备、高灵敏度物联网读写设备、智能化收运车辆、自动分拣设备和智能移动终端等关键设备，以及软件开发和系统集成应用，为城市固体废物的综合管理提供了便利、高效的管理手段。在“物联网+”固体废物综合管理的探索和实践过程中也发现了一些问题。例如，民众整体参与度、接受度和认可度不高，交废端互联网使用主体和交废主体出现错位，收废端回收人员对信息化手段的接受尚待时日；分类、检测、估值和后续加工再利用相关标准或规范不统一，导致线上交易环节不顺畅；成熟的商业化运营模式尚未形成，主要盈利点还不清晰；资金保障和技术指导不足，导致“物联网+”覆盖范围有限、商业模式创新难以持续；信用体系不完善，导致整体交易成本增加；相关扶持政策措施的滞后，导致“物联网+”固体废物综合管理企业难以施展拳脚。未来，我国需要在以下几个方面加强投入和应用。

1. 加快基于物联网的固体废物收运系统技术及装备的开发

开发城市固体废物分质收运系统与物联网监测技术。针对社区回收网点、中心分拣站与集散交易中心等再生资源物流节点，研究废物跟踪追溯标识分类与编码系统，开发智能型废物标签系统、低成本便携式传感识别设备，以及城市收运系统的废物流监测统计与管理控制技术。开发我国自主可控的城市固体废物标识编码、物联网读写设备和管理控制系统，实现对典型城市固体废物产生、回收、运输和处理利用的全程在线管控，建立基于物联网的分质收运系统及物联网监测示范工程。

开发基于 GIS 和云计算的废物交换集成技术。研究再生资源分类标准及其编码体系，开发海量废物交换信息快速匹配技术、典型城市固体废物产生源空间解析技术、基于 GIS 城市典型固体废物回收空间网格模拟技术、分区域海量城市废物交易与资源化服务云计算技术，建立面向全国具备快速搜索、安全交易和数据挖掘功能的分布式废物交换平台，配套建立废物交易与资源化信息服务的云计算服务示范工程。

城市废旧物资自动分拣回收系统技术。针对典型城市再生资源丢弃分散、中间流通环节多、分拣识别困难的问题，研究适合废聚酯饮料瓶等多种废物的识别条码技术、近红外线精准快速识别技术与在线装备；开发具备称重识别、压缩控制和条码记录功能的自动回收机，研究智能回收机无线通信模组技术，依托超级大城市建立基于自动回收机和物联网的一级回收示范工程。

2. 推进物联网+固体废物综合管理标准规范的制定

强化行业标准规范制定工作。研究建立科学合理、功能齐全、统一权威的再生资源标准体系总体框架，建立再生资源分类、交易的行业标准，加大贯彻落实力度，引导行业规范化发展。

建立产品标准化体系，推动实现分类标准化、类别标准化、等级标准化、检测标准化，以及价格、交易流程、收费透明化，针对电子设备翻新等制定明确的法律法规，推动市场建立资金安全保障体系、产品估值体系、信用评价体系和金融服务体系，建立准入退出机制，促进其规范化发展。

联合有规模的再生资源回收、加工处理和利废企业，建立“互联网+再生资源”全国性联盟推动相关标准体系的建立，为再生资源的电子交易提供标准；针对“互联网+”平台，制定再生资源回收端与交易端分类标准。

3. 关注重点领域和重点品种

针对废弃包装物、废弃铅酸电池、废弃手机和报废汽车等重点品种，打造全国性的智能化回收体系和全生命周期的溯源数据库。鼓励以旧换新、义务回收、协议回收、定期回收、流动回收等多种回收模式的发展，建设规范收集、安全储运、环保处理的跨区域回收体系。例如，鼓励建设覆盖维修企业、保险公司、回收拆解企业、再制造企业的电子商务平台，制定和完善相关电子交易标准，加速推进报废汽车旧件、二手件、再制造旧件、再制造产品的在线交易，提高旧件回用率，扩大再制造产品原料市场与销售渠道。支持采用二维码、电子标签等物联网技术实现零配件从拆解到资源入库、再制造产品销售等全过程的实时追踪记录。整合汽车保险系统、汽车维修系统、“以旧换新”管理系统和报废车管理系统信息资源。

针对废钢铁、废有色金属、废塑料、废纸等重点品种，整合区域性在线交易平台的信息资源和价格指数，建立交易价格的信息共享平台，选取代表性样本逐步形成再生资源价格指数。鼓励各类符合标准的废物在交易平台上开展在线竞价，发布交易指数，稳定供给能力，增强主要再生资源品种的市场定价权。

4. 搭建区域性循环经济发展公共服务平台，实现资源流动的信息共享

鼓励互联网企业参与跨城市、多产业的区域性废物交易公共服务平台建设。优化废物信息登记和填报系统，开发废物的标准化编码系统，提高废物供

给方的信息发布效率和准确性。开发废物交易信息分类和智能化匹配搜索技术，实现废物供求信息的快速搜索，提高用户使用体验和交易匹配效率。开展区域性废物回收在线竞价，增强主要再生资源品种的定价权，实现资源循环利用全过程的规范化、规模化、数据化和可视化，提高公共服务平台的公信力。积极推进与国有大型企业、行业龙头企业共建大型废物交易公共服务平台。

建立企业再生资源信息开放统一平台和基础数据资源库，逐步实现再生资源分布和流向的信息共享。建立易于登记实施的废物资源分类分级标准体系，制定政策引导企业公开废物信息。建立废物资源循环利用数据中心，开放再生资源数据的商业应用，为政府相关管理部门掌握企业再生资源种类、来源、分布、流向情况提供信息支撑，为企业税收优惠、政府补贴的发放提供量化依据。此外，应推动国家“城市矿产示范基地”建设互联网+信息化平台，鼓励回收行业利用物联网、大数据开展废物资源的信息采集、数据分析、流向监测，建立废物资源重点品种数字地图，实时监测废物资源的数量、价格、流向等信息，结合一次资源市场供应，绘制国家城市矿产资源数字地图，及时掌握资源分布及流动，为行业的市场投资和国家资源安全调控提供支撑平台。

协调商务、环卫、环保等部门，引导回收和利废企业的合作，加强废物回收利用全过程的监测、监督和执法，推动非正规回收向规范化回收的转变。加强对互联网+回收企业站点、回收加工经营行为和市场秩序的监督管理，利用互联网+再生资源提供实时数据和废物的准确计量，为再生资源政策的落实提供技术保障。

针对手机、便携式计算机、电视机、冰箱、空调和汽车等高价值消费品，建立“互联网+”的全生命周期追踪机制。支持利用 GPS 技术、RFID 技术、二维码、智能回收机等互联网、物联网技术设备，实时记录并追踪重点品种的信息和流向，建立流动信息数据库，实施流向监控管理，将传统联单制改为电子联单管理和在线审批，使高价值产品实现全生命周期管理和流动全过程可追溯。推动生产者责任延伸制的实施，确保补贴制度和押金退还制度的运行安全，防止骗取补贴、押金现象的发生。鼓励生产企业或行业协会/产业联盟开发推广重点产品全生命周期追踪系统，提高废物资源回收利用的监督监管能力和环境风险管理能力。

本章小结

本章重点介绍了物联网技术在固体废物综合管理领域的应用实例及其重点解决的突出问题。RFID、电子标签、GIS、GPS、感应称重、视频监控等技术是

常用的物联网技术手段，可以为传统资源循环利用等各环节的运行效率、监督监管和商业模式创新提供科技支撑。展望未来，应加强物联网+固体废物综合管理关键技术和核心装备的研发，加快推进标准规范的制定，搭建区域性循环经济发展公共服务平台，实现资源流动的信息共享，针对废弃包装物、动力电池和手机等重点领域和重点品种，结合生产者责任延伸制构建全国性的智能化回收体系和全生命周期的溯源数据库，提高资源回收利用水平。

参考文献

[1] 邱江，赵静，周倚天. RFID 技术在固体废物收运管理中的应用[J]. 环境卫生工程，2009，17（6）：1-2.

[2] Valerie M. Thomas. Environmental implications of RFID[C]//Electronics and the Environment, ISEE 2008. IEEE International Symposium on IEEE, 2008.

[3] Wyatt J, Farrow R. Maximising waste management efficiency through RFID[J]. Engineer IT, 2011, 3: 65-67.

[4] 周勇. 城市环卫精细化管理信息系统分析与设计[D]. 济南：山东大学，2012.

[5] Hannan M. A., Arebey M., Begum R. A., et al. Radio Frequency Identification (RFID) and communication technologies for solid waste bin and truck monitoring system[J]. Waste Management, 2011, 31(12): 2406-2413.

[6] Rovetta A., Xiumin F., Vicentini F., et al. Early detection and evaluation of waste through sensorized containers for a collection monitoring application[J]. Waste Management, 2009, 29(12): 2939-2949.

[7] 温宗国，胡纾寒，等. 资源循环利用的产业互联新时代[M]. 北京：科学出版社，2018.

第7章

基于射频识别技术的机动车大数据排放控制决策系统

内容摘要

城市机动车的增长带来了日益严峻的交通拥堵、空气污染和能源紧张等环境与社会问题。近年来，随着科学技术的发展和智能化管理需求的提高，智能交通系统技术被广泛应用以实时、准确获取道路交通信息大数据。其中，射频识别技术（Radio-Frequency Identification，RFID）的功能尤为关键，RFID 技术的应用为建立城市高分辨率路网排放清单和实时、高效的智能管理系统提供了重要基础数据。本章介绍基于 RFID 技术的机动车大数据排放控制决策系统，以应对机动车快速增长带来的环境问题。

7.1 系统建设的必要性

7.1.1 城市机动车发展现状与挑战

经济发展和城市化的快速进程不断推进城市机动车发展，中国已连续 10 年成为世界机动车产销第一大国[1]。城市机动车和道路交通系统的快速发展为人类社会带来了巨大的便利[2]，但同时也带来了交通拥堵、空气污染、能源消耗及温室气体排放等影响社会可持续性发展的问题[3-5]。世界卫生组织（WHO）2015 年发布的报告指出，只有不到 8%的亚洲人口及大洋洲的人口能够呼吸到健康、干净的空气。自 2014 年起，我国陆续完成的多个大气污染防治重点城市的细颗粒物（Fine Particulate Matter，$PM_{2.5}$）源解析工作显示，机动车等移动污染源已成为我国大气污染的重要来源[1]，如北京、杭州、广州、深圳、上海 5 个重点城市的本地 $PM_{2.5}$ 首要污染来源均是机动车[6,7]。图 7-1 给出了北京市 2017 年及深圳市 2014 年的 $PM_{2.5}$ 本地源解析工作结果，移动污染源的排放贡献率分别高达 45%和 52%。

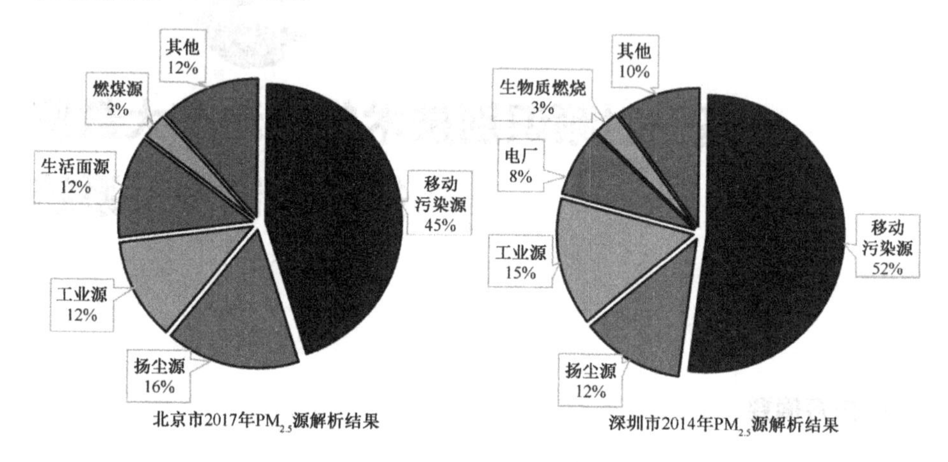

图 7-1　北京市及深圳市 $PM_{2.5}$ 源解析结果[6, 8]

在我国，空气质量问题位列第四大死亡风险因素。机动车尾气排放的众多一次污染物将直接影响城市道路边的空气质量，进而影响城市空气质量及居民身体健康，增大癌症发病概率等[9, 10]。2012 年，世界卫生组织（WHO）下属的国际癌症研究所（International Agency for Research on Cancer，IARC）把柴油车排放的致癌类别从 Group 2A（很可能致癌）提到 Group 1（确定致癌）。2013 年 10 月，IARC 确认室外空气污染即大气污染物是肺癌的 Group 1 类确定致癌物，机动车排放则是室外空气污染的首要来源之一[11]。

国际能源署（International Energy Agency，IEA）在 2016 年的报告中指出，全球将在未来经历石油供应短缺的重大危机，而机动车的快速发展是导致能源过度消耗的重要源头之一[1]。2015 年 12 月，巴黎气候变化大会依据《联合国气候变化框架公约》通过了《巴黎协定》，为应对气候变化问题提出减少全球温室气体排放的目标，至 2030 年全球温室气体排放降至 400 亿吨，尽快实现全球温室气体排放达到峰值，到 21 世纪下半叶实现全球温室气体零排放[13]。全球 18%的温室气体排放来自道路交通[14]，欧洲、美国、澳大利亚、中国、日本等国家和地区均把机动车列为温室气体（如 CO_2）的主要排放源之一[15~17]。

7.1.2　城市交通问题的管控与治理

为了在发展机动车和道路交通的同时保证环境友好，以发达国家为主的各大城市通过不同方式的交通控制措施达到缓解交通拥堵、减少污染物及温室气体排放、降低能源消耗的目的，为其他地方城市提供了先进的经验[18]。表 7-1 给出了部分国家和地区的道路交通管理和机动车排放控制的相关政策法规及管理措施。美国是最早认识到机动车发展所带来的社会问题并采取相应措施的国家，美国在 20 世纪提出的《清洁空气法》（*Clean Air Act*）中不断更新最严格的机动车尾气排放污染控制标准和惩罚措施[19]，包括机动车使用燃油的管理项目等。《清洁空气法》的实施和不断完善帮助美国有效控制了机动车和其他交通工具的污染物排放量，并进一步改善了美国的空气质量[20, 21]。

表 7-1　主要发达国家的交通管理办法

国　家	政策法规	保有量控制	道路管理
美国	《清洁空气法》	—	全国性交通运输信息网络； 严格的车辆检验； 区域交通流实时监测分析[22]
日本	《道路交通法》 《机动车辆安全标准》	加收石油液化气税、汽车购置税、汽车重量税等； 征收高额停车费	发达的公共交通网络体系； 改变城市空间结构； 智能交通系统[23]
德国	70/220/EEC[a]	征收高额税率； 征收高额停车费	“轨道—自行车—步行”一体化绿色交通系统； 机动车燃料动力系统改造； 智能交通系统[18]
新加坡	—	拥车证制度（COE）	区域通行证制度； 停车换乘制度[25]； 便捷的公共交通系统

注：[a]欧盟《关于协调各国采取有关措施以防止机动车排放污染物引起空气污染的法律》。

日本与我国大部分城市一样，拥有很高的人口密度和机动车保有量。为解决机动车问题，日本大力发展公共交通，目前已拥有极高的公共交通承担率。同时，日本发达的路网密度、合理的城市布局和路网架构、先进的意识教育和广泛的智能交通系统（Intelligent Transportation Systems，ITS），使道路交通的管理控制变得更加便捷、高效[22]。

德国是国际上实行绿色交通的领导者，德国各大城市均大力鼓励自行车、步行、共享车等绿色出行方式，并已逐渐取代了私家车。德国还采用 ITS 技术

建立了发达的车联网系统，实现了高效的城市交通管理，缓解并控制了城市交通问题[23, 24]。

新加坡实施了十分严格的车辆购买、使用限制政策，尤其对车辆活动水平相对较高的市区进行了严格的管控。新加坡出台了严格的行驶与停车等制度，并大力推行公共交通系统，使其市区平均车流速度明显高于纽约、伦敦、东京等发达城市的水平[18]。

ITS 是将先进的科学技术（信息技术、计算机技术、数据通信技术、传感器技术、电子控制技术、自动控制理论、运筹学、人工智能等）有效地综合应用于交通运输、服务控制和车辆制造，加强车辆、道路、使用者三者之间的联系，从而形成一种保障安全、提高效率、改善环境、节约能源的综合运输系统[26, 27]。城市交通管理的核心问题是如何高效、准确地获取交通流数据，表 7-2 展示的各类传统及新型 ITS 技术是目前国内外主要的交通流数据采集方式[28]。例如，传统的道路边固定探测器（如线圈感应器、地磁、微波雷达等）和道路交通视频检测被广泛地应用于道路交通流量的获取[29]，为美国、英国等多城市交通与路网清单研究提供了交通数据源[30-32]。例如，美国联邦公路局（Federal Highway Administration）使用庞大的视频监控系统，获取全国年均日交通流量（Annual Average Daily Traffic，AADT）数据[29]。同时，全球定位系统（Global Positioning System，GPS）也被广泛应用于道路交通状况的监测，如道路速度、车辆位置等，其中智能手机应用程序终端的应用最普遍[33, 34]。浮动车技术（Floating Cars）利用大范围装备了 GPS 设备的特定车队作为有效的道路移动探头（如私家车队、出租车队、公交车队、旅游大巴车队等），可以用来精确地反映实时道路通行速度、反馈拥堵水平，从而进一步支持道路行驶状况对交通流量影响的评估[35, 36]。

表 7-2　主要 ITS 数据采集技术及特征

项　　目	线圈感应器、地磁等	视频检测	浮动车	智能终端（如手机）	车牌匹配	RFID	OBD
可采集数据	速度	交通流 道路图像	位置 速度等	位置 速度等	交通流	位置 交通流等	速度 油耗
数据分辨率	瞬时 单车	逐时 单车	逐秒 路段路网	逐秒 路段路网	逐时 路段	逐时 单车	逐秒
精确度	较低	高	较高	较高	较高	高	高
应用范围	大多数城市	大多数城市	北京市、上海市等	全国	大多数城市	南京市、重庆市、厦门市等	全国

7.1.3　发展基于大数据的先进技术和车联网的必要性

随着各国对交通管理需求的增加，以及对交通污染控制的日益重视，基于大数据的先进技术和车联网已被广泛应用于世界范围内的各大城市。城市在过去的 10 年内高速发展，已广泛应用于众多大城市的交通大数据分析和城市基础设施、交通监控管理系统、车联网系统、实时交通信息服务系统等的建设[37-40]。基于 ITS 获取的交通大数据具有体量巨大、分辨率高、价值丰富、可视化强等特点[41]。例如，RFID 作为一种新型的车辆与设备联通（Vehicle-to-Infrastructure，VTI）的 ITS 技术，在城市道路交通流监控与数据采集方面展现了巨大潜力[41, 43]。RFID 技术在道路交通流的监测精度方面远高于传统视频拍摄或其他探测器设备，其不仅能提供传统道路探测器可监测的道路车队总流量，还可以实现对车队技术构成比例的实时监控及真实反映[44]。这种 VTI 关联性使得 RFID 技术可以为智能城市中的道路交通信号管控、道路收费措施（如高速路不停车收费、停车场电子计费等）等智能交通管理措施提供支持辅助[40, 45, 46]。Paul 等使用 300 个 RFID 监控点位及 140 万辆配备电子卡牌的车辆在曼哈顿成功改善了交通监控体系，并建立了高效的交通管理系统，使城市的道路交通（拥堵）状况缓解了 30%[42]。

除此之外，各项 ITS 技术均有其优点，可以提供不同时空精度的特定交通流数据。例如，我国应用射频识别技术建立的高速公路不停车收费（ETC）系统[40]；高德公司通过 GPS 技术，利用其智能手机应用终端大量用户导航数据统计分析后发布的道路交通报告，以道路拥堵指数的形式评估了各城市交通状况的时空特征[47]；小熊油耗公司应用其智能手机私家车油耗记录应用终端的用户数据，对全国及各省市整体及特定车型的行驶特征及油耗进行了统计分析[48]。上述应用均为决策者进行交通管控提供了科学、可信的数据支持。伦敦及英国国家大气污染排放清单（London Atmospheric Emissions Inventory & UK National Atmospheric Emissions Inventory）作为世界最早、方法学最领先的排放清单之一，应用了多源 ITS 技术手段结合的方式建立了道路交通和路网排放清单模块。其核心技术是英国高精度车牌自识别系统（Automatic Number Plate Recognition，ANPR），在此基础上辅以视频观测、浮动车等技术获取完整的交通流数据（如交通流量、道路速度、车队技术构成等），进而通过人工智能、模型模拟等复杂方式对交通流数据进行统计分析[49, 50]。

基于多源 ITS 技术的机动车大数据排放控制决策系统的必要性主要体现在 3 个方面。首先，城市的可持续发展依然是全球各大城市地区面临的重要挑战，而机动车使用强度极高的城市热点区域、交通密集区域是解决该问题的核心，机动车大数据排放控制决策系统能够提供特定区域内（如城市热点区域、高排放区域、高人口密度区域等）的针对性研究分析[51,52]；其次，机动车大数据排放控制决策系统可以有效协助城市土地利用和交通运输规划政策的制定，并评估其效果，相较于基于车队保有量和燃料消耗的宏观统计数据的传统清单方法，高分辨率排放清单的数据结构更能代表实际道路的车辆使用情况[53,54]；再次，政府部门对高效、实时的交通管理体系及应用平台的需求日益显著，许多地方政府正在搭建本地交通管理系统。例如，英国伦敦的拥堵费和低排放区项目[50, 52]，中国北京的机动车摇号购买和限号行驶政策[55, 56]，等等。机动车大数据排放控制决策系统可以为这些管理系统实时、高效地提供准确的数据基础及重要的科学支持，以达到最佳的环境效益和社会效益。

7.2 物联感知——基于射频识别技术的交通流数据

射频识别（RFID）技术作为物联网体系中的核心技术之一，自 2000 年年初开始被广泛报道，已经有了 20 年的广泛应用与发展历史。目前，13.56MHz 以下的低频识别技术应用已经相对成熟，中高频段特别是 860～960MHz（UHF 频段）的远距离射频识别技术的发展是研发的重点，也是业界最为关注的范围。本节将从射频识别技术的定义、系统组成、工作原理、技术特点等方面进行简要介绍，同时介绍基于 RFID 技术获取的城市道路交通大数据。

7.2.1 射频识别技术的定义及特点

射频识别技术，是一种利用无线射频通信技术实现对目标物体进行非接触式自动识别的技术[57]，简称 RFID 技术。该技术利用射频信号自动识别带有电子标签的目标，并读取相关信息数据，实现对目标物品的自动识别、信息存储及定位追踪。

RFID 技术最早的起源可追溯至第二次世界大战期间的敌我识别，20 世纪末麻省理工学院的 Auto-ID 研究中心开始对 RFID 技术进行广泛、针对性的研发。正是在 RFID 技术的研究过程中，Auto-ID 中心的 Ashton 教授提出了“物联网”的概念：通过 RFID、条形码等信息传感设备，把所有物品转化为特定的信号标识并与互联网连接，实现智能化物品识别和信息管理。这也使得 RFID 技术成为诸多智能物联网系统中的关键技术之一[58]。

RFID 技术的优点是识别距离远、读写可鉴别、信息容量大、智能化程度高、成本效益较好等。RFID 技术中应用的电子标签体积小、容量大、寿命长，并且可以重复使用，支持快速读写、远距离识别、非可视识别、移动识别、多目标识别、定位追踪及长期跟踪管理[57]。因此，RFID 技术被广泛应用于智能交通车辆识别与城市交通管理，以及食品安全溯源、放射源跟踪定位等工作中[59]。

RFID 标签相对于接触式 IC 卡、条形码等标签，最明显的优势在于 RFID 标签能够进行中远距离非接触式识别，可以穿透纸张、木材和塑料等非金属或不透明的物质与读写器进行穿透性通信，适应各种工作条件。RFID 标签能够存储大量信息，信息容量可达 2^{96} 个码，并可以重复增改、删除，极大地提升了运行效率。此外，RFID 技术还可以识别多个高速运动的对象。RFID 技术的八大特点总结如下。

（1）最大的特点是非接触式数据读写。

（2）快速、高效扫描识别。

（3）广泛的使用范围和应用条件。

（4）数据存储记忆量大。

（5）安全保密性强。

（6）电子标签可重复使用。

（7）射频穿透性强，读取效果好。

（8）能够对目标定位追踪。

7.2.2　射频识别技术的系统组成

射频识别是指通过射频信号（具有远距离传输能力的高频电磁波）自动识别目标对象、读取目标信息并存储相关数据。基本的 RFID 系统硬件部分应包括射频电子标签（Tag）、读写器天线（Antenna）、读写器（Reader）和上机位的计算机或数据中心（Computer/Data Center）几部分[60]。如图 7-2 所示为 RFID 技术基本硬件系统组成示意。

RFID 标签是封闭的信息载体，一般耦合多部分元件（如天线和芯片）组成，并镶嵌于磁卡中。每个电子标签都具有唯一性，即对应唯一的电子编码，附于目标单位之上。RFID 标签可以被读写器以射频识别的方式读取其中存储的信息或电子编码，达到识别物体、记录数据的目的。

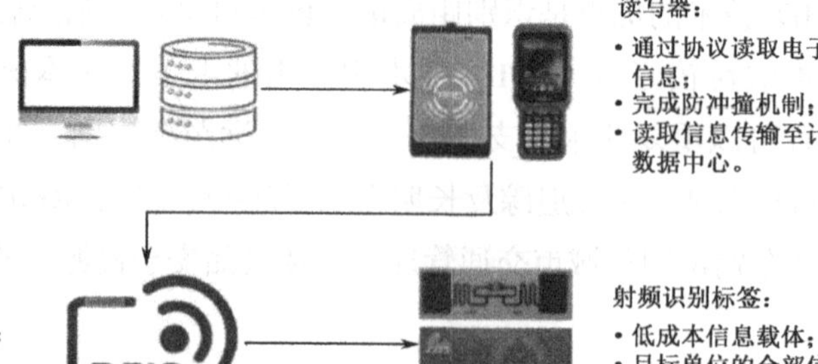

图 7-2　RFID 技术基本硬件系统组成示意[61]

RFID 读写器是具有读/写电子标签功能的固定式或移动式（手持式）设备，可以感知附有电子标签的物体信息。一般来说，读写器配有能发射一定频率的无线电射频信号的天线，以及响应单元与存储器，具有编码与解码功能。读写器根据使用的结构和技术不同，可以分为读装置或读/写装置，是射频识别系统的信息控制和处理中心[62]。

天线是 RFID 标签和读写器之间建立无线通信连接，实现射频信号空间传递的设备。天线可以和读写器连接，也可以和电子标签连接，传播信号。在一般情况下，天线会与读写器整合在一起，有内置和外置两种情况。

计算机或数据中心是终端的数据存储、统计与分析部分，一般作为 RFID 系统软件部分与硬件部分的连接桥梁，负责 RFID 系统和应用系统之间的数据传递。RFID 计算机或数据中心可以对指定的一个或多个 RFID 读写器发起操作命令，完成数据读取和写入、数据过滤、数据分发和聚集、数据安全处理及后续任务等。

7.2.3　射频识别技术的工作原理

区别于光信号（条形码识别）和电子信息（图像识别），射频识别技术使用专用的射频识别读写器及唯一对应的电子标签，利用射频信号识别目标单位，具有很高的工作效率及识别准确率（见图 7-3）。射频识别技术的工作原理并不复杂，根据标签种类不同有所区别，主要有两种形式。

（1）无源电子标签：标签不具有发送信号功能，在进入磁场后，电子标签将接收读写器发出的射频信号，凭借感应电流所获得的能量发送存储在芯片中的数据信息至读写器。

（2）有源电子标签：标签能够主动发送某一频率的信号，读写器获取信号

并解码后，能够读取电子标签中存储的目标单位信息[62]。

其中，有源电子标签利用自身带有电池供电，成本稍高，传输距离较远，多用于移动物体的识别；无源电子标签读写距离较近，但是可以做到免维护，且成本低、寿命长。

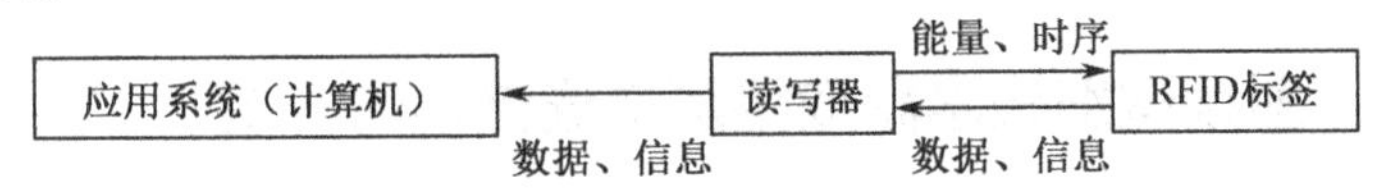

图 7-3　RFID 技术工作原理概括[61]

读写器读取成功后会将目标信息发送至数据中心进行存储及后续处理。读写器和电子标签之间一般采用半双工通信方式进行信息交换；同时，读写器通过耦合给无源电子标签提供能量和时序。在实际应用中，读写器会进一步通过有线网络或无线网络等实现对物体识别信息的采集、处理及远程传送等管理功能[62]。

根据 RFID 标签（RFID Tag）工作时射频频率的不同，RFID Tag 可以分为低频（LF）、高频（HF）、超高频（UHF）、微波频段电子标签[57]。不同工作频段 RFID 标签对应的频率范围及工作特性如表 7-3 所示。低频段电子标签主要应用于动物识别、容器识别等；频率越高，传输效率越高，高频段电子标签主要应用于移动体（如车辆、物流）识别、电子车票、电子身份证等。

表 7-3　不同工作频段 RFID 标签对应的频率范围及工作特性[58-62]

频　段	低　频	高　频	超 高 频	微　波
频率范围	30～300kHz	3～30MHz	400～1000MHz	2.45GHz
读写距离	小于 1m	1～3m	3～9m	3～15m（USA）
典型频率	125kHz 133kHz	13.56MHz	433.92MHz 862～928MHz	2.45GHz 5.8GHz
主要工艺	CMOS	电感耦合	电磁发射	电磁发射
优点	穿透力极强、 成本低	可以穿透金属和液体	数据存储量大、 读写快、距离远	数据存储量最大、 传输最快最远
缺点	数据存储量小、 传输速度慢	传输速度中等、 成本较高	穿透力较弱	穿透力最弱
现有标准	ISO 11784/85、 ISO 14223	ISO/IEC 18000-3.1、 ISO 14443、ISO 15693	EPC C0、EPC C1、 EPC C2、EPC G2	ISO/IEC 18000-4
典型应用	进出管理、 固定设备	图书馆、 产品跟踪运输	货架、卡车、 拖车跟踪	收费站、 集装箱

目前，国际上以低频电子标签和高频电子标签产品为主，超高频电子标签和微波电子标签目前仅在美国和欧洲部分国家得到了应用。我国 RFID 高频芯片的设计技术已实现产业化生产，超高频段芯片技术开发进展迅速，有望快速实现产业化。

7.2.4 射频识别技术获取路网交通流信息方法

RFID 技术通过读取配置于道路通过车辆中的电子标签获取道路车辆信息，并进一步匹配车辆信息数据库来获取实时、动态的路网交通流信息。区别于如图 7-4 所示的传统道路交通流观测方法，RFID 技术道路交通监控数据可以做到实时、高效、大范围、大数据量的信息获取，同时节省大量的人力成本。通过读取电子标签的唯一编码，并与数据中心登记的车辆信息进行唯一匹配，还能进一步迅速获取含有车辆详细技术信息（如车辆类型、燃料类型、排放标准、注册年份/车龄、车重/排量/车长等信息）的道路车流量数据及道路速度数据。RFID 技术在道路交通流信息获取中的这项功能，是其他技术无法轻易做到的，也是高分辨率路网排放清单构建中最关键的部分[63]。

图 7-4　传统道路交通流观测方法

1. RFID 技术获取交通流量

以江苏省南京市为例，南京市于 2010 年开始引入 ITS 技术，截至 2016 年共建成 RFID/视频监控双基基站 565 个，中心城区的 RFID 监测站点布置与数据

采集原理如图 7-5 所示，道路监控（RFID 读写器）读取整理的交通流数据信息如表 7-4 所示。

图 7-5　南京市中心城区双基基站点位分布及数据采集原理示意

表 7-4　道路监控读取整理的交通流数据信息

字　段	含　义	示例/备注
TAGRECORD_ID	数据编号	00***1
POINT_NO	监控点编号	6013
LINE_NO	道路号	5
VEH_COLOR	车牌颜色	苏 A7**1Y
VEH_PLATE	车牌号	3
BEGIN_TIME	记录开始时间	41519.37332
END_TIME	记录结束时间	41519.37336
INTERVAL_TIME	间隔时间	3
READNUM	—	—
TAG_ID	电子卡 ID	E2801105***0157000000
TAG_EPC	EPC 号	3158499***C06B538DE
CARD_TYPE	卡类别	2
VEH_TYPE	车辆类型	103
VEH_BODYCOLOR	车体颜色	G0
ENV_LEVEL	环保等级	104
ENV_CHECKTIME	环保年限	47484

读写器将如表 7-4 所记录的所有数据传输至数据中心，应用系统中的数据库软件通过电子标签的唯一编码（TAG_ID）将过车信息与数据库中的车辆电子标签登记的信息数据匹配（见表 7-5）。RFID 技术在道路交通流监控中最重要的功能就是提供道路车流量的车队技术构成，而传统的道路清单数据对车型的分辨率最多只能到车辆类型层面的交通流量，使用宏观数据分摊车队的技术构成，会在一定程度上影响清单结果的准确性。因此，在实际路网清单构建的工作中，可以根据车辆登记信息和 RFID 过车数据的唯一匹配获取精确到车队技术的交通流量，再根据基站点位、监控日期、监控时段进行归类统计，获取各监控站点分车辆类型、技术类型的逐时流量数据格式，如表 7-6 所示。

表 7-5　南京市车辆 RFID 环保卡片登记信息

字　段	含　义	案例/备注[a]
CARD_SN	电子卡序列号	1160273
CARDTAGNUMBER	电子标签号	315******0DE
CARDTIDNUMBER	电子卡 ID 号	E280******000
VEHICLE_TAG_NO	车牌号	苏 A7***Y
VEHICLE_TAG_COLOR	车牌颜色	3
UNDERCARRIAGE_NO	底盘编号	LBE******951
VEHICLE_TAG_TYPE	车牌类型	2
VEHICLE_NAME	车辆品牌	北京现代牌
VEHICLE_TYPE	车辆类型	103
VEHICLE_MODEL	车辆型号	BH7167AY[b]
REGISTER_DATE	注册日期	2010/11/1（车龄 3 年）
STANDARD	环保标准	4
OIL_TYPE	燃料类型	汽油
CARD_STATUS	电子卡状态	Y
SYNC_TAG	—	N
UPDATE_DATE	更新日期	2013/11/26 18:06

注：[a]案例中部分信息涉及个人隐私，以*加密；[b]车辆型号字段提供不同车型车长、车重或排量，按照国家标准 GB 9417—1988《汽车产品型号编制规则》进行记录，可从中提取车辆主参数，包括微型、小型客车及出租车的排量（单位：L），中型、大型客车及公交车的车长（单位：m），货车的车重（单位：t）。

表 7-6　分车辆类型的道路逐时流量数据格式案例

数据字段	数据案例
监控基站/观测点编号	6027
道路名称	龙蟠中路
道路编号	628
道路类型	主干路
车道数	3
所在区域	玄武区
监控日期	2013/8/1
时段	10
车辆类型	小型客车
车流量	989

需要注意的是，RFID 技术道路监控数据能够提供实时、准确的流量数据，但存在局限性：①2013 年南京市车辆 RFID 环保卡片安装率并未达到 100%，且登记车辆仅限于本地车辆，因此需要对未监测到的车流量进行补充；②除了布置基站的干路、快速路，仍有部分未布置基站监控点的主干路、快速路没有数据结果；③由于点位分布问题，RFID 技术道路监控数据统计结果大多来自城区道路，因此缺乏近城区和外围郊区的道路数据，且缺乏支路网数据。上述 RFID 技术道路监控数据局限性的存在会影响路网交通流的完整性和准确性，进而影响后续清单计算模块的构筑精度。

在实际应用中，通常仍需要辅助其他类型的交通流数据，对 RFID 技术的统计结果进行修正，这将会在下文的实际案例中进一步说明。但是，RFID 技术的应用确实大大提高了交通流数据获取的效率、精度、分辨率，同时极大减少了人力成本。

2. RFID 技术获取道路通行速度

在交通数据获取方面，除道路交通流外，基于 RFID 技术还可以获取道路平均通行速度。车队的道路通行速度可以反映道路交通运行状况，如拥堵、畅通等，车队在不同交通状况下的实际排放存在差异，因此车队的道路通行速度在清单计算模块中是重要的道路工况修正参数。RFID 技术获取道路通行速度原理如下。

（1）如图 7-6 所示，选取同一道路同侧的 RFID 监控点位对，监控点要求在道路同侧，距离在 1～2km 内，中间没有或仅有较少的路口与分支路线。

（2）选好点位后收集每个监控点位对的单车过车信息，每个时段内过车车辆与过车时间进行匹配。

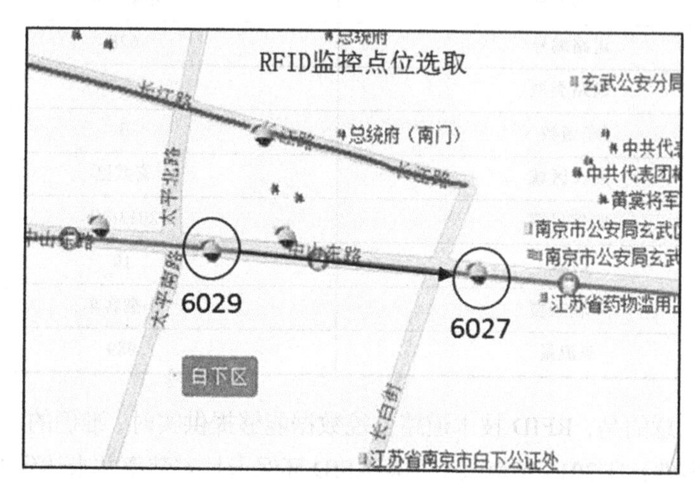

图 7-6　通行速度计算模型监控点位对选取示意

（3）通过监控点位经纬度坐标计算点位之间的行驶距离。

（4）利用单车在同一时段内、同一次行程中单次顺序通过两个监控点位对的时刻，计算行程时间。

（5）根据单车行驶距离和行程时间计算单车通行速度。

（6）由各时段各单车通行速度的平均值代表该时段该道路的通行速度，计算公式为

$$V_t=\sum_{i=1}^{n}\frac{S_{ab}}{T_{ib}-T_{ia}}\bigg/n \tag{7-1}$$

式中，V_t是第 t 小时（$0\leqslant t\leqslant 23$）的道路平均通行速度，单位为 km/h；S_{ab}是监控点位对 a 和 b 间道路长度（车流方向为 $a\rightarrow b$），单位为 km；T_{ia}和 T_{ib}分别为车 i 通过监控点位 a 和 b 的时刻，单位为 h。

在实际应用中，受读写器布点位置及成本控制，RFID 技术仅能提供监控路段的平均通行速度，因此浮动车技术（GPS 数据）仍是主要的大范围路网速度获取技术。两种方法相比，浮动车技术的计算方法有大量的数据基础，一般可以覆盖城市 80%以上的道路网，数据的质量控制和结果的普遍性更好。例如，由于浮动车数据的记录频率短（1～30s），可以很容易地辨别车辆是否连贯行

驶，从而剔除可能对计算结果产生干扰的停驶数据，并且可以基于极大的样本量计算路段的小时平均速度。但是，浮动车技术获取的速度均为瞬时速度，难以反映实际的道路通行速度。RFID 技术虽然局限性较大，但 RFID 技术计算得到的道路通行速度为车队路段平均通行速度，更真实地反映了车辆通行该路段的速度，因此可以作为重要的数据输入或浮动车数据统计结果的参考校验。

7.3　RFID 交通流数据支持环境监管

RFID 获取的交通流数据在分辨率、准确度及数据量上都远远优于通过其他传统方式（如交通流观测、视频匹配等）获取的交通流数据。在传统模式下，机动车模拟监管很难把握实际道路交通的真实情况，而 RFID 技术的引入为机动车监管提供了高分辨率、高精度的大数据基础。这为搭建实时、动态的城市路网高分辨率排放清单，精准地解析城市道路交通与排放特征，以及城市道路交通的减排管理提供了有力的科学依据。本节将从 RFID 交通流信息获取，到路网排放清单的构建，详细解说 RFID 技术在城市交通管理中的重要作用。

7.3.1　路网高分辨率排放清单及构建方法

排放清单是指某一特定地理区域在某一特定时间内，各类别的污染源排放到大气中的一种或多种污染物的列表，清单的分辨率主要体现在时间和空间两个尺度上。路网高分辨率排放清单能够反映道路机动车在精细路段和较短时段内的排放情况，为城市空气质量管理、道路交通管控和污染防治措施制定提供了科学依据[64]。

城市路网高分辨率排放清单是通过耦合交通流模块及本地排放因子模型建立的，排放模型提供了道路交通某类别车型技术下的排放因子。

（1）基于路段的 CO_2 逐时排放量计算方法为

$$E_{h,l,V}=\sum_{y}10^{-3}\cdot \mathrm{TV}_{h,l,V,y}\cdot \mathrm{EF}_{h,l,s,V,y}\cdot L_l\cdot C_s(s_{h,l,V})\cdot C_{\mathrm{others}} \tag{7-2}$$

式中，$E_{h,l,V}$ 是车辆类型 V 的车队在 h 小时、l 路段上的 CO_2 排放量，单位为 kg/h；$\mathrm{TV}_{h,l,V,y}$ 是注册年份为 y、车辆类型 V 的车队在 h 小时、l 路段上的车流量，单位为辆/h；$\mathrm{EF}_{h,l,s,V,y}$ 是注册年份为 y、车辆类型 V 的车队在 h 小时、l 路段上，道路速度为 $s_{h,l,V}$ 的 CO_2 排放因子，单位 g/(km · veh)；L_l 是 l 路段的道路长度，单位为 km；C_s 是小时路段平均速度为 $s_{h,l,V}$ 时的速度修正系数；C_{others} 代表其他实际道路的修正系数，包括车辆规格、空调使用、负载率、季节气候等。

（2）基于路段的空气污染物逐时排放量计算为

$$E_{P,h,l,V}=\sum_{f}\sum_{\text{ES}}(\text{TV}_{h,l,V,f,\text{ES}}\cdot \text{EF}_{P,s,V,f,\text{ES}}\cdot L_l\cdot C_{s-P}(s_{h,l,V})\cdot C_{\text{others}}\cdot 10^3) \quad (7\text{-}3)$$

式中，$E_{P,h,l,V}$是车辆类型 V 的车队在 h 小时、l 路段上的污染物 P 的排放量，单位为kg/h；$\text{TV}_{h,l,V,f,\text{ES}}$是燃料$f$、排放标准为ES的车辆类型$V$的车队，在$h$小时、$l$路段上的车流量，单位为辆/h；$\text{EF}_{P,l,V,f,\text{ES}}$是燃料$f$、排放标准为ES的车辆类型$V$的车队，在$h$小时、$l$路段上，道路速度为$s_{h,l,V}$的污染物$P$的排放因子，单位为g/(km・veh)；$L_l$是$l$路段的道路长度，单位为km；$C_{s-P}$是小时路段平均速度为 $s_{h,l,V}$时，车队 V 的污染物 P 的速度修正系数；C_{others}代表其他修正系数，包括车辆规格、空调使用、负载率、季节气候等。

7.3.2 RFID 交通流数据模块的构建

前文提到，在基于 RFID 技术的实际道路交通流数据获取中，除用到 RFID 技术外，还需要其他方式的数据源或模型工具用于修正、补充 RFID 技术所获取的交通流数据。

1. RFID 监控站点匹配视频监控数据

RFID 监控站点普遍会匹配视频监控，共同组成双基监控基站。视频监控可以记录与 RFID 监控时间、地点相同的交通流数据。因为视频监控和 RFID 监控是相互匹配的，因此每个具有 RFID 技术道路监控数据的路段均可获得相应的视频监控数据。视频监控可以识别获取相应的车辆类型，能够获得相应路段的各车辆类型总流量，用于对相应路段的遗漏流量进行补充（如外地车辆、未登记车辆等产生的道路流量）。其结果可以用于其他年份的交通流模型计算中，以省去视频数据统计步骤，各车型道路总流量平均修正系数如表 7-7 所示。

表 7-7　各车型道路总流量平均修正系数

车辆类型	干　路	快 速 路
微/小型客车	1.25±0.11	1.47±0.29
中型客车	1.13±0.06	1.08±0.02
大型客车	1.15±0.11	1.29±0.06
微/轻型货车	1.12±0.07	1.13±0.08
中型货车	1.05±0.03	1.10±0.05

续表

车辆类型	干　路	快 速 路
重型货车	1.05±0.03	1.25±0.10
公交车	1.00[a]	
出租车	1.00[a]	

注：[a] 公共车辆一般均安装了 RFID 环保卡片，不需要进一步修正。

2. TransCAD 交通流模型

TransCAD 是一款国际主流的交通流模型软件，其工作原理是根据交通小区的起点—终点（OD）矩阵，运用正推（OD 矩阵已知，总流量已知）或反推（部分流量已知，OD 矩阵未知）方法进行交通流量模拟，将交通流量按照拓扑学及需求量等规则分配至全路网道路[65]。

研究使用 TransCAD 6.0 软件提供的交通流模型进行全市干路网及快速路网道路交通流量模拟。以双基基站监控道路和交通观测道路的逐时交通总流量作为输入，使用 OD 矩阵反推方法，依据路网拓扑结构模拟生成全路网的干路及快速路道路流量[66-68]。由于支路网过于密集且道路连通性较差，会影响模拟效率及结果准确性，因此在一般情况下不用 TransCAD 软件模拟细支路网，而以交通流量观测数据作为补充。图 7-7 展示了某案例中原始道路输入流量（x）和通过 TransCAD 6.0 软件模拟后的道路流量（y）的对比关系，结果显示模拟值与输入值平均相差-1.7%，两者的线性关系为 y=0.961x，且线性相关系数达到 0.979，模拟结果具有较高的准确度。

3. 交通流量补充观测数据

监测基站分布问题导致外围和支路流量数据不足，因此需要使用交通流量观测数据来补充。交通流量观测数据有两种获得途径：一是交通运输部规划院提供的非核心城区的道路观测站点统计数据，二是城区支路的视频拍摄观测数据。交通运输部规划院的观测站点主要布于中部近城区和外围郊区，可以获取城区外道路交通流量和车型分布数据，并作为交通流模型模拟路网流量的检验与校准。以江苏省南京市为例，观测站点共 474 个，多位于南京市近城区及郊区高速公路出入口、收费站等地。观测站点的视频统计数据提供各年度道路日均、时均流量，以及道路分车辆类型的日均、时均流量等数据，为交通流模型提供了核心城区外的道路流量数据，同时也可以用于道路实际流量与统计、模

拟数据的验证，节省人工拍摄的成本，数据样本如表 7-8 所示。

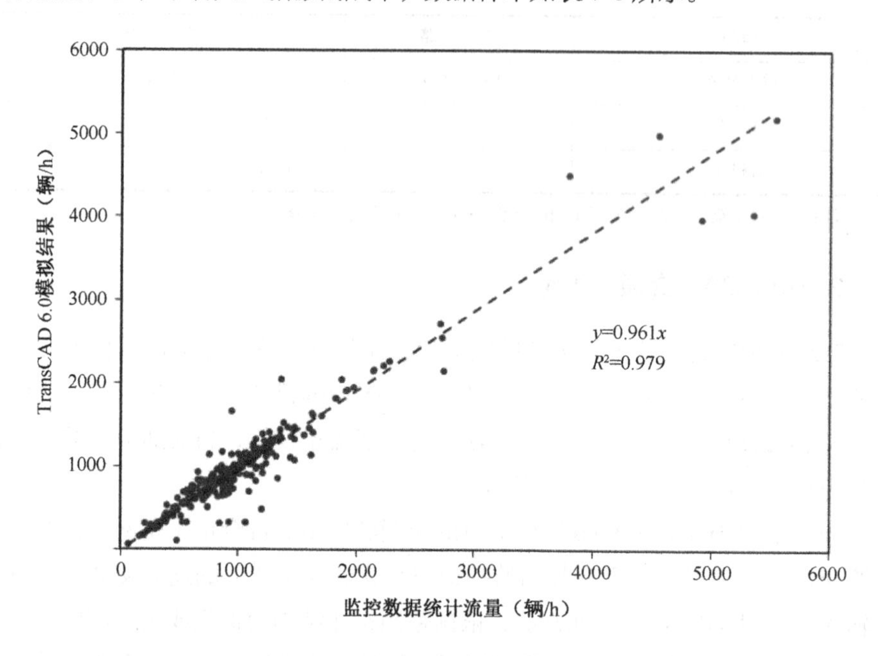

图 7-7　TransCAD 模拟结果与实际监控数据统计流量对比

表 7-8　外围观测站点数据样本

数据字段	数据样例
年份	2013
月份	08
观测时间	12
观测站点名称	南京 S123 孔镇
观测里程	49.53
中、小型客车流量	375
大型客车流量	28
小型货车流量	84
中型货车流量	70
大型货车流量	32
时均总流量	589

城区道路流量由传统交通流观测方法即人工视频拍摄获得。观测站点平均选取在核心城区的 4 个区划中，共 15 个，观测道路共 30 条（点位为路口，可

同时记录两条道路的数据）。该方法是传统路网清单中道路交通数据的主要数据源，可以获取道路交通总流量和车辆类型构成（如小型客车、重型货车、公交车等），而无法获取更加详细的车辆技术构成，因此在本研究中仅用于道路总流量的补充、校准与验证。

依据外围观测数据及人工视频拍摄数据对应的支路逐时总流量，以及所在区域和路网拓扑结构，能够建立各区域支路/主干路逐时流量占比系数数据库。该数据应用于对没有监控数据的支路的流量计算，支路/主干路逐时流量占比示意如图 7-8 所示。

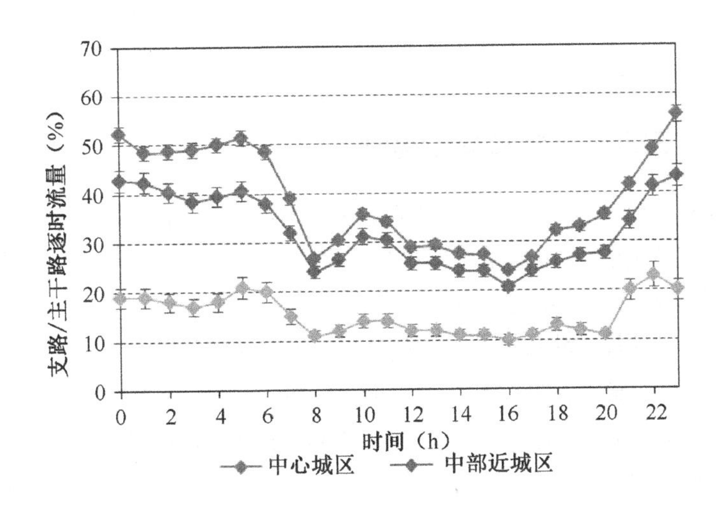

图 7-8　支路/主干路逐时流量占比示意

4. 浮动车 GPS 数据

浮动车 GPS 数据为研究提供了机动车路网行驶速度信息。浮动车 GPS 数据一般为本地出租车及公交车的 GPS 信息，目前有部分城市拥有手机地图、导航软件等取得的车辆导航、定位数据库，同样能够提供 GPS 数据。单车数据反馈频率为 1～60s，包括车辆位置、行驶方向、瞬时速度信息。

浮动车系统采集 GPS 数据样例如表 7-9 所示，根据 GPS 记录的车辆经纬度信息，可以通过 GIS 将数据点定位于南京城市道路上，最终根据各道路同一天中同一时段所有浮动车记录的速度信息，计算各道路该日逐时平均车队行驶速度。

表 7-9 浮动车系统 GPS 数据样例

数据字段	数据样例
车辆牌号	苏 A5**0
日期	13/08/06
时间	11:42:31
经度（E）	118.733395
纬度（N）	31.986556
海拔（m）	60
速度（km/h）	16.6
行驶方向角（度）	130

7.3.3 EMBEV 排放模型简介

EMBEV 排放模型为排放清单提供机动车油耗、污染物和 CO_2 的排放因子，是建立道路排放清单的重要模块[69]。在污染物排放模型中，机动车在行驶过程中的排放因子的计算公式为[70]

$$EF_V = BEF_V \times C_{speed} \times C_{fuelquality} \times C_{weight} \times C_{load} \times C_{others} \qquad (7\text{-}4)$$

式中，BEF_V 是在某一典型工况典型环境条件下车型 V 的基础排放因子（Basic Emission Factor，BEF）；C 是一系列排放因子的本地化修正系数，主要包括地区环境、行驶特征、区域政策等的修正，如行驶速度（C_{speed}）、油品质量（$C_{fuelquality}$）、车重（C_{weight}）、负载（C_{load}）和其他修正系数（C_{others}）等。

清华大学与北京生态环境局合作开发的基于北京市实际道路工况的排放因子模型——北京市机动车排放因子模型（Emission Model of Beijing Vehicle Fleet V2.0，EMBEV V2.0），是基于我国机动车排放测试数据的中国本地化机动车排放因子模型。模型遵循国外先进排放因子模型的构建原理，并拥有千余辆我国城市的实际道路 PEMS 及实验室测试研究结果的数据基础，是符合我国城市机动车发展与政策法规的排放因子模型。同时，模型预留了城市本地化接口，设定了开放式参数，便于国内城市本地化排放模型的开发，已被应用于我国《城市道路机动车排放清单编制技术指南（试行）》的编制[71]。

排放因子模型软件是基于排放因子模型开发的工具，可以通过输入城市车队及车型构成信息、运行条件、气候条件等，输出所模拟的车型或车队排放因子的结果，供相关研究人员使用，同时使研究成果更直观、更形象地展现。EMBEV 排放模型软件的图形用户界面及操作流程示意如图 7-9 所示。

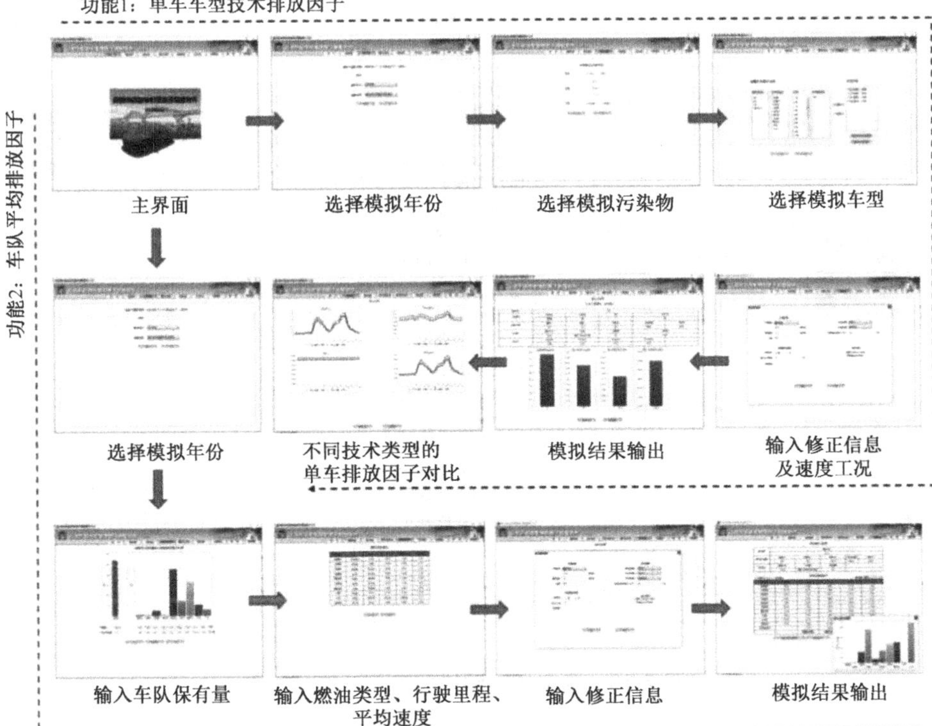

图 7-9　EMBEV 排放模型软件的图形用户界面及操作流程示意

7.4　基于 RFID 技术的机动车高时空分辨率排放解析

本节将以南京市为例，展示以 RFID 技术为主的多源 ITS 交通流大数据模块和本地排放模型的耦合结果，包括南京市交通流特征、排放因子特征及道路交通排放特征。

7.4.1　南京市高分辨率机动车排放清单计算方法学

南京市路网排放清单计算方法学如图 7-10 所示。南京市路网排放清单基于数据库软件 Access 建立了数据架构，由于 RFID 技术获取的交通流数据具有很高的时空分辨率，因此排放清单也具有很高的时空分辨率：空间分辨率精确到路段，时间分辨率精确到小时。计算结果包括分车型的 CO、THC、NO_x、$PM_{2.5}$、BC 共 5 种污染物及 CO_2 的排放量和道路排放强度，以及燃料（汽油、柴油、天然气）消耗。

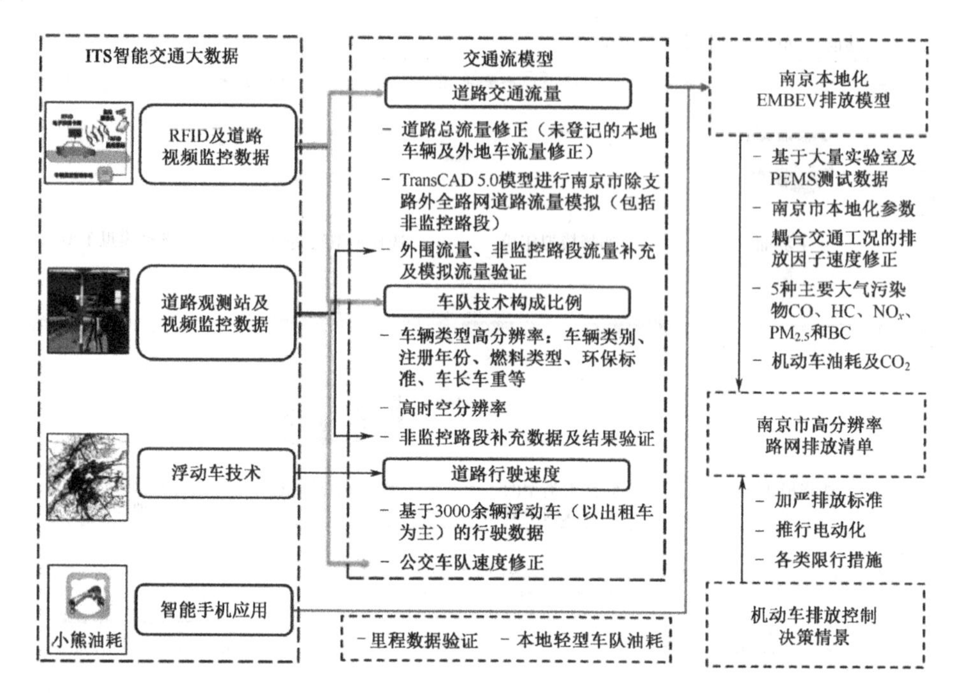

图 7-10 南京市路网排放清单计算方法学

7.4.2 南京市道路交通流特征

道路交通总流量、车队技术构成比例、道路通行速度是城市道路交通流模型的 3 个基本要素。基于南京市车辆保有量和登记情况，以及 RFID、视频监控、道路观测、浮动车技术等南京市 ITS 所获取交通大数据，进行协同处理和统计分析，得到南京市道路交通流量、车队技术构成比例、道路通行速度。交通流数据获取技术及其使用情况如表 7-10 所示。

表 7-10 交通流数据获取技术及其使用情况

交通流数据获取技术	数据量	道路逐时总流量	保有量及实际道路车队技术构成	路网及车型逐时速度	实际油耗
RFID	24 亿条/年	√	√	√	
视频监测	25 亿条/年	√			
交通观测	3 万条/年	√			
浮动车	1.5 亿条/月			√	

2013 年 8 月共 31 天，其中包含 22 个工作日、9 个双休日/节假日的数据。

在不同的时间尺度上对交通流量的变化特征进行分析。如图 7-11 所示为不同季度 200 条监控道路时均交通流量的箱式统计图，第一季度受春节等长假影响，交通流量相对较小，但各季度总体上的差异性较小；以第三季度平均流量为基准，第一、二、四季度的相对流量系数分别为 0.890、1.029、0.991。在清单计算中，以 2013 年 8 月的交通流量作为基础数据进行计算分析，并据此系数进行年度数据核算。

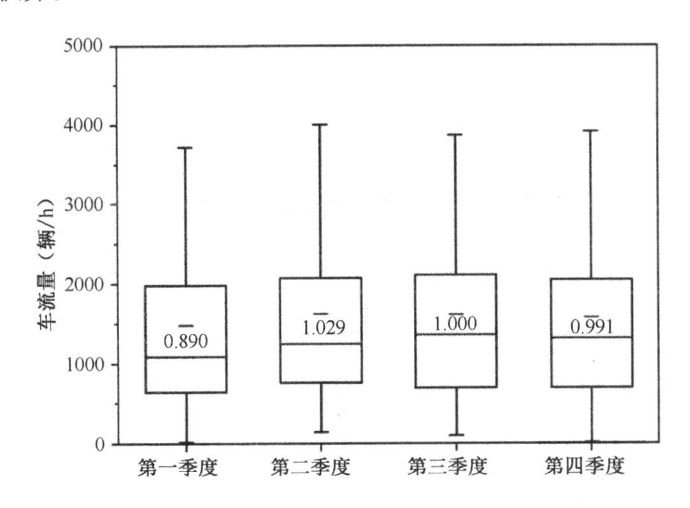

注：箱式图从上到下 6 条横线分别为 90 分位数、上 4 分位数、平均值、中位数、下 4 分位数和 10 分位数。

图 7-11　不同季度 200 条监控道路时均交通流量的箱式统计图

一周的时均相对流量变化统计分析如图 7-12 所示，图中展示了每日时均流量（辆/h）的相对系数（以一周的平均时均流量为基准值 1）的变化情况。结果显示，主干路的 5 个工作日（周一至周五）之间和两个休息日（周六和周日）之间的每日时均流量无明显差异；而快速路会在周一早 7 时和周五晚 18 时出现进、出南京市的高峰时段，其余特征和主干路相似。因此，研究以工作日和休息日作为两种类型的典型日进行交通流和排放的特征分析。

图 7-13 展示了 2013 年 8 月南京市主干路和快速路在典型工作日、休息日的时均车流量和统计数据的 95%置信区间。主干路和快速路典型日的道路流量有以下主要特征。

（1）主干路和快速路工作日平均流量分别为 593 辆/h 和 1192 辆/h，在日间（7:00～20:00）均有明显的早晚高峰时段，分别出现于早 7:00～9:00 和晚 17:00～19:00，峰值流量分别出现在早 8 时和晚 17 时，分别达到了日间平均流量的

128%和 136%，而夜间（20:00 至次日 6:00）的平均流量分别仅为日均流量的 34%和 25%。

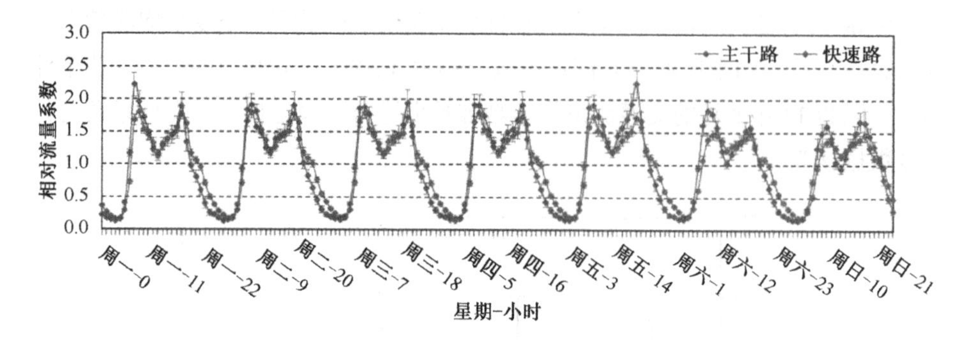

图 7-12　2013 年 8 月主干路和快速路一周时均相对流量变化

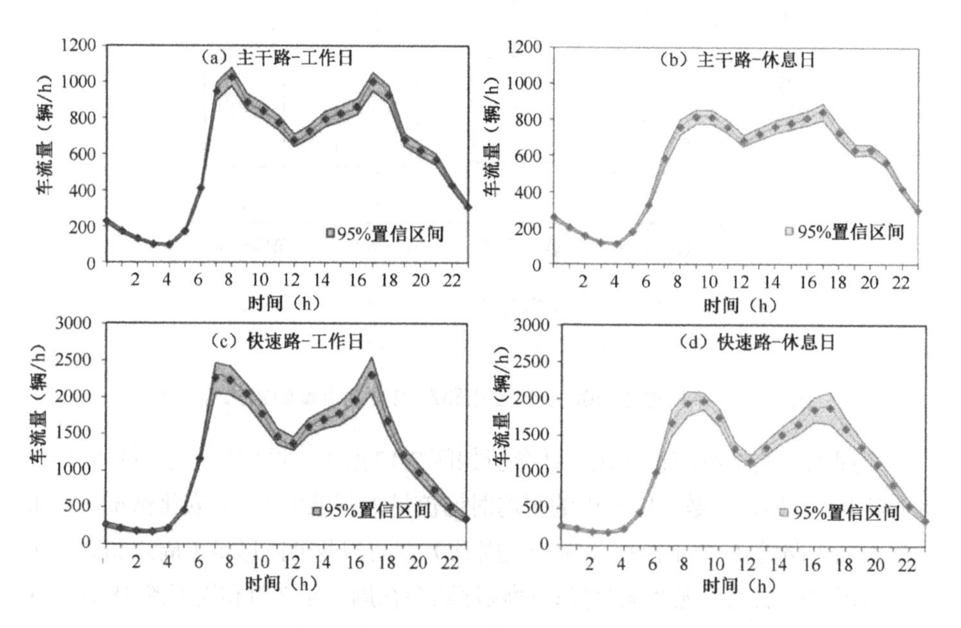

图 7-13　2013 年 8 月主干路和快速路典型日时均流量变化特征

（2）主干路和快速路休息日的平均交通流量分别为 540 辆/h 和 1097 辆/h，分别较工作日降低了 9%和 8%，差异主要来自日间交通流量的降低；休息日的早间峰值于 8:00～11:00 出现，峰值为早 9:00，较工作日错后 1 小时出现，持续 3 小时，同时，晚间 16:00～19:00 的高峰时段流量分布也较为平均，是因为受到休息日城市通勤活动减少、日间活动分布较为平均的影响。

（3）主干路在休息日没有明显的高峰时段，峰值流量仅为日间平均流量的

115%，而快速路依然存在明显的早晚高峰时段，峰值流量为日均流量的 129%。这主要是由不同的道路功能决定的：休息日通勤减少，因此干路网的流量峰值不明显；而快速路主要用于城市内和城市间的货运、客运连通，在节假日早晚依然承担了大量进出城的交通流量。

利用 ArcGIS 将统计得到的交通流结果以专题图的形式展示，可以直观地观察路网交通流量的空间分布特征。由于支路的道路交通流特征主要取决于其附近主干路网的特征，并且支路网的分布十分密集，会影响地图展示效果，因此在展示时仅展示主干路及快速路网的情况。依靠 RFID 技术获取交通流数据，研究者及相关人员能够通过上述交通流量处理方式迅速得到交通流量时空分布的精确反馈：可以看到，南京市中心区域（新街口地区）的大部分道路，在工作日受到早晚通勤高峰的影响，日均流量在 1000 辆/h 以上，明显高于休息日水平（750～1000 辆/h）；同时，外围的绕城高速也体现了同样的特点。西北、西南部地区，距南京市中心较远，受通勤影响较小，工作日和休息日的道路流量水平相近。

城市车辆活动水平通常用车辆行驶里程数（Vehicle Kilometers of Travel，VKT）反映，如图 7-14 所示为根据式（7-5）统计的 2013 年各车辆类型在南京市核心城区和全市范围内的单车年均 VKT（单车年均行驶里程）：

$$\mathrm{VKT}_i = \frac{\sum_l \mathrm{TV}_{i,l} L_l}{N_i} C_{\mathrm{year}} \tag{7-5}$$

式中，VKT_i是车型 i 的单车年均行驶里程，单位为 veh · km；$\mathrm{TV}_{i,l}$是车型 i 在路段 l 上的日均交通流量，单位为 veh/d；L_l为路段 l 的道路长度，单位为 km；N_i 是车型 i 的机动车保有量；C_{year} 是年化系数，由典型日的日均流量计算年均流量，该系数根据 2013 年工作日、休息日/节假日天数，以及工作日、休息日/节假日交通流比例确定，式中取 348。

在路网速度方面，如图 7-15 所示，工作日主干路、快速路、支路和全路网的日均速度分别为 25.2km/h、55.4km/h、19.2km/h 和 30.3km/h；由于日均交通流量的降低，休息日分别为 26.8km/h、56.8km/h、20.1km/h 和 32.0km/h，较工作日分别提高了 6%、2%、5%和 5%。快速路道路数多、限速高，因此快速路的平均行驶速度明显高于其他类型道路。与图 7-13 相比，可以看出道路速度与道路流量存在一定的相关性：以主干路为例，由于高峰时段道路拥堵，主干路工作日与休息日早晚高峰时段的平均速度分别较日间平均速度下降 17%和 12%；

休息日流量受高峰时段影响较小，因此早晚高峰时段道路平均速度降低幅度较小。高峰时段的全路网道路平均速度较日均速率低 20%。

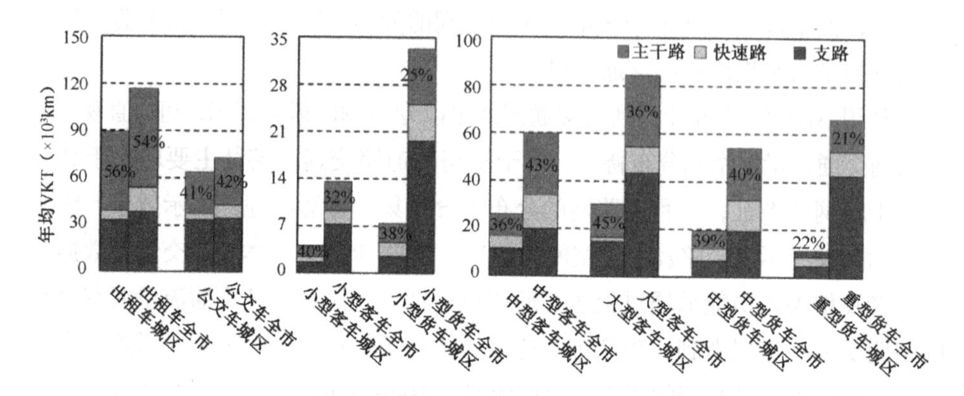

图 7-14 各车辆类型在城区和南京市 VKT 及道路类型占比

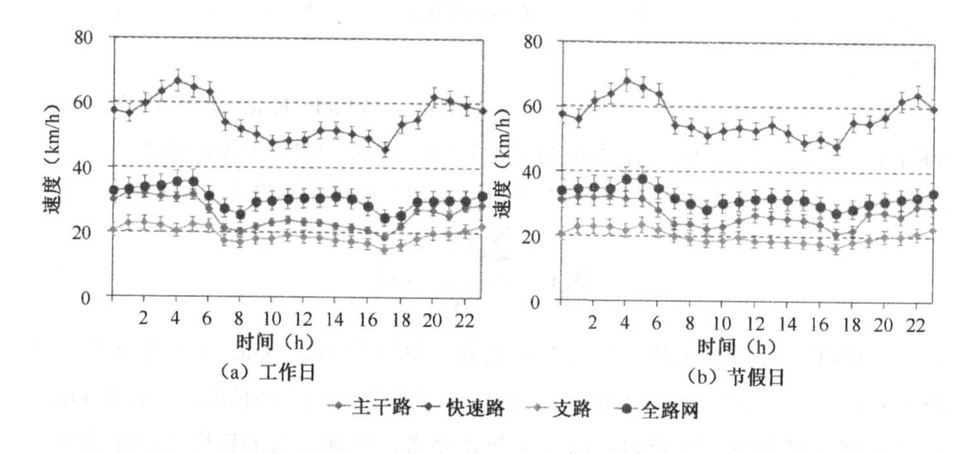

图 7-15 南京市各道路类型典型日逐时速度变化特征

7.4.3 南京市机动车排放特征

RFID 技术及其他 ITS 技术的引用，使得排放清单的高分辨率不仅体现在时间分辨率精确到小时和空间分辨率精确到路段上，更体现在精确到单车技术水平的车队、交通流和路网排放的时空分布规律刻画上。

据 7.3.2 节给出的清单计算公式计算得到如图 7-16 所示的 2013 年 8 月南京市核心城区和全市范围内，典型工作日及休息日/节假日的各污染物和 CO_2 路网排放总量，以及各排放量的车型分担率。

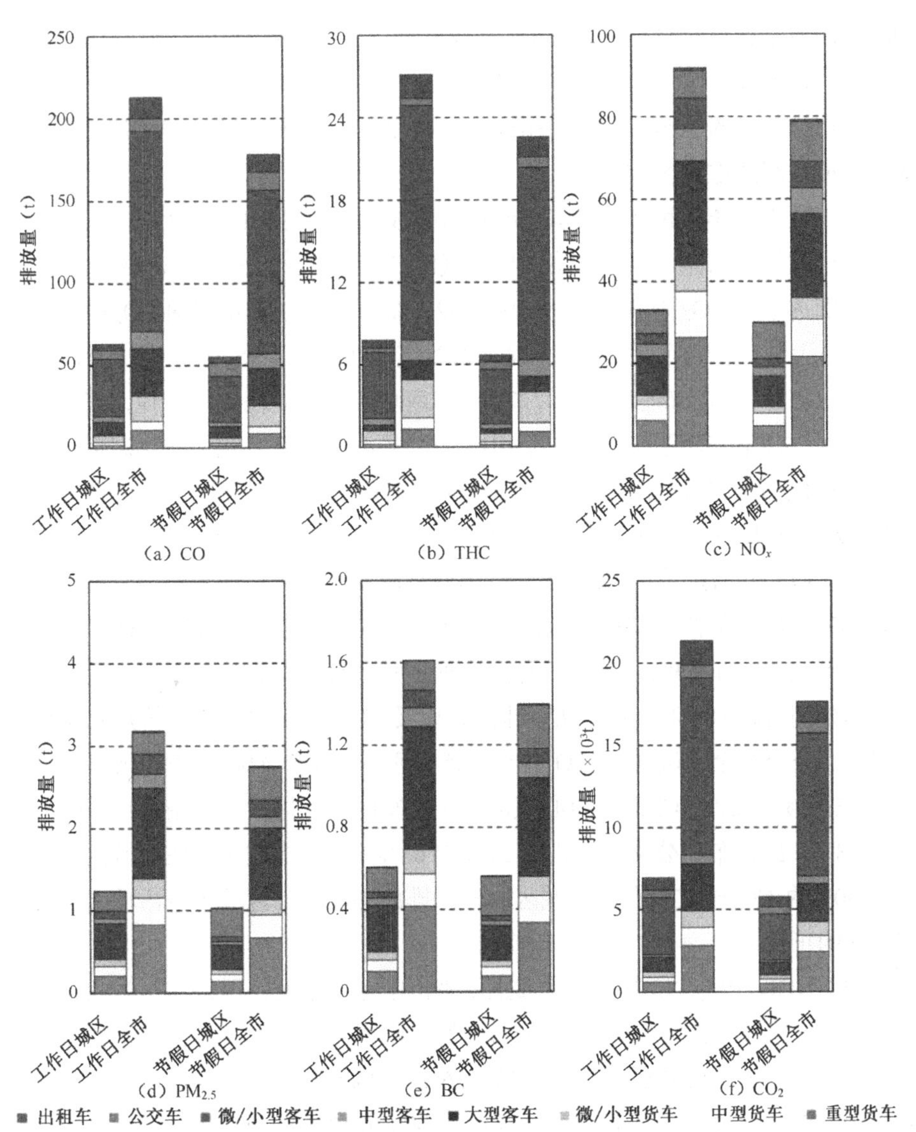

图 7-16　各污染物典型日区域排放量及车型分布

（1）CO、THC、NO_x、$PM_{2.5}$和 BC 这 5 种空气污染物典型工作日全市范围内的排放量分别为 213 吨、27 吨、92 吨、3.2 吨和 1.6 吨，节假日的排放量分别为 178 吨、23 吨、79 吨、2.8 吨和 1.4 吨；在总交通活动水平降低近 10%的情况下，节假日这 5 种污染物的排放量较工作日分别降低了 16%、17%、14%、14%、13%；估算 2013 年路网机动车这 5 种污染物的排放总量分别为 7.4 万吨、

0.9 万吨、3.2 万吨、1115 吨、566 吨。核心城区的面积虽然仅占 4%，但道路密集、人口密度大、区域功能多且复杂，因此 5 种污染物在核心城区的排放量分别占全市排放量的 30%、29%、36%、37%、38%。因此，核心城区是南京市机动车排放控制的重点区域。

（2）典型工作日和节假日南京市 CO_2 排放量分别为 2.1 万吨和 1.8 万吨，节假日的排放量较工作日降低 14%；核心城区 CO_2 的排放量分别为 6949 吨和 5769 吨，分别占全市 CO_2 排放量的 32.5%和 32.7%。估算 2013 年路网 CO_2 的排放总量为 740 万吨，分别消耗汽油、柴油、天然气 130 万吨、95 万吨、4.3 万吨。据南京市生态环境局公布信息显示，2013 年南京市汽油消耗 134 万吨，柴油消耗 275 万吨。本研究得到南京市路网 2013 年消耗汽油 130 万吨，与生态环境局公布的数据仅相差 3%；计算得到机动车柴油消耗量仅占生态环境局统计数据的 35%，是因为非道路机械、工业等其他领域同样有较大的柴油消耗量。

（3）CO 和 THC 的排放主要来自小型客车，小型客车的消耗以汽油为主，因此 CO 和 THC 的排放特征相似。南京市小型客车工作日对 CO 和 THC 的贡献率分别可达 57%和 63%，节假日的贡献率分别为 56%和 62%；中型、大型客车和货车分别贡献 18%和 15%的 CO 排放，以及 11%和 18%的 THC 排放；工作日出租车、公交车全市范围内 CO 排放占比分别为 7%和 4%，节假日则为 6%和 6%。在区域排放差异方面，核心城区小型客车的 CO 排放量占南京市 CO 排放量的 28%，出租车和公交车分别有 36%和 63%的 CO 排放量在核心城区，而货车有 80%的 CO 排放量在核心城区以外，排放特征与各区域车辆活动水平特征有很强的正相关。

（4）NO_x、$PM_{2.5}$ 和 BC 的排放主要来自中重型车辆，以柴油车为主，三者的排放特征比较相似。以 NO_x、$PM_{2.5}$ 为例，中重型货车、中大型客车和公交车是排放主体，工作日分别可贡献 41%、36%和 7%的 NO_x 排放，以及 36%、40%和 8%的 $PM_{2.5}$ 排放；节假日分别为 39%、34%和 12%的 NO_x 排放贡献率，以及 34%、37%和 14%的 $PM_{2.5}$ 排放贡献率。出租车、微型/小型客车等汽油车辆的排放贡献率相对较低。区域排放差异同样与车辆活动水平特征有很强的相关性。公交车工作日和节假日在核心城区 NO_x 的排放量分别可以占其排放总量的 86%和 90%，而中型/大型客车工作日和节假日在核心城区 NO_x 的排放量占其排放总量的比例分别为 39%和 33%，中型/重型货车的比例则分别仅为 27%和 26%。这导致了公交车在核心城区的排放量占比远高于在全市的排放量占比（工作日：核心城区 19%，全市 8%；节假日：核心城区 33%，全市 14%），而中重型货

车的核心城区排放占比显著低于南京市排放占比（工作日：核心城区 27%，全市 36%；节假日：核心城区 22%，全市 34%）。因此，要进一步加大对重型柴油货车的管控，控制区域必须从核心城区扩展至南京市全行政区域。

（5）南京市 CO_2 排放的前 3 位分别为小型客车、中重型货车和中大型客车，工作日 CO_2 排放占比分别为 50%、18%和 15%，节假日 CO_2 排放占比分别为 49%、20%和 15%；出租车、轻型货车和公交车工作日 CO_2 排放占比分别为 7%、5%和 5%，节假日 CO_2 排放占比分别为 7%、5%和 4%。而核心城区 CO_2 排放前 3 位分别为小型客车、中大型客车和中重型货车，工作日 CO_2 排放占比分别为 50%、15%、14%，节假日 CO_2 排放占比分别为 48%、15%和 14%；出租车、公交车和轻型货车工作日 CO_2 排放占比分别为 10%、7%和 4%，节假日 CO_2 排放占比分别为 11%、8%和 4%。小型客车在各区域尺度均具有接近一半的排放占比，因此，为进一步控制机动车 CO_2 的排放，需要重点关注小型客车的管理控制。

7.4.4　实际道路车流及排放的技术构成

本研究基于 RFID 技术记录的智能交通大数据，获取实际道路车辆技术类型构成比例并进一步进行排放清单计算，得到的排放清单结果的准确性比传统排放清单有显著提升。本节也是 RFID 技术在高分辨率路网排放清单建立过程中所发挥的最重要的作用之一。如图 7-17 所示分别以小型客车和重型货车为例，展示了不同排放标准的车辆类别登记注册的保有量构成、基于智能交通大数据计算的 VKT 分布和主要污染物排放构成方面的差异。

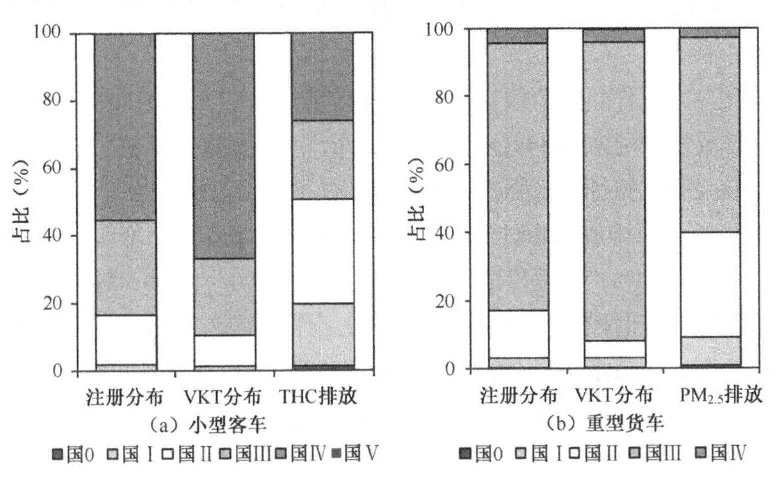

图 7-17　不同排放标准车辆的保有量、VKT 及典型污染物排放构成的差异

由图 7-17 所示，不同排放标准的车辆注册登记分布和实际道路行驶的活动水平存在显著差异，因此宏观的车辆构成分配方式会产生较大误差。2013 年，南京市规定排放标准在国Ⅰ前的小型客车和国Ⅱ前的重型货车为黄标车辆，属于高排放车。此类车接近报废年限、车龄高、污染物排放水平远高于最新排放标准车辆。小型客车和重型货车中分别有 1.9%和 17%的黄标车，说明仍有较多该类车辆未采取报废处理，而这些车辆由于高排放、限行政策等原因，实际道路的活动水平远低于新车。计算结果显示，2013 年南京市小型客车和重型货车车队中黄标车的实际道路 VKT 分布仅占 1.3%和 8.1%，黄标车的车队 VKT 占比均低于注册登记分布中所占比例，因此若按照传统方法使用保有量分布比例进行路网排放清单计算，将使排放量高估。但是，黄标车的主要污染物排放占比（小型客车以 THC 为例，重型货车以 $PM_{2.5}$ 为例）仍分别占车队排放总量的 20.1%和 39.8%，是未来需要重点关注的监管对象。相反，小型客车为国Ⅲ和国Ⅳ的车辆占注册登记保有量的 83%，其 VKT 分布达到 90%，THC 排放量占小型客车 THC 排放总量的 50%。可见，虽然高排放标准的车辆使用年份较短且拥有较低的排放因子，可以使车队整体排放量降低，但车队拥有较高的活动水平，也贡献了很大部分的排放，同样需要加以管控。

因此，RFID 技术及其他 ITS 技术提供的车辆技术构成分布层面的数据，能提高路网排放清单计算结果的准确性和真实性。例如，准确反映高排放车辆在实际道路 VKT 分布和保有量构成的差异，获取真实的排放车型构成等。

7.4.5 路网排放的时间分布特征

图 7-18 和图 7-19 分别是典型日 THC 和 NO_x 的路网逐时排放量及车型分布，有如下特征。

（1）南京市工作日和节假日 THC 时均排放量分别为 1131kg/h 和 940kg/h，NO_x 时均排放量分别为 3834kg/h 和 3295kg/h，南京市逐时排放总量变化特征与逐时交通流量变化特征有较强相关性。以 NO_x 为例，工作日在早 7:00～9:00 和晚 17:00～18:00 为排放高峰时段，在早 8:00 和晚 17:00 达到峰值，分别占全日排放的 6.2%和 6.3%；节假日早排放高峰时段为 8:00～10:00，较工作日错后 1 小时，晚排放高峰时段为 16:00～19:00，较工作日提前 1 小时，且早晚高峰均多持续 1 小时，排放量在早 9:00 和晚 18:00 达到峰值。日间（7:00～20:00）THC 和 NO_x 排放量分别占全日排放总量的 71%和 63%。

（2）核心城区工作日和节假日 THC 时均排放量分别为 329kg/h 和 281kg/h，核心城区的排放量占南京市排放量的 30%；NO_x 时均排放量分别为 1382kg/h、

1255kg/h，核心城区的排放量占南京市排放量的 34%。核心城区日间 THC 和 NO_x 排放量分别占全日排放总量的 79%和 68%，高于南京市水平，这表明核心城区的机动车污染物排放受日间通勤等活动影响更显著，在日间对核心城区机动车进行相应管控会有更好的整体减排效益。

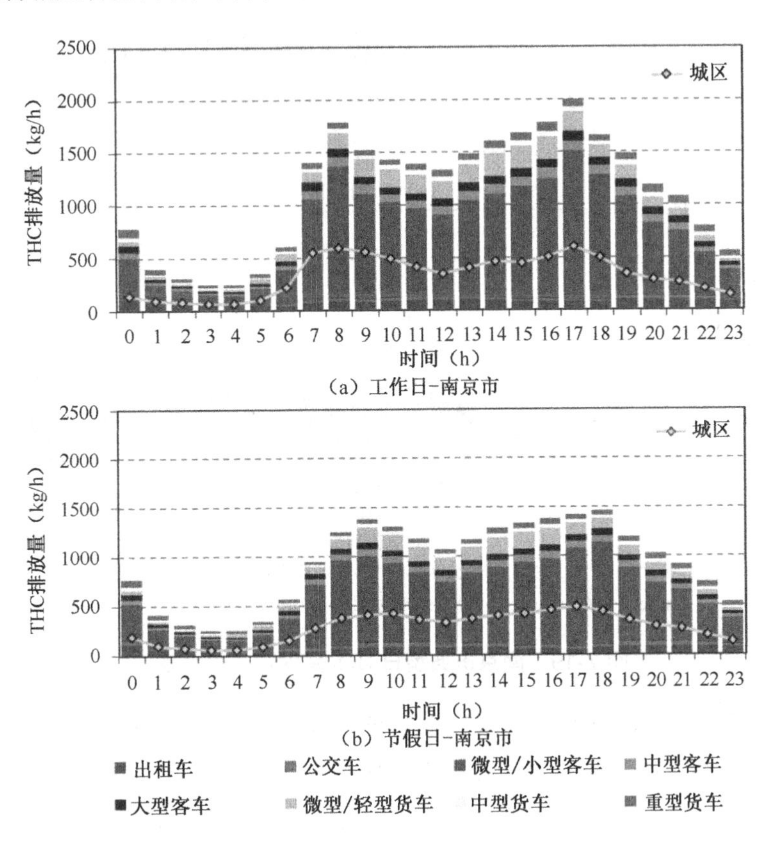

图 7-18　南京市典型日 THC 路网逐时排放量

（3）南京市 THC 排放以小型客车为主，其排放贡献率为 63%。日间，小型客车对 THC 和 NO_x 的平均排放贡献率均为 66%；夜间，由于车队流量降低导致排放量大大下降，其对 THC 和 NO_x 的平均贡献率仅分别为 50%和 49%。相反，由于出租车逐时流量变化不大，因此其逐时排放量的绝对值变化也不显著，但车队的逐时排放贡献率变化较大：日间出租车对 THC 和 NO_x 的平均排放贡献率分别为 6%和 7%，而夜间随着路网排放总量的降低，出租车对 THC 和 NO_x 的排放贡献率分别可达 14%和 13%。此外，轻型货车也保有一定比例的汽油车辆，工作日和节假日各占 9%和 10%的全市排放占比。

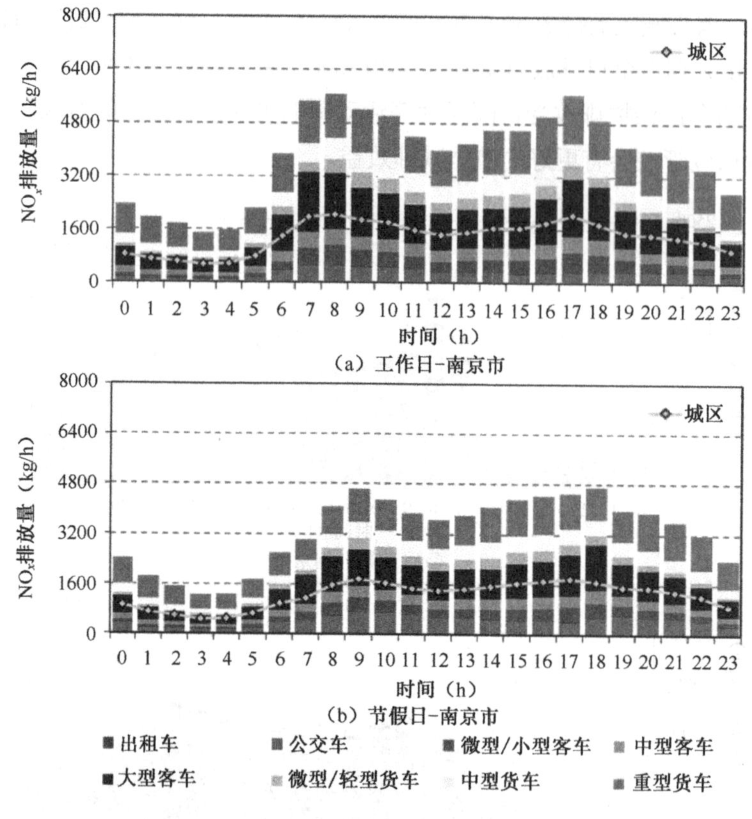

图 7-19　南京市典型日 NO_x 路网逐时排放量

（4）南京市 NO_x 排放主要来自重型柴油车辆，例如，中重型货车的 NO_x 排放贡献率达到 41%。由于日间外地货车及本地货车在核心城区限行，中重型货车的 NO_x 排放贡献率仅为 36%，而夜间没有限行措施，中重型货车的排放贡献率增大至 49%。中大型客车仅次于中重型货车，有 35%的排放贡献率。由于南京市对中大型客车没有限行政策，因此中大型客车车队工作日和节假日日间的平均排放贡献率为 37%，夜间的排放贡献率为 34%。此外，公交车在工作日和节假日的日间运营时段也分别有 8%和 13%的 NO_x 排放贡献率。

由于 THC 的排放大多来源于轻型汽油车，而 NO_x 的排放多数来源于重型柴油车，因此两者逐时排放的主要区别体现在排放的车型分担率上。THC 排放以小型客车和出租车为主，NO_x 则以中重型客车、货车为主。由于小型客车在夜间的活动水平大幅降低，而中重型客车、货车在夜间仍会进行客运、货运等工作，具有较高的活动水平，因此 THC 的夜间排放占比仅为 25%，而 NO_x 的夜间排放占比可达 35%。

7.4.6　路网排放的空间分布特征

利用 ArcGIS 软件，可以更加直观地反映 RFID 交通大数据对路网清单空间分辨率的提升，以及路网排放的精确解析。本节以 CO_2 和 NO_x 为例展示了南京市工作的全路网空间排放特征（图略）。由于 NO_x 的主要污染源为中重型柴油车，因此外围郊区及高速路段的排放水平显著高于核心城区；而 CO_2 的排放主要来自轻型汽油车，核心城区与外围郊区的排放强度差异不显著。核心城区的 RFID 和视频双基站监控点位分布密集，数据精度高，排放的时空变化特征解析更精确，因此本节主要针对核心城区进行排放空间分布特征的分析。

为进一步研究道路排放的空间分布特征，研究利用 ArcGIS 建立了 0.5km × 0.5km 的网格，并根据每个网格内所有道路的排放量计算了南京市核心城区的网格排放强度。网格排放强度即单位面积内的机动车排放量，较道路路段地图能够更直观地表现排放的空间特征，尤其是热点区域等，同时也是空气质量模拟研究的数据基础。图 7-20 以 CO_2 为例展示了南京市排放的空间分布特征，排放差异主要体现在核心城区，因此研究主要针对核心城区情况进行进一步分析。如图 7-21 所示为南京市核心城区典型日 CO_2 路网网格排放强度，核心城区的中心区域高排放强度的网格面积显著多于其他区域，这是由于中心区域的干路网最密集，区域功能复杂，车辆活动水平显著高于其他区域。结果表明，在核心城区的中心区域受交通拥堵和机动车污染影响更为严重。

利用 Oracle Crystal Ball™ 统计、分析了南京市网格排放强度的分布规律，发现其分布符合如图 7-22 所示的韦伯分布（Weibull Distribution）。节假日全市超过 70%网格排放强度为 0～2t/(km^2 · h)，仅有 3%的网格排放强度在 5t/(km^2 · h)以上。工作日仅有 50%的网格排放强度为 0～2t/(km^2 · h)，而有 10%的网格排放强度大于 5t/(km^2 · h)，而这 10%的网格贡献了超过 30%的 CO_2 排放量。表 7-11 是南京市核心城区内 4 个行政区划（鼓楼区、玄武区、秦淮区和建邺区）及全市范围内的网格排放强度。排放强度前 10%的网格中有 40%的网格位于鼓楼区，是因为鼓楼区是南京市核心城区中人口最密集、区域功能最复杂的行政区划，体现为：①鼓楼区是南京市行政管理的中心行政区划，有超过 90%的省级政府办公机构位于鼓楼区；②重点高中、高校（如南京大学）及总统府、新街口等著名旅游景点也位于鼓楼区。因此，鼓楼区的平排网格排放强度在工作日和节假日均是 4 个区划中最高的，分别为 2.59t/(km^2 · h)和 1.98t/(km^2 · h)，分别较核心城区的平均水平高 43%和 35%，贡献了核心城区 35%的 CO_2 排放量；秦淮区平均网格排放强度仅次于鼓楼区，工作日和节假日分别为 2.50t/(km^2 · h)和 1.87t/(km^2 · h)；建邺区作为相对偏离市中心的区域，人口和道路密度相对较小，工作日和节假日的网格平均排放强度最低，分别仅为 0.97t/(km^2 · h)和 0.80t/(km^2 · h)，分别较核心城区平均水平低 46%和 45%。

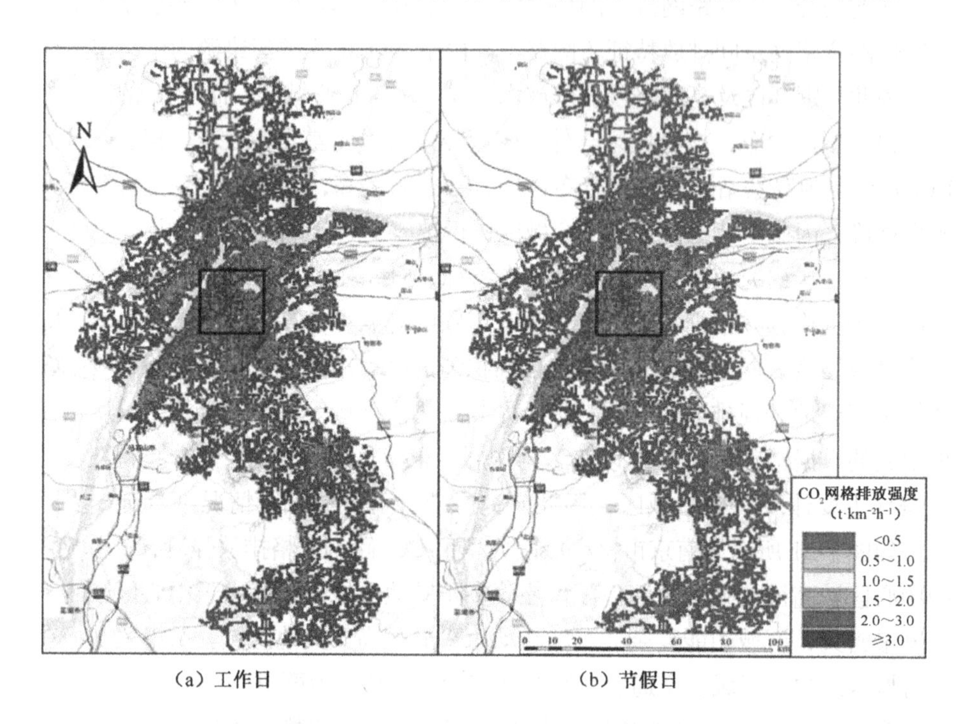

（a）工作日　　　　　　　　（b）节假日

图 7-20　南京市典型日 CO_2 网格排放强度

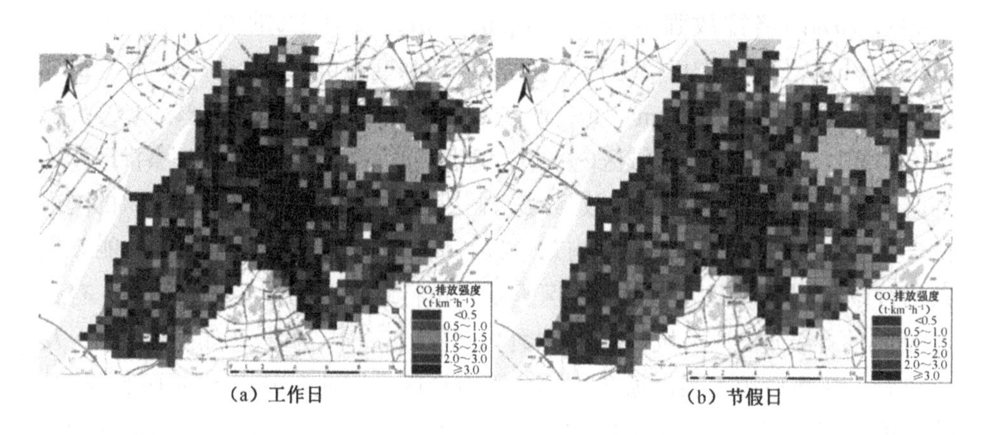

（a）工作日　　　　　　　　（b）节假日

图 7-21　南京市核心城区典型日 CO_2 路网网格排放强度

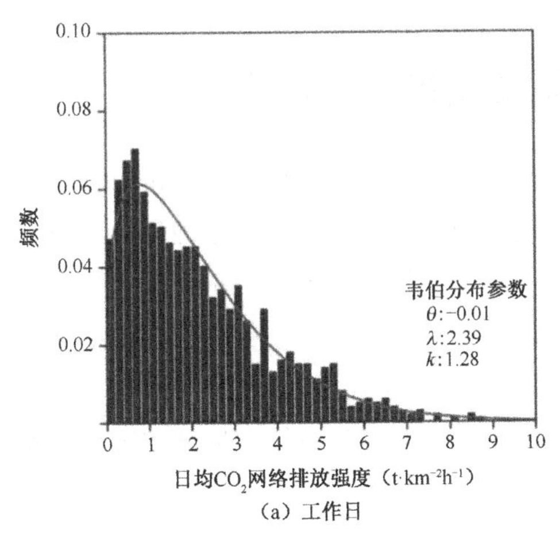

（a）工作日

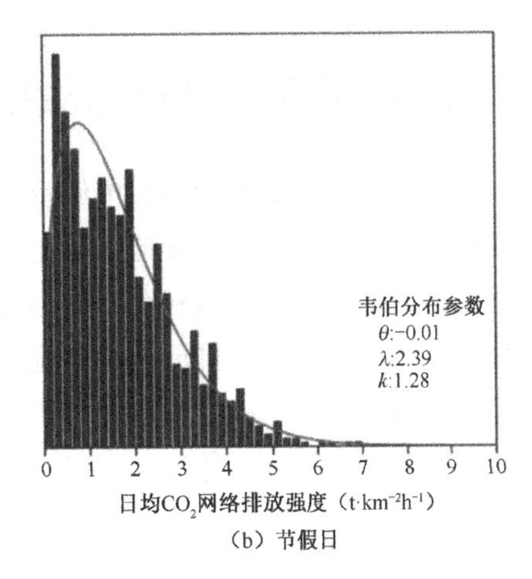

（b）节假日

注：韦伯分布函数满足 $f(x,\theta,\lambda,k)=\dfrac{k}{\lambda}\left(\dfrac{x-\theta}{\lambda}\right)^{k-1}\mathrm{e}^{-(\frac{x-\theta}{\lambda})^k}$。式中，$\theta$ 是分布函数的位置参数；λ（λ>0）是分布函数的尺度参数；k（k>0）是形状参数。

图 7-22　南京市核心城区典型日日均 CO_2 路网网格排放强度分布曲线

表 7-11　南京市 CO_2 路网网格排放强度情况［单位：t/(km^2·h)］

行政区划	工作日（P10～P90）		节假日（P10～P90）	
	日均	17:00[a]	日均	18:00[a]
鼓楼区	2.59（0.62～5.16）	3.86（0.90～8.34）	1.98（0.43～3.65）	2.72（0.61～4.97）
玄武区	1.80（0.40～4.40）	2.87（0.66～6.86）	1.52（0.36～3.56）	2.02（0.39～4.66）
秦淮区	2.50（0.70～5.35）	3.72（1.06～8.25）	1.87（0.61～3.99）	2.80（0.88～5.75）
建邺区	0.97（0.32～3.17）	1.31（0.40～4.51）	0.80（0.26～2.32）	1.24（0.40～3.46）
全城区	1.81（0.38～4.71）	2.72（0.52～7.24）	1.47（0.32～3.52）	2.10（0.48～4.89）
全市	0.73（0.08～8.81）	1.08（0.42～12.24）	0.64（0.07～7.56）	1.01（0.28～11.33）

注：[a] 17:00 和 18:00 分别是工作日和节假日的典型高峰时间，交通流量和排放量最高。

7.5 机动车大数据排放控制决策系统的建立

城市路网排放清单不仅能够反映城市交通排放的时空信息，还可以利用情景分析手段为解决城市交通能源与空气质量问题提供可靠的科学依据。本节针对典型城市机动车排放和路网交通流现状特征，基于城市高分辨率排放清单，有针对性地制定各类排放控制措施，并基于实际交通流特征分析了单项措施和综合控制的减排效果。本节为基于交通大数据有效控制城市交通排放等相关技术提供了生动案例，体现了智能交通系统在未来建设可持续发展城市过程中的重要作用。

7.5.1 机动车排放控制决策系统平台的构建

为有效支持城市机动车控制的科学决策，清华大学在中国各典型城市（北京、南京、澳门等）机动车排放因子模型、路网动态交通流模型和机动车高分辨率排放清单模型的基础上，进一步开发了中国城市机动车排放控制措施库，并集成了各子模型模块，构建了各城市机动车控制决策平台软件系统（典型城市控制决策平台系统界面见图 7-23）。

在调研了国内外主要城市机动车排放控制经验的基础上，中国城市机动车排放控制措施库涵盖了主要的控制措施类别，包括新车控制、在用车控制、车用燃料控制、交通管理及经济政策等[72]。根据各城市排放控制进程，措施库对关键措施的实施时间和力度等参数进行了默认设置。表 7-12 列举了中国典型的南北方城市：北京（中国机动车排放控制最严格的城市[71,72]）和南京的主要机动车管理控制措施，可以看出南京新车排放和油品质量标准加严的进度略落后于北京，在交通管理措施方面仍有进一步的决策空间，因此可以针对表 7-12 中的几个方面制定更加严格的管控措施。

决策系统基于浏览器/服务器（B/S）的应用结构，用户端使用 Web 浏览器即可完成各项操作，前台采用 Microsoft Silverlight 5.0 技术，后台服务采用 Windows Communication Foundation（WCF）实现；总体架构以企业级 SOA 架构思想，采用组件式、服务式、面向对象的开发设计方法；在地图应用上采用 ArcGIS for Silverlight API 接口进行二次开发，地图框架采用 Silverlight Viewer 开源应用框架；数据库采用 Microsoft SQLServer 2008 R2，作为数据存储、交换、分析应用的基础。平台系统可实现如图 7-23 所示的路网信息查询、单道路

信息查询、分区信息查询、网格化展示和决策分析四大模块的功能，该平台已为南京市举办青年奥林匹克运动会期间的机动车排放控制决策和管理提供了科学支持，推进南京市机动车排放控制领域的管理水平尽快与国内外先进城市的管理水平接轨。

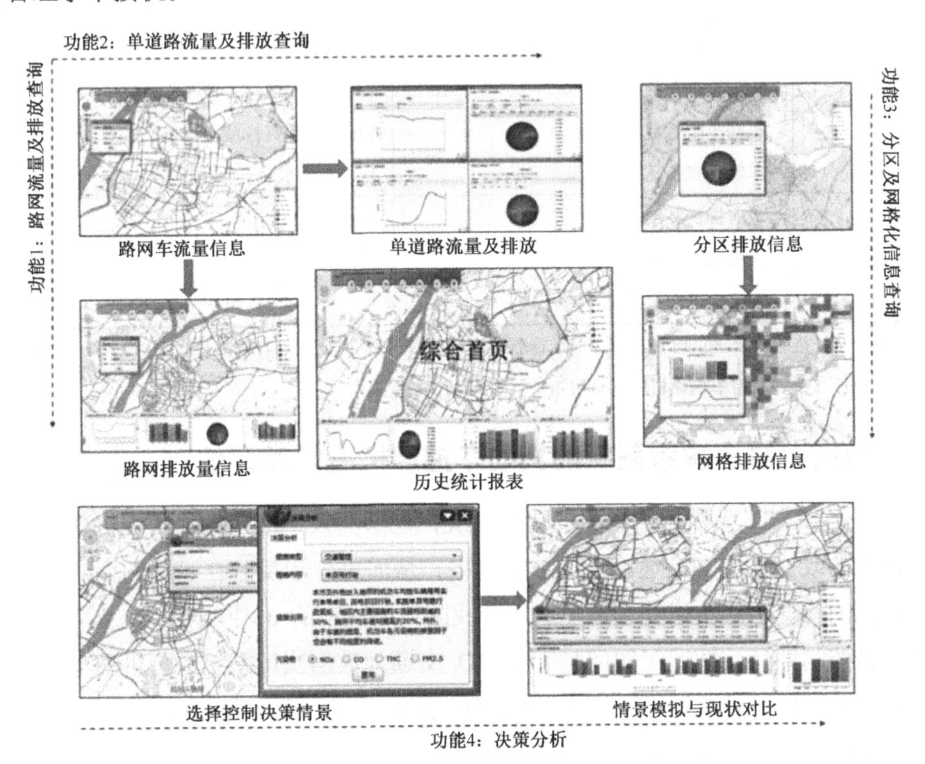

图 7-23　典型城市控制决策平台系统界面

表 7-12　北京和南京的主要机动车管理控制措施

控制措施	北　京	南　京
新车控制	自 2013 年 3 月 1 日起执行北京市第五阶段机动车排放地方标准[a]； 自 2014 年起执行第四阶段燃料限值标准[b]	自 2016 年 4 月 1 日起执行全国第五阶段机动车排放标准； 自 2014 年起执行第四阶段燃料限值标准
在用车控制	车辆年检（I/M）制度： 汽油车和柴油车均执行建议工况标准，若简易工况无法检测，汽油车执行双怠速检测标准，柴油车采用自由加速检测标准； 黄色、绿色和蓝色环保标志	车辆年检（I/M）制度： 汽油车执行双怠速检测标准，柴油车采用自由加速检测标准； 黄色、绿色车辆环保标志； 基于 ITS 的道路排放检测

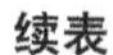
续表

控制措施	北　　京	南　　京
车用燃料控制	汽油、柴油均为京Ⅴ标准； 2017 年 1 月 1 日更新京Ⅵ标准	2013 年 10 月 31 日执行国Ⅴ汽油； 2014 年 4 月 1 日执行国Ⅴ柴油
交通管理	五环内禁止国Ⅰ、国Ⅱ车辆及外地车辆、高排放黄标车辆行驶； 机动车限号行驶措施； 车辆购置指标摇号政策	设置低排放区，禁行黄标车、重型货车、外地货车等高排放车辆
经济政策	政府提供补贴： 鼓励购置新能源车辆； 高排放车淘汰置换补贴	政府提供补贴： 鼓励购置新能源车辆

注：[a] 京Ⅴ排放标准，相当于欧Ⅴ/国Ⅴ排放标准；[b] 轻型车执行《乘用车燃料消耗量限值》(GB 19578—2014)，重型车执行《重型商用车辆燃料消耗量限值》(GB 30510—2018)。

7.5.2 基于决策系统的机动车控制措施效益评估

基于 RFID 大数据所搭建的决策系统，能够高效、准确地将各类机动车控制措施的改变体现在交通流及排放模型中，从而进一步反映在道路网交通流排放特征的改变上。本研究选取了适用于我国典型城市的 3 种单项措施及两类综合决策控制情景，阐述了如何基于 RFID 交通大数据决策系统进行机动车控制措施效益评估，并展示了 RFID 技术、ITS 技术对城市机动车排放的精确把控，以及对任意单项措施及组合效果的准确反馈。

1. 加严新车标准及控制高排放车政策

对于典型城市，可制定如下具体政策：工作日全天禁止高排放车辆在市区核心城区道路行驶，同时制定经济激励措施鼓励老旧车辆淘汰置换。本政策涉及的限行高排放车辆类别及置换新车的排放标准如表 7-13 所示。在此政策的影响下，未达到相应标准的受限车辆的车主会有两种处理方式：一是保留现有车辆，继续在不限行的时段和区域内行驶；二是将现有的高排放车辆置换为符合最新排放标准的低排放新车。该情景的理想目标是将全部高排放车辆置换为最新排放标准的新车，而在决策的最初阶段部分车主仍会保留原车辆，因此本情景将按照两种极端状态（全部保留或全部置换）进行模拟，估算减排阈值。

表 7-13　高排放车辆限行政策具体控制车辆

车辆类别	新车标准	限行车辆标准
小型汽油客车	国Ⅴ	未达到国Ⅲ标准的车辆
轻型及重型柴油车	国Ⅳ	未达到国Ⅲ标准的车辆
其他汽油及天然气车辆	国Ⅴ	未达到国Ⅱ标准的车辆

加严新车标准及控制高排放车辆政策改变了实际道路交通流的技术构成比例，降低了拥有高排放因子、高油耗车辆的 VKT 占比；并通过置换新车提高了低排放因子、低油耗车辆的 VKT 占比，最终达到整体污染物减排和油耗削减；政策的实施对道路交通流量的影响很小（见图 7-24）。通过数据接口对 RFID 登记车辆的数据信息及具体的控制标准进行相应的假设修改，即将不符合标准的车辆排放标准提高，以此来实现对政策情景的模拟。改变城市车队的技术构成及整体排放因子，就能够计算在此决策情景下的路网减排情况。

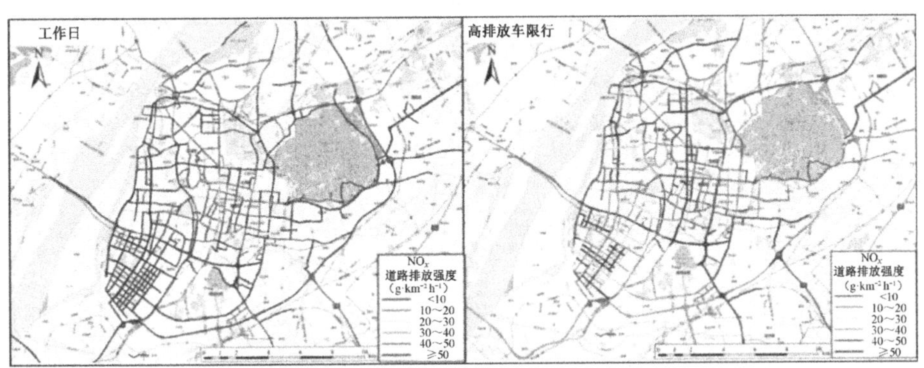

图 7-24　实施典型工作日与高排放车限行情景下的路网排放水平

若按如表 7-13 所示的标准实行，根据高分辨率路网排放清单计算，在加严新车标准及控制高排放车的政策下，预测典型城市 CO、THC、NO_x、$PM_{2.5}$、BC 和 CO_2 年度排放量较基础情景的排放量减排 8%～11%、8%～10%、2%～3%、8%～14%、7%～10%和 4%～5%；相应地，汽油消耗量削减 4%～6%。在理想目标下，高排放车辆全部淘汰，CO、THC、$PM_{2.5}$ 和 BC 的减排效果均在 10%左右，改善显著；而受 NO_x 排放控制技术的限制，高排放标准车辆的 NO_x 排放因子降低较少，因此 NO_x 的减排仅为 3.1%。

2. 推广新能源车辆政策

推动天然气车、电动车等新能源车辆，可以减少城市大气污染物排放，并且改善城市空气质量。许多研究指出，电动汽车在车辆行驶过程及全生命周期过程中各类污染物的排放和能源的消耗与传统车队相比存在优势[73-75]。例如，在部分地区推广纯电动汽车相对传统汽油汽车可实现18%的CO_2排放削减及33%的油耗削减；纯电动公交车在平均路况及拥堵路况下相对传统柴油公交车分别有3%和12%的排放削减[75]。基于RFID大数据搭建的决策系统，能够高效、准确地将各类机动车控制措施对交通流及排放的影响进行评估和直观展示。

本节以推广纯电动车为例，设置政策情景为车队电动化达到相应规定比例。例如，小型客车及轻型货车的电动化比例达到20%，出租车和公交车的电动化比例提升到45%和25%，等等。推进新能源车辆的政策通过提高具有零排放/低排放、低油耗/无油耗的新能源车辆的保有量，改变了车队VKT的技术构成比例，在不改变路网整体流量需求及路网平均行驶速度的情况下，实现了路网的污染物减排及整体油耗降低（见图7-25）。

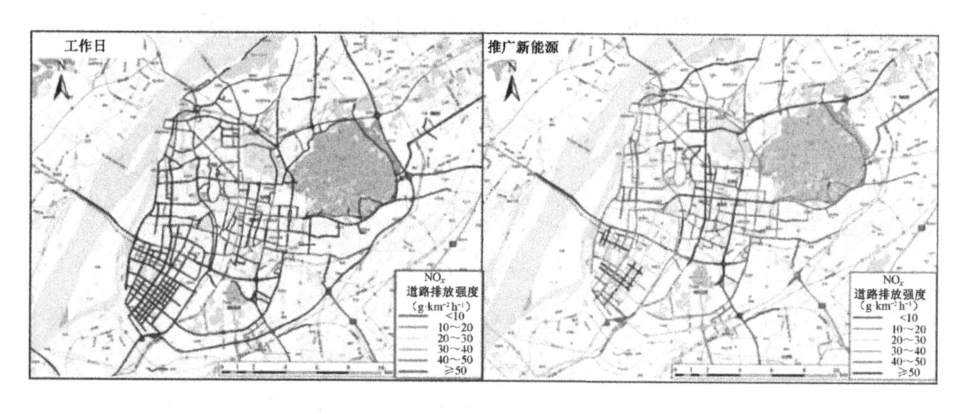

图7-25　推广新能源政策情景与典型工作日下的路网排放水平

通过对RFID监控数据及车辆登记数据的修改，调整车队技术构成占比数据库，完成车队电动化的假设，进而计算得到在上述电动化比例下的典型城市CO、THC、NO_x、$PM_{2.5}$、BC和CO_2年度排放量可较基础情景的排放量减排19%、20%、11%、12%、12%和15%；相应地，汽油和柴油的消耗量分别削减23.2%和14.5%。

3. 车辆尾号限行政策

对道路机动车实施限号行驶政策，可以降低道路交通流量，达到减排的目的。以北京市为例，目前的汽车尾号限行政策面向除出租车和公交车外的所有车队，限行时间为7:00～20:00，限行区域为五环内（城区）[76]，而北京市的限

行措施也得到了控制和削减道路机动车尾气排放的效果[60]。在我国，常用的限行政策包括“常规限行”（按照车牌尾号组合，每周有一天限制行驶）和“单双号限行”。

基于 RFID 交通大数据，可以高效、准确地模拟在各类限行情况下的交通流特征。如图 7-26 所示为在典型城市核心城区执行不同尾号限行政策情况下，核心城区各道路小型客车道路交通流量（VKT）的削减比例及路网全车队整体的削减比例。当实施单双号限行时，典型城市核心城区小型客车全车队的路网流量比例（相对于无限行情景）为 0.52，削减量接近 50%；而由于出租车、公交车不受限行政策影响，且限行时段为日间，因此核心城区路网全车队的交通流量并非削减 50%，而是 40%；当实行“五天限一天”政策时，由于不同尾号的车辆保有量存在差异，因此不同尾号限行对流量有不同程度的影响。例如，由于字母结尾车牌算作尾号为 0 处理，当限行尾号组合为 5 和 0 时，小型客车和全车队的路网流量比例分别达到 0.69 和 0.72；而由于人为的数字喜好，较少的人会选择以 4 结尾的车牌号码，当限行尾号组合为 4 和 9 时，小型客车和全车队的路网流量比例仅为 0.88 和 0.90，即车流量仅减少了 10%左右。高德地图在近几年的全国年度交通报告中也指出了相同的情况，例如，北京市在常规 5 个工作日中，限行 4 和 9 时日均拥堵系数最大，交通流量最大；限行 0 和 5 时日均拥堵系数最小，相对最畅通。在对核心城区实施“五天限一天”和单双号限行政策情况下，典型城市全市范围内的 VKT 分别削减约 6.5%和 14.8%。

需要指出的是，随着交通流量的削减，交通拥堵能够得到缓解，路网平均通行速度也会有所提高。本研究基于 ITS 大数据对限行政策下一周内道路逐时流量变化进行直接模拟，并进一步应用流量—速度变化模型，计算各时段在交通流量改变后的速度变化特征。研究假设现行政策限行区域为核心城区，每日限行时间为 7:00～20:00，由周一限行 1 和 6 的尾号组合开始。如图 7-27 所示为限行前后核心城区一周内主干路逐时平均流量的变化差异，限行 4 和 9 与限行 5 和 0 的流量削减与限行其余尾号组合时有显著差别。图 7-28 展示了由道路流量变化引起的速度变化特征，当限行 4 和 9 时，道路流量削减小，因此日均速度提升仅有 8%，相对较低；当限行 5 和 0 时，交通流量削减大、日均速度提升较多，达到 17%。在该政策下，核心城区工作日的日均速度平均提升 13%。

基于典型城市高分辨率路网排放清单计算得到在“五天限一天”的限号政策下，典型城市全市 CO、THC、NO_x、$PM_{2.5}$、BC 和 CO_2 年度排放量分别可以较基础情景减排约 7.0%、7.0%、7.2%、7.4%、7.5%和 7.2%。相应地，汽油、柴油和天然气的年度消耗量分别削减 6.1%、7.6%和 8.5%。限行政策没有改变车队的技术构成比例，仅通过政策手段降低了车队的道路交通总流量，改变了道路平均速度，降低了车队的排放因子和燃油消耗，从而实现了污染物减排及油耗降低，各污染物及油耗受到的减排影响相近，均达到了较好的减排效果（见图 7-29）。

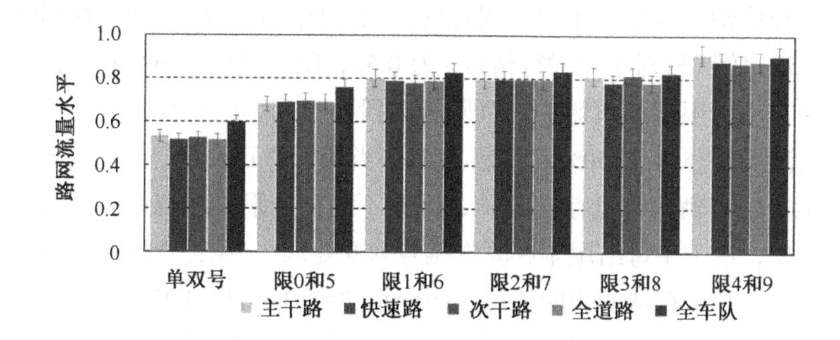

图 7-26　不同限行情景下核心城区路网流量比例系数

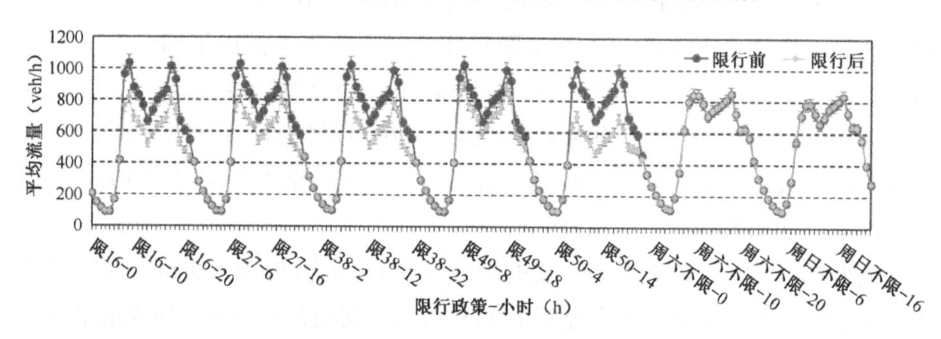

图 7-27　限行措施实施前后一周内主干路平均流量逐时变化

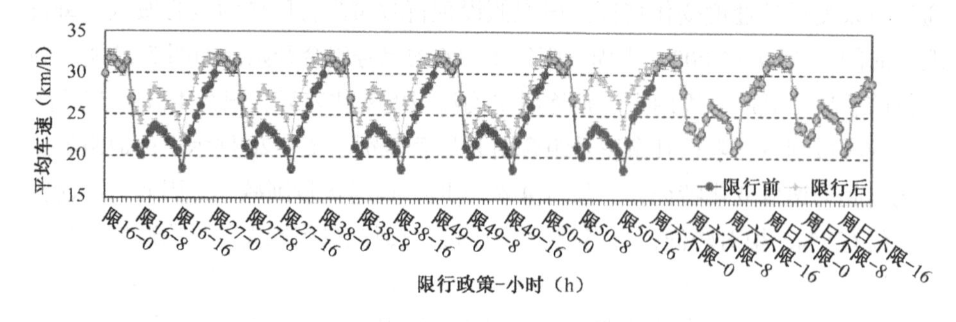

图 7-28　限行措施实施前后一周内主干路平均车速逐时变化

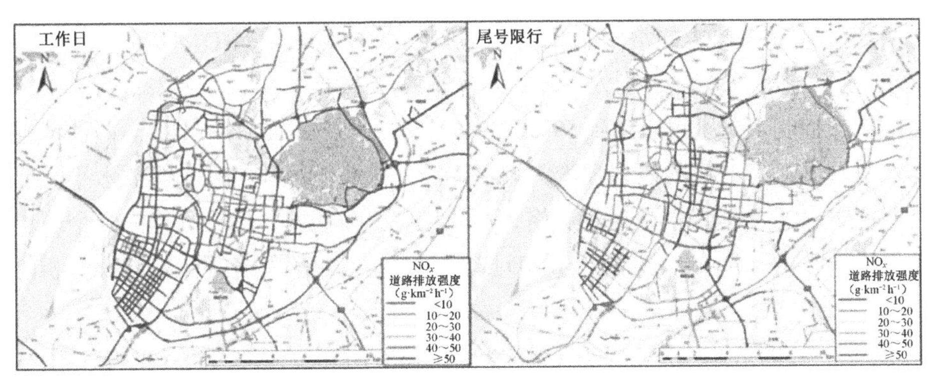

图 7-29　常规尾号限行情景与典型工作日的路网排放水平

4. 城市机动车综合排放控制措施

在实际情况下，城市往往结合多个单项控制措施制定不同级别的综合控制情景[71,77]，各级别的综合控制情景会逐步加强各单项控制措施或限制，因此对于各综合控制措施减排效果的科学评估更符合实际需求，也是提高政府决策公信力的重要环节[78]。下文列举了两套不同管理力度的综合控制情景 PC1（Policy Control 1）和 PC2 的构建，具体方案如表 7-14 所示。PC1 主要进行了车辆排放标准加严和老旧车辆管控，以及适当的交通管控和新能源车推广；PC2 进一步推广电动车和限行措施，是非常严格的情景，可以用来预测更严格措施带来的排放控制效果。

表 7-14　不同综合控制情景的管理措施

车辆类型	BAU	PC1	PC2
轻型车	—	加严新车标准至国Ⅴ； 国Ⅱ前城区限行	加严新车标准至国Ⅴ； 国Ⅱ前全市限行
重型车	城区日间禁行	城区日间禁行； 加严新车标准至国Ⅳ； 国Ⅱ前城区限行	城区日间禁行； 加严新车标准至国Ⅳ； 国Ⅱ前全市限行
新能源车	—	出租车 45%电动+5%CNG； 公交车 25%电动+45%CNG	出租车 45%电动+5%CNG； 公交车 25%电动+45%CNG； 微型/小型客车 20%电动化； 微型/轻型货车 20%电动化
燃油车	国Ⅳ汽油； 国Ⅳ柴油	国Ⅴ汽油； 国Ⅴ柴油	国Ⅴ汽油； 国Ⅴ柴油
尾号限行	—	城区“五天限一天”	城区“单双号限行”

典型城市在 PC1 的常规加严控制措施下，CO、THC、NO_x、$PM_{2.5}$、BC 和 CO_2 的年度排放削减量分别为 43%、44%、32%、48%、45%和 31%；在非常严格的 PC2 控制下分别可以达到 59%、59%、43%、57%、55%和 41%。两种情景均对核心城区有严格的控制政策，大幅降低了核心城区的机动车排放水平。但是，PC2 的控制措施情景过于严格，可能耗费大量成本，因此只作为一个理想情景用于比较分析，以体现基于 RFID 技术的交通大数据对于各类控制情景分析的益处。

如图 7-30 所示，基于智能交通大数据搭建的排放控制决策平台能够对任意单项措施或措施组合下的交通流及排放特征进行精准的时空解析，为决策评估的快速响应提供了有力的科学依据。在强大的数据基础上，在许多传统模式下难以完成的决策分析和情景预测工作均能够高效、顺利进行，真正完成了“车流—排放—控制”一体化控制目标。

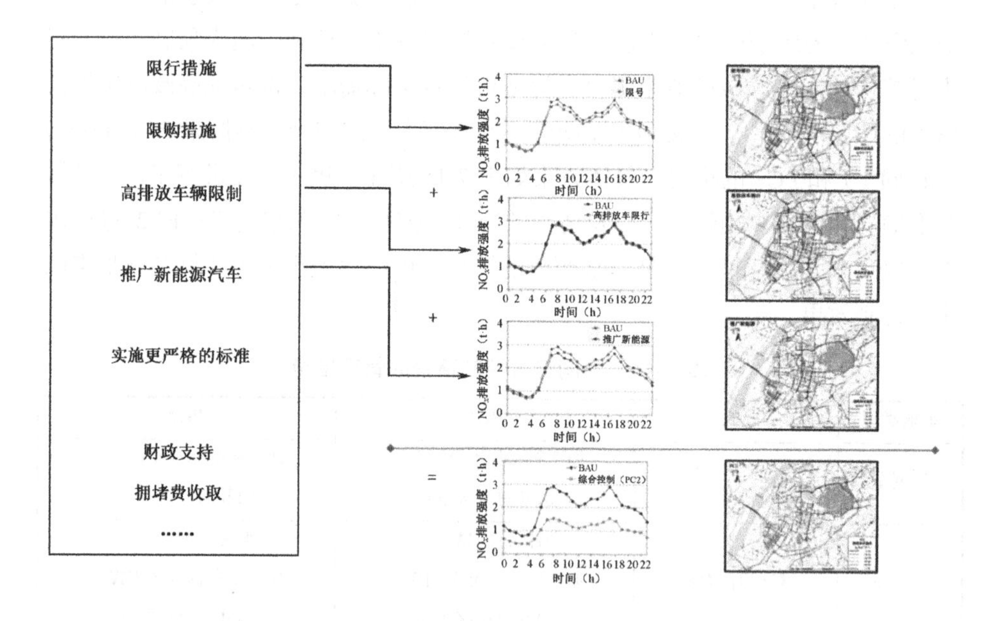

图 7-30　实现“车流—排放—控制”一体化，精确解析交通和排放的时空变化特征

7.5.3　车联网技术助力智能化机动车排放监管

随着城市现代化发展进程不断推进，城市居民对发展智慧城市提出更高的要求，例如，提高城市资源管理、运行和服务水平，提升城市未来发展的竞争力，提供智能化高品质生活，等等。近年来，我国经历了快速发展的城镇化进

程，由此带来城市人口密度增加、城市资源消耗提升等显著的社会问题。因此，优化城市基础设施建设，提高资源利用效率，协同开发精准的城市治理方法，提供自动化、一体化、个性化的城市服务成为智慧城市建设的发展重心。其中，以物联网、5G、云计算、大数据、人工智能为代表的新一代信息通信技术将对智慧城市的建设和发展提供强大的基础支撑，并将带来巨大的经济效益。

在传统的城市智能交通系统（ITS）中，市政服务部门主要通过视频卡口、传感器等方式采集交通数据，并进行交通规划，在避免拥堵的同时提高道路使用效率。随着车联网概念的不断兴起，ITS 正在快速地从“感知—决策”模型向“智能化、协同化”转型发展。车联网可以借助 LTE-V2X（基于 4G 的车联网技术）、5G、NB-IoT（窄带物联网）等新兴网络通信技术，实现机动车车内互通、车间互联、“车—油—路”一体、车与互联网云平台结合、车与监管方的全方位网络连接等目标。这将从根本上提升现代汽车产业的智能化水平，构建汽车和交通服务新业态，从而提高交通效率、强化交管水平、改善汽车驾乘感受，并为社会提供智能、舒适、安全、节能、高效的综合服务。

美国、欧洲、日本等发达国家和地区普遍重视车联网及以车联网为基础的智慧城市、智能交通系统发展，但政策措施和产业推动方法上各有侧重。美国以企业为产业发展主体，通过市场力量发展相关技术产业，政府主要从立法、政策、标准的制定方面搭建产业发展平台，落实保障措施，营造良好的发展环境。欧盟重视新技术研发，通过顶层设计明确关键技术领域，并通过大量资金引导相关产业发展。日本政府主要关注产业发展，并对推动车联网新技术在智能交通和自动驾驶等领域的应用给予重点支持。总体上，美国、欧洲、日本推动以车联网为基础的新型城市智能交通系统建设主要体现三大特点：一是高度重视汽车联网水平及相关产业发展，将其视为战略性新兴产业；二是通过立法或制定强制规定等方法对部分重点领域大力推动和强力引领，例如，欧盟运输总司于2018年出台了一份法案征求意见稿，在欧洲推进合作式智能交通运输系统的部署；三是政策聚焦汽车的智能化和网联化，并逐步相互融合，具有高度自动化能力的车辆已经成为各国产业布局热点[79]。

在国内，近年来汽车联网成为共识，汽车企业也在积极推进汽车联网战略，随着车载联网终端产品逐渐成熟、电信运营商“提速降费”不断推进，车联网终端前装比例不断提升，为车联网信息服务的快速发展提供了终端基础。中国一汽宣布从2019年起实现全系产品标配车联网系统；长安汽车启动“北斗天枢”战略，从 2020 年起实现新车全部联网且搭载驾驶辅助系统，从 2025 年起实现新车全部具备人机交互功能。工业和信息化部会同有关部委发布的《新能源汽车产业发展规划（2021—2035年）（征求意见稿）》提出：到2025年我国智能网联车新车销量占比达到30%[80]。根据全球信息供应商IHS Markit预测，2022年全球具有联网功能的新车市场占比将达94%，随着汽车联网技术的多样化和联网率的不断提升，车联网服务市场潜力将逐步释放[81]。

随着车联网监管平台的发展及应用，“车联网+机动车环保决策系统”逐渐成为环保领域的重点研究及发展方向。利用车联网技术实现实时的道路车辆信息接收及统计处理（如车辆类型、实时速度、实时排放、实时油耗，以及其他环保信息等），实时监测机动车在道路行驶中的排放水平。同时，结合本章所述方法可搭建实时机动车排放控制决策系统平台，实现对城市机动车整体排放的实时精确解析。此外，“车联网+机动车环保决策系统”还能为群众提供至关重要的环保信息，如城市最具燃油经济性的车型或驾驶方式（路线、速度）、排放控制技术最优的车型品牌等，并为管理者制定机动车排放控制决策和管理措施提供科学依据。目前，国内众多大中型城市或大气污染控制重点城市已经开始了积极的研究工作，以尽早实现车联网实时大数据及机动车排放控制系统的精准对接。“车联网+排放控制系统”的实现不仅需要准确地读取数据、精细地进行统计分析，更需要政府相关部门及企业的大力支持，在保证车辆用户隐私的前提下确保车联网数据信息的开放共享。

目前，汽车行业正处于车辆智能化、网联化建设的关键期，车联网不仅可以支撑打造智能化排放控制系统，还可以为用户提供精准的位置导航服务、驾驶行为分析、油耗分析、故障提醒及售后服务，为行业客户提供基于车联网的车队管理系统，建立安全、高效的管理运营体系，推动汽车后服务市场产业的全面发展。因此，在发展机动车大数据排放控制决策系统时，要把握信息通信、汽车、交通等领域全面转型智能化、网联化、电动化、服务化的产业机遇，一方面通过强制标准或行政立法加强对重点车型的监管，另一方面重点关注与汽车后服务市场需求的配合，加强平台间标准化接口制定，推动平台间数据互通，充分利用各类平台的数据资源，基于大数据分析、人工智能等新型技术手段进一步挖掘车联网大数据在环保生态领域的价值。

本章小结

以RFID技术为主的城市ITS建设，不仅有助于准确、实时获取道路机动车信息，而且可以在更广泛的领域内实现城市交通“物联网”建设。通过“物

联网”技术将机动车数据、道路设施信息等接入大数据平台，搭建一体化的智慧城市智能交通管理系统是未来城市建设的大势所趋。通过对大数据的有效应用及对大数据平台的科学搭建，未来城市会在科学监管方面取得长足的进步，全方位地解决经济快速发展背景下的社会和环境问题。

参考文献

[1] 中华人民共和国生态环境部. 中国移动源环境管理年报 2019[R]. http://www.mee.gov.cn/hjzl/sthjzk/ydyhjgl/201909/P020190905586230826402.pdf, 2019.

[2] Litman T. Measuring transportation: traffic, mobility and accessibility[J]. Institute of Transportation Engineers Journal, 2003, 73(10): 28.

[3] Pimentel D, Burgess M. World Human Population Problems[J]. Encyclopedia of the Anthropocene, 2018: 313-317.

[4] Chapman L. Transport and climate change: a review[J]. Journal of Transport Geography, 2007, 15(5): 354-367.

[5] Uherek E., Halenka T., Borken-Kleefeld J., et al. Transport impacts on atmosphere and climate: Land transport[J]. Atmospheric Environment, 2010, 44 (37): 4772-4816.

[6] 北京市生态环境局. 最新科研成果新一轮北京市 $PM_{2.5}$ 来源解析正式发布[EB/OL]. 2018. http://sthjj.beijing.gov.cn/bjhrb/index/xxgk69/zfxxgk43/fdzdgknr2/xwfb/832588/ index. Html.

[7] 中华人民共和国生态环境部. 2016 年中国机动车环境管理年报[R]. 2016. http://www.mee.gov.cn/gkml/sthjbgw/qt/201606/t20160602_353152.htm.

[8] 深圳市生态环境局. 机动车为深圳 $PM_{2.5}$ 首要污染来源[EB/OL]. 2015. http://meeb.sz.gov.cn/gkmlpt/content/5/5560/post_5560888.html#3766.

[9] 任美玲. 关于机动车污染防治的思考[J]. 法制博览（中旬刊），2014（03）: 244.

[10] Yedla S., Shrestha R. M., Anandarajah G. Environmentally sustainable urban transport — comparative analysis of local emission mitigation strategies vis-a-vis GHG mitigation strategies[J]. Transport Policy, 2005, 3(12): 245-254.

[11] International Agency for Research on Cancer. Outdoor air pollution a leading environmental cause of cancer deaths[R]. 2013.

[12] International Energy Agency IEA. World Energy Outlook 2016[R]. Paris: IEA, 2016.

[13] United Nations. Paris: Paris Agreement[R]. 2015.

[14] International Energy Agency IEA. CO_2 emissions from fuel combustion highlights[R]. 2015.

[15] Focas C. Travel behaviour and CO_2 emissions in urban and exurban London and New York[J]. Transport Policy, 2016, 46: 82-91.

[16] Stanley J. K., Hensher D. A., Loader C. Road transport and climate change: Stepping off the greenhouse gas[J]. Transportation Research Part A: Policy and Practice, 2011, 45(10): 1020-1030.

[17] 国家发展和改革委员会能源研究所. 从能源约束看中国汽车发展战略研究[R]. 2012.

[18] 魏际刚. 发达国家如何治理汽车拥堵[J]. 中国经济报告，2013（10）：68-73.

[19] 侯爱玲. 欧美国家机动车排放立法对我国机动车立法的启示[J]. 武汉建设，2006（02）：16-17.

[20] 梁睿. 美国清洁空气法研究[D]. 青岛：中国海洋大学，2010.

[21] Eisinger D. S., Wathern P. Policy evolution and clean air: The case of US motor vehicle inspection and maintenance[J]. Transportation Research Part D: Transport and Environment, 2008, 13(6): 359-368.

[22] 张国强. 东京交通模式对中国一线城市的启示[J]. 公路交通科技（应用技术版），2015（03）：320-324.

[23] Verkehrs Management Zentrale Berlin. Verkehrs informationszentrale Berlin[R]. 2013.

[24] Senate Department for Urban Environment. Traffic Control Centre (VKRZ) [EB/OL]. 2013.

[25] 钟辉，佟明明，范东旭. 新加坡交通体系评述及启示：城市时代，协同规划[C]. 2013 中国城市规划年会，中国山东青岛，2013.

[26] Shaheen S. A., Finson R. Intelligent Transportation Systems//Reference Module in Earth Systems and Environmental Sciences[J]. Elsevier, 2016.

[27] Sheng-hai A., Byung-Hyug L., Dong-Ryeol S. A Survey of Intelligent Transportation Systems[C]. The Third International Conference on Computational Intelligence, Communication Systems and Networks, 2011: 26-28.

[28] 袁高峰，王扬，郭建华. RFID 匹配数据的有效性分析和统计检验方法[J]. 无线互联科技，2013（08）：113-115.

[29] U.S. Federal Highway Adminstration. Traffic monitoring guide[R]. 2016.

[30] Gately C. K., Hutyra L. R., Wing I. S., et al. A bottom up Approach to on-road CO_2 emissions estimates: Improved spatial accuracy and Applications for regional planning[J]. Environmental Science & Technology, 2013, 47(5): 2423-2430.

[31] Wang H., Fu L., Lin X., et al. A bottom-up methodology to estimate vehicle emissions for the Beijing urban area[J]. Science of the Total Environment, 2009, 407(6): 1947-1953.

[32] Gurney K. R., Razlivanov I., Song Y., et al. Quantification of fossil fuel CO_2 emissions on the building/street scale for a large US city[J]. Environmental Science & Technology, 2012, 46(21): 12194-12202.

[33] He X, Wu Y, Zhang S, et al. Individual trip chain distributions for passenger cars: Implications for market acceptance of battery electric vehicles and energy consumption by plug-in hybrid electric vehicles[J]. Applied Energy, 2016, 180: 650-660.

[34] Cai H, Xu M. Greenhouse gas implications of fleet electrification based on big data-informed individual travel patterns[J]. Environmental science & technology, 2013, 47(16): 9035-9043.

[35] Jing B, Wu L, Mao H, et al. Development of a vehicle emission inventory with high temporal-spatial resolution based on NRT traffic data and its impact on air pollution in Beijing-Part 1: Development and evaluation of vehicle emission inventory[J]. Atmospheric Chemistry and Physics, 2016, 16(5): 3161-3170.

[36] He J, Wu L, Mao H, et al. Development of a vehicle emission inventory with high temporal-spatial resolution based on NRT traffic data and its impact on air pollution in Beijing-Part 2: Impact of vehicle emission on urban air quality[J]. Atmospheric Chemistry and Physics, 2016, 16(5): 3171-3184.

[37] 陆化普. 对智能交通系统的理解与分析[J]. 人民公交，2014（09）：42-45.

[38] Ford Company. Ford at CES announces smart mobility plan and 25 global experiments designed to change the way world moves (Company Media News)[R]. 2015.

[39] Barth M, Todd M, Shaheen S . Examining Intelligent Transportation Technology Elements and Operational Methodologies for Shared-use Vehicle Systems[C]. Transportation Research Board Meeting, 2003.

[40] 陆化普, 李瑞敏. 城市智能交通系统的发展现状与趋势[J]. 工程研究——跨学科视野中的工程，2014（01）：6-19.

[41] 陆化普，孙智源，屈闻聪. 大数据及其在城市智能交通系统中的应用综述[J]. 交通运输系统工程与信息，2015（05）：45-52.

[42] Paul J, Malhotra B, Dale S, et al. RFID based vehicular networks for smart cities[C]. Data Engineering Workshops (ICDEW), 2013 IEEE 29th International Conference on. IEEE, 2013.

[43] 郭军. RFID 技术在城市道路交通管理中的应用[J]. 交通建设与管理，2009（08）：84-86.

[44] 张梁俊，袁高峰，郭栋，等. 一种对 RFID 交通数据进行处理的方法[P]. 2013-03-13.

[45] Al-Khateeb K, Johari J A Y. Intelligent dynamic traffic light sequence using RFID[C]. Computer and Communication Engineering, International Conference on. IEEE, 2008.

[46] 施丽艳. 一种基于 RFID 的交通信息管理系统[P]. CN 102314770 A, 2012.

[47] 高德地图. 2016 中国主要城市交通分析报告[R]. 2016.

[48] 小熊油耗. 小熊油耗车型油耗排行榜[EB/OL].

[49] BEIS. UK National Atmospheric Emissions Inventory [EB/OL].

[50] Greater London Authority GLA. London Atmospheric Emissions Inventory 2013[R]. 2016.

[51] Tong Z, Wang Y J, Patel M, et al. Modeling spatial variations of black carbon particles in an urban highway-building environment[J]. Environmental science & technology, 2011, 46(1): 312-319.

[52] Carslaw D C, Beevers S D, Tate J E, et al. Recent evidence concerning higher NO_x emissions from passenger cars and light duty vehicles[J]. Atmospheric Environment, 2011, 45(39): 7053-7063.

[53] Gately C K, Hutyra L R, Wing I S, et al. A bottom up Approach to on-road CO_2 emissions estimates: Improved spatial accuracy and Applications for regional planning[J]. Environmental Science & Technology, 2013, 47(5): 2423-2430.

[54] Gately C K, Hutyra L R, Wing I S. Cities, traffic, and CO_2: A multidecadal assessment of trends, drivers, and scaling relationships[J]. Proceedings of the National Academy of Sciences, 2015, 112(16): 4999-5004.

[55] Zhang S, Wu Y, Wu X, et al. Historic and future trends of vehicle emissions in Beijing, 1998-2020: A policy assessment for the most stringent vehicle emission control program in China[J]. Atmospheric Environment, 2014, 89: 216-229.

[56] Yu Z, Ye W, Liu Y. The impact of transportation control measures on emissionduring the 2008 Olympic Games in Beijing, China[J]. Atmospheric Environment, 2010, 44(2010): 285-293.

[57] 晓玲，王正华. 从 IC 卡到 RFID[J]. 中国集成电路，2007（04）：78-84，88.

[58] 陈新河. 无线射频识别（RFID）技术发展综述[J]. 信息技术与标准化，2005（7）：20-24.

[59] 王玲玲，翁绍捷，唐荣年. RFID 技术的现状和发展[J]. 热带农业工程，2009，33（5）：19-22.

[60] 沈冬青. RFID 射频识别技术标准解析及现状研究[J]. 中国安防，2011（4）：37-40.

[61] 汪先锋. 物联网与环境监管实践[M]. 北京：中国环境出版社，2015.

[62] 杨吉飞. 基于物联网的智能停车缴费系统设计和实现[D]. 上海：复旦大学，2010.

[63] 牛天林. 基于智能交通大数据的南京高分辨率路网排放清单研究[D]. 北京：清华大学，2017.

[64] Shaojun Z, Tianlin N, Ye W, et al. Fine-grained vehicle emission management using intelligent transportation system data[J]. Environmental Pollution, 2018: S0269749118323583.

[65] 陆化普. 交通规划理论与方法[M]. 北京：清华大学出版社，2006.

[66] 赵明翠，成卫，戢晓峰，等. 基于 TransCAD 与 TransModeler 的交通影响分析方法[J]. 科学技术与工程，2010（27）：6689-6694.

[67] Abou-Senna H, Radwan E, Westerlund K, et al. Using a traffic simulation model (VISSIM) with an emissions model (MOVES) to predict emissions from vehicles on a limited-access highway[J]. Journal of the Air & Waste Management Association, 2013, 63(7): 819-831.

[68] 刘桢根，卢士和. TransCAD 软件在交通分配中的应用[J]. 道路交通与安全，

2006（07）：40-42.

[69] 霍红，贺克斌，王岐东. 机动车污染排放模型研究综述[J]. 环境污染与防治，2006，28（07）：526-530.

[70] 吴潇萌. 中国道路机动车空气污染物与 CO_2 排放协同控制策略研究[D]. 北京：清华大学，2016.

[71] Wu X, Wu Y, Zhang S, et al. Assessment of vehicle emission programs in China during 1998-2013: achievement, challenges and implications[J]. Environmental Pollution, 2016, 214: 556-567.

[72] Ye W, Renjie W, Yu Z. On-road vehicle emission control in Beijing: past, present, and future[J]. Environmental Science & Technology, 2011, 1(45): 147-153.

[73] Ke W, Zhang S, Wu Y, et al. Assessing the future vehicle fleet electrification: the impacts on regional and urban air quality[J]. Environmental Science & Technology, 2017, 51(2): 1007-1016.

[74] 王人杰. 电动车和天然气车能源环境影响的燃料生命周期评价研究[D]. 北京：清华大学，2015.

[75] 周博雅. 电动汽车生命周期的能源消耗、碳排放和成本收益研究[D]. 北京：清华大学，2016.

[76] 北京市交管局. 北京市道路限行规定[EB/OL]. http://www.bjjtgl.gov.cn/zhuanti/10weihao/index.html.

[77] 郑亚莉. 澳门机动车排放综合控制决策系统研究[D]. 北京：清华大学，2013.

[78] China Daily. Beijing Issues First Red Alert for Heavy Air Pollution[EB/OL]. http://www.chinadaily.com.cn/china/2015-12/07/content_22652539.html.

[79] 中国信通院 5G 推进组. 车联网白皮书合集（2017—2019）[R]. 2019. http://www.caict.ac.cn/kxyj/qwfb/bps/202001/t20200102_273007.htm.

[80] 中华人民共和国工业和信息化部. 新能源汽车产业发展规划（2021—2035年）（征求意见稿）[R]. 2019. http://www.miit.gov.cn/n1278117/n1648113/c7553623/part/7553637.pdf.

[81] IHS Markit. Performance Marketing in Automotive Whitepaper[R]. 2019.

第8章

环保督查的眼睛：大样本分布式微型空气质量监测网络

内容摘要

近年来，随着我国大气污染防治工作的不断深入，各城市的大气污染控制工作逐步向精细化、智能化监管方向转变。随着物联网技术和大数据分析技术的不断发展，各种空气质量监测方式得到了迅速发展和应用，利用物联网技术建立更高效的立体综合空气质量监测网络对提高环保部门监管和执法能力具有突破性的重大意义。本章将以大样本分布式微型空气质量监测站为例，介绍大气污染网格化监测的特点及应用。

8.1 建立大样本分布式微型空气质量监测网络的必要性

8.1.1 中国空气质量现状及对人体健康的影响

1. 中国空气质量现状

随着工业、交通运输业等行业的快速发展，大量大气污染物被排放入环境中，给我国的空气质量带来了严峻的挑战。根据《2017中国生态环境状况公报》，在全国338个地级及以上城市中，有239个城市的环境空气质量超标，占总数的70.7%；338个城市空气质量平均优良的天数比例为78.0%，比2016年下降了0.8个百分点；共发生重度污染2311天次、严重污染802天次，其中细颗粒物（$PM_{2.5}$）、可吸入颗粒物（PM_{10}）、臭氧（O_3）为首要污染物的天数分别占74.2%、20.4%、5.9%[1]。如图 8-1 所示为 2013—2017 年 74 个新标准第一阶段监测实施城市大气主要污染物年均浓度。

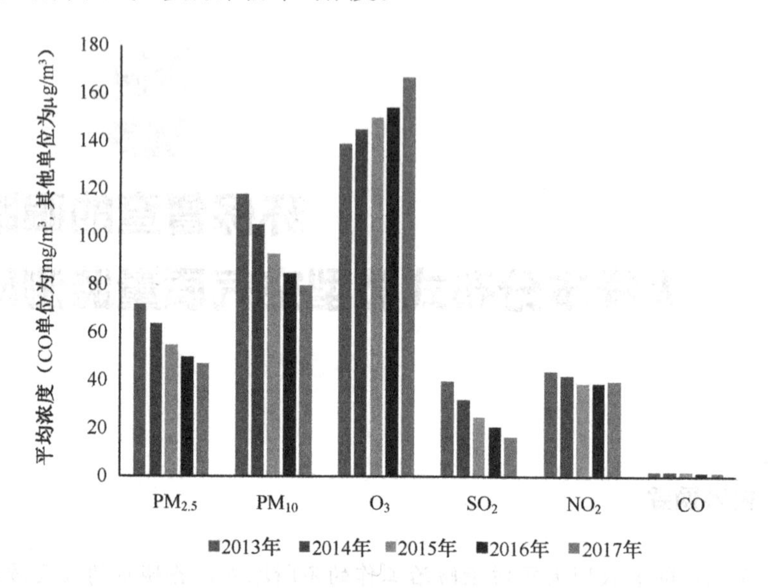

图 8-1　74 个新标准第一阶段监测实施城市大气主要污染物年均浓度[1]

由图 8-1 可知，近几年我国环境空气质量治理工作取得了相当的成绩，$PM_{2.5}$、PM_{10}、二氧化硫（SO_2）、一氧化碳（CO）年均浓度明显下降。同 2013 年相比，2017 年 338 个城市的 PM_{10} 平均浓度下降 22.7%，京津冀地区、长江三角洲地区、珠江三角洲地区的 $PM_{2.5}$ 浓度分别下降 39.6%、34.3%、27.7%，北京市的 $PM_{2.5}$ 浓度也由 89.5μg/m³ 降至 58μg/m³。与之相反的是，O_3 浓度持续升高，对光化学污染进行防治已刻不容缓；NO_2 浓度的降低不是很显著，2017 年其浓度甚至较 2016 年有所上升。这种情况在我国重点区域体现也很明显。在京津冀地区、长江三角洲地区和珠江三角洲地区，O_3 和 NO_2 为首要污染物天数所占比例要高于全国的总体情况，珠江三角洲地区 O_3 为首要污染物的天数占到其总污染天数的 70.6%。正因为如此，除颗粒物问题外，O_3 与 NO_2 污染问题也日益成为学界的研究热点。

2. 大气污染对人体的危害

近些年来，我国区域内空气重污染现象大范围同时出现的频次较高，对人民群众的身体健康、社会经济的可持续发展带来了严重的负面影响，引起了国

内外社会的广泛关注。雾霾事件便是其中的典型代表。2013 年 1 月，我国东北、西北、华北、中部、黄淮及江南等地区共 140 万平方千米区域受到雾霾的侵袭，8 亿人受到影响，北京市仅有 5 天不是雾霾天[2]。各地空气质量指数（AQI）爆表的现象也层出不穷，北京市 AQI 就一度超过 900。如图 8-2 所示为雾霾与晴朗天气下的天安门广场。

图 8-2　雾霾与晴朗天气下的天安门广场

随着“雾霾”话题热度的上升，人们对于颗粒物污染问题的重视程度也不断提高，这同颗粒物污染的健康风险是分不开的。颗粒物对可见度有很大的影响。Koschimieder 公式对可见度与大气中颗粒物浓度的关系进行了归纳总结，如式（8-1）所示[3]。其中，L_v 为可见度，颗粒物浓度项则一般选用 PM_{10} 浓度进行计算。

$$L_v = \frac{1200\text{km} \cdot \mu\text{g/m}^3}{\text{颗粒物浓度}} \tag{8-1}$$

除对可见度造成影响外，上呼吸道感染、支气管炎、哮喘等呼吸系统疾病也同大气颗粒物密不可分。发表于《柳叶刀》杂志的一篇文章表明，颗粒物污染在中国居民致死因子中排名第 5 位，仅次于高血压、钠摄入过多、吸烟和高血糖[4]。此外，颗粒物粒径越小，越容易深入人体肺部，健康风险也就越高。这也在一定程度上解释了人们对颗粒物研究尺度从总悬浮颗粒物（TSP，空气动力学直径小于等于 100μm 的大气颗粒物）逐渐细化到 PM_{10}、$PM_{2.5}$ 的原因。

除颗粒物外，气态污染物的健康风险也不容小觑。SO_2 等硫氧化物的浓度上升到一定水平后会对人体呼吸道造成强烈的刺激，导致支气管收缩等生理反应。许多环境公害事件都同 SO_2 及其形成的硫酸、硫酸烟雾相关。CO 可同血红蛋白结合，降低血液的载氧和输氧能力，常发于冬季的煤气中毒就是 CO 吸入过量导致的。NO_2等氮氧化物（NO_x）不仅可引起哮喘等呼吸系统疾病，对人体健康造成直接损害，还是O_3等二次污染物的重要前体物，在光化学烟雾的生成中扮演着重要角色。2014年，欧盟28个国家中的75000起过早死亡与NO_2相关[5]。O_3等光化学氧化剂会对眼睛、呼吸道等造成强烈的刺激，甚至对人体神经系统、免疫系统造成危害。

8.1.2 传统环境空气质量监测网络的发展现状及局限

1. 我国环境空气质量监测网络现状

当前，我国空气污染问题非常严重，给人民群众的身体健康带来了严重的风险。党的十八大做出了“大力推进生态文明建设”的战略决策，强调要“努力建设美丽中国，实现中华民族永续发展”；党的十八届五中全会将增强生态文明建设首次写入了五年规划；党的十九大报告更是指出“建设生态文明是中华民族永续发展的千年大计”，并明确提出要“持续实施大气污染防治行动，打赢蓝天保卫战”。由此可见，治理大气污染、改善大气环境质量已成为今后一段时期的工作重心。要想做到这一点，发展环境空气质量监测技术、完善环境空气质量监测网络的重要性就不言而喻了。

环境空气质量监测网络是在一定区域内由环境监测站点组成的环境监测数据生产系统。我国环境空气质量监测网络由国家环境监测网、省级环境监测网、市级环境监测网、县级环境监测网4级组成，具备收集、传输环境质量信息，以及组织管理环境监测站点等功能。其中，国家环境监测网由生态环境部负责组织管理，中国环境监测总站负责技术指导与日常运行维护；省、市、县级环境监测网的组织建设和管理工作则分别由省级、市级、县级地方人民政府环境保护主管单位负责[6]。

我国环境空气质量监测起源于20世纪70年代中期，当时采用的主要是手工采样后实验室分析的方法。20世纪80年代，全国性的环境空气质量监测网络开始建立（以监测SO_2、NO_x、TSP为主），环境空气质量标准和方法标准也得到确立。1982—1984年，酸雨监测网建立；20世纪90年代初，我国组建了由103个城市环境监测站组成的国家环境空气质量监测网络。1997年，我国46个环境保护重点城市环境空气质量周报开始上报。2000年，环境保护部划定了113个大气污染防治重点城市，开展空气质量日报和预报工作。2012年，新版的《环境空气质量标准》（GB 3095—2012）出炉，并划定了74个第一批实行新空气质

量标准的城市。表 8-1 列出了环境空气污染物基本项目浓度限值。其中，一级浓度限值适用于一类区（自然保护区、风景名胜区及其他需要特殊保护的区域），二级浓度限值适用于二类区（居住区、商业交通居民混合区、文化区、工业区和农村地区）[7]。目前，我国已经建成了由国家、省、市、县 4 个层级构成的，涵盖城市环境空气质量监测、区域环境空气质量监测、背景环境空气质量监测、试点城市温室气体监测、酸雨监测、沙尘影响空气质量监测、大气颗粒物组分/光化学监测等功能的环境空气质量监测网络。图 8-3 展示了国家环境空气质量监测网络的组成。

表 8-1 环境空气污染物基本项目浓度限值

序号	污染物项目	平均时间	浓度限制		单位
			一级	二级	
1	SO_2	年平均	20	60	μg/m³
		24 小时平均	50	150	
		1 小时平均	150	500	
2	NO_2	年平均	40	40	
		24 小时平均	80	80	
		1 小时平均	200	200	
3	CO	24 小时平均	4	4	mg/m³
		1 小时平均	10	10	
4	O_3	1 小时平均	100	160	μg/m³
		日最大 8 小时平均	160	200	
5	PM_{10}	年平均	40	70	
		24 小时平均	50	150	
6	$PM_{2.5}$	年平均	15	35	
		24 小时平均	35	75	

作为环境空气质量监测网络的基本要素，环境空气质量监测站点在其中扮演非常关键的角色。以国家环境空气质量监测网络为例，其包含环境空气质量评价点、环境空气质量背景点、区域环境空气质量对照点等类型的站点。其中，环境空气质量评价点位于城市的建成区内，并相对均匀地覆盖整个建成区，所有环境空气质量评价点污染物浓度计的算术平均值能够反映整个城市的污染物浓度水平。城市内监测站点数量由城市建成区面积、城市人口等因素决定，在

空气质量较差的城市区域需要增设环境空气质量评价点。环境空气质量背景点、区域环境空气质量对照点布设在远离污染源、不受局部地区环境影响的地带，前者主要用于反映环境本底水平，后者则有助于表征区域尺度内的环境空气质量，分析重点区域/城市污染物输送特征，为区域联防联控提供技术支持。地方环境空气质量监测网络应包含环境空气质量评价点，并根据需要设置污染监控点和区域环境空气质量对照点。其中，污染监控点主要用于分析空气污染来源，并作为环境规划依据。以北京市为例，当前公开的环境空气质量监测站点共包含 23 个城市环境空气质量评价点、1 个城市清洁对照点、6 个区域背景传输点和 5 个交通污染控制点。

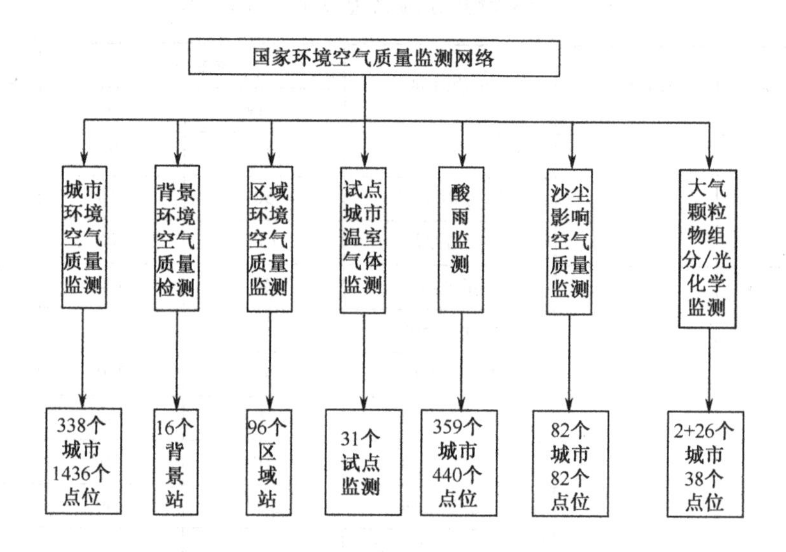

图 8-3　国家环境空气质量监测网络组成

明确环境空气质量监测网络的宏观结构后，我们再分解来看其组网结构。环境空气质量监测网络包含基础节点、传输网络、中心节点、数据处理系统等部分，组网示意如图 8-4 所示。室外监测站测得的数据经移动传输网络传输至监测管理中心，在环境空气质量监测分析处理系统中计算分析后，就可对监测站点所处地区的空气质量进行评价。该结果同大气污染源监控数据相结合，还能对大气环境预警预报分析起到帮助作用。我国环境空气质量自动监测网由子站、市级站、省级站、国家站 4 级体系构成，传感器采集的数据输送到前端子站后，经过校验后的数据便会通过环保专网向上级监测站点传输，同时在前端子站入库并备份。

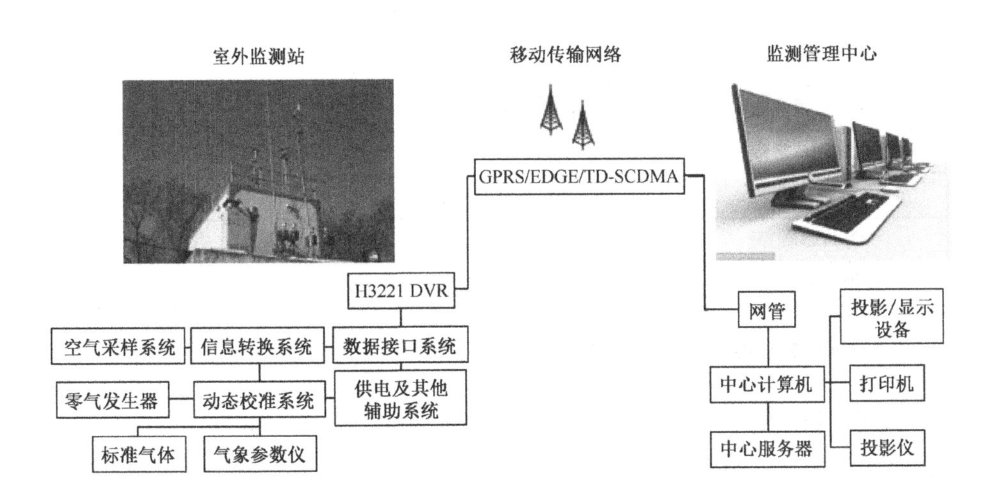

图 8-4　环境空气质量监测网络组网示意

对于“监测网络”而言，一个完善的信息系统也是必不可少的。环境空气质量监测网络的信息系统由 5 部分组成，分别是数据管理与存储系统、数据传输和共享系统、自动监测设备运行和管理系统、环境数据发布系统、卫星遥感及地理信息系统。数据管理与存储系统具有录入、修改、存储、初步分析数据等功能，能够有效提升数据处理的效率和准确性。数据传输和共享系统主要将各部门服务器通过专线网络连接起来，使数据能够在部门间共享，起到节约数据成本的作用。自动监测设备运行和管理系统最直观的体现便是环境质量自动监测站点，它们可以对环境质量进行不间断监测，监测人员也可以实行远程操控，从而保证了系统的高自动化、高工作效率。环境数据发布系统（如各省市的全国空气质量发布系统）对于保障公众对环境信息的知情权至关重要，也为相关的科学研究提供了便利[6]。卫星遥感及地理信息系统主要利用卫星等平台对环境质量进行宏观、快速的遥感监测，并采用 GIS 技术等对环境信息进行表征。虽然卫星遥感及地理信息系统在我国的环境空气质量监测网络中已经扮演了一定的角色，但在环境空气质量监测网络中仍有很大的应用空间，后文会对相关话题进行更详细的阐述。环境空气质量监测网络的核心功能是有效监测大气污染物浓度，从而对环境空气质量进行评价。表 8-2 对常见空气污染物的监测方法进行了归纳，具体原理不再赘述。

表 8-2　常见空气污染物的监测方法

传感器	监测方法
SO_2 传感器	紫外荧光法、差分吸收光谱法
氮氧化物传感器	化学发光法、差分吸收光谱法
CO 传感器	非分散红外吸收法、气相色谱法
O_3 传感器	紫外光度法
颗粒物检测传感器	重量法、微量振荡天平法、β 射线法、光散射法

2. 传统环境空气质量监测网络的局限性

目前，我国的环境空气质量监测网络已经建成，能够实现对大气污染物浓度的准确测量。但需要注意的是，传统的环境空气质量监测网络还存在一些不足之处，这在一定程度上限制了环境空气质量监测网络功能的发挥。

第一，当前我国环境空气质量监测站点覆盖密度较低，而充足的点位布设是进行环境空气质量评价和空气质量预警的基础。欧洲的环境空气质量监测站按照地域可分成市区、郊区、乡村 3 类，覆盖较为完备；我国的环境空气质量监测点位则主要集中在城市区域，在城郊、乡村地区的分布稍显不足。即使在城市区域内，我国环境空气质量监测站点的数目也是缺失的。根据《环境空气质量监测规范》设定的环境空气质量评价点设置数目要求，当城市建成区人口大于 300 万人、建成区面积大于 200km^2 时，应当每 25～30km^2 建成区面积设置一个监测站点。据 2016 年统计数据，北京市的建成区面积为 1401km^2，但北京市公布的城市环境空气质量评价点只有 23 个，这显然不能满足需求。

第二，部分空气质量监测站点的针对性不够强。欧美国家会根据监测目的的差异划分不同层次的监测网络。例如，美国的空气质量监测网可分为州和地方空气监测网（State and Local Air Monitoring Stations，SLAMS）、国家空气监测网（National Air Monitoring Stations，NAMS）及特殊目的监测网（Special Purpose Monitoring，SPM）等。其中，SPM 用于受到关注但相关标准还未建立的大气污染物的浓度监测，其站点机动性较高，方便随时进行调整和补充。英国空气质量监测网包含自动城乡网（Automatic Urban and Rural Network，AURN）、重金属监测网、碳氢监测网、多环芳烃监测网、炭黑监测网、粒子数量和离子浓度监测网、酸性物质和酸性氧化物监测网等，分别服务于环境质量评价和科学研究。此外，欧美国家往往会使用不同的监测站点来监测不同污染物的浓度[9]。与之相对的是，我国主要在单个监测站点对多种污染物进行监测，

之后再由这些“综合站点”形成监测网络。的确，相较于欧美国家，我国的监测网络层次清晰、便于管理；但若考虑不同污染物在排放和扩散特征上的差异，欧美国家的监测网络在捕捉污染物分布特征的准确性上可能更具优势。

第三，以对大气污染物近地面浓度的点位监测为主，缺少其他方式的应用。完善区域大气污染联防联控机制是当前一项重要工作，点位监测在反映近地面大气、较小地域范围内的空气质量时较有优势，但对于污染物的区域性变化、垂直分布、时空演变的表征就没有那么得心应手了。此外，传统的固定式环境空气质量监测站点对于移动污染源的监测也有些力不从心。

综上所述，当前我国已经建立了相对完善的环境空气质量监测网络，为空气质量的预报、空气状况的改善提供了数据支撑。然而，传统的环境空气质量监测网络存在覆盖密度低、针对性弱、缺少区域尺度和垂直方向监测等问题，简而言之，就是“站点覆盖不足、监测手段单一”。这对于判断污染源头、准确进行空气质量预警显然是不利的。要实现高效、精准、科学的环境空气治理，势必要针对这些弱点进行改变，逐步对现有的环境空气质量监测网络进行完善。

8.1.3　环境空气质量监测网络的发展趋势

8.1.2 节提到，传统环境空气质量监测网络存在“站点覆盖不足、监测手段单一”的问题。相应地，要对现有的环境空气质量监测网络进行完善，就需要从“增加站点布局、丰富监测手段”两个思路入手。

1. 增加站点布局

应在当前环境空气质量监测网络框架内，进一步推动各类型环境空气质量监测站点的建设。毕竟，无论是监测污染源排放、评价环境空气质量、研究大气污染物传输规律，还是为空气质量预警提供支持，数量充足的环境空气质量监测站点都是必不可少的。然而，建设传统环境空气质量监测站点的成本是很高的，若要实现对大气污染物的高密度监测，只依靠它们显然不够现实。在这样的现实背景下，环境空气质量自动监测微站的应用就显得尤为必要。微站的应用有助于高密度网格化地面监测体系的形成，能够刻画千米级的时空分辨率，对大气污染物的精准治理大有好处。

2. 丰富监测手段

1）以机动车为代表的移动污染源排放监测

前文提到，传统环境空气质量监测网络在移动污染源排放监测上是有所缺失的。然而，当前机动车排放是我国城市空气污染的重要来源，在这个大背景下，对机动车污染排放进行监测又显得十分重要，一些先进测试技术的应用也就势在必行了。以下对车载尾气检测设备（Portable Emission Measurement System，PEMS）、遥感测试（Remote Sensing，RS）、跟车测试（Chasing）这3种测试技术进行简要介绍。

PEMS 技术便是其中一例。该技术将车载测试设备探针同汽车尾气管道相连，实现对污染物排放浓度的测量；其 OBD 解码器可实时获取机动车发动机工况等信息，真正做到对实际道路工况和瞬态污染物浓度的同时采集。PEMS 技术在机动车排放达标测试、排放因子测算等方面发挥着一定的作用，在 2015 年大众汽车排放门丑闻的曝光中也功不可没。

RS 可以通过激光测速来检测车辆通过时的速度和加速度，并测量汽车尾气中 CO、THC、NO_x、SO_2、NH_3 等污染物的浓度。RS 的工作效率很高，每个站点每天可对千余辆车辆进行监测。2017 年 5 月，环境保护部（现生态环境部）出台了《“2+26”城市机动车遥感监测网络建设方案》，明确要求每个城市建设 10 台（套）左右的固定垂直式遥感监测设备，并配备 2 台（套）左右的移动式遥感监测设备。这充分体现了遥感测试在移动污染源监测中的重要性。图 8-5 所示为道路遥感测试的现场照片。

图 8-5　道路遥感测试的现场照片

Chasing 需要先在测试平台车辆上安装 CO_2、CO、BC、RH、温度测试仪，以及 NO/NO_2 测试仪、随车摄像机等监测设备，之后将测试平台车驶入道路，跟随待测车辆行驶，即可实现对待测车辆污染物排放的实时测量。与遥感测试不同的是，跟车测试可主动选择测试道路和车辆，反映路面驾驶状况及对大气环境的直接关联。

上述 3 种技术在车队监管方面都有广泛的应用前景，这也是今后机动车排放监管的一个重点。

2）环境遥感技术的应用

除移动污染源排放监测之外，传统环境空气质量监测网络在反映大气污染物的区域传输、垂直分布等方面也有所不足。环境遥感技术便可以在这里派上用场。环境遥感指利用光学、微波和电子光学遥感仪器接收被测环境物体反射或辐射的电磁波信息，并加工处理成能识别和解释环境现象物理属性、形状特征和动态变化信息的科学技术。需要明确的是，这里的环境遥感技术同前文提到的机动车遥感测试有所不同。

高空中的环境遥感由卫星环境遥感、航空环境遥感组成。卫星环境遥感以卫星为飞行平台，能够对地表环境进行宏观层面的监测预警，《国家民用关键基础设施中长期发展规划（2015—2025 年）》就纳入了 4 颗大气环境监测卫星。航空环境遥感主要以无人机为飞行平台，对地表环境状况的监测预警也更加精细化。生态环境部已经完成了 8 架无人机的购置与系统集成，配备了高分辨率的光学相机等无人机载荷，形成了集成一体化的无人机环境监测系统。同地面环境监测相比，环境遥感监测更加宏观、快速、动态、客观，数据也更加连续；将其纳入环境空气质量监测网络，与在微观层面更具优势的地面环境空气质量监测网络相结合，能够优势互补，构成天地一体化的环境监测体系。此外，卫星传输的实时环境数据是无法被修改的，可以用来与地面数据相互印证，这对数据可信度也是一个保障。

除卫星、航空环境遥感外，地基遥感也是环境遥感的一个组成部分。我国初步建成的颗粒物遥感监测网络的主要组成便是卫星遥感和地基遥感。地基遥感主要靠雷达来实现。卫星遥感可反映污染在区域尺度上的水平分布，雷达则能够体现污染物的垂直分布，从而搭建出区域尺度上的三维立体监测网络，其示意如图 8-6 所示。除颗粒物外，我国还实现了对秸秆焚烧、灰霾、NO_2、沙尘的遥感动态监测。

当然，环境遥感技术在环境空气质量监测实际应用中还有一些问题需要解决。例如，卫星遥感只能获取整层大气污染，在反演近地面情况时可能会出现一定误差；无人机等设备在运行时所受影响因素较多，监测数据的准确性有进一步提高的空间。但归根结底，环境遥感技术对推动监测网络向环境空气质量评价、考核、预警三位一体的方向发展，以及构建“陆海统筹、天地一体”的立体生态环境监测网络体系是极为重要的。因此，推动环境遥感技术是环境空气质量监测网络发展的一个重要方向。

图 8-6 环境空气质量三维立体监测网络示意

8.2 物联感知——空气质量微型监测站概述

8.2.1 空气质量微型监测站的特点及优劣势

空气质量微型监测站主要由基于激光、电化学等原理的传感器结合单片机技术和网络通信技术组合而成。相对于传统的大型环境空气质量监测站，空气质量微型监测站的成本较低、体积较小、易于安装和维护，适合大规模和灵活布局。空气质量微型监测站主要具有以下优势：①体积小巧，安装简单，操作方便，易于维护；②成本较低；③传感器多样，可支持多种传感器设备接入；④无工具拆卸，方便点位迁移与设备维护；⑤具有数据存储和传输功能，便于数据自动上传和分析。

与传统的环境空气质量监测站相比，空气质量微型监测站还有一些劣势，包括：①部分传感器稳定性较差，受环境影响较大，不宜在对计量准确性要求较高的场所使用；②部分传感器寿命较短，需要及时维护或定期更换。

8.2.2 传感器介绍

1．颗粒物传感器

颗粒物传感器按光源可分为红外颗粒物传感器和激光颗粒物传感器。

1）红外颗粒物传感器

$PM_{2.5}$红外颗粒物传感器基于光的散射原理开发，由于微粒和分子在光的照射下会产生光的散射现象，还会吸收部分照射光的能量。当一束平行单色光入射到被测颗粒物场时，会受到颗粒物周围散射和吸收的影响光强衰减。可根据入射光通过待测浓度场的相对衰减率来进一步计算待测浓度场灰尘的相对浓度。由于光强的大小和经光电转换的电信号强弱成正比，通过测得电信号就可

以求得相对衰减率，进而得到粉尘颗粒物的浓度。

2）激光颗粒物传感器

激光颗粒物传感器的光源为激光二极管。采样空气在风扇或鼓风机推动下，进入传感器配套的风道，当空气中的细颗粒物进入激光束所在区域时，将使激光发生散射，在适当位置放置光电探测器，使之只接收散射光，然后经过光电探测器的光电效应产生电流信号，经电路放大处理后，即可得到细颗粒物浓度。

2. 气体传感器

气体传感器按气敏特性可以分为以下几类。

1）半导体型气体传感器

半导体型气体传感器基于半导体材料的特性开发。金属氧化物或金属半导体氧化物材料与气体相互作用时产生表面吸附或发生反应，会引起以载流子运动为特征的电导率或伏安特性或表面电位变化。如图 8-7 所示为半导体型气体传感器的外观。

图 8-7　半导体型气体传感器的外观

2）电化学型气体传感器

电化学型气体传感器基于电化学原理设计，把被测量的气体在电极处氧化或还原，进而测量电流变化，得到气体的浓度。根据具体的电极和电池设计及适用的气体不同，电化学型气体传感器主要分为原电池型、恒定电位电解池型、浓差电池型、极限电流型气体传感器 4 类。通常来说，电化学型气体传感器一般适用于电化学性能活泼的气体。如图 8-8 所示为不同电化学型气体传感器。

3）固体电解质气体传感器

固体电解质气体传感器是选择性强的传感器，分为阳离子传导和阴离子传导两种类型，基于离子对固体电解质隔膜传导的原理设计，也被称为电化学池。氧化锆固体电解质气体传感器是目前研究较多且能达到实用化要求的一种传感器类型，其隔膜两侧两个电池之间的电位差等于浓差电池的电势，可应用于发动机空燃比成分测量等。为弥补固体电解质导电不足的问题，近几年来产业技术发展的趋势是将围周环境中气体分子数量和介质中可移动的粒子数量联系起来，一种可行的技术手段是通过在固态电解质上蒸镀气体敏膜来实现。如图 8-9 所示为典型固体电解质气体传感器。

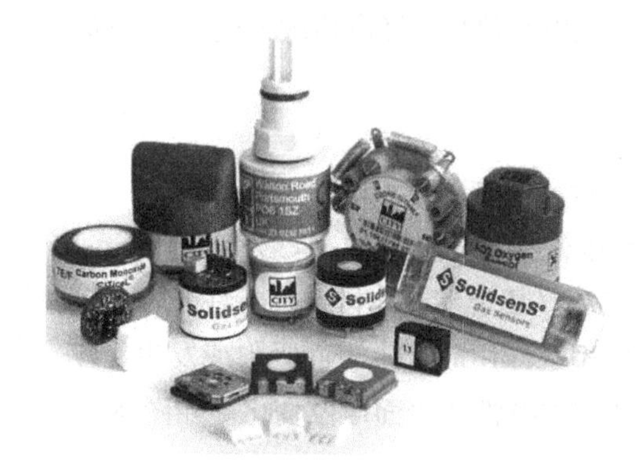

图 8-8　不同电化学型气体传感器

图 8-9　典型固体电解质气体传感器

4）接触燃烧式气体传感器

接触燃烧式气体传感器的优点是应用面广、体积小、结构简单、稳定性好，缺点是选择性差，可适用于 H_2、CO、CH_4 等可燃性气体的检测。当可燃性气体接触传感器表面催化剂 Pt、Pd 时将燃烧、破热，其燃烧热与气体浓度有关。如图 8-10 所示为接触燃烧式气体传感器的外观。

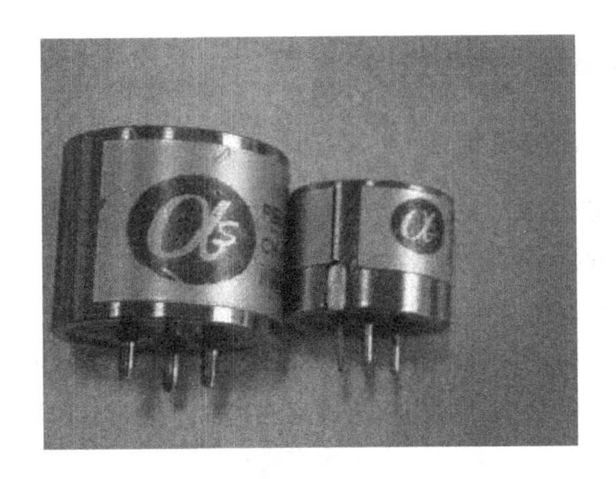

图 8-10　接触燃烧式气体传感器的外观

5）光化学型气体传感器

（1）直接吸收式光学气体传感器。一种典型的吸收式光学气体传感器是红外线气体传感器，其工作原理是不同气体具有各自固定的吸收光谱，非分散红外吸收光谱对 SO_2、CO、CO_2、NO 等气体具有较高的灵敏度，据此可实现气体成分检测。此外，紫外线吸收光谱、非分散紫外线吸收光谱对 NO、NO_2、SO_2、$CH(CH_4)$等气体具有较高的灵敏度，根据类似的原理可以实现相应的气体成分检测。

（2）光反应气体传感器。光反应气体传感器利用气体反应产生的色变引起光强度吸收等光学特性改变的原理实现气体成分检测。但是，由于气体光感变化受到限制、传感元件理想化，传感器存在自由度小的问题。

（3）气体光学特性的新传感器。一种典型的新传感器为光导纤维温度传感器，该类传感器通过在光纤顶端涂敷触媒，并与待检测气体发生反应，导致发热和温度改变，并通过光纤测温实现气体成分检测功能，目前已达到实用化程度。

此外，其他利用物理量变化测量气体成分的新型检测方法和传感器也在不断研发，例如，新型的声表面波传感器在检测 SO_2、H_2S、NH_3、NO_2、H_2 等气体方面具有较高的灵敏度。

6）高分子气体传感器

高分子气体传感器可测量气体的体积分数，主要通过测量欧菁聚合物、LB 膜、聚吡咯等高分子气敏材料的电阻来实现检测功能。高分子气体传感器具有对特定气体分子的灵敏度高、选择性好、结构简单、可在常温下使用、制作工艺简单、成本低廉等诸多优点，可与其他类型的气体传感器功能互补。

8.2.3 传感器标定与校准

1．实验室标定与校准

标定是指在明确输入—输出对应关系的前提下，利用某种标准器具对传感器进行检定；校准是指对传感器在储存、使用或修理后的性能进行复检。通常，新研制或生产的传感器需要对其技术性能进行全面检测和标定，以保证量值的准确传递。经过一段时间储存、使用或修理后的传感器，也必须对其主要技术性能进行校准，以确保其性能指标的稳定性。由于标定与校准的技术原理和操作方式基本一致，本节主要以标定为代表进行介绍。传感器的标定系统通常由标准发生器、标准测试系统，以及待标定传感器所配接的信号调节器和显示器、记录器等组成。标定的基本方法是，首先将已知的被测量输入待标定的传感器，同时得到传感器的输出量；然后对所获得的传感器输入量和输出量进行处理和比较，得到一系列表征两者对应关系的标定曲线，进而得到传感器性能指标的实测结果。在标定传感器时，所用标准的精度通常需要比待标定传感器的精度高一个数量级（至少要高 1/3 以上），这样才能保证通过标定确定的传感器性能指标的可靠性和测量精度的可信度。

1）颗粒物传感器标定原理及方法

标准的颗粒物传感器的标定方法通常为：首先，产生一定种类的颗粒物，通过稀释混合的方式调节容器或箱体内的颗粒物浓度；其次，获取传感器读数和参考仪器读数，进行数据拟合、标定。

目前，市场上已有的颗粒物传感器标定系统常会存在以下几个问题：

（1）气溶胶发生技术单一、发生源不稳定，如采用燃烧香烟的方式；

（2）箱体体积过大，气溶胶分布不均匀；

（3）稀释混合方式复杂，较难调节和稳定；

（4）采用静态多点标定的方式，费时；

（5）批次校准结果使传感器之间一致性较差。

为了解决以上问题，可以采用如下方法来完善颗粒物传感器的标定过程：

（1）在测量不同粒径范围的颗粒物传感器时，采用相应的颗粒物发生器产生多分散颗粒物，气溶胶产生方式更科学、更稳定；

（2）在校准时，在实验箱体内对称分布数十个颗粒物传感器，使传感器之间的一致性较好；

（3）通过调节不同的流量稀释比进行颗粒物浓度动态调节，实现颗粒物传

感器的快速动态标定，一次校准过程只需要 1 小时，调高校准效率；

（4）颗粒物传感器的秒测量数值通过数据采集主板实时采集，并上传至服务端进行存储分析；

（5）在稀释混合子系统中，通过改变不同球阀的开度，可以对颗粒物浓度进行粗调和细调；

（6）箱体采用不锈钢材质，系统在各管道连接中均采用了卡套连接，实验箱体与混合装置的连接处采用橡胶圈进行密封，保证管路的密封性；

（7）实验箱体保持微正压的测试环境，使实验环境免受外界环境的影响。

2）气体传感器标定原理及方法

气体传感器应用范围广且成本相对较高，对于标定的要求相应增加，需要科学、严谨的标定方法以避免对传感器造成损坏。气体传感器的标定方法主要分为以下两种。

（1）预混合标定气体法。预混合标定气体法是气体传感器标定的首选方法，也是最流行的方法。将预混合标定气体压缩存储在一定压力的气瓶中，气瓶根据承受压力大小可分为低压气体设备和高压气体设备。低压气瓶的瓶壁薄、重量轻，通常是不回收、一次性的。高压气瓶是为纯化学危险品设计的，气瓶壁通常很厚，可承受的压力为 2000psi。

（2）交叉标定法。交叉标定法主要适用于可能会受到其他气体干扰的气体传感器标定过程。许多低量程有害气体传感器可以使用交叉标定法标定。交叉标定法的优点是允许传感器的标定使用一种气体，其量程容易获得和处理。使用交叉标定法也会出现一些问题：一是由于不可能在制造传感器时使每个传感器都完全一样，每个传感器的响应因数存在一定差异；二是响应特性将随加热器电压设立的不同而变化，响应因数不能直接使用。因此，需要使用实际的目标气体对传感器进行周期性标定检测。

2. 本地校准

传感器在实验室完成标定和校准之后，还需要在设备安装地进行本地校准，并与当地的国控站进行对照分析，以保证数据在设备安装地的一致性和准确性。本地校准方法如下。

（1）单点校准：如果单个微站的浓度曲线出现基线和跨度漂移，需要与附近的国控站点、微站进行两种指标对比，若超出限定的偏离值，排除硬件故障或突发污染的因素后，参考附近的国控站点与微站进行基线和跨度漂移的拟合校准。单点校准需要定期进行，频率为 1～2 周。如果更换新设备，需要对新设备进行单点校准。对于试运行期间的设备，应每日进行基线和跨度漂移的检查。

（2）整体校准：为保证微站整体监测数据的准确性和有效性，需要定期对连续运行的监测设备进行整体基线和跨度漂移的检查。对于刚安装到位在试运行期间的设备，应每日进行一次基线和跨度漂移的检查；设备在进入稳定运行期间后，每月进行一次整体的基线和跨度漂移的检查。对比城市所有的国控站、省控站、市控站，如果微站整体出现基线和跨度偏移，则根据国控站基线与跨度偏移进行拟合校准。

8.2.4 微站的布设与安装

1. 布点基本原则

传感器监测技术作为新生的监测技术，其实地布点方式目前尚没有国家标准。在布点时可参考国家和当地的相关政策文件。

1）法律和法规

（1）《中华人民共和国城乡规划法》（2008 年）。

（2）《中华人民共和国环境保护法》（2015 年）。

2）规范、规程和标准

（1）《环境空气质量标准》（GB 3095—2012）。

（2）《环境空气生态污染物（SO_2、NO_2、O_3、CO）连续自动监测系统运行和质控技术规范》（HJ 818—2018）。

（3）《环境空气颗粒物（PM_{10} 和 $PM_{2.5}$）连续自动监测系统运行和质控技术规范》（HJ 817—2018）。

（4）《环境空气质量手工监测技术规范》（HJ/T 194—2017）。

（5）《环境空气质量监测点位布设技术规范（试行）》（HJ 664—2013）。

3）其他文件和资料

当地省级、市级政府的城市规划和空气污染治理政策文件。

以上述相关文件为参考，点位网络应遵守以下原则。

1）代表性原则

具有较好的代表性，能够客观反映一定空间范围内的环境空气质量水平和污染物排放变化规律，客观评价污染源对空气质量的影响，满足为公众提供环境空气状况健康指引的需求。

2）可比性原则

同类型的监测点设置条件应尽可能一致，目的是使各监测点获取的数据具有横向可比性。

3）整体性原则

环境空气质量评价城市监测点应考虑城市自然地理、气象等综合环境因素，以及工业企业布局、交通道路、人口分布等社会经济特点，在布局上应反映城市主要功能区和主要大气污染源的空气质量现状及变化趋势，从整体出发进行合理布局，使监测点之间能够相互协调。

4）前瞻性原则

结合城市总体规划、城乡建设规划等考虑监测点的布设，使布设的监测点能够兼顾未来城乡空间格局变化的趋势。

5）稳定性原则

监测点位置一经确定，原则上短期内不应变更，以保证监测资料的连续性和可比性。长期来看，可以允许随着社会、经济发展水平及空气质量变化的趋势相应增减监测点及调整监测点的位置。

6）可操作性原则

监测点的微环境应该满足安装和维护可操作性，以免增加后期设备维护的难度。监测点需要具备良好的数据传输稳定的网络环境，以确保数据的完整性。

2. 点位选择与安装

1）微站安装点位选择

微站安装点位的选择是微站建设的关键，合理的布点将各微站连点成面，形成完整的监测网格，减少监测盲区，提高监测质量，达到良好的监测效果。合理的安装点位首先要能满足 24 小时不间断供电的条件。常见的布点方法有网格布点法和同心圆布点法（见图 8-11、图 8-12）。

（1）网格监测点：在中心城区、各区县建成区以 1km × 1km 网格进行微站建设。1km × 1km 网格内有土石方开挖阶段工地的，要尽量在工地周围布设。

（2）某些区域加密监测点：为消除局地污染对标准站观测数据的影响、加强数据比对，如在标准站上建设 1 个微站，并在重点区域按 0.5km × 0.5km 网格进行布设。

（3）道路监测点：在市区的重要路段和污染较重的道路路段，在主要道路路口或每隔 2000m 进行布设。

（4）污染源周边加密监测点：如连片的建设开发区域、物流集聚区域、工业废气污染源集聚区域、交界传输通道等，需要重点关注、加密布设。

（5）垂直监测点：为了解污染物垂直分布情况，依托全市通信高塔分布情况，在各区县建设 1 个垂直监测点，建设高度为 50～200m，每个垂直监测点在不同高度上安装 3 台监测设备。

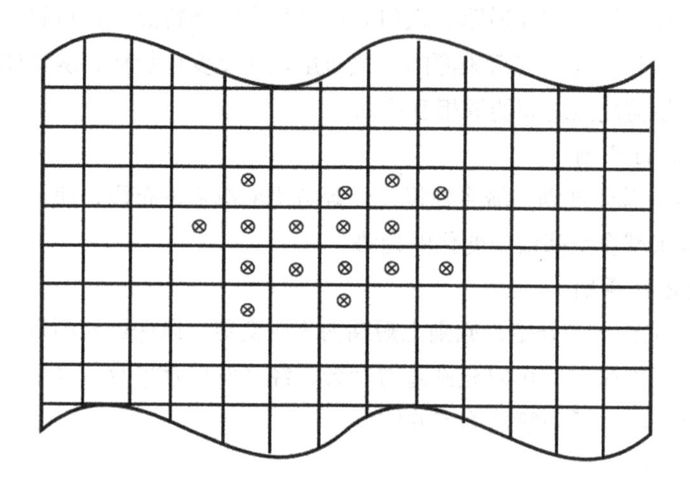

图 8-11　网格布点法

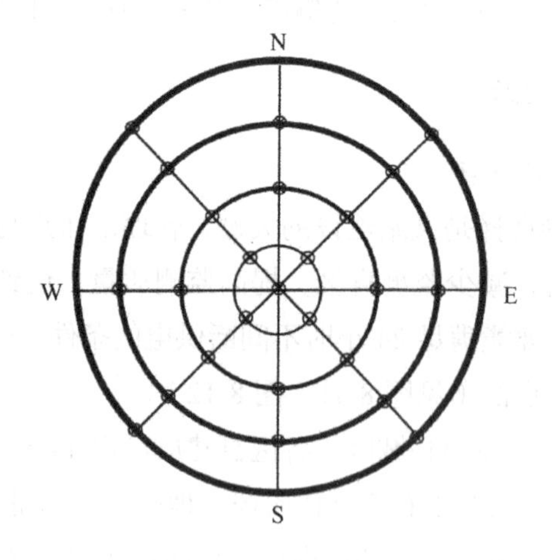

图 8-12　同心圆布点法

2）微站的安装要求

（1）在居委会、村委会、学校、机关、医院、其他企事业单位，安装点位可以选择传达室或门卫室的房顶、楼顶，也可以借助附近的电线杆等进行安装

（见图 8-13）。尽量保证采样环境空旷通畅。采样口离地面的高度推荐为 3～25m，若所选监测点位周围半径 300～500m 内建筑物平均高度在 25m 以上，其监测设备高度可以在 20～30m 内选取。特殊情况可适当放宽高度限制要求。

图 8-13　立杆式

（2）监测设备周围水平面应保证 270° 以上的捕集空间，如果监测设备一边靠近建筑物，周围水平面应有 180° 以上的自由空间。

（3）监测点位附近无影响监测数据的电磁干扰，周围有稳定、可靠的电力供应，无线通信网络覆盖良好。

（4）在建筑物上安装监测仪器时，监测仪器的采样口离建筑物墙壁、屋顶等支撑物表面的距离应大于 1m（见图 8-14）。务必保证环境空旷、空气流通良好，确保客观、真实地反映局部环境质量。不要在不宜采样的角落里或者污染物排污口布点。

图 8-14　壁挂式

（5）当监测点位设置在机关单位及其他公共场所时，应保证畅通、便利的出入通道等，在出现突发状况时，可及时赶到现场进行处理。

8.3 基于微站的大气污染网格化动态管控系统

基于网格化的空气质量微站数据可以开发配合环保部门监管执法自动化的空气质量监控软件平台，以极大地提高环保部门的工作效率，帮助实现精细化、精准化的监管。本节以济南市和济宁市为例，介绍其建设的空气质量动态管控系统及应用实践，为各城市提供参考经验。

8.3.1 济南市大气网格化自动监测系统

1. 系统组成介绍

济南市大气网格化自动监测系统采用物联网标准架构开发设计，由感知层、传输层和应用层组成，简称“三层网络”（见图 8-15），同时运用模拟校准、现场校准、交叉干扰修正、云校准等数据质量控制方法保证数据的有效性。目前，济南市安装了 1700 个微站，形成了精细化大气网格，实现了对空气污染的快速预判、准确分析和及时报警，保卫“泉城蓝”。

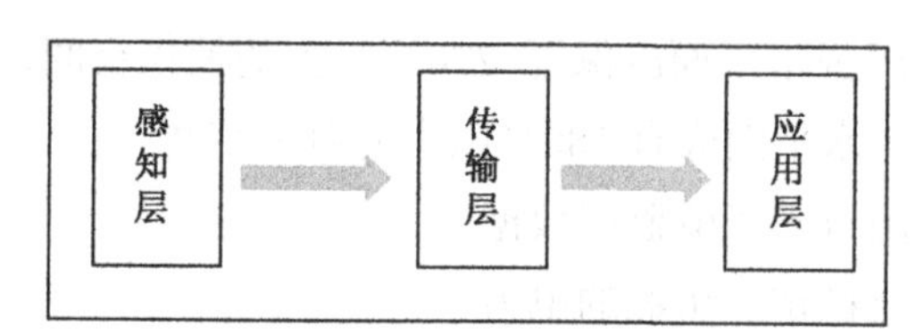

图 8-15 大气网格化自动监测系统示意

1）*感知层*

感知层即数据采集层，由大气网格化自动监测微站网格化布点而成。结合平均布设、重点区域加密布设的原则，适当避开已建设的大气污染监测点位，防止重复建设，实现了对 PM_{10}、$PM_{2.5}$、温度、湿度、风速、风向的“秒级”监测。

2）*传输层*

传输层通过无线传输方式将监测数据汇集到系统的大数据中心，通过云计算对数据进行存储和处理，保证数据质量并通过大数据分析对监测数据进行监控，利用四核相互校验算法甄别异常数据，提高数据质量。

3）*应用层*

应用层利用大数据技术挖掘数据之间的关系，结合气象参数、监测点位的周边环境状况和环境质量模型，可实现实时监控、发现突发污染源、预报预警、

记录污染变化趋势等功能，为环境管理部门有效监管及科学决策提供数据支撑。

2. 数据质量控制体系

济南市微站安装数量较多，采集的数据量大，数据的质量显得尤为重要。数据质量的把控是大气网格化自动监测系统重要的组成部分。排除异常数据，以准确的数据作为微站的判定依据。

1）提高数据一致性

济南市采用的四核传感器内置 4 个独立的颗粒物传感器，每个传感器单独测量，通过算术平均的方式得到该微站的监测数据，传感器厂家通过计算机自动匹配的方式，把性能互补的 4 个传感器匹配到每个四核传感器中，配好对的颗粒物传感器的测量实现偏差互补，能进一步提高设备间的一致性，从而使微站间具有更好的可比性。如图 8-16 所示为某微站的 4 个颗粒物传感器的一致性测试示意。

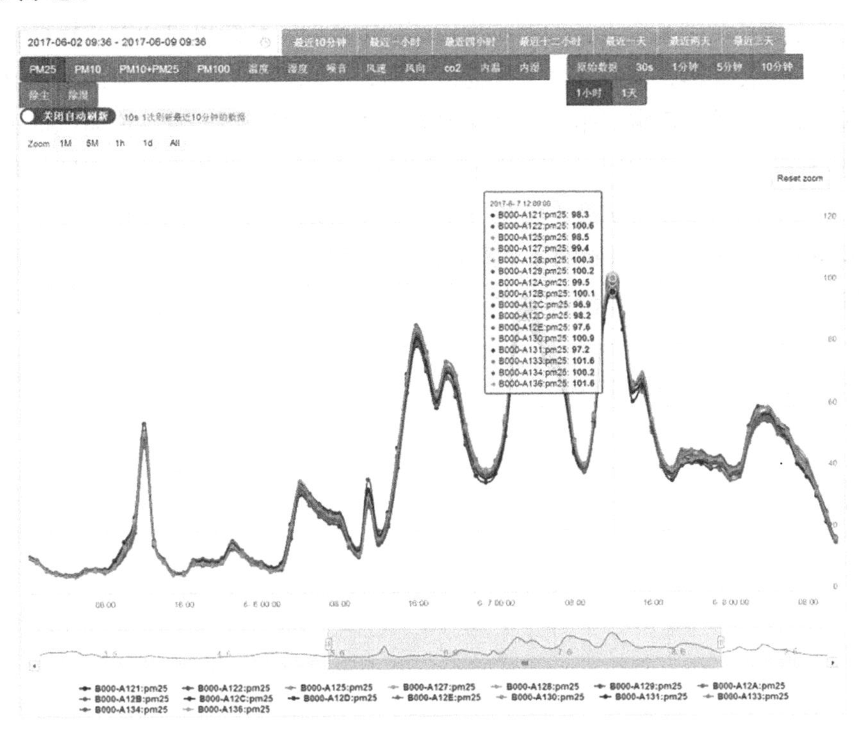

图 8-16　某微站的 4 个颗粒物传感器的一致性测试示意

传统的设备使用单个传感器测量，如果监测数据异常升高，无法确认是当地突发污染还是设备发生故障，因此，异常数据的处理成为难题。四核传感器中的每个颗粒物传感器虽然都有发生故障的可能，但 4 个独立颗粒物传感器同时发生故障的可能性非常低，当 4 个颗粒物传感器的数据基本一致时，可排除设备故障；当 1 个颗粒物传感器的数据与另外 3 个颗粒物传感器的数据差异明显时，说明该颗粒物传感器发生了故障。及时、准确地判定数据异常的原因，大大提高了数据的有效性和可靠性。

2）实时监控设备故障情况

为了保证数据质量，大气网格化自动监测系统实时监控每个网格点四核传感器的 4 个颗粒物传感器，同时利用算法自动将数值明显与其他 3 个颗粒物传感器不同的 1 个颗粒物传感器剔除，用剩余 3 个颗粒物传感器的均值作为整个设备的输出数据，防止故障传感器数据影响测量结果，实现了监测设备的快速远程自动化修复，比人工现场诊断维修节约时间，在保证数据可靠性的同时提高了全网设备的有效率及数据的捕获率。

3）远程修复

当系统侦测到某个设备的颗粒物传感器故障时，系统可自动发送指令给该设备的四核传感器，屏蔽故障颗粒物传感器，使之不再参与设备输出平均值的计算，使设备继续正常工作。如果 4 个颗粒物传感器数据一致，说明设备正常（见图 8-17）；如果其中 1 个颗粒物传感器数据升高，说明该颗粒物传感器有问题，系统将其数据自动剔除（见图 8-18），处理后的数据将恢复正常水平（见图 8-20）；如果同一个微站的 4 个颗粒物传感器相比邻近的设备同时数据升高，说明当地确实发生了突发污染事件（见图 8-19）。同时，系统会自动记录发生

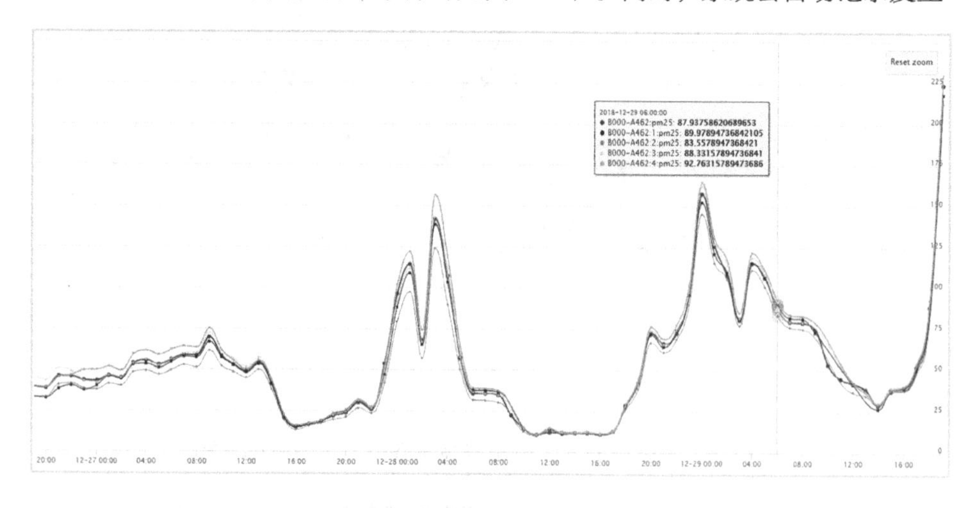

图 8-17　4 个颗粒物传感器数据一致，说明设备正常

故障的设备和相应的故障颗粒物传感器，并第一时间进行修复，可大大提高数据质量、减少维护工作量（见图 8-20）；可更好地满足“当出现故障时，必须在 1 小时内响应，3 小时内赶赴现场对事故进行处理，恢复正常运行”的要求。对于发生传感器故障的设备，运营人员在每月运营巡检时，可以进行统一处理。

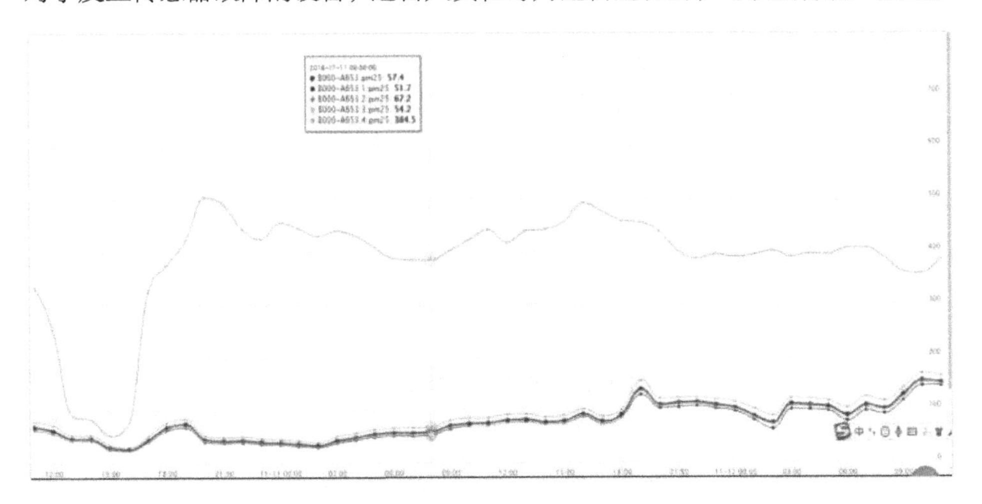

图 8-18　1 个颗粒物传感器数据升高，说明该子传感器有问题，将其数据自动剔除

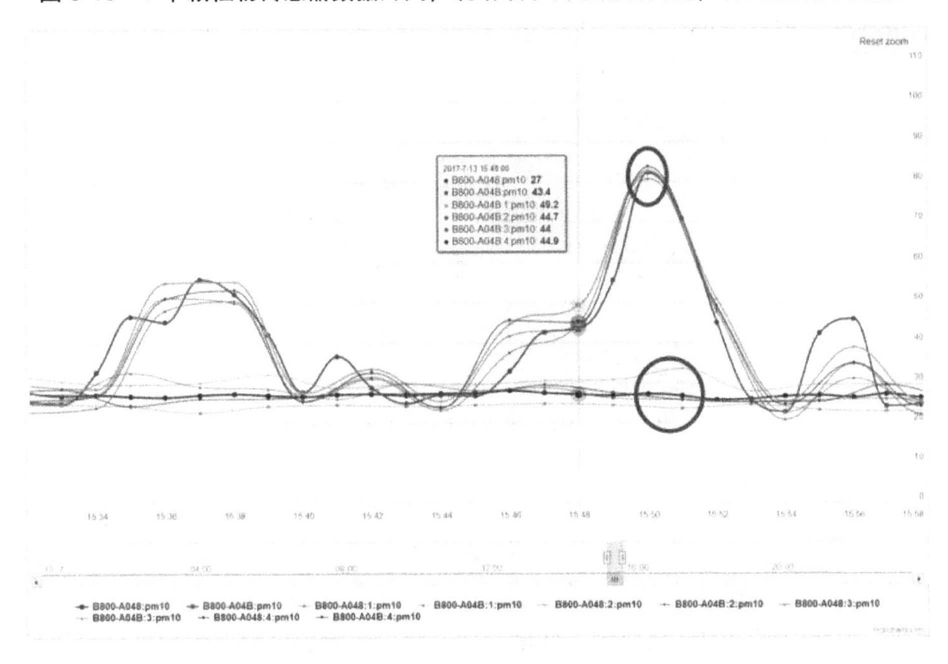

图 8-19　4 个颗粒物传感器相比邻近的设备同时数据升高，
说明当地确实发生突发污染事件

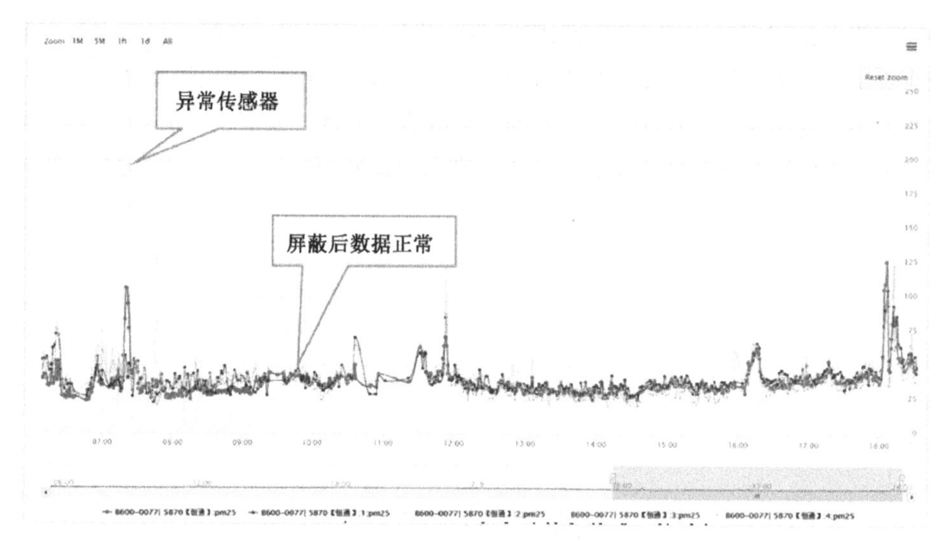

图 8-20　系统自动修复传感器

4）校准

通过个体校准、组网驯化校准、适应性校准、传递校准等手段对传感器设备进行全生命周期的数据质量控制和校准，保证整套系统的数据准确、有效和可靠。校准现场如图 8-21 所示。

图 8-21　颗粒物传感器在线校准现场

3. 系统功能

济南市微站的大气网格化自动监测系统具有实时监控、动态管控、统计分析等功能，可实现 24 小时连续自动监控，反映出区域环境空气质量状况及变化规律，为环保部门的环境决策、环境管理、污染防治提供翔实的数据资料和科学依据。如图 8-22 所示为经动态校准后的微站数据和官方监测数据的对比，可见校准后的微站数据与官方监测数据具有良好的一致性。

图 8-22　经动态校准后的微站数据和官方监测数据的对比

1）实时监测

微站以 1km/0.5km 网格间距布设，实现秒级数据上传，实时监测的数据不仅在系统中显示，还通过济南市官方环境监测数据发布平台“济南环境”App 向公众发布，保证公众可与环境管理部门同步看到环境监测的原始数据，让环境监测信息受社会监督，“济南环境”App 界面如图 8-23 所示。

图 8-23　“济南环境”App 界面

实时微站污染报警，为最快治理响应提供条件。系统根据监测数据及其变化趋势，自动判断污染并显示报警信息，环境网格员可根据微站的报警详情信息，分析污染类型并进行现场排查，如图 8-24 所示。“东宇大街北口”微站 $PM_{2.5}$ 数值偏高，此时可见该微站与附近 5km 范围内均值两条曲线，当该微站数据明显比附近 5km 范围内所有微站均值高时，判定此处发生局部污染事件，污染源锁定在“东宇大街北口”附近。

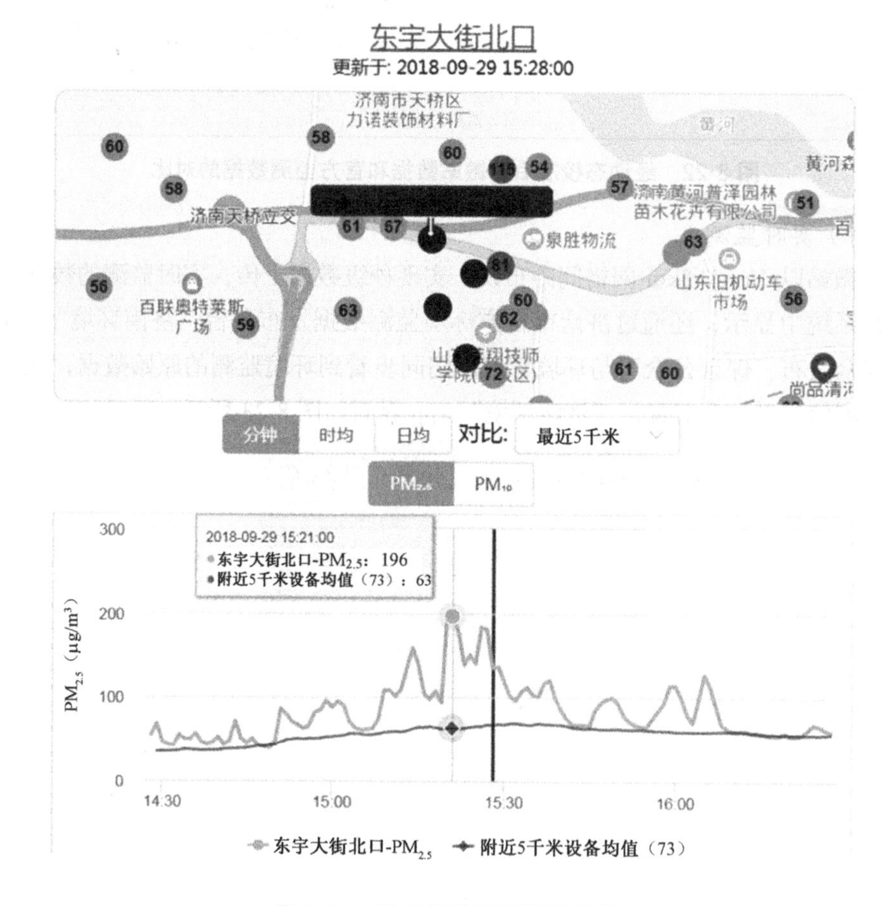

图 8-24　微站报警局部污染详情

2）标站对比

济南市微站在标准站周边合理布设了点位，可以查看标准站附近 1km、3km、5km 范围内的各微站数据。当官方观测数据升高时，可以通过对周边不同范围内微站数据的分析，精准确定污染源方位；当周边微站有污染趋势时，及时进行排查，避免污染扩散。

在图 8-25 中显示了山东鲁能监测站周围 5km 微站的监测数据，由图 8-25 可知位于山东鲁能监测站西北方向的微站数据偏高并有逐步扩散趋势，此时应对相应区域进行排查、对污染源进行控制，避免污染继续扩散。

图 8-26 中的微站监测数据结合出租车走航监测数据，能及时定位官方观测站周边发生污染的方向，开发区监测站数据偏高，经十路、舜华路、凤凰路走航监测数据与道路周边微站监测数据变化趋势相同，数值都比较高，开发区的污染源主要为道路污染，因此建议对道路情况进行了解，并及时处理。

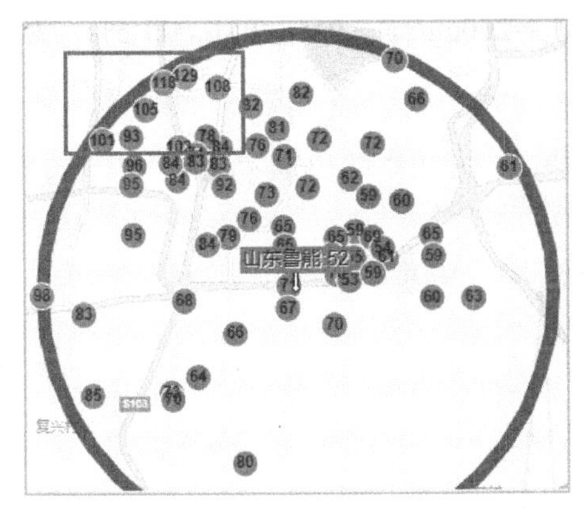

图 8-25　标准站附近污染

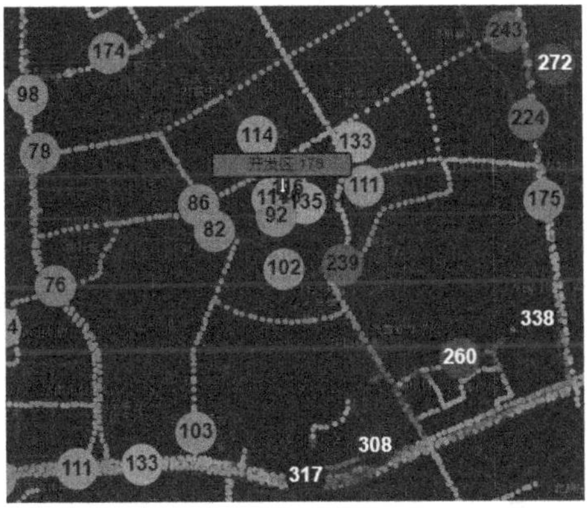

图 8-26　官方观测站周边污染分析

3）局部污染分析

（1）局部污染指数。

污染分析中使用了局部污染指数判断污染状况，局部污染指数以某微站周边 5km 所有微站均值作为背景，该微站分钟 PM 值比背景 1.1 倍高的部分定义为其局部污染指数，将某时间范围内、空间范围内相关微站的局部污染指数积分求平均作为该区域对应时间范围内的局部污染指数。

图 8-27 中灰色曲线为 PM_{10} 局部污染曲线，黑色曲线为 PM_{10} 标准站均值曲线。类型 1 为明显的局部污染；类型 2 中 PM_{10} 局部污染曲线与 PM_{10} 标准站均值曲线基本持平，无明显的污染现象；类型 3 中 PM_{10} 局部污染曲线较低，但 PM_{10} 标准站均值曲线呈现抛物线变化，为典型的传输污染。

（2）污染源颗粒物粒径分析。

基于 $PM_{2.5}$ 与 PM_{10} 的比值可以辅助判断污染的首要污染源。例如，$PM_{2.5}/PM_{10}$ 小于 40%为典型的扬尘污染，$PM_{2.5}/PM_{10}$ 数值越小，粗颗粒越多，扬尘越严重。

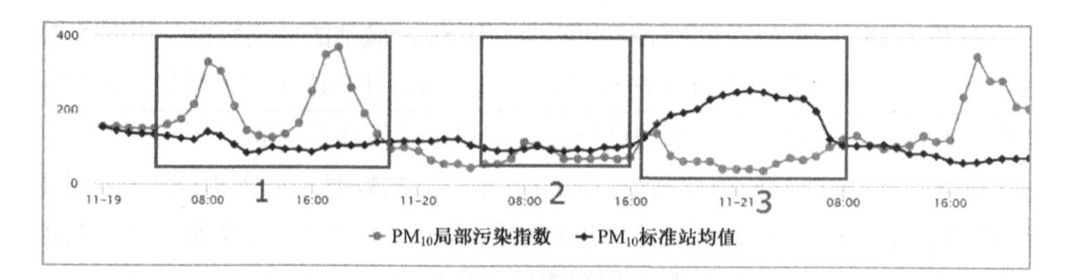

图 8-27　局部污染指数曲线

如图 8-28 所示，$PM_{2.5}$=23μg/m³，PM_{10}=200μg/m³，$PM_{2.5}/PM_{10}$=11.5%，为典型的扬尘污染。

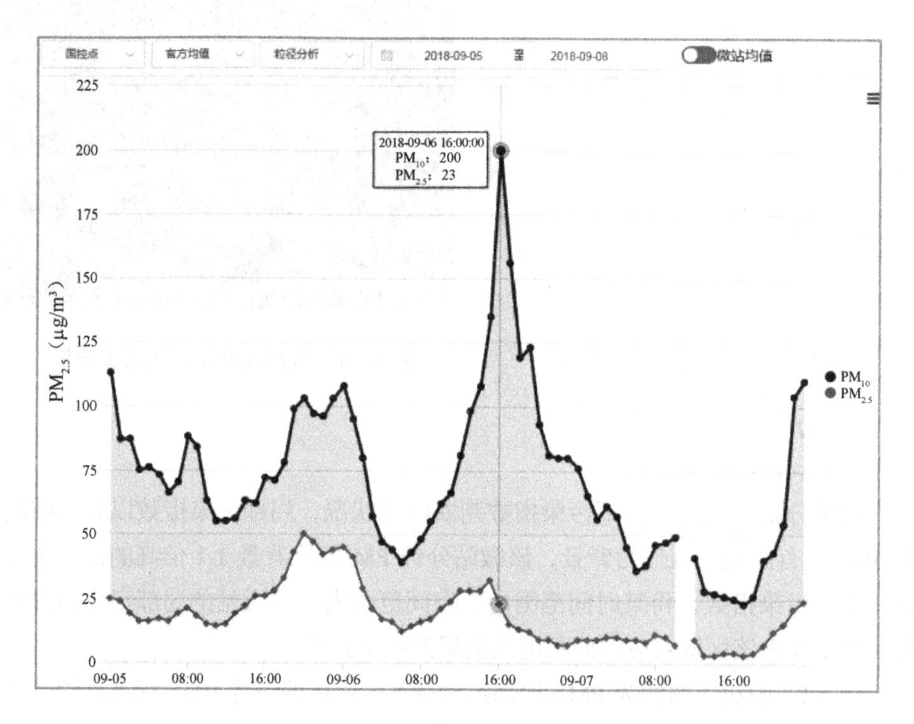

图 8-28　局部污染指数曲线

结合粒径分析，以及 $PM_{2.5}$ 和 PM_{10} 的污染数值得出大小颗粒污染分布，如图 8-29 所示。

（3）污染过程分析。

以 2018 年 10 月 8—14 日为例，如图 8-30 所示，此阶段共出现 6 次污染过程，为规律性夜间局部污染。2018 年 10 月 9—14 日每晚都有较明显的局部污染，污染最严重时段一般为当天的 17:00～21:00。

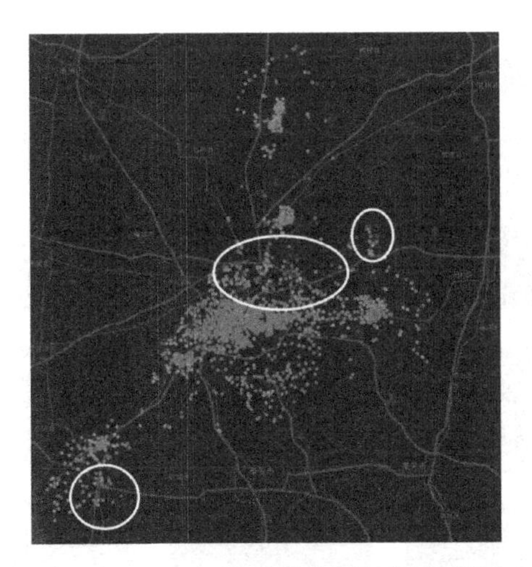

图 8-29　2019 年 1 月小颗粒污染分布

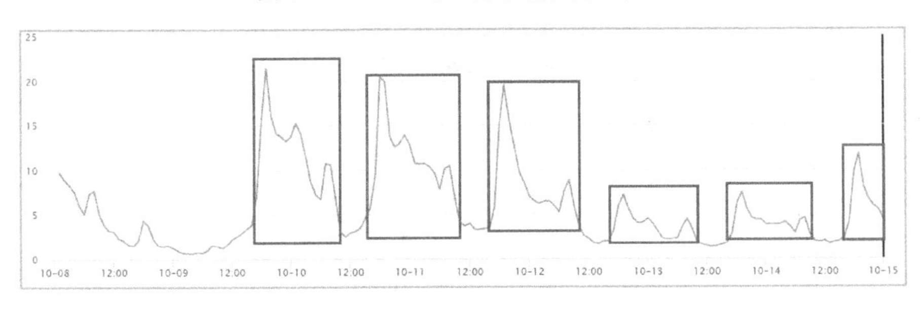

图 8-30　济南市 PM_{10} 局部污染指数曲线

以 2018 年 10 月 11 日夜间数据为例进行尘源分析和污染过程分析。

尘源分析：2018 年 10 月 11 日 20 时，PM_{10}=105μg/m^3，$PM_{2.5}$=38μg/m^3，$PM_{2.5}/PM_{10}$=36%，为典型的大颗粒扬尘污染。

污染过程分析：2018 年 10 月 11 日 17 时，济南市主城区内出现局部污染，此时局部污染指数为 5.8；18 时济南市内多处发生突发污染事件，局部污染指数为 14.9；19 时局部污染加重，局部污染指数达到峰值 19.5。2018 年 10 月 12 日 6 时，济南市区局部污染降低，局部污染指数为 5.2；7 时发生二次污染，局部污染指数开始增大；8 时局部污染指数达到 8.8；11 时局部污染降低，局部污染指数为 2.6，如图 8-31 所示。

4）传输污染分析

2018 年 11 月 4 日 17 时，济南市出现一次自北向南的污染传输过程，首要污染物为 $PM_{2.5}$。如图 8-32 所示，11 月 4 日 15 时国控点均值 $PM_{2.5}$=45μg/m^3，随后 $PM_{2.5}$ 浓度呈现明显上升趋势，在 23 时达到峰值，即 $PM_{2.5}$=145μg/m^3。

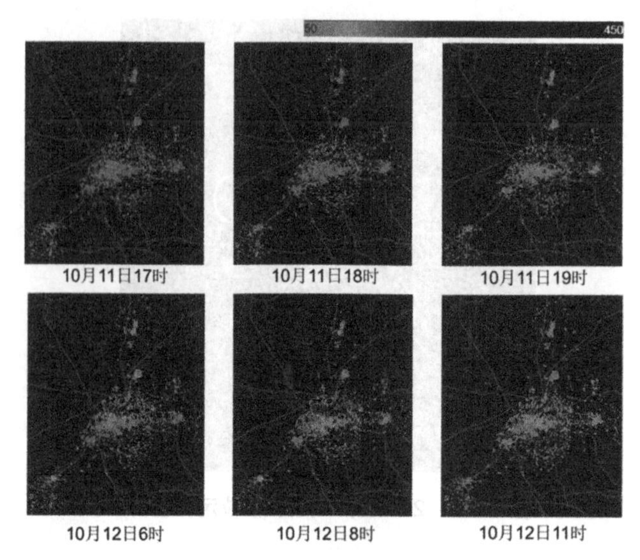

图 8-31　污染过程分析

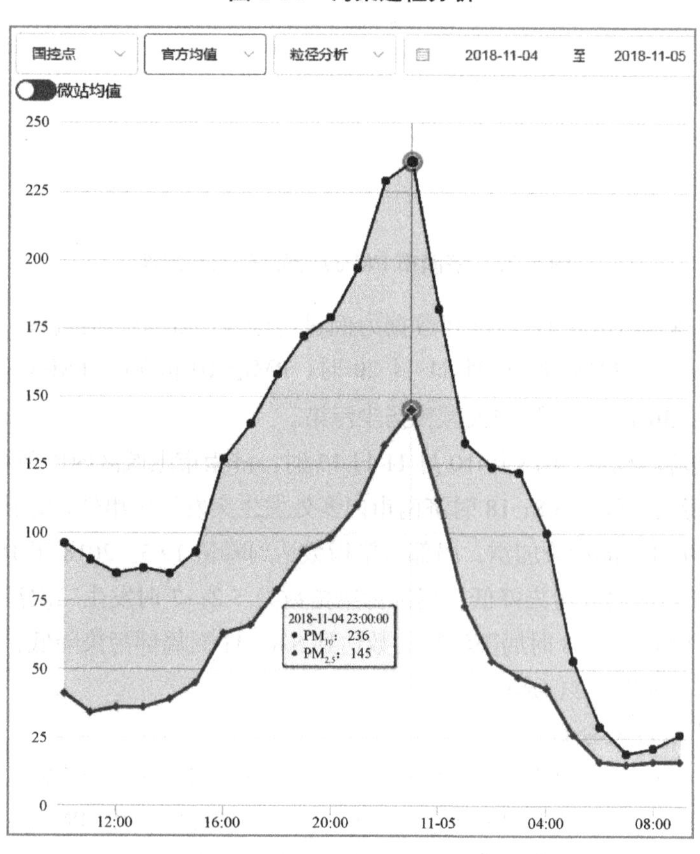

图 8-32　尘源分析图：国控点均值 $PM_{2.5}/PM_{10}$ 变化曲线

污染源分析：本次为自北向南的污染传输过程，通过局部污染指数发现部分微站污染较为严重，并且污染时间较长，即 11 月 4 日 18 时至 11 月 5 日 6 时共 13 小时。对每个微站的 PM_{10} 均值比周围 5km 内微站均值高 50%的微站进行统计，找出了 26 个局部污染严重的微站，如图 8-33 所示。

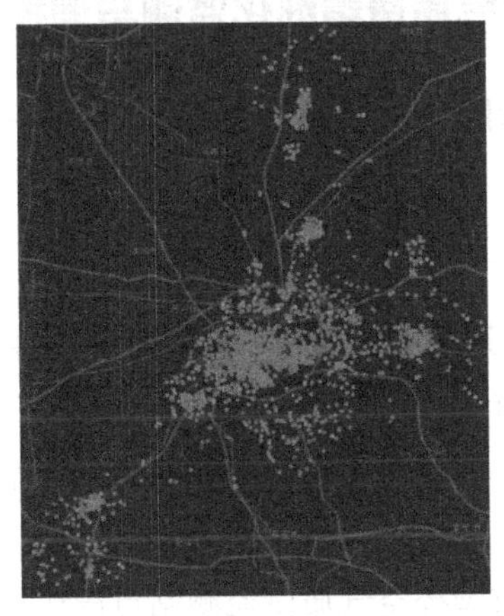

图 8-33　2018 年 11 月 4 日 18 时局部污染指数分布

污染云图：2018 年 11 月 4 日 15 时，局部污染指数较低，没有发现明显的污染现象；17 时，济南市北部开始发生污染，3 小时后济南市大面积污染；21 时，济南市北部污染开始减轻，自北向南污染逐步减轻。2018 年 11 月 5 日 7 时，污染得到极大好转，$PM_{2.5}$=15μg/m³。污染变化过程如图 8-34 所示。

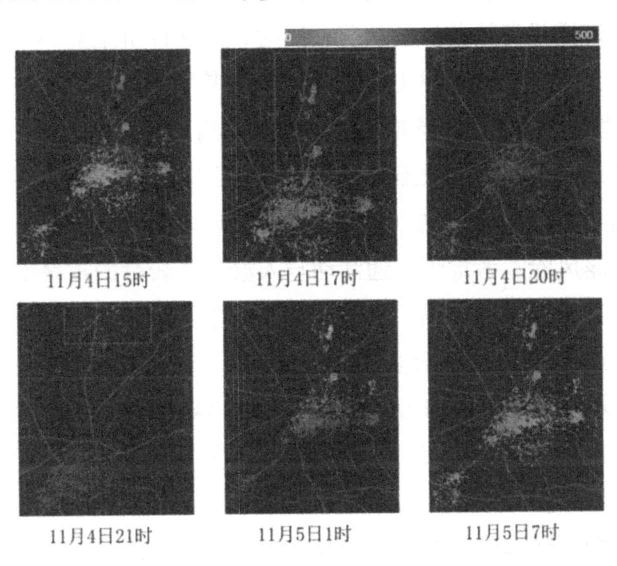

图 8-34　污染过程分析

对于大范围重污染天气，根据污染的传输过程第一时间停止建筑物拆除、爆破、破碎、取土挖土作业，对工地采取最有效的控尘措施，大幅增加路面冲洗保洁次数，尽量减少内源污染。

8.3.2 济宁市空气质量精细化监测与调控实践

1. 济宁市空气质量网格化监测布点设计方案及平台系统建设

1）布点方案

综合考虑社会、经济发展水平和不同类型的污染物排放、转化、迁移科学规律，对济宁市当前和近期的空气质量监测网络进行科学规划和实施政策建议，形成经济、有效的近源布设的高密度空气质量监测网络。

根据相关选址指引，以及济宁市污染源实际分布情况，济宁市空气质量网格化监测设计规则如下。

第一，对济宁市已有国控空气质量监测站点周边加密布点，以判断国控空气质量监测站点空气质量浓度超标来源，快速编制应对方案。方案以现有监测站点为中心，向东、南、西、北 4 个方向延伸线的 2 千米处各布置一个多组分监测站点，向东南、东北、西南、西北 4 个方向延伸线的 1 千米处各布设一个多组分监测站点。

第二，针对济宁市排放量大的工业企业，以及排放较为集中的工业园区等增加监测点，以满足污染监控的功能；同时，能够评价工业排放对局部空气质量的影响，为工业企业的环评工作提供重要参考依据。具体方法是选择在企业（或园区）排放的下风向最大落地浓度处设置监测点，也可以在下风向最近的居民区布设监测点，以评价工业排放对局部空气质量及人体健康的影响。

第三，对于路边交通监测点，考虑其对微环境空气质量的影响，以及人群在道路边的暴露风险。考虑到交通活动与人群分布较高的重叠度，在中心城区及各县城区进行交通点的布设，针对交通路网中的主要道路及城区路网密集区域（容易发生拥堵）增加道路边监测点。

第四，在城市建成区按加密网格法（1km × 1km）增加监测点，提高污染物浓度地图的分辨率，监控城市面源污染特征，为人体健康研究提供更完整的空气质量信息，降低模式模拟结果校验的不确定性。

第五，在城郊区域增加监测点的数量，作为城郊监控点，与建成区监测点及区域监测点形成一个“嵌套式”的监测网络，同时具备一定的识别污染传输

性能的点位。

根据上述规则，综合考虑主要污染物排放特征和空气质量管控要求，得到济宁市空气质量网格化监测点位建设数量，如表 8-3 所示。

表 8-3　济宁市需要增加的空气质量监测点数量

序　号	类　型	个　数	监测物种
1	国控对照点	64	SO_2、NO_x、CO、O_3、PM_{10}、$PM_{2.5}$
2	城区监测点	51	$PM_{2.5}$
3	城郊监控点	9	$PM_{2.5}$
4	污染监控点	42	SO_2、NO_x、CO、O_3、PM_{10}、$PM_{2.5}$
5	路边交通点	9	$PM_{2.5}$
	总计	175	

2）空气质量网格化监测管理平台系统

济宁市在建成网格化微站感知端的基础上，采用物联网传输技术，将所有数据上传和保存在云平台，形成空气质量网格化监测管理平台，为数据的实时展示和后期的数据分析等奠定重要基础。济宁市网格化监测管理平台系统实时监测界面、污染云图界面及相关功能界面如图 8-35～图 8-40 所示。

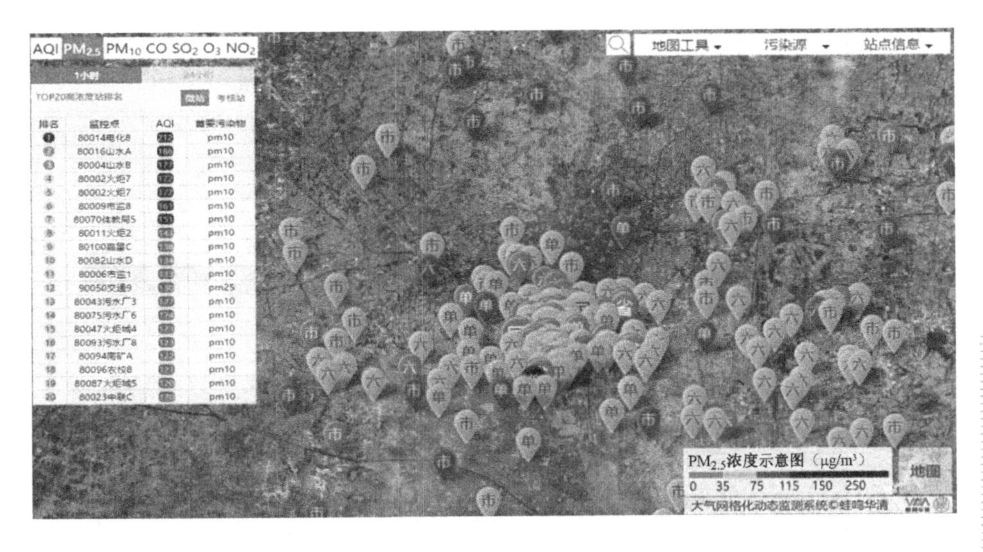

图 8-35　实时监测界面

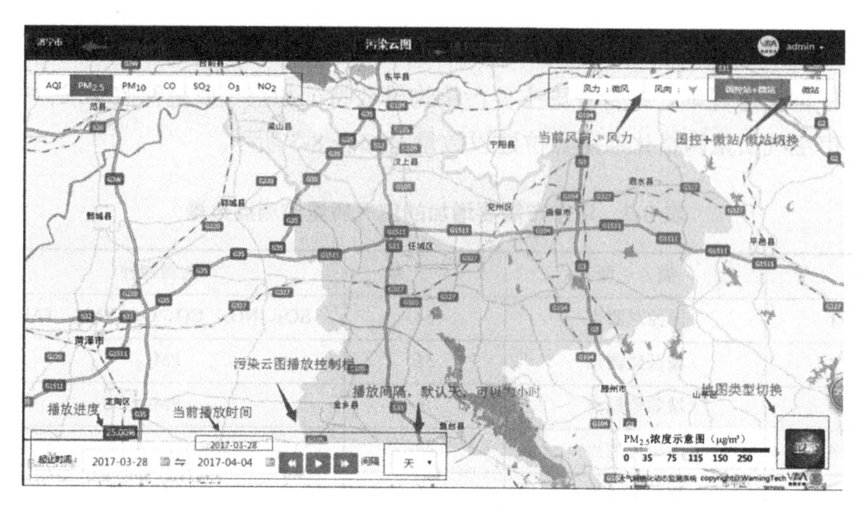

图 8-36 污染云图界面

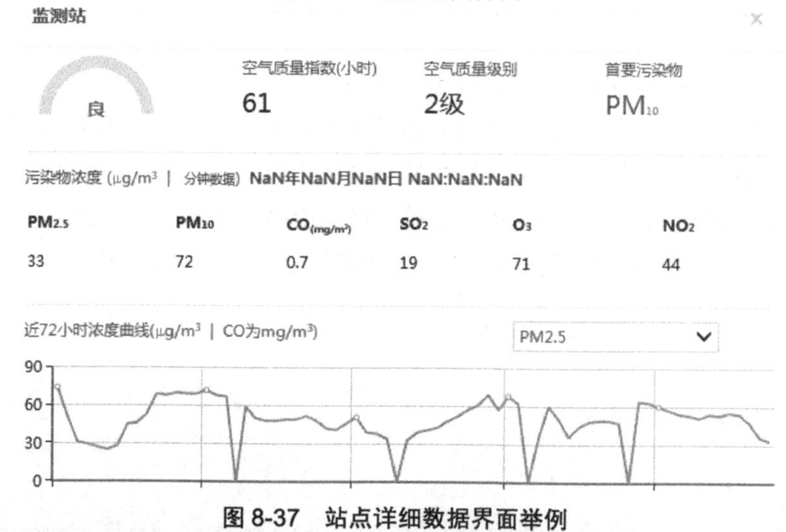

图 8-37 站点详细数据界面举例

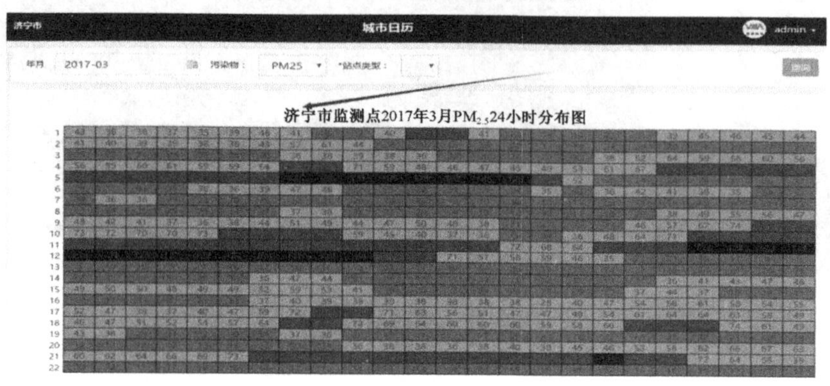

图 8-38 整体站点日历界面举例

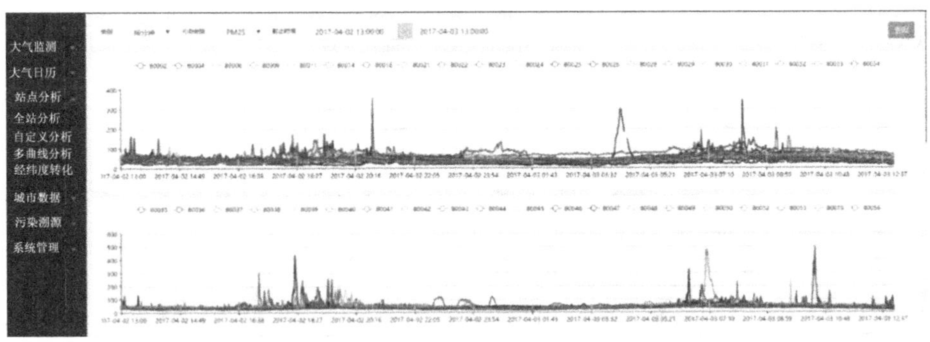

图 8-39　全站分析界面举例

创建时间 Date Start　修改时间 Date End　搜索

显示 10 项结果

批量删除　新增

	姓名	登录名	邮箱	创建时间	修改时间	操作
☐	chengdu	chengdu	chengdu@126.com	2016-12-21 14:08:00	2016-12-26 16:51:01	修改 区域 用户组 角色
☐	wmuser2	wmuser2	wmuser2@wamingtech.com	2017-01-22 19:28:50	2017-01-22 19:28:50	修改 区域 用户组 角色
☐	gaofei	gaofei	gaofei@wamingtech.com	2017-02-04 14:21:28	2017-02-04 14:21:28	修改 区域 用户组 角色
☐	张淼	zhangmiao	1234567@qq.com	2017-02-28 18:00:18	2017-02-28 18:00:18	修改 区域 用户组 角色
☐	mengwentao	mengwentao	mengwentao@wamingtech.com	2017-03-01 11:46:45	2017-03-01 11:46:45	修改 区域 用户组 角色
☐	jining	jining	jining@126.com	2017-03-29 14:04:37	2017-03-29 14:04:37	修改 区域 用户组 角色
☐	zhangqiang	zhangqiang	zhangqiang@126.com	2017-03-29 16:56:19	2017-03-29 16:56:19	修改 区域 用户组 角色
☐	jininguser	jininguser	jininguser@126.com	2017-03-01 14:54:51	2017-03-01 14:54:51	修改 区域 用户组 角色
☐	jiningtest	jiningtest	jiningtest@126.com	2017-03-01 14:57:29	2017-03-01 14:57:29	修改 区域 用户组 角色
☐	哥	13450586560	609068332@qq.com	2017-03-05 20:16:32	2017-03-05 20:16:32	修改 区域 用户组 角色

显示第 1 至 10 项结果，共 13 项；　首页　上页　1　2　下页　末页

图 8-40　用户管理界面举例

2. 济宁市空气质量网格化监测系统的应用情况

1）空气质量传感器监测网络数据基本分析方法

（1）单站数据基本分析方法。

济宁市空气质量网格化监测系统在原有稀疏站点上大大加密监测密度及监测范围，成为实时动态掌握全域空气质量水平的“环保天眼”。该系统可实现空气六参数（SO_2、NO_2、CO、O_3、$PM_{2.5}$、PM_{10}）、气象五参数（温度、湿度、气压、风速、风向）实时监测，每分钟传输一组数据，得到全部污染指标全年分钟级监测结果，如图 8-41 所示。通过分钟级变化的微站数据，可以在现有基础上更加精准地定位污染发生的疑似时间和地点，加大对即时性问题污染源的摸排，大大提高环境问题督查的时效性。

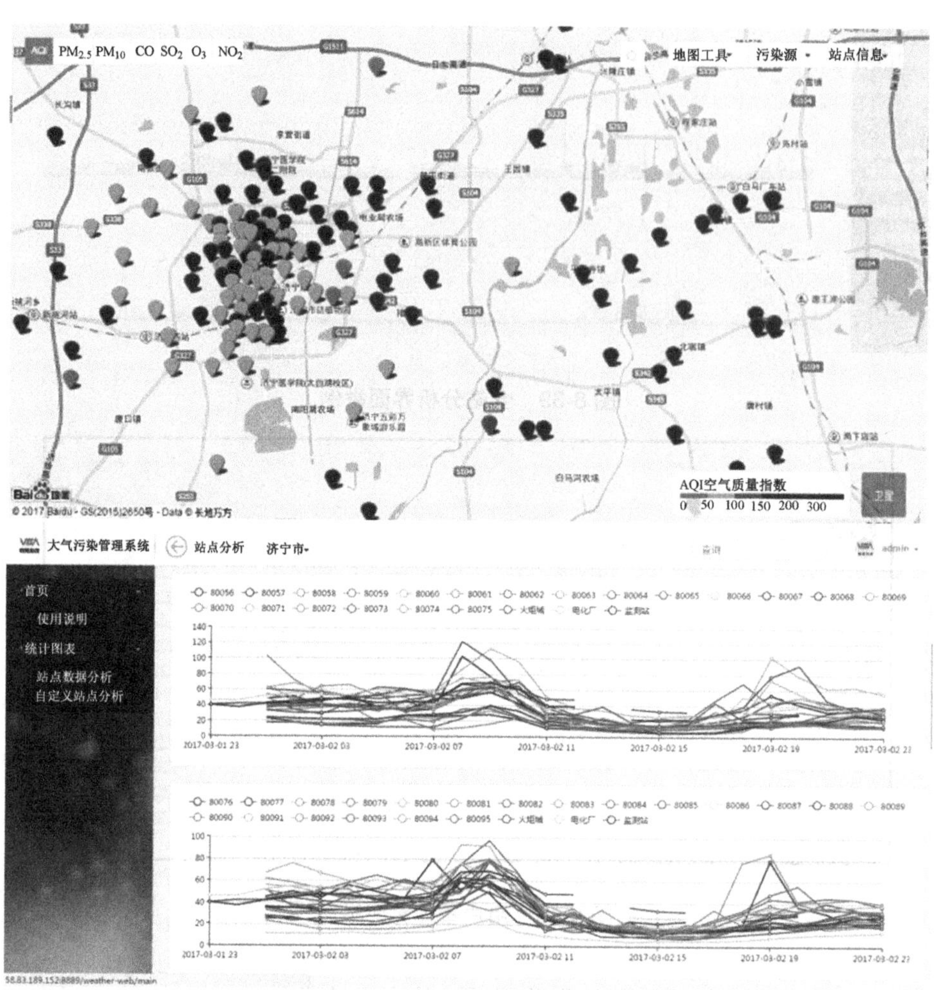

图 8-41 网格化实时监测界面与监控数据的时序分析界面

在济宁市的实践过程中，基于有针对性的科学规划的网格化监测系统，监测数据对典型的污染源类型，包括点源、线源和面源都有良好的响应效果。

案例 1：以点源为例，针对电厂附近的网格化监测点位，选取 2017 年 1 月 16—19 日的观测数据发现，$PM_{2.5}$ 和 PM_{10} 在特定时间内有规律的浓度波动，并且峰值均超过邻近监测点位，如图 8-42 所示。根据现场检查电厂在线排放数据和用电数据情况，如图 8-43 所示，基本确定了电厂自身工业扬尘及气体污染物排放是主要原因，货车的进出及堆场覆盖也存在不规范问题，对大气环境造成污染，建议加强相关管控工作。

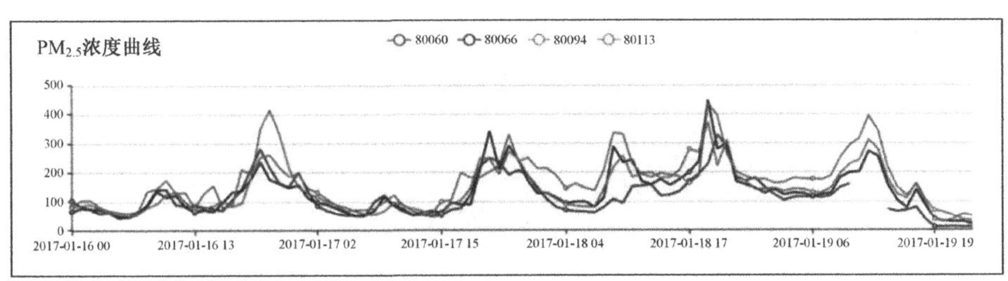

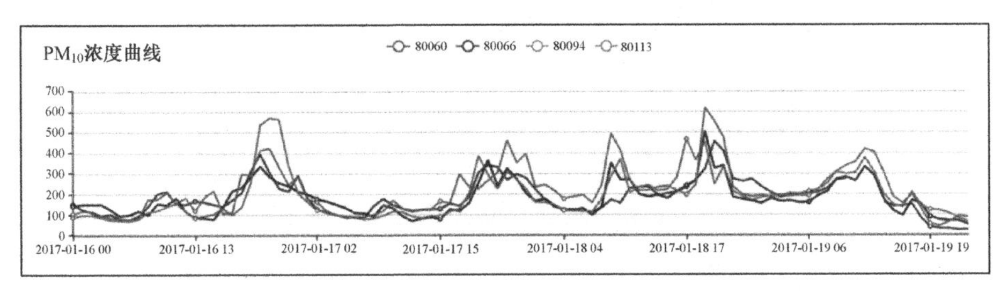

图 8-42　基于网格化微站的点源溯源案例

图 8-43　基于网格化微站的点源溯源案例分析

案例 2：以交通移动污染源为例。网格化 90083 号微站位于济宁市小郝转盘东路，该路段是大货车等主要途经路口。根据站点多日浓度数据分析，$PM_{2.5}$ 呈现规律性变化，此点位日间时段 $PM_{2.5}$ 浓度均低于夜间时段浓度，并且在早晚高峰出现明显的变化拐点，如图 8-44 所示。应进一步加强本地区柴油大货车行驶的管控合规性工作，对不符合通过权限和通行时间的柴油大货车严格处罚，降低高排放移动污染源对本地污染的贡献程度。

案例 3：以点多面广的无组织面源为例。网格化 90091 号微站位于济宁市满营村村南，该点位是济宁市典型的城中村区域，管控难度比较大，各类问题反复性较强。根据站点多日 $PM_{2.5}$ 浓度数据分析显示，$PM_{2.5}$ 浓度呈现规律性变化，点位多日 18 时至 22 时规律性出现峰值，如图 8-45 所示。根据现场实地排查，异常时段不合规散煤使用情况十分严重，应加强该区域的煤改气、煤

改电工作，至少应该使用污染程度较低的煤燃料。

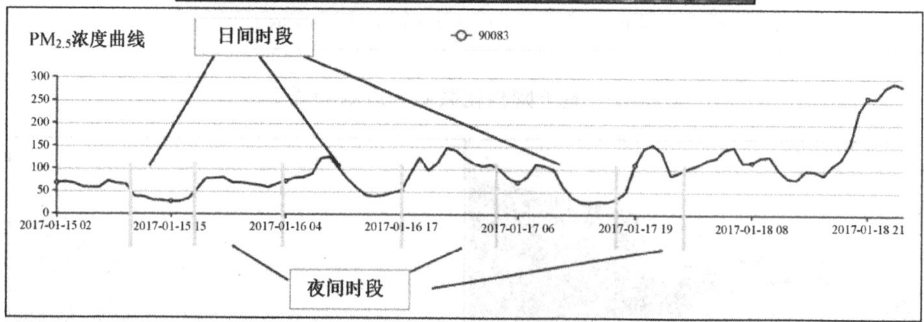

图 8-44　基于网格化微站的交通移动污染源溯源案例

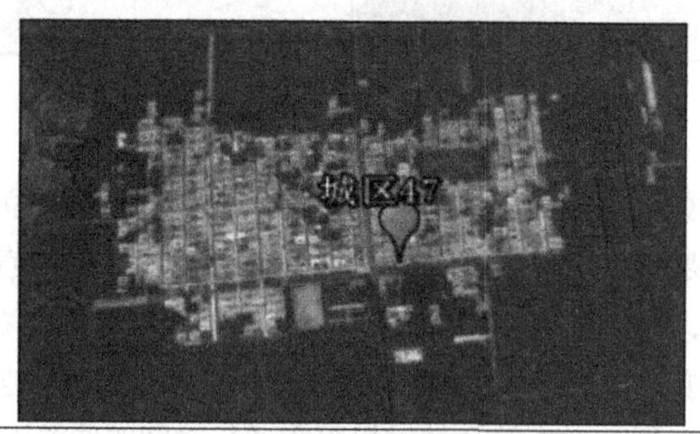

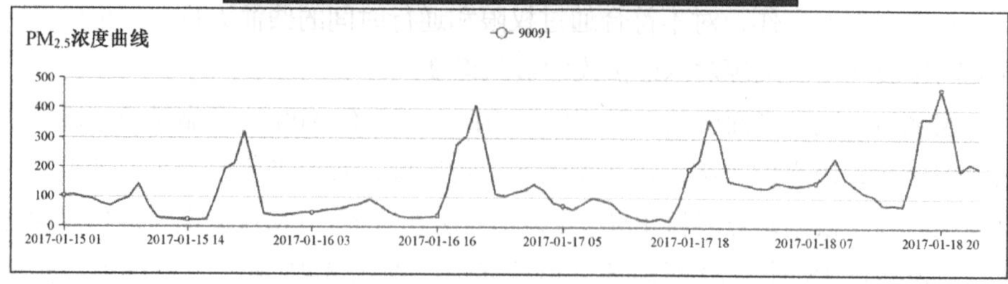

图 8-45　基于网格化微站的点源溯源举例

（2）监测网络整体数据分析方法。

网格化微站监测网络建立的优势是其整体数据分析能力。通过空间覆盖范围的增加，对每分钟、每小时、每日等不同时间尺度的不同指标进行空间插值分析，获得覆盖全域的空气质量结果，进一步扩大对非点位覆盖区域的空气质量水平识别，最大限度地发挥现有监测数据的价值。需要注意的是，一方面要选取合适的空间插值方法；另一方面插值结果存在一定的误差性，主要作为定性分析对比使用。基于微站数据对济宁市 2017 年 1 月 4 日 9 时的 $PM_{2.5}$ 浓度进行空间插值，从插值结果可以看出，济宁市中心城区、邹城部分地区的 $PM_{2.5}$ 浓度相对于济宁市其他地区较高，并且 9 时空气质量逐渐转好，但这些地区的污染物浓度依然保持较高水平，这表明济宁市内这些地区污染情况相对较重，应重点加强相关地区的工作调度和污染源管控工作。

空间插值方法对了解整个污染过程变化、不断深入了解本地污染潜在规律也能起到重要作用。选取一次典型重污染过程进行分析，结果表明：2017 年 1 月 4 日 11 时至 1 月 5 日 15 时，济宁市 $PM_{2.5}$ 污染从东逐渐形成，至峰值后又逐渐改善，直至在西部基本消散。济宁市重工业主要分布在东部，本次污染过程是扩散条件差、本地排放过高导致的污染过程。通常来说，在发生区域重污染天气的情况下，由于区域整体气象条件转差，污染过程主要从济宁市西部开始发生。因此，通过不断积累对各污染过程的样本分析，能够有效摸清本次污染过程成因，对施加有效的管控手段至关重要。

空气质量网格化微站是大气环境物联网领域的新技术，能够帮助获得海量高时间分辨率和空间分辨率的空气质量数据，对这些数据的应用是值得探索的重要方向。例如，传统的数据分析模型的核心问题在于模拟结果的准确性，常常需要利用地面观测站数据进行模拟结果的控制点位对比校正，从而获得更加准确的结果。如图 8-46 所示，空气质量网格化微站数据具备更高的空间分辨率，在数据质量保证的情况下，可以应用到模型模拟的校准工作中，以提升数值模型，特别是小尺度数值模型模拟结果的准确性。另外，空气质量网格化微站获取的数据量使其有可能使用基于统计方法的大数据分析方法。当数据质量良好、数据量充足时，可以基于神经网络的统计方法，利用长期积累的空气质量数据和气象数据建模，进行短时空气质量滚动预报分析，这也是从研究到产业应用的重要方向之一。

2）空气质量传感器监测技术与综合环境物联网平台建设

在构建基于传感器的密度网格化空气质量监测平台系统的基础上，济宁模式的特点之一就是为进一步实现科学治理，积极探索更加完整的“物联网+互联

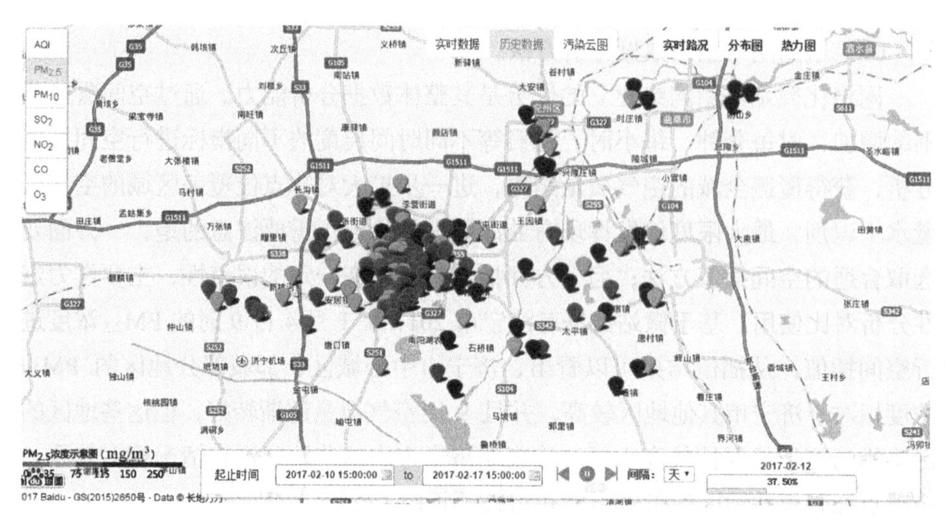

图 8-46　空气质量网格化微站空间分辨率

网+环保”新路径。济宁市整合了现有多个在线监控平台数据，补充了多类污染源在线监控设备，全面配置图像视频设备，按照“两条主线，三级架构”的业务架构思路构建了济宁市智慧环保监管平台。“两条主线”即污染源信息线和政府行业监管线，“三级架构”即贯穿市级、区县、乡镇的三级行政级别的管理平台，如图 8-47 所示。

市级综合管理平台主要包括五大模块，即在线监测平台、在线监督平台、在线管理平台、在线指挥平台和在线统计分析平台。各级网格化智慧环保监管平台对应设立工作模块，在线上充分对接了各类环境物联感知设备及其实时数据，实现了对全市环境质量及污染源排放情况的实时监测、动态分析、不间断管控。污染源排放情况实时监测主要包括济宁市每个镇街采用国家标准方法的空气自动监测站 156 个（测量 $PM_{2.5}$、PM_{10}、CO、O_3、SO_2、NO_2）、空气自动监测传感器微站 175 个、建筑工地面源 PM_{10} 监测点位 998 个、在线视频监控设备 10956 个，还包括全部城管湿扫车辆 GPS 定位数据、危险废物运输车辆的 GPS 定位数据、排污口水质在线监测数据、涉气企业排口尾气在线监测数据、涉气敏感点 50000 余个点位基本信息与坐标等重要的环境管理相关数据，集环境质量数据、污染源数据、管理作业数据和视频监控数据于一体。

济宁市智慧环保综合平台基于传感器物联感知网格化监控平台的基本思路展开建设，推动利用物联网、互联网、大数据和人工智能等先进技术对政府管理和社会治理提供重要支撑，增强科技支撑能力，开展大数据应用和环境承载力监测预警，健全信用评价、信息强制性披露、严惩重罚等制度，既是“科学

治霾、精准治霾”的强力治霾基础，又符合《中共中央　国务院关于全面加强生态环境保护　坚决打好污染防治攻坚战的意见》及党的十九大提出的建设科技强国、网络强国、数字中国、智慧社会等重要发展目标。

图 8-47　济宁市智慧环保监管平台

8.4　未来发展与展望

8.4.1　空气质量传感器监测技术的发展方向

开展基于传感器技术的空气质量监测无疑是环境物联网领域一次非常成功的实践。但是，传感器相关技术还有进一步提升的空间，传感器技术的发展将是物联网广泛、稳定、高效使用的重要基础。

1）传感器数据稳定性

传感器数据稳定性取决于传感器本身，数据基线的稳定性越强，设备使用年限越长，寿命越长。当前，行业中主流使用的传感器理论寿命普遍为2～3年。在我国污染形势较为严峻的情况下使用时，传感器消耗速度较快，高质量运行的时间控制在1～1.5年。当传感器的寿命到期时，新传感器的校准、更换将明显提高相关成本，因此延长传感器的寿命、注重使用过程中的维护等至关重要。

2）传感器数据准确性

目前，行业中主要使用的传感器监测原理如下：颗粒物传感器采用光散射法，气体传感器采用电化学法。由于采用的不是国际标准设备的监测原理，其数据的可靠性、可对比性存在质疑。部分传感器数据偶尔偏离过大，也导致使用者对整体数据合理性的怀疑。近年来，随着传感器使用量的不断增加，以及使用时间的不断增长，也逐渐演化出不同的数据校准方法，使传感器监测数据的可靠性显著增加，使用户的满意度明显提升。

第一，基于传感器行为的修正方法。传感器在使用过程中会受到周边环境情况的影响，包括温度、湿度、气压甚至其他大气污染物浓度指标的影响。因此，研究这些外界因素对传感器的测量数据的影响，可以修正监测数据的偏差。从传感器行为这个根本因素出发开展数据质量控制工作，国外进口传感器及对应的数据库在此方面也开展了大量基础研究。

第二，比对校准。由于国内空气质量问题爆发突然，相应研究工作在国内开展基础薄弱，在实际使用过程中，我国主要采用部分监测设备近距离安装于国家标准设备周围，始终进行一致性比对校准，而略远离国家标准设备的传感器参考国家标准设备数据，偏离不宜过大。这个方法的核心问题在于略远离国家标准设备的传感器数据怎样才是合理的，毕竟两台设备所处的微观环境有所不同。但是，随着国家不断加密建设标准设备，传感器的对标设备数量在逐渐增加。因此，这个方法具有一定的实践意义。

第三，采用标准设备进行车载的移动校准。这个方法的准确性较高，但面对城市中成百上千的传感器，工作效率比较低。

3）传感器监测指标的多样性

目前，大多数正在使用的传感器主要监测国家考核的指标，包括SO_2、NO_2、CO、O_3、PM_{10}、$PM_{2.5}$，以及挥发性有机物（VOC）。随着大气污染防治逐渐进入深水区，污染源识别、监测和管控逐渐精细化，客户需求不再满足于常规指标的监测。例如，在交通领域进行CO_2、NO、NO_2联合监测，在化工园区进

行 NH_3、HCl、VOC 联合监测，以及 VOC 组分的监测等。因此，开发更具特异性监测指标的传感器产品非常重要，能够满足不同领域的使用需求。

4）基于传感器技术的整体布点方案合理性

传感器技术之所以得到重视不仅是因为其个体技术的低成本、高效能、灵活性强等特点，更关键的是通过合理布点、加密建设，实现整体态势感知、对比感知，并应用大数据分析技术挖掘更多环境价值。目前，我国对于传感器的布点方案还没有标准，在实践过程中，可以从以下角度思考和初步规划布点方案。第一，结合污染源前期调研基础和实地勘察，分析本地污染源类型及其空间分布特点，包括点源、线源和面源。第二，通过卫星反演本地区空气质量浓度及本地区空气质量监测点位长期历史观测数据（有时需要包括其他周边地区的观测数据），分析了解本地大气污染指标的空间分布特点。第三，通过一定时间内的移动监测工作，得到一定的统计结果，进行点位布设；同时，可以预留部分设备，作为整体固定式网格化布点的补充，始终进行移动式点位布设和应用，满足对前期布点方案的纠偏及对临时性污染问题强化监测管控的需求。

8.4.2　空气质量传感器监测技术应用的发展方向

传感器监测技术最初发展是为了满足环保监管部门的主要需求，随着大气污染防治科学化和精细化程度加深，越来越多的排放行为被纳入与大气污染有关的行为问题，需要被监管起来。例如，监管部门从原先监管重工业企业“大烟囱”转向联合监管化工园区等复杂环境的“小烟囱”。随着超大城市的工业治理逐渐完成，机动车尾气成为生成细颗粒物的主要成因。据 2018 年数据显示，北京市机动车尾气污染对 $PM_{2.5}$ 的贡献率约 45%，机动车尾气对道路旁空气质量影响的程度逐渐成为监管重视的方向。在更大的交通运输领域，空气质量监测需求也有明显增长，自 2017 年起，重点区域京津冀地区、长江三角洲地区和珠江三角洲地区开始实施港口的排放控制区政策，对船舶的油品含硫量提出明确要求，并随着时间逐渐加严，对 SO_2 等指标的监测需求也逐渐增加。研究发现，港口区域 SO_2 排放对 $PM_{2.5}$ 中硫酸盐成分的贡献比例较高。另外，点多、面广、开放式的商业面源污染逐渐受到重视，如建筑工地的扬尘污染、餐饮行业的油烟污染等。对空气质量的监测已经不仅是环保部门的需求，也是其他部门甚至是细分行业自身的监管需求。传感器在更为细化的领域应用的同时，需要解决的特异化问题越来越有针对性，自身的技术能力往往无法完全满足所有监测监管能力需求，这时就需要与激光雷达技术、颗粒物成分分析技术、挥发性有机物成分分析技术、卫星监测技术等联合使用，以发挥更大的作用。

本章小结

空气质量监测微站具有体积小、成本低等特点，易于开展大样本分布式的布设，从而形成高密度的环境空气质量监测网络，与信息化平台结合可以实现自动化在线监管，提高环保部门的监管执法效率，有力地协助大气污染防治工作。未来，随着物联网和传感技术的不断进步，更多的环境空气质量监测监管手段将被逐步应用到环保治理的日常工作中，实现智能化、精细化的大气污染治理模式。

参考文献

[1] 生态环境部. 2017中国生态环境状况公报[R]. 2018.

[2] Jiang J, Zhou W, Cheng Z, et al. Particulate matter distributions in China during a winter period with frequent pollution episodes (January 2013)[J]. Aerosol Air Qual Res., 2015, 15(2): 494-503.

[3] Seinfeld J H, Pandis S N. Atmospheric Chemistry and Physics: From Air Pollution to Climate Change[M]. 2nd edition. Hoboken: John Wiley & Sons, Inc., 2016.

[4] Forouzanfar M H, Afshin A, et al. Global, regional, and national comparative risk assessment of 79 behavioural, environmental and occupational, and metabolic risks or clusters of risks, 1990–2015: a systematic analysis for the Global Burden of Disease Study 2015[J]. The Lancet, 2016, 388(10053): 1659-1724.

[5] European Environment Agency. Premature deaths attributed to $PM_{2.5}$, NO_2 and O_3 exposures in 41 European countries and the EU-28, 2014[M]. 2017.

[6] 汪先锋，匡丕东，李石头. 物联网与环境监管实践[M]. 北京：中国环境出版社，2015.

[7] 环境保护部，国家质量监督检验检疫总局. 环境空气质量标准（GB 3095—2012）[S]. 2012.

[8] 李礼，翟崇治，余家燕，等. 国内外空气质量监测网络设计方法研究进展[J]. 中国环境监测，2012，028（004）：54-61.

第9章

物联网+智慧水务

内容摘要

物联网、大数据和云计算等先进技术与水务领域传统技术的结合与发展，逐步形成了智慧水务的新概念和新趋势。本章主要介绍物联网在智慧水务中的应用情况，9.1 节和 9.2 节介绍智慧水务的背景、现状和发展趋势；9.3 节介绍智慧水务系统的常见设计方案和案例；9.4 节着重从供水、排水、污水处理、水资源与水环境 4 个智慧水务子系统介绍物联网的应用情况；9.5 节介绍智慧水务进一步发展面临的挑战和应对建议。

9.1 智慧水务的背景介绍

9.1.1 智慧水务的概念

水务系统一般是指以水循环为过程机理，以水资源统一管理为典型特征，由饮用水源管理、供水设施、供水管网、排水管网、排水设施、中水回用等市政涉水业务构成的系统。在长期的生产和管理实践中，我国的水务系统已经形成了覆盖原水、输水、净水、供水、售水、排水、污水处理和中水回用等的设备生产、设施运行、建设维护和监测管控的一系列产业链和一大批水务企业，构成了水务产业和水工业综合体系。

智慧水务即水务系统的智慧化。在水务系统信息化的基础上，通过物联网、大数据、云计算和移动互联网等先进技术手段，利用智能传感器对海量数据进行采集、处理、传输、存储和分析，为水务企业运行管理提供决策支撑的部分

或整体过程，都可以归类为智慧水务。一般地，可以认为智慧水务是涵盖水环境、水资源、供水系统、排水系统、防汛防涝等全部水务环节，具有实时感知、跨平台融合、统计分析、智慧决策等典型特征的智慧化水务系统。

在当前人工智能的产业化发展还不够充分的阶段，基于设施仪表互联通信的物联网成为智慧水务的主要实现方式。因此，可以从工程实践出发，根据水务系统的物联网特征来理解和定义智慧水务。百度百科定义，智慧水务通过数采仪、无线网络、水质水压表等在线监测设备实时感知城市供排水系统的运行状态，并采用可视化的方式有机整合水务管理部门与供排水设施，形成“城市水务物联网”，并将海量水务信息进行及时分析与处理，做出相应的处理结果辅助决策建议，以更加精细和动态的方式管理水务系统的整个生产、管理和服务流程，从而达到“智慧”的状态[1]。

智慧水务是一个新兴事物，是水务系统发展的新阶段，也是信息化和自动化技术创新带动产业发展的必然结果。智慧水务脱胎于水务自动化、过程数字化等发展阶段，又与物联网、大数据和云计算等新兴信息化技术密切相关。在技术日新月异的情况下，相关概念容易混淆与不一致，需要加以辨析和理解。例如，人工智能是一种实现智慧水务的途径和手段，深度学习则是一种从数据中获取规则的计算方法，但这些概念有时候很容易被等同于智慧水务。此外，也有人认为智慧水务不过是水务自动化、信息化的新包装，并没有新的内涵与价值等。

智慧水务与水务自动化的实现手段有明显差异。水务自动化是指利用控制系统的软硬件对水务企业的工艺过程进行准确、有效控制，其核心是被控过程的物理数学模型和有效的控制策略。比较而言，智慧水务更多表现为综合运用物联网、云计算、大数据和移动互联网等信息技术来优化水务企业运行管理的过程，其核心是对数据进行全面采集、深度处理、系统分析和智能利用，从而提取能够指导运行管理的知识和规则。

智慧水务和水务数字化在价值目标上也有所区别。水务数字化主要是指利用数据采集、传输和处理技术全面展现水务企业生产运行和管理流程的状态，其核心是围绕数据感知和展示的软硬件相关技术。比较而言，智慧水务还需要进一步挖掘数据的深层价值，通过跨部门共享和全过程数据分析对管理决策产生实际的指导意义。可以说，水务数字化能够提升管理人员的决策效率，而水务智慧化能够深度参与并部分指导管理人员的决策过程。

在理解上述区别的同时，还应该看到水务自动化、水务数字化和智慧水务

的对象一致、目标接近，是一个连续提升的过程，因而实质上是一个整体而紧密关联的概念。前者为后者奠定了发展条件和前置基础，后者又对前者不断进行丰富和发展。这体现了管理需求不断刺激技术发展，而技术发展又不断满足管理需求的动态和螺旋上升过程。

9.1.2　智慧水务的政策背景

在我国工业界，工业化和信息化的融合（两化融合）一直是工业行业技术发展的战略方向。智慧水务的发展也不能脱离工业化和信息化的背景和基础。在水务行业乃至智慧城市建设方面，我国也明确提出了对企业自动化、信息化方面的要求，以及实现“以信息化带动工业化，以工业化促进信息化”的发展目标。

住房和城乡建设部办公厅发布的《关于开展国家智慧城市试点工作的通知》（建办科〔2012〕42 号）提出：“建设智慧城市是贯彻党中央、国务院关于创新驱动发展、推动新型城镇化、全面建成小康社会的重要举措。各地要高度重视，抓住机遇，通过积极开展智慧城市建设，提升城市管理能力和服务水平，促进产业转型发展。”

国家发展和改革委员会、住房和城乡建设部等八部委印发的《关于促进智慧城市健康发展的指导意见》（发改高技〔2014〕1770 号）指出：“智慧城市是运用物联网、云计算、大数据、空间地理信息集成等新一代信息技术，促进城市规划、建设、管理和服务智慧化的新理念和新模式。建设智慧城市，对加快工业化、信息化、城镇化、农业现代化融合，提升城市可持续发展能力具有重要意义。”

国务院印发的《国家新型城镇化规划（2014—2020 年）》中智慧城市建设方向第 3 条指出：“发展智能水务，构建覆盖供水全过程、保障供水质量安全的智能供排水和污水处理系统。发展智能管网，实现城市地下空间、地下管网的信息化管理和运行监控智能化。”

住房和城乡建设部、国家发展和改革委员会 2012 年 5 月印发的《全国城镇供水设施改造与建设“十二五”规划及 2020 年远景目标》提出：“加大科技对城镇供水发展的支撑力度，增强科技创新能力，推进生产运行自动化、业务管理信息化，提升城镇供水行业的现代化水平。”

智慧水务正是在这样的政策激励背景下出现的。2013 年，中国城市科学研究会数字城市工程研究中心在“第八届中国城镇水务发展国际研讨会与新技术

设备博览会”上明确提出了智慧水务的概念，认为智慧水务涵盖了水文、水质、水资源、供水、排水、防汛防涝等方面，包括从数据的检测、采集，到数据的传输、存储，再到数据的处理分析，以及利用结果进行生产管理和辅助决策的整个过程。除在敏捷快速管理系统中的工艺环节实现城市安全管理、行业节能生产、资源合理利用之外，还可以将信息共享互通，提高城市资源和环境的感知力，提高人们的环境保护意识。

政府部门是智慧水务发展的重要推动力。政府监管部门需要采用先进的技术手段来监管、验证和规范企业的生产活动，需要可靠、可信的数据采集、处理和分析来指导制定产业政策。此外，从行业监管角度涌现出的新问题，催生了新的需求或政策制度，如供水水质信息实时公开、污染源企业排放数据信息实时公开等。这些服务政府监管职能的智慧水务技术都在持续和强劲发展。例如，生态环境部污染源排放过程工况监控系统利用物联网、数据挖掘等新技术，分析企业生产过程来判断排放数据的真实性和有效性，实现了从“末端监控”升级为“过程监控”。

9.1.3 智慧水务的发展阶段

2017 年发布的《中国智慧水务发展白皮书》认为：自动化、信息化和智慧化是我国智慧水务发展的 3 个阶段，如图 9-1 所示。20 世纪 70 年代，供水及污水处理厂逐渐开始应用自动化技术，逐步实现数据的自动采集与设备的自动控制。到了 20 世纪 90 年代，水务行业开始推进市场化，促使供排水企业大幅度提升运行管理水平，加速了自动化和信息化的应用，形成了一批行业标准。进入 21 世纪，物联网、云计算和大数据技术形成了新的技术推动力，促使水务行业进一步融入智慧城市、智慧地球的建设过程，促使大部分水务企业开始布局和发展智慧水务系统和技术。

在自动化水务阶段，水务企业的首要目标是将工人的时间和精力从繁重的重复性工序中解放出来。这个阶段主要通过实施 SCADA 或 DCS 系统采集工艺基础数据与在线仪表数据，从而自动控制提升泵、鼓风机、阀门等核心设备。在此阶段，水务企业基本实现了供排水设备设施的自动化运行与上位机管理。

在信息化水务阶段，水务企业的主要目的是将原有的以人为主的管理运营模式，转变为更加科学、合理的量化管理和运营[2]。在此阶段，水务企业一般需要建设以生产管理、经营管理、服务管理为核心的管理信息系统，通过加速工艺信息的存储、流动和交互，来大幅度提升生产和管理的效率和可靠性。

在智慧化水务阶段，水务企业的目标是将企业行为与居民生活和新一代信息技术融合，实现以物联网、移动互联网、人工智能技术为代表的信息技术革命。在此阶段，水务企业需要部署各种传感器，以对生产管理信息进行智能化识别、定位与监控等，然后在此基础上进行数据处理与分析、模型模拟与预测等，提前或及时采取措施，从而使运行更加可靠、可控。目前，部分智慧水务的先行企业已经开发了包含 GIS、SCADA、ERP/EAM 等系统的一体化智慧管理平台，能够通过大数据分析和数据挖掘技术来提高企业的决策和管理水平。

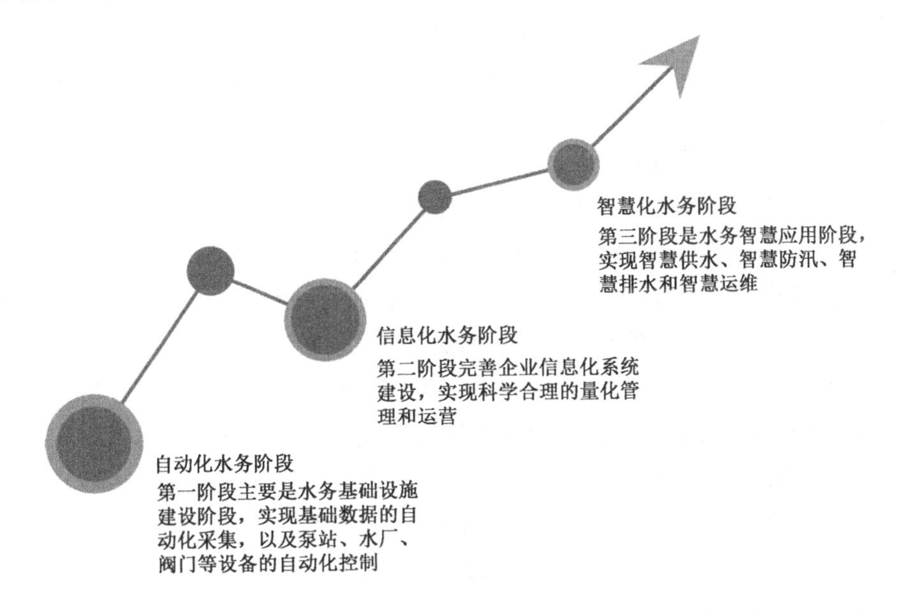

图 9-1　《中国智慧水务发展白皮书》的智慧水务发展阶段

9.1.4　智慧水务的机遇和挑战

智慧水务的功能和作用不仅体现在降低人工和成本的层面，还深刻地体现在精细化管理、信息化管理、集团化管理、智能化决策等方面。传统的水务自动化、水务数字化很难满足人们对运营智能化、服务个性化、信息公开和环境健康安全等多方面日益增加的各种诉求，为了进一步提升运行效率和管理可靠性，大量对于物联网、人工智能、大数据等新技术的行业需求应运而生。随着工业现代化和信息技术的快速发展，水务行业的自动化和信息化也必然会逐步实现融合统一，并通过核心业务功能的升级换代逐渐步入智慧化发展阶段。

智慧水务的可行性主要表现在以下 3 个方面。

（1）智能传感器技术能够支持高频率和高密度的行业信息采集。通过广泛安装传感器及分析感知数据，可以获取实时、丰富的在线数据以指导业务活动。例如，通过计量、感知或监测水情及现存供排水设施和设备的维护状况，可以快速识别供水漏损点，这样管道维修队伍就可以在第一时间处理供水爆管事故。这种基于传感器系统的快速反应减少了水资源的漏损，大幅度提高了工作效率。

（2）移动通信技术能够支持跨平台的业务沟通和协同。通过飞速发展的移动互联网及其丰富应用，将水务智慧化系统中的信息和数据共享给不同角色的用户，以便协同地采取行动。例如，通过研究供水消费量和时空分布信息，可以根据用水行为特征更加精确地计算水价构成。供水企业与用水大户一起对用水行为特征进行数据分析和情景解析，可以优化用水行为、节约用水，达到节约资源、降低成本的目的。

（3）数据模型与分析技术能够支持工艺的智慧化运行。海量数据催生了基于数据分析算法的数学模型，有力补充了基于科学知识的机理模型的功能。通过对水务企业采集与存储的工艺数据进行统计分析和趋势分析，得到数据变化趋势、工艺运行规律及处置方法等。例如，通过现在和历史水量数据建立了一个用水行为模型，并关联人口迁移和经济增长等相关数据，可以大致预测未来的用水需求。这种思路在预测污水处理设施的处理规模和进水水质时，也同样有效且有必要。

同时，现阶段智慧水务的发展也面临很大的挑战。一部分挑战源于行业本身的复杂性和艰巨性。此外，在快速发展过程中，智慧化信息技术本身也存在一些系统性的冲突和内在矛盾。

（1）水务系统的结构特征比较复杂。与其他产业相比，水务行业包括从源头到用户端的多种行为，内部又可以分出众多的子系统，属于复杂的巨系统。由于水务行业的社会系统结构相当复杂，具有明显的分散性和小型化特征，对其进行系统性升级改造的难度就十分巨大。一方面，这样的巨系统难以直接进行其他行业成熟技术的迁移应用。另一方面，对巨系统进行简化可以方便技术应用，但往往会失去系统的主要特征，从而偏离水务系统智慧化的发展方向。这种巨系统、分散式的特征，往往导致水务企业只能针对某些细分领域发展智慧水务技术，而很难把智慧理念覆盖到完整的水务产业链。此外，智慧水务系统的开发和维护需要工程和信息专业的复合型人才。由于智慧水务系统的开发、调试和升级是一个智力投入非常密集且成本高昂的过程，因此一般只有大型企业才拥有人力、财力和组织力来开展智慧水务的技术研发和系统维护的工作。

这在一定程度上促成了水务系统在商用智慧化平台上开发、应用和托管的趋势。

（2）水务系统的信息孤岛现象十分普遍。在理想的智慧水务系统中，跨系统之间可以顺利调用和分析数据，从而为跨公司、跨区域统一管理和监控提供基础。然而，现实情况是水务行业仍处于信息孤岛阶段。虽然水务行业已经开展了长期的信息化建设，但是由于缺少顶层设计、缺乏信息化建设标准等多种原因，普遍存在建设时间不同、厂商不同、标准不同等问题，导致各系统之间的数据难以互联互通，或者互联互通成本高昂。以管网漏损监测业务为例，在统一建模分析时需要调用 GIS 数据、区域流量数据、营收数据、客服系统数据、巡检系统数据等，但实际上这些数据很难统一采集和传输，在此基础上的数据挖掘和智能分析也就无从谈起。为了实现基本的数据分析，在很多情况下只能采取原始的“换管，换表”等成本高、效率低的补救措施[3]。

（3）智慧水务系统缺少行业标准，运维比较困难。目前，智慧水务的系统技术还处于快速发展阶段。由于核心技术借鉴信息化产业的成果，缺少与水务系统特征密切融合的行业标准，因此不利于水务企业海量数据的采集、存储和分析。一些大型水务企业采用内部标准来建立信息化系统，显然进一步提高了整个行业内信息孤岛的破障成本。在水务公司核心团队中，多数技术人员精通工艺运行和过程管理，但并不精通软硬件、物联网、大数据和云计算等新兴技术。此外，行业内缺少第三方专业的智慧水务系统运维团队。这些因素导致水务企业信息化系统的运行维护比较困难，难以真正发挥作用及产生经济效益。

（4）水务企业数据信息的安全性还缺乏保障。数据安全性保障方面的挑战是物联网系统的共性问题。智慧系统一般需要记录和分析本地居民的居住位置、身份信息、消费数据等敏感信息，依靠简单的权限管理方式远不能满足安全要求。为了防止隐私信息泄密，目前还需要探索更加可靠的解决方案。

9.2　智慧水务的现状和发展趋势

9.2.1　国外智慧水务现状

从 20 世纪 70 年代至今，水务行业经历了一个较长的从经验模式到智能自控模式转变的探索和发展历程。国外水务行业经历了从生产到研究，再从研究到应用的历程，企业比较注重内部运行数据的采集、分析和应用，侧重应用基础性研究、主动采用科学研究成果、发现挖掘数据价值等。

目前，大部分国外水务企业已经实现了信息技术（Information Technology，

IT）和业务技术支持（Operation Technology，OT）的两“T”融合，其业务管理系统不仅能提供工艺和产销数据的采集和处理，而且可以对数据挖掘结果进行可视化和自动分析，甚至能够进行用户用水习惯分析等预测性服务。例如，英国联合水务的业务系统包含工艺监测与优化、事件监测与预防、自动应急等多种场景；欧盟 iWIDGET 智慧水务项目采集和分析用户耗水量数据，提取了不同类型用水的消费趋势，从预测的角度指导了供水系统的建设和运行。

国外智慧水务的快速发展与其历史上充分发展的自动化、信息化程度有关。国外水务企业一般会布设大量压力或流量传感器来采集生产运营过程中的数据，自动化和信息化技术的发展和应用比较充分。例如，英国联合水务在实施智慧化系统的过程中，部署了 8000 多个流量计和压力传感器。此外，国外水务企业大多比较重视数据的分析，通常在数据分析算法、数据深度挖掘方面与高校开展联合研究。例如，英国、丹麦和美国等的水务企业比较重视生产数据的分析及应用，很早就建立了大量的水力学模型用于运行优化。目前，行业内通用的模型软件，如 Infoworks、DHI、KYPIPE、Bently 等，都与这些国家水务企业的管理需求和技术应用有关。国外水务企业依靠数据整合、平台建设、智能算法应用等，已经从依靠经验化的管理模式转变为高效智能的自动化管理模式。

9.2.2 我国智慧水务现状

得益于新技术的发展和产业创新，我国的智慧水务技术发展也十分迅速。本节从供水、排水、水利和水环境等几个方面来介绍发展的典型代表、侧重点和趋势。

1. 智慧供水系统

目前，我国的智慧供水系统主要以智能水表为核心进行构建。华为通过提供芯片与众多产业链企业共建智慧生态，发布了“1+2+1”物联网构架的合作伙伴计划，提出了包含智慧水务的典型应用解决方案，以迅速推动 NB-IoT（Narrow Band-Internet of Things，窄带物联网）的应用。2018 年 3 月，华为与深圳水务、中国电信共同发布全球首个 NB-IoT 物联网智慧水务商用项目，为水务公司提供基于物联网、云计算和大数据的智慧水务解决方案。该项目解决方案架构如图 9-2 所示，可以实现智能抄表与监控、表端连接管理、管网监测、能效分析等功能，达到自动抄表到户、管网动态监控、降低漏损、降低维护成本和能耗的目标。

该方案的核心是 NB-IoT 智能水表。智能水表每半个小时将用户用水量实时传输至水务公司客户服务中心，每天记录 48 个用水量数据。经过在深圳市盐田区、福田区局部小区的长期测试与持续改进，智能水表数据传输上报率达 100%[4]。利用智能水表进行用水量数据采集，在增加数据监测频率、用水量大数据积累的同时，还能有效降低数据采集与管理运行成本，并通过大数据分析实现用水量的动态监测。

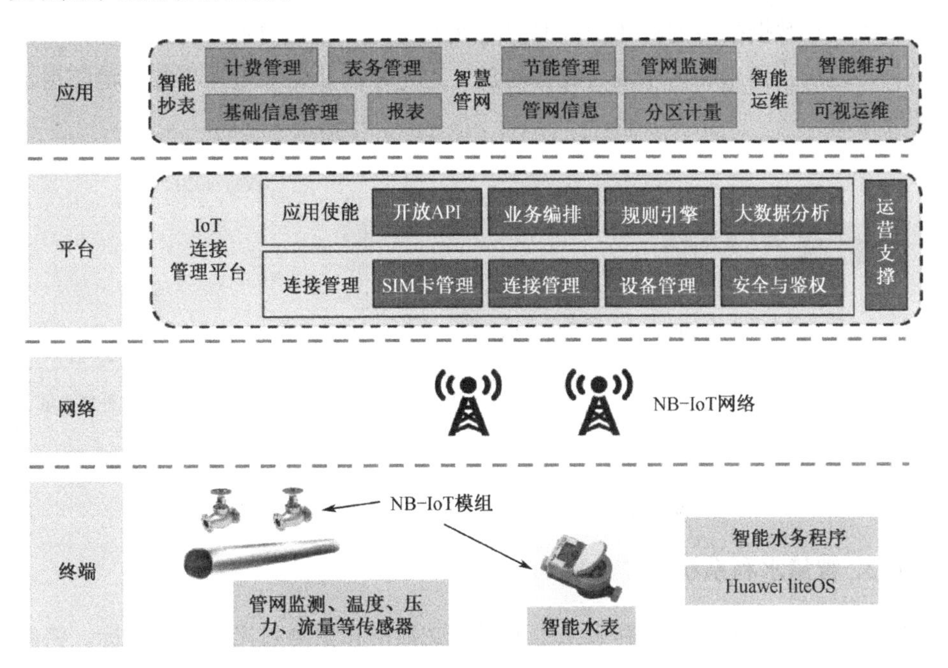

图 9-2　智慧水务解决方案架构

2. 智慧排水系统

目前，我国的智慧排水系统主要以城市雨洪监测和预警处置为服务目标。在南方多雨地区，雨污水混流导致的雨水溢流口排放（Combined Sewer Overflow，CSO）是造成水环境污染的主要原因。如果将所有雨水送入污水处理厂进行处理，一方面会造成污水处理厂水量超过设计负荷；另一方面水质被稀释后，会造成设施浪费，还会影响工艺脱氮除磷的运行效果。如果将雨水直接排入外界水域，则其水质水量必须受到监测，达到综合排放标准，否则将严重破坏水环境治理。

通过开发一个具有监测功能的雨水溢流管理系统，首先可以把区域内的雨水收集到雨水池中，然后通过水质仪表实时监测雨水池的水量和污染物浓度。当污染物浓度超过排放标准时，如在降雨初期，可以通过提升泵将雨水送入污水处理厂管网处理。当雨水池中的污染物浓度符合排放标准时，可以打开排水泵将雨水直接排入外界水环境。雨污分流强排的监控系统的结构如图 9-3 所示。为了提高管理工作的信息化水平，建立网络管理体系，实时监测雨水池中的 COD 值，通过水质监测控制系统，自动切换排放管路排放雨水，雨水水质 COD 数据和系统状态数据被传输到环保管理部门[5]。通过这种雨污分流强排的监测控制系统，可以防止雨水和污水混合超标排放，也可以防止企业处理事故的消防用水超标排放。

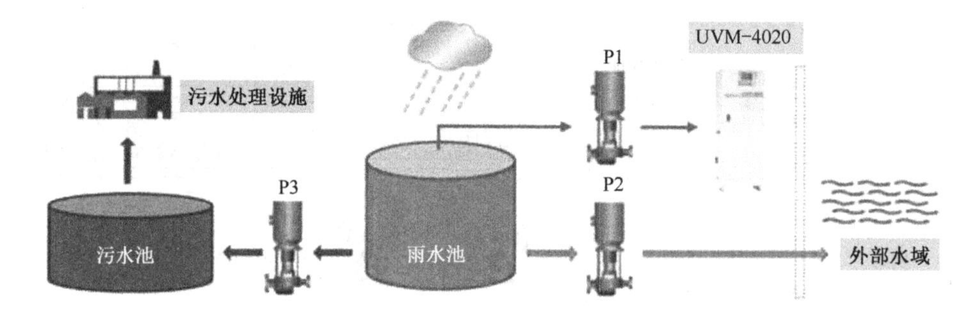

图 9-3　雨污分流强排的监控系统的结构

3. 智慧水利系统

目前，我国的智慧水利系统主要以水文数据和预测防灾为服务目标。将感应器嵌入和装备到整个流域中的大坝、水质监测断面、水文观测站、供水系统、输水系统、用水系统和排水系统等各种物体或设施中，可以及时采集、处理和展示各类信息和数据，并通过数据共享和深入分析，形成具有实时监测、管理和调度功能的智慧水利系统，实现智能感知、调度和管理。智慧水利系统的管理架构如图 9-4 所示。

智慧水利系统能够为预防洪涝灾害提供决策支持。通过流域水文、水利信息的采集、传输和分析，可以为流域洪水的预报提供基础数据，支持预报模型的参数校正和情景分析等。由于数据及时且准确量化，因此能够在很大程度上提高预防洪涝灾害的科学性和有效性。当面临大规模和持续性强降雨时，根据卫星传感器传送的云层信息可以初步预测降雨量，然后通过雨量计的数据同步技术可以实时计算整个流域的实际降水量；此外，还可以使用陆面过程模型来预测洪水发生的可能性。上述模型模拟结果都可以利用可视化手段在三维虚拟

场景中进行展示和分析，以支持决策人员比较和优选防洪预案与调度方案，以及确定必要的撤离路线等。在洪水实际发生过程中，智慧水利系统还可以通过移动互联网向居民实时发送撤离信息，通过传感器观测被洪水淹没范围，通过射频识别标签监控大坝和堤防安全等。

智慧水利系统的实施有助于水环境污染控制。通过对河流、湖泊、水库、饮用水源地、地下水观测点等传感器数据的采集和分析，能够及时发现水源地水质的不利变化，进而对水域或下游进行水质污染预报。相关海量数据可以传输给环境管理部门，进行水质评价和风险管理。在有些情况下，可以安装报警传感器检测某种污染物的浓度，当检测值超过设定值时，对污染水流进行存储、加药等应急控制。

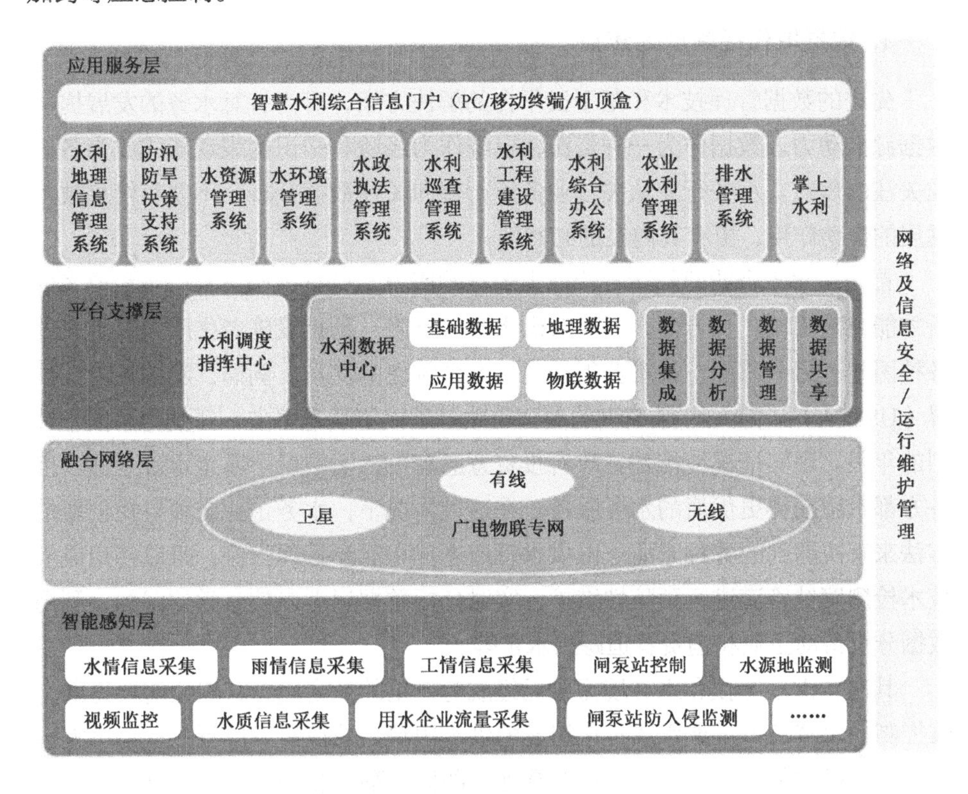

图 9-4　智慧水利系统的管理架构

4. 智慧水环境系统

目前，我国的智慧水环境主要面临藻类和富营养化问题。由于我国富营养化的河流和湖泊较多，因此及时和准确监控水环境质量、及时采取措施除藻成

为地方水环境管理的重大挑战。智慧水环境系统可以感知蓝藻湖泛，并智能调度打捞船；集中管理相关业务数据，构建感知、调度和管理一体化的智慧系统。系统底层为智能感知层，主要负责水质、蓝藻和有关信息的采集，实时监测湖水的水质、水量等水文指标，实时感知近岸打捞点的规模和程度。收集到的信息通过 GPRS 等手段传输至信息中心进行处理和展示，并自动进行双向可控的车船资源调度与人力网络化信息交互。系统顶层是管理服务层，主要对蓝藻打捞、运输、处理、再利用过程进行数据和资源集中管理。通过集中管理可以实时监控水质和打捞船情况，并通过数据分析辅助决策、提高生产效率。

9.2.3 智慧水务的发展趋势

1. 数据取代经验成为焦点

先进的数据管理技术和基于云平台的解决方案，可为智慧水务的发展提供数据源推动力。数据作为一种资源，已经作为经验和知识的表现形式成为各行业关注的焦点。水务行业从关注业务运行转向关注数据分析，不仅有信息技术发展的带动作用，更有其内在的必然性。

首先，水务企业面临运营管理上的严峻压力，只有进行技术创新和模式创新才能突破困境。一方面，要面对供水收入下降、基础设施老化压力等带来的各种困难；另一方面，很难获得社会各方系统性的支持。例如，美国环境保护署（USEPA）认为大约有 50%的美国市政基础设施状态恶劣，评估结果低于计划的年限。现实情况往往是：政府投资意愿有限，消费者不愿意水价上涨，但各方都希望获得更优质的水务服务。在这种情况下，水务企业必须寻找创新的方法来解决遇到的各种矛盾。以供水管道老化和泄漏管理为例，可以使用成像技术检测腐蚀管道进行预防性维护，实时分析数据识别未被察觉的漏损，利用数据分析帮助企业和消费者追踪用水量等。

其次，供水漏损和水环境污染已经成为严重的社会问题，迫切需要得到有效控制。水资源不足或水质劣化造成的供水短缺，往往引发广泛的社会影响，同时也会推动创新以实现精准计费管理，降低泄漏率和能源消耗。例如，美国弗林特市和匹兹堡市的干旱和供水污染事件，刺激了水务企业对供水实时数据和精准计量服务的需求。水环境污染事件常常引发公众关注，从而促使政府采取更严格的污水处理设施排放指标。当污水处理设施运行水平超过人工经验运行能够支持的能力范围时，必须寻求新的、更有效的运行管理模式。

最后，人工智能浪潮正在席卷整个社会，大数据和物联网技术已经取得了

很大进步。能源和电力等关键行业已经开始采用先进的智慧化技术，在不久的将来，预计水务行业也将采用类似技术来解决出现的各种供需侧矛盾。例如，智慧供水方案有可能将漏损和计费错误减半，并降低 20%的能耗。根据美国 Bluefield Research 公司的分析报告，30%的水务企业如果采用动态实时系统监控，其运营改善将立竿见影。

2. 大数据技术驱动行业创新

大数据技术是为了分析、处理大数据相应产生的数据处理、数据挖掘、数据建模、机器学习等技术。这些大数据技术解放了人们的分析能力。例如，借助大数据技术，可以分析系统内所有的相关数据，从而避免了随机抽样带来的片面性。由于研究数据量充足，因此可以只关注关联和趋势，而不必过度追求数据的精确度。此外，更有意义的是，大数据分析不必拘泥于对因果关系的探究，而应在整体的相关关系中分析数据和挖掘潜在价值。

法国电力集团为法国个体家庭安装了 3500 万台智能电表，这些智能电表每 10 分钟采集一次用电量数据，并上传至数据分析中心。数据分析中心整合用户用电量数据、气象数据、用户信息、电网数据等进行集中统计与分析，支撑法国电力集团销售部门与管理部门的决策。通过对数据资产的分析利用，法国电力集团已经实现了精准定位客户、扩大市场份额、提升服务响应速度等效果。

水务行业与能源行业都是公共事业，具有一定的相似性。智慧水务也需要通过部署传感器进行数据采集与分析来实现水务行业的智慧化。美国加利福尼亚州的供水公司通过智能水表应用与数据采集，开展了精细化供水管理。通过配置智能水表，并与科技企业联合研发，供水公司以“每小时收集近 7 亿个数据点”的规模收集海量的细粒度数据，并与居住地、房龄、气候和入住率等数据整合，通过分析预测为用户提供个性化用水报告、节水行为打分、花园灌溉许可等互联网服务，实现了平均 5%的节水幅度。

3. 智能传感器的技术发展趋势

智能传感器是实现智慧水务的基础前端设备。仪器仪表工程机电转换技术，经过了模拟仪表、数字仪表、智能仪表的发展历程。下面以智能水表（见图 9-5）为例，介绍水表计量技术的发展过程。

20 世纪 90 年代，用水量计量主要采用以干簧管为代表的脉冲转换式水表，其在应用时存在外部磁场干扰和水管抖动产生错误脉冲等问题，后期采用霍尔元件替代干簧管，或者采用无磁传感方式累积脉冲，减少了外部磁场的干扰。2000—2005 年，水表的种类增长很快，出现了光电直读水表、摄像式直读水表、电阻触盘式水表等。光电直读水表也发展了透射、对射、反射等多种水表类型。2006—2012 年，机械计量技术已经不能满足用户的需求，电子计量技术取得了快速发展。超声计量技术、电磁计量技术、速度感应技术开始应用到水流量计量产品中。这些技术在始动流量、量程比、计量精度方面相比传统机械计量技术有较大的优势[6]。由于电子水表稳定可靠、计数准确，其在使用过程中逐渐得到了用户认可。

由于公共基础设施的特性，改变水表计量手段可能导致整个行业设备的重新配置，需要巨额投入。为了不改变或不替换现有基础设施，在原有水量计量仪器上增加智能传感器就成为常见的选择。这类传感器不仅要应对恶劣的工况，还要考虑电池寿命，需要以最低功耗测量各项指标，并及时与网关进行通信，指导设施的运行控制。这些需求限制了电池供电的终端设备设计，一般需要将传感器的整机待机功耗控制在 1μA 或更低。

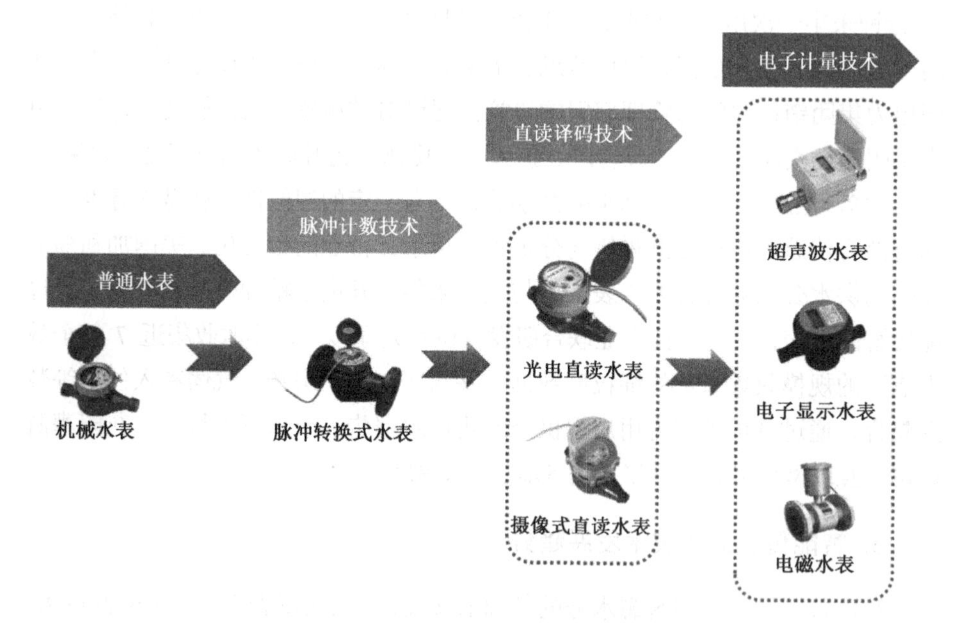

图 9-5　水表计量技术发展历程[6]

4. 智能水务通信技术的发展趋势

智能网关将智能传感器采集到的数据上传到云端，是智慧水务系统的关键

设备。除了传感器接口，智能网关的数据链接还依赖国内通信运营服务商的系统产品。目前，终端设备与联网的特征异构仍然是信息处理技术方面的挑战。下面以智能水表为例，介绍水务行业通信技术的发展历程，水表组网技术如图 9-6 所示。

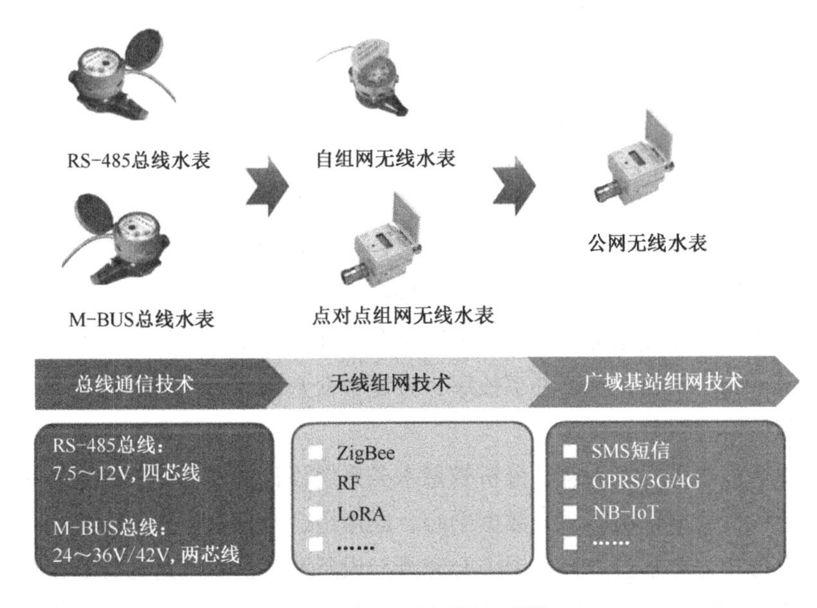

图 9-6　水表组网技术[6]

20 世纪 90 年代，智能水表行业借鉴电表、安防等行业经验，采用 RS-485 国际标准总线通信技术来实现自动抄水表功能。2007 年左右，部分智能水表企业在欧洲 Mini-BUS 总线基础上发展了 M-BUS 总线，但各企业总线通信方案之间的兼容性较差，不适用于旧小区改造等不方便布线的环境。2010 年左右，智能抄表在供水行业广泛应用，遇到了旧小区安装智能水表无法布线的问题，这推动了小型无线通信技术的应用，如 Zigbee、RF、LoRa 等协议和技术。但是，这些技术也存在信号干扰、穿透能力有限等问题，难以保证无线信号的有效覆盖和通信的稳定性。

2013 年左右，物联网卡流量费用下降，GPRS 技术开始向智能水表终端转移。2014 年推出的物联网水表以 GPRS 为通信手段，提供了一种基于移动互联网的简便手段，但仍然存在 GPRS 模块功耗大、只能定向唤醒通信、角落或管道井信号不稳定等问题。2015 年，华为开始商用 NB-IoT 技术。由于 NB-IoT 技术具有更强的穿透能力、覆盖能力，以及与 LoRa 相当的低功耗，因此出现了取代 GPRS 通信网络的趋势。据了解，一座基站只能负载几百台采用 GPRS 作

为通信手段的水表，在采用了 NB-IoT 后，一座基站的负载数量可以从几百台增加到 15 万台，功耗则降低到 10%。这样一块 8000mAh 的锂电池可以运行 6 年之久。

5. 智慧水务系统设计的发展趋势

在智能传感器和通信网关的基础上，整个水务系统的运营设计成为智慧水务的关键。智慧水务系统的设计一般需要达到多个业务目标，包括：①协同化管理，通过建立水务一体化运营管理平台，实现城市供水、排水、防洪、水环境等业务的协作化管理；②高效利用信息资源，对城市水源、供水管网进行实时监控，统计分析城市供水分布情况，根据信息数据对水资源进行合理调配；③提升业务智能化水平，通过对海量数据进行分析和挖掘，预测水务行业的发展趋势，为政务和民生提供“一站式”服务；④实现服务移动便携化，搭建城市水务统一门户平台，提高办事效率，方便公众查询水务公共信息，并通过无线终端预约相关服务。

仍以智能水表方案为例，分析智慧水务系统设计的发展趋势。智能水表的系统设计包括数据采集层、云数据中心、应用平台等部分。数据采集层包括数据采集设备和智能水表。云数据中心完成与设备和智能水表的通信、设置和控制等功能。应用平台对采集回来的数据根据客户业务进行管理，对数据进行分析、统计及展示，并预留其他应用软件的接口，如营业收费软件接口。

采集用水数据的最初方式是人工抄表和统计数据。随着社会、经济的快速发展，GPRS 远程抄表技术出现，解决了人工抄表效率低、成本高、记录数据容易出错、维护管理困难等问题。随后，NB-IoT 远程抄表技术继承了 GPRS 远程抄表技术的功能，解决了基站用户容量小、设备功耗高、通信信号差等问题。在看到技术快速发展的同时，我们还应该清醒地认识到，没有一项通信技术能解决水务数据采集过程中的所有问题。因此，一般需要因地制宜，针对不同应用环境设计不同的系统方案，以便减少现场工程量和设备调试工作、节约流量费用等，这样便于长期运营和维护。

9.3 智慧水务系统的设计

9.3.1 智慧水务系统的设计框架

智慧水务系统的设计框架一般采用物联网框架技术，包括平台层与用户层。

平台层以服务和管理为核心，涵盖水环境、水生态、水安全、水资源、供排水、防汛防涝等可能的业务范围。用户层主要面向业务管理人员与公众，实现信息的采集、展示与集约化管理等目标。

1. 基于物联网的框架设计

现阶段，物联网技术是智慧水务系统的关键支撑和主要外在表现形式。与物联网架构类似，智慧水务系统的平台层也具备感知、传输和应用的功能。感知层负责全面感知水资源、水质及工艺设施数据；传输层实现感知层信息的实时动态采集、传输和存储，并形成网络通信链路；应用层通过信息共享、系统整合及二次开发实现业务流程整合、多网融合、大数据应用辅助决策等功能。由上述基础构成的平台层，可以实现水务数据的存储、分析和处理，以及数据在各层之间的转移转换和分析挖掘。此外，智慧水务系统还需要构建安全层，部署入侵检测系统、安全审计系统、防病毒系统等。

具体来说，感知层采用各类传感器来获取设备的状态与运行信息，如浊度传感器、水位传感器、水压传感器等。传感器的数据要通过可编程逻辑控制器（Programmable Logic Controller，PLC）或现场设备集成控制器来进行采集和预处理。为了达到智能分析所需的数据容量和质量，感知层的设备实体一般就是智能传感器，能够以较高密度安装布置、较低功耗值守运行、较快频率采集数据。一些智能传感器还具有故障识别、数据诊断、自组网、简单分析等高级功能。除水环境专业指标传感器外，多媒体采集也是重要的数据来源。在偏远地区和难以现场查看区域加装摄像头，如水库、污水井、有限空间等，可以对关键设备进行实时和有效的监测管理[7]。

传输层由各种网络设施组成，负责传递和处理感知层获取的信息，一般包括互联网、无线网、蓝牙通信、宽带、电话网、电信网（如 4G 流量卡和物联网卡）、网络管理系统和云计算平台等。传输层的设备实体是智能网关，一般具有断电续传、数据中转、云存储等功能。一些开发程度较高的智能网关还具有程序的远程上传/下载、在线调试、定期维护等高级功能。

应用层是系统和用户的接口，一般表现为经过系统设计的软件控制界面。应用层的设计需要与行业需求密切结合，以实现物联网的实际应用。常见的接口组件包括数据展示、趋势分析、系统诊断、报表生成等。有些接口也具有运行支持、管理优化的能力，如异常状态自动报警、极限低水位报警和联锁保护、高水位报警等。

2. 软硬件系统设计

城市智慧水务系统的软件不仅是应用层的用户接口程序，而且会覆盖信息采集传输层、数据源层、门户层和数据管理层等多个范围。在信息采集传输层，软件系统通过采集现场监测仪表、数据采集模块、网络传输设备等硬件的实时数据以实现城市水资源信息监控，并保障信息采集通畅。在数据源层，软件系统要综合分析水务行业数据，开展数据挖掘和计算，为上层业务的应用提供支撑。在门户层，软件系统需要支持管理人员的维护工作，方便与其他业务人员进行信息沟通，并建立公众与业务人员的沟通渠道，实现城市水务政策咨询、信息查询、水务公开等。在数据管理层，软件系统将海量的数据进行整合、存储，实现数据集约化管理并避免重复存储，需要与其他部门协作保证数据的完整性，通过数据存储备份提高数据的安全性。

城市智慧水务系统的硬件不仅包括现场的智慧仪表，而且广泛包含了仪表、就地控制器、服务器、客户端等设施。仪表和就地控制器是城市智慧水务系统的基础。各类泵站、饮用水处理设施、污水处理厂控制系统等均由若干独立或集成的控制柜组成。就地控制器以 PLC 控制柜为主，可以连接水泵、水压、流量、液位、现场仪表等设备，实现数据采集、预处理和就地控制功能。由于 PLC 控制柜的计算能力偏低，无法满足实施管理所需的计算力，因此一般需要在就地 PLC 控制柜的基础上，继续部署中央控制器或服务器来对整个系统进行统一管理。服务器是城市智慧水务系统的核心，负责收集、挖掘并处理信息，一般采用 TCP/IP 协议，将 PLC 控制柜采集的信息发送给 PC 终端。数据传入服务器后，一般还需要根据检测参数的特征进行解析和分类，重新编制后入库保存。客户服务端一般是指用户接口界面（如城市供水监管系统），能够实时显示供水管网的压力、流量与水质等信息，同时具备报警与分区计量等功能。

9.3.2 智慧水务系统的设计方法

1. 水务自动化系统设计

为了实现智慧水务，首先要进行水务系统的自动化和数字化设计，体现在实际工作中就是设计灵活、可靠的业务自动化系统。业务自动化系统的一般设计原则包括：按照国家标准或国际通用标准，无标准的部分参考选用常用技术方法，优先满足功能要求和操作使用要求，保证系统的安全性、可靠性和合理性，尽量考虑实施可行性和经济性。业务自动化系统的常见硬件包括现场数据

采集终端、中央控制系统、远程服务器和必要的外围设施设备（打印机、交换机、UPS）等。系统的功能设计一般需要提供实用、清晰、友好的人机界面，以显示工艺流程实时数据和设备操作条件。系统的功能组件一般包括工艺流程图、数据实时图、过程报警、历史数据查询、历史趋势曲线、检测维护界面、权限管理等。

上述功能组件的详细描述如下。

（1）数据显示：中央控制系统将采集到的仪表数据及设备状态实时显示在人机交互界面上，可以通过实时数据、启停状态、表格、曲线等不同形式和颜色进行特性区分。

（2）数据存储：中央控制系统根据采集数据的类型、时序、名称等特征，将数据分类存入相应的历史数据库。

（3）数据分析：中央控制系统能够对存储的历史数据进行数据运算处理，如计算某一数据一段时间内的最大值、最小值、平均值、偏差值、累积值等。

（4）数据查询：中央控制系统能够通过表格、曲线等形式查询一定时间段内的历史数据及数据运算处理结果。

（5）报表生成和打印：中央控制系统具有报表自动生成功能，用户通过简单操作或自动定时生成，即可完成日报、月报、季报、年报等报表的制作工作，同时支持定时打印和手动打印的功能。

（6）故障报警：中央控制系统能够自动接收现场设备、通信系统和就地 PLC 控制柜发出的故障信息，以及通过预设的算法自动监测工艺运行过程中的异常情况，通过闪烁提示和声光报警等方式自动发出报警信号，同时将确认的报警信息自动存入数据库，支持报警信息查询。

（7）安全管理：中央控制系统的安全管理功能主要是指系统用户的分级管理，通过登录密码将系统用户分为管理员级、工程师级和操作员级，对不同用户分配不同的操作权限，同时记录用户登录账号、操作时间和操作内容等信息，防止非法操作，确保生产安全。

2. 水务智慧化系统设计

智慧水务的核心特征是数据交互与分析智能。在水务系统自动化和数字化的基础上，还需要进一步对数据和流程进行综合集成，以满足系统和区域层面的管理与决策需要。体现在实际工作中，就是基于各单元业务自动化系统开发集成综合管理与决策支持系统。

一般来说，智慧水务管理系统需要集成以下业务自动化内容。

（1）水资源管理，如水库及河道水位、水质、水量的数据监测、传输、存储、分析应用。

（2）供水管理，包括：自来水源监测，净水厂进出厂的水质、水位、水压、水量的监测，供水管网的压力、流量、水质监测，大用户的流量监测。

（3）排水管理，如排水行业的排污流量、污水的水质监测、窨井的水位监测，污水行业的水质、水量监测与分析应用，城市污水处理的达标排放。

（4）防洪管理，如地下雨水、污水的水位、流量的监测与分析应用，汛期防洪排涝的指挥调度可视化。

以成都市中心城区排水监控管理系统为例。基于地理信息系统（GIS），该系统集成了排水管网流量液位监测、污水处理设施运行监控、防洪防涝预警处置等业务自动化系统，以确保成都市中心城区排水设施及下穿隧道的日常管理工作需要。该系统布设了51个流量和液位采样点，应用物联网技术实现数据自动采集、无线传输及GIS平台实时展现。该系统还集成了气象信息、排水管网和处理设施运行信息，能够为城市内涝区域提供预报预警信息，提高排水设施的交通和排涝保障能力。通过集成排水设施维修维护流程，该系统还可以为排水设施出现故障后的应急处置和抢险救灾等提供数据和决策支持。

9.4 智慧水务系统的案例

9.4.1 供水管网运行管理系统

城市供水管网漏损是供水行业普遍存在的问题。过高的管网漏损率不仅浪费水资源，还会加剧供求矛盾、降低企业的经济效益。2015年4月，国务院发布《水污染防治行动计划》（简称“水十条”），要求到2017年全国公共供水管网漏损率控制在12%以内，2020年控制在10%以内。如何合理分析和准确评价城市供水管网漏损状况，如何经济、有效地控制管网的漏损水平，成为我国供水企业面临的共同问题。

1. 智慧管网供水系统

绍兴市水务集团主要负责绍兴市供水管网建设、运维及自来水营收服务等。针对管网漏损控制，该公司建设了智慧管网供水系统。该系统集成了8个子系统，包括地理信息系统（GIS）、调度SCADA系统、分区计量系统、管线巡检

系统、水力模型系统、热线呼叫系统、营业管理系统、微信公众服务平台。该系统采用数据优化算法构建了水量分析机制。通过点、线、面结合的片区水量监控，实现了片区瞬时、小时、日、月水量平衡分析[8]；通过关联分析管道爆漏信息，快速锁定异常区域，实现了智能预警与处置的决策支持。此外，通过业务系统集成提高了服务效率，如远控与自控结合提升调度指令执行时效、设备和管网的规范化和精细化运维、构建 20 分钟服务圈等。

智慧管网供水系统基本消除了由于手动调节管网压力不合理引起的人为事故，同时将管网漏损率从 21%降低到 5%，每年能减少管网漏损水量近 1000 万立方米。此外，业务集中管理系统每年直接减少人力成本近 100 万元，每年及时预警突发性事故 10 余起、趋势性事故 50 余起，保障了设施高效运行。通过管网健康度动态分析评估，以及科学决策旧管网修理和更新工作，在延长管道使用寿命的同时节省了改造经费。

2. 供水管网漏损控制

温州市水务集团负责温州市的供水工作。温州市 2015 年的供水管网漏损率为 15%，迫切需要进行漏损识别与控制。传统的漏损点识别方法依靠巡查队在路面上借助仪器听声检测，干扰因素较多，很多时候指向漏损但无法确定漏损点。温州市水务集团通过智慧水务系统的建设解决了供水漏损控制问题，实现在一天内准确定位漏损范围、根据用户用水量需求变频供水等功能。该系统界面友好，操作员可以通过手机和网页登录平台，实时查询温州市区域、街道、社区、楼宇和工厂的用水信息，再通过水量平衡模型分析计算，即可快速缩小查找范围，支持现场检查漏损点并进行止漏工作。“智慧水务”项目为温州市节省了大量的水资源，也产生了附加的经济效益。在智慧水务系统的基础上，温州市拟建温州智慧水务大数据中心，实现华东地区多用户接入并提供互联网服务，有望制定降低漏损的行业标准[8]。

3. 智能消火栓

江苏中法水务公司根据消火栓管理需求研发了会求救的智能消火栓。在遇到消火栓没水、水压不足、漏水、被盗水、被撞倒等情况时，智能传感器将向监控中心实时发出警报，由维修管理人员进行维护和管理。例如，消火栓内有残水未排出，传感器就会报警，以便及时清理积水、预防在极寒天气下消火栓被冰冻损坏。

该系统集成了北斗定位、GPS、NB-IoT通信等技术，可以实时监控消火栓状态，实现火灾点就近可用消火栓及水源分析、非法用水数据分析等功能，并能进行设备自检、定位跟踪、远程升级等。该系统可以减少漏水和不良用水造成的经济损失、及时发现消火栓故障，保障了消火栓的完好性，增加了抵御火灾的能力，有效解决了消火栓建设、维护和管理上存在的现实问题。

9.4.2 供水管网抄表系统

供水系统是维系民生的市政基础设施。在供水过程中长期存在的一些管理性难题，制约了供水企业的运行和发展，如供水设施故障导致漏损、水表故障导致贸易纠纷、不了解用户需求和行为偏好导致过度加压损失水头等。智能水表协助供水企业解决了上述问题，但在供水过程中也出现了传统智能水表数据传输安全性低、设备功耗高、网络覆盖差、成本高等问题。因此，智能抄表系统需要进一步发展，才能达到更高的质量和要求。

1. 智能抄表系统

我国4G网络的全面应用和5G网络的快速建设，催生了以NB-IoT、eMTC等蜂窝物联网为代表的新一代物联网技术，带动各行业发展，也带动了远程智能抄表系统的进步。远程智能抄表系统取代了原先低效率、不精准、高耗时的人工抄表，减少了人力投入，提升了工作效率，实现了精细化管理。

以唐山平升电子技术开发有限公司的大用户抄表/城镇供水管网分区计量管理系统为例，该系统的抄表终端连接了流量计与服务器，实现了实时/定时监测水表流量数据、设备故障/用水异常自动报警、日/月/年统计报表自动生成、用水分析/漏水分析等功能。在数据分析方面，通过对各独立计量区域（District Metering Area，DMA）内的流量和压力传感器的远程实时监控与智能计算，能够实时计算区域内的漏损率，及时发现供水异常情况，辅助查找漏损点，有效降低供水系统的产销差率[10]。

2. NB-IoT智慧水表

深圳水务集团通过大规模应用NB-IoT智慧水表推动了水务数字化的转型。NB-IoT智慧水表与传统GPRS水表和自组网通信水表相比，具有明显的优势。

（1）抗干扰。NB-IoT网络构建于蜂窝网络，抗干扰能力强，能够有效保障水表计费数据的安全性。

（2）超低功耗。NB-IoT 网络基于 AA（5000mAh）电池，待机寿命可超过 10 年，水表电池至少能够连续使用 6 年。

（3）广覆盖。NB-IoT 相对 GPRS 来说，增加 20dB 的信号增益，覆盖面积扩大近 100 倍，一个扇区能够支持数万台设备连接，符合供水企业在复杂环境下大规模部署水表的需求。

（4）成本低。NB-IoT 无须重新建网，射频和天线基本上都能复用，可降低硬件部署成本。

9.4.3　排水管网管理系统

1. 城市暴雨溢流控制系统

北京排水集团建设了防汛实时监测系统，如图 9-7 所示。该系统对全部泵站进行了在线数据采集，能够实时显示所有泵站的运行状态、河道液位、桥区积水等情况。该系统通过对降雨和调蓄情况进行统计，以及对单个泵站、单场降雨、年度降雨等不同统计口径数据进行对比分析，帮助管理人员总结防汛保障工作经验，辅助进行预测预警与决策支持。

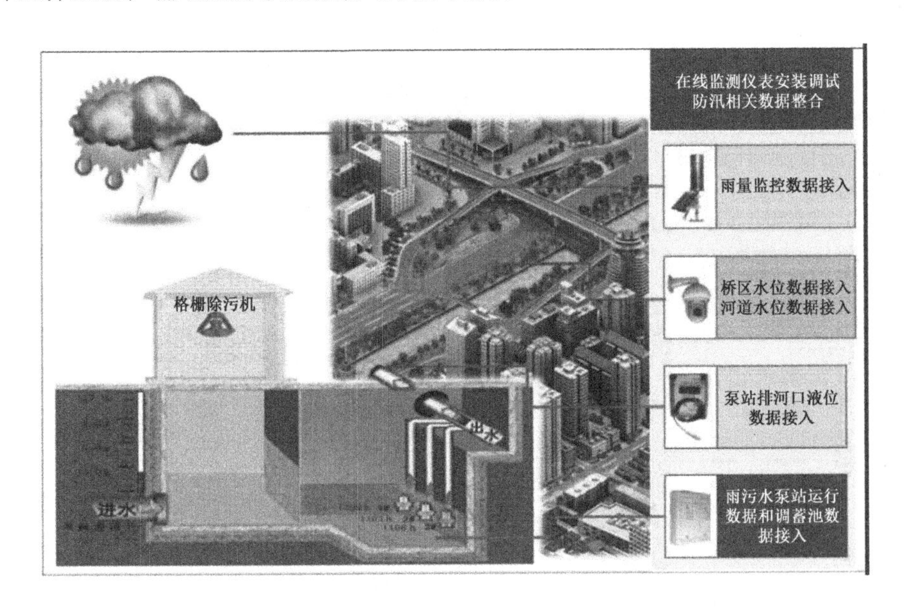

图 9-7　北京排水集团防汛实时监测系统

该系统集成了排水数学模型，修正和完善了容易积水的桥区管网数据和地形基础数据，建立了针对桥区排水的数学模型，并对流量数据进行了校准。该模型具有情景分析与模拟预测功能，能够模拟不同情景下桥区的积水情况及管网、泵站的运行情况，提前预测淹水的位置、范围和程度等，从而有效应对强降雨对桥区排水系统造成的损失和影响。此外，该数学模型还可以支持对现状管网系统存在问题进行诊断分析，以及对各种改造设计方案进行评估等。

该系统还集成了调度业务。指挥调度中心通过联网车载、个人、指挥车等多源的监控视频，实现了汛期的现场实时感知；通过车辆 GPS 定位、路线跟踪等方式的信息管理，同时集成实时路况、人工巡视等信息，提高了指挥调度的管理效率。

2. 雨水管网城市防涝

大型或超大型城市的强降雨天气引发严重内涝，造成生命及财产的重大损失。2010 年以来，我国平均每年有 185 个城市受到城市内涝的威胁。如何监控地下管网水位的变化，并进行紧急处置，已经成为城市管理者面临的严峻考验。某水务公司建立了城市洪涝灾害数字化预报预警系统，如图 9-8 所示。该系统配置了微功耗超声波液位计，实时采集和传输地下水位信息；通过监控预警分析

图 9-8　城市洪涝灾害数字化预报预警系统

模块，对不同程度的水位变化进行模式识别和预警；通过地理信息系统平台定位和显示易涝点的地理位置及水位变化情况，实现异常情况及时报告、紧急情况密集报告[11]。

9.4.4　污水处理运行系统

1. 污水处理厂数字双胞胎

数字双胞胎是指真实系统的虚拟化展现（通常是三维图景）。这个过程不仅是对真实系统的状态更新，而且可以对虚拟系统进行编程和场景模拟，获取最佳运行参数。北控水务发布了“污水处理厂数字双胞胎”概念版（见图 9-9），实际上是一种智慧水务的实现形式。该系统以实际水厂为蓝本，以三维虚拟水厂为基本呈现形式，基于企业云、IoT、大数据平台技术整合静态数据、动态数据和生产管理数据，开发出水质虚拟仪表和微生物图像识别等大数据工具。通过在线数据采集、模型模拟和数据分析，实现了水质预测、水量预测、生化分析、物料平衡、工艺调整模拟、设备故障诊断等功能。这种数据驱动的智慧化机器主导模式，结合专家系统和建议，可以为精细化、自动化运营管理提供决策支持[12]。

图 9-9　北控水务的污水处理厂数字双胞胎智慧管理平台

2. 水环境在线智慧运营管理平台

安徽国祯集团自主研发了水环境在线智慧运营管理平台及智慧水务运营管理系统（见图 9-10），实现了业务的可视化、信息化、数据化、智能化、高效化，在保证项目管理质量的基础上大幅度节约了人力、物力。该平台包含计算机网页版和手机 App 版，实现了水质在线监测、视频监控、工艺监控、数据分析、运营管理等。该系统方便管理人员实时掌握水质情况、远程掌握节点现场情况、全面掌握设备工艺运行情况等，运营管理人员能够通过手机应用程序对污水处理厂进行 24 小时全方位监控和实时调度，探索了污水处理的智慧化运行模式。

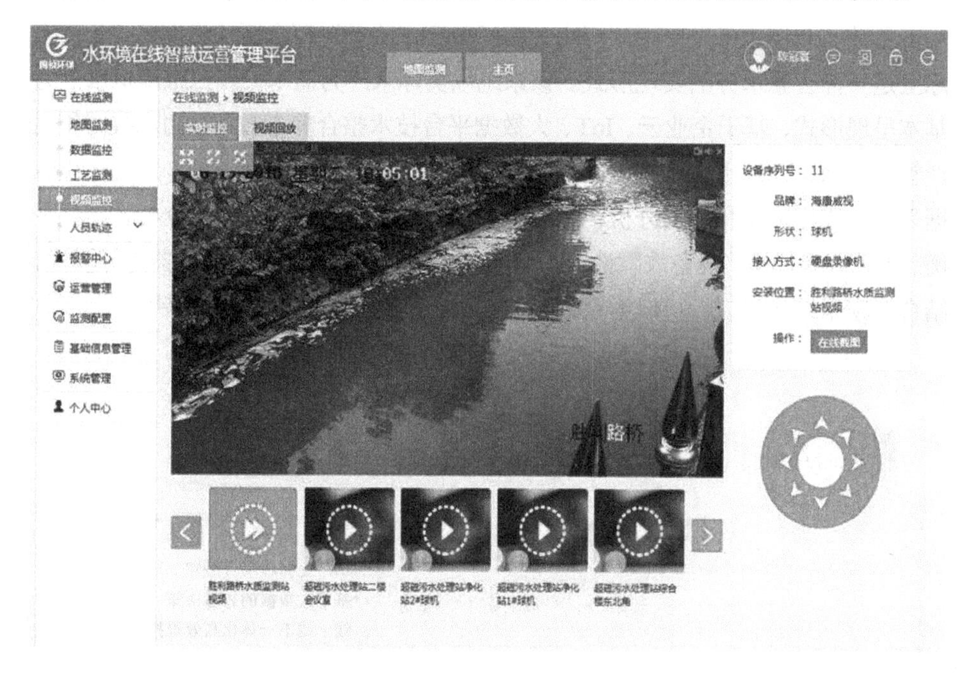

图 9-10　安徽国祯集团的水环境在线智慧运营管理平台

智慧水务运营管理系统的主要功能包括：

（1）现场上传日常巡检发现的工艺、设备异常问题以及时反馈（图片、视频及上报工单），各级生产人员信息有效沟通，使问题及时得到处理解决；

（2）随时随地调阅中控室的各工艺参数、实时报表和曲线，并对报表和曲线进行横向和纵向比较；

（3）查看视频监控实时场景，了解现场运行工况与厂容厂貌情况；

（4）实现物联网的生产数据、化验数据和设备维修数据的手机填报，自动写进物联网后台数据库，并对这些填报数据进行审核；

（5）报警功能，可设置不同数据的分级报警数值，并反馈至不同的接收人，实现生产的及时调度，保证水质的稳定达标[13]。

3. SMART 农村污水设施

针对农村污水处理设施数量庞大、地域分散、缺乏运营和监管的特点，桑德集团定制开发了智能互联运营管理平台，即 SMART 智慧化运营管理平台（见图 9-11）。该平台包括小城镇运营管理系统和农村运营管理系统，可实现污水治理专业化、运营管理智能化、站区看守无人化、人员管理规范化、响应机制快速化。

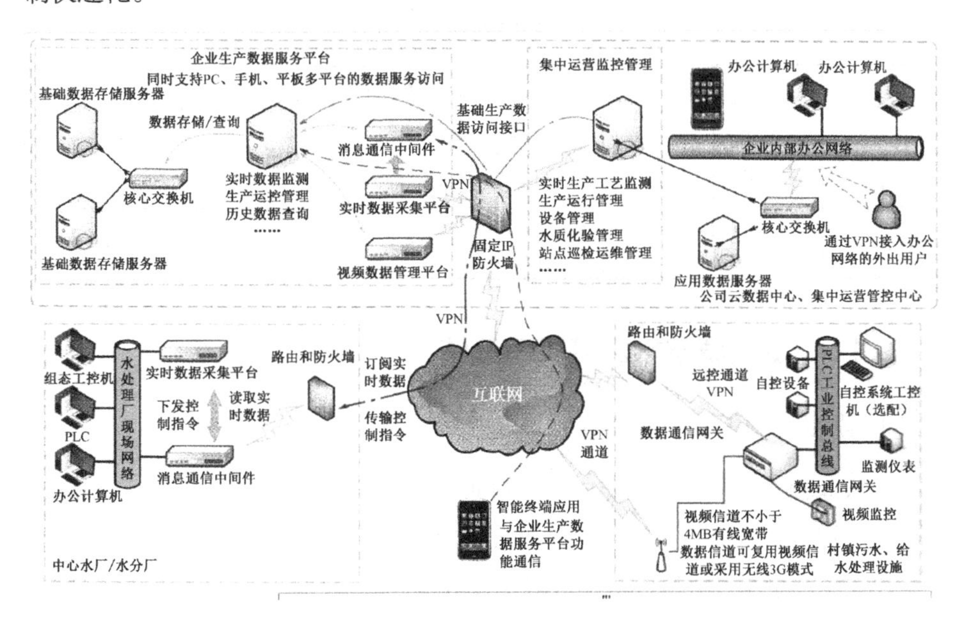

图 9-11　SMART 智慧化运营管理平台

该平台通过物联网技术对厂（站）区、项目群、项目区域实行 3 级信息化云端监测，自动化控制程度高，运行维护简单。厂（站）区实现无人值守和系统自动运行，控制中心通过平台监控各厂（站）运行状况并进行人员管理调度；总部对各厂（站）区运行情况进行监控，总部对控制中心反馈的问题及时调阅信息并分析可行方案[14]。

4. 农村分散污水处理设施

与城镇生活污水集中专业管理不同，农村生活污水处理具有规模小、站点多、分布广的特点，不利于统一管理。某公司利用物联网技术，建立农村分散污水处理设施远程综合监管系统。通过在农村生活污水处理站点增加智能监控一体机，现场采集水泵、风机等设备的运行信息与流量、水质等在线数据，并通过移动物联网通信模块与远程监管服务器连接，实现了远程数据采集、远程控制、视频监控和抓拍的功能。该系统可以通过监管平台与手机客户端对上百个站点进行统一管理，并通过大数据分析方法，对曝气时间、曝气量、回流量等运行参数进行优化，实现降低能耗与延长设备使用寿命的目的。该系统可以大幅度提高站点的运行率、管理水平及出水达标率（见表 9-1）。同时，该系统还可以为不同工艺站点提供具有参考价值的不同运行参数。

表 9-1　农村“智慧水务系统”及传统农村生活污水处理站点的运行比较[15]

站点类型	站 点 数	设备运行状态	出水水质	COD 减排量（$t \cdot a^{-1}$）	年能耗成本	运维人员
农村“智慧水务系统”	100 个	良好	98%达到设计标准	28.3	2810 元	10 人
传统站点	96 个	83%无法正常运行	85%未达到设计标准	8.34	4200 元	96 人

9.4.5　水资源与水环境管理系统

1. 南水北调工程中的物联网

南水北调中线工程从丹江口水库到北京团城湖，全程跨越了不同的流域和省份，工程复杂度很高，监控管理要求难度也非常大。因此，南水北调工程设计和建立了基于 Web of Things（WoT）技术的统一运营管理平台（见图 9-12），用于识别和解决一些典型的“工程安全、供水安全、人身安全”问题。这个平台将各种各样的传感器感应数据传输到北京的运营管理平台上，集成围栏、水量、大坝监控等数据以进行决策支持。

该系统集成了防入侵信息平台。通过绑定光纤和摄像头进行监控，一旦光纤有振动，摄像头就跟踪拍摄。通过桥梁抛物监控系统的处理软件分析图像，可以监控或捕捉异物或人落入水中的时间。通过异构多模网关的传输系统，使各种系统和接口能够保证数据的实时、可靠传输。原本每 5000 米需要一个人员编制、三班倒进行巡逻，在应用该系统后节约了大量巡查人力。

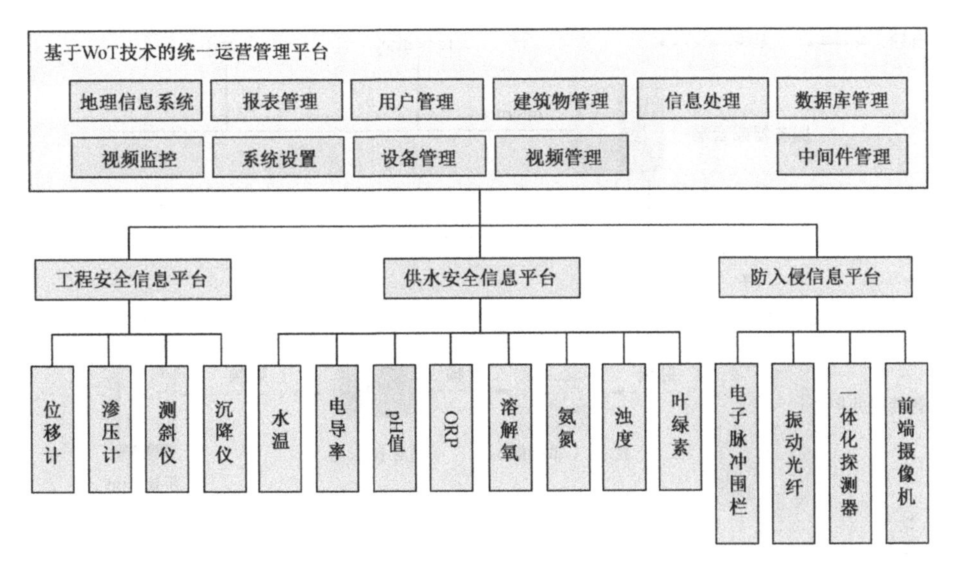

图 9-12　基于 WoT 技术的统一运营管理平台

2. 农业智慧水利物联网系统

内蒙古建立了智慧水利物联网系统，按照《内蒙古自治区农业灌溉智能计量技术导则》的要求实现 GPRS 远程抄表，无线远程传输至内蒙古农业用水管理平台（见图 9-13）。该系统的数据采用定时上报模式，水泵每启停一次数据上报一次，或者定点上报数据，实现了机井工作状态的实时采集，包括电压、工作电流、机井出水流量、累计水量等信息。用户可通过射频识别卡进行机井的启停、缴费等相关活动。根据每眼机井的用户数量及灌溉面积，实现一机一卡、一机多卡和一卡多机灵活管理模式。该系统支持乌拉特前旗地下水滴灌改造，配套水量计量、用水控制设备 46 套，配套地下水位监测设备 5 套、村社水管终端 10 套，实现了高效节水灌溉面积约 15000 亩（全部为地下水膜下滴灌）[16]。

3. 感知太湖系统

2012 年，无锡市建成了“感知太湖、智慧水利”物联网示范工程（见图 9-14）。该系统是一套集蓝藻湖泛智能感知、打捞船智能调度和信息综合管理于一体的智慧水利物联网系统，运用传感器、互联网等物联网技术，对太湖水环境进行实时监控[17]。2014 年，该系统已建设 20 多个蓝藻监测点，2 个湖中心蓝藻监测点含有监测蓝藻和水质的传感器与高清摄像机，能获悉该监测点的温度、pH 值、氨氮等将近 40 个指标。该系统智能分析监测点各传感器的数据，综合评定蓝藻

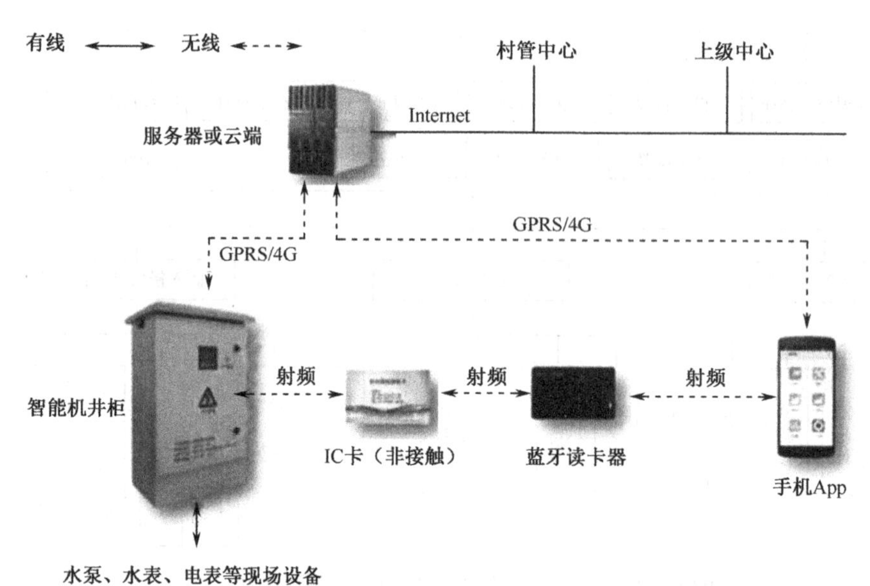

图 9-13　内蒙古智慧水利物联网系统

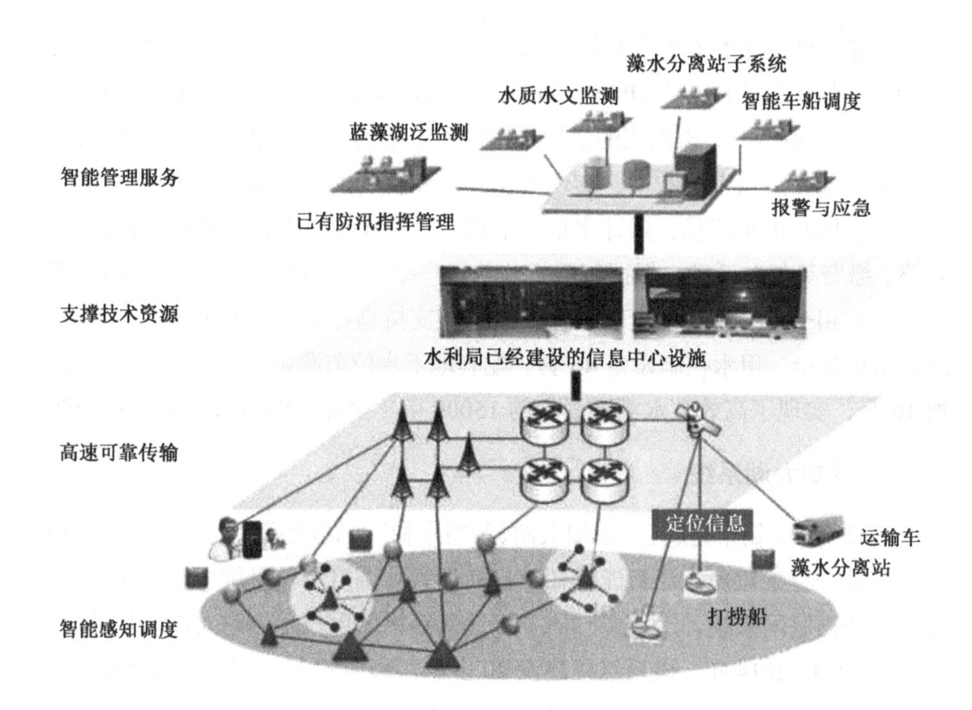

图 9-14　智慧水利系统整体架构

湖泛指数，并将湖泛指数实时传输至信息中心。当蓝藻水华发生时，系统自动记录发生信息，并将打捞信息自动发送至附近打捞船的智能终端设备上，调动最近的打捞船进行打捞。打捞船将蓝藻运到藻水分离站后，系统自动通知最近的车辆运输蓝藻。如果发现打捞船的往返速度较慢，该系统还会增派打捞船。该系统通过对蓝藻监测传感器的数据进行分析，提出蓝藻爆发指数这个综合监控指标，当该指数超过预设值时，系统会自动进行报警。

受制于天气条件、监测设备、监测范围、监测频率，传统的蓝藻监测和打捞主要靠工人经验判断。“感知太湖”将蓝藻打捞船与太湖水质监控情况联网，正常使用年限可达 8～10 年，实现了对蓝藻治理的智能感知、调度和管理。

9.4.6　典型地区的智慧水务系统

1. 深圳市的智慧水务系统

2018 年，深圳市供水和排水行业的信息化建设取得了阶段性成果，基本实现了水务信息化。智慧水务系统已建成雨量监测站 63 个、水文监测站 32 个、供水水质在线监测站 99 个（覆盖 pH 值、压力、浊度及总氯）、污水处理厂水质在线监测站 23 个（覆盖 COD、氨氮、pH 值、总磷等）、污水处理厂过程监控站 9 个、视频监视点 118 个。通过强大的智能感知，该系统实现了全市主要供水主干管的水质检测、全市污水处理厂的水质数据统一监管，以及对全市中型水库、重点海堤、特区内主要河道和城区易涝、易浸点的实时监控。在数据中心建设方面，深圳市已建成了集水雨情、水资源、气象、基础工情、供水水质、污水水质、水土保持、政务信息和视频资源于一体的水务基础数据库。通过数据共享及交换平台，可实现对内和对外的水雨情数据、水质数据、视频资源的共享与交换。在应用层建设方面，利用深圳市统一建设的信息资源交换平台，还可以实现与市监察局、市行政服务大厅、市政府办公厅之间的行政审批、信息公开数据的共享与交换[18]。

深圳水务集团与华为合作采用 NB-IoT 技术实现了供水智能抄表，初步实现了智慧化运营。深圳水务集团智慧水务借助 NB-IoT 技术，解决了供水管理工作的痛点，不仅能实时监控漏损、降低供水产销差，而且通过精准计量（可计量到升）和用水异常数据分析，增加了异常用水预警，减少了贸易纠纷，提供了增值服务。上述技术的成功应用，解决了供水管理工作的痛点，提高了企业运行管理水平。与供水企业传统管理模式相比，NB-IoT 智能水表的高密度、高精度、多维度采集能力可降低人工管理成本、降低供水企业管理难度，并且支持供水企业监控小区漏损及开展用户用水模式的分析，在提升社会治理效率与民生服务质量的同时，也降低了社会管理成本、增进了民生福祉。

2. 江苏省“智慧河长”水质监控预警系统

河流保护是一项涉及上下游、左右岸、不同行政区域和行业的复杂工程。江苏省开发的“智慧河长”水质监控预警系统通过网格化监测监控、数据可视化呈现、大数据挖掘与分析手段，实现河流、湖泊水质的实时监控预警，辅助各级河长了解所辖河道基础信息，包括重点监控企业按照直排和污水处理厂分类、污水处理厂分布情况、水质现状简报、河长指示牌分布、采砂等所辖河道水环境治理工作方案和进展情况，通过建立河道档案和治河策略，形成“一河一档”“一河一策”，辅助各地河长全面推动河湖生态环境保护与修复，以改善河湖水质和水环境，促进经济、社会与生态环境协调发展。

该系统构建了统一平台，实现了市、镇（街道）分级管理，整合了现有各种基础数据、监测数据和监控视频，利用传输网络快速传输至监控预警系统，面向各级领导、河长、工作人员、社会公众提供不同层次、不同维度、不同载体的查询、上报和管理服务。

3. 宁夏彭阳的“互联网+饮用水”

宁夏彭阳县位于六盘山山脉，地势复杂，农村人饮工程点多、面广。由于农村供水管路跑冒滴漏严重，造成了管理成本高、供水保障率差、群众意见大等问题。2012 年，彭阳县建设了“互联网+饮用水”系统，对供水系统进行压力、流量和水质实时监测，覆盖了全县 151 个行政村共 22 万人口。在感知层，监测点均匀分布在主干供水管网及支网上，24 小时连续监测管网压力、流量、水质（浊度、总氯和 pH 值）。过去需要用大量人力花数天时间才能完成的任务，现在依靠该系统可以每 5 分钟刷新一次，并在指标异常时及时发出警报。该系统集成了供水管网漏损控制功能。通过流量监测点对供水管网分支节点的分区计量，可以分析确定该区域是否有漏损，实现漏损点的精确定位。系统同时具有水压自动控制功能，可以根据管网实时压力自动调整供水压力，消除爆管隐患。该系统还建立了供水管网的水力模型，通过水力模拟优化调度及改扩建，为实际生产运行提供决策支持。例如，根据管网在线压力监测结果自动设定水压，在提高调度效率的同时降低了能耗，生产由经验驱动变为由数据驱动。

4. 宁波镇海的水联网项目

宁波市镇海区的智慧水务项目按照物联网体系结构建设，内容包括水环境治理设施监测、水务信息资源中心、水务综合监管平台（监测监控、治水监督、应急指挥、综合服务、决策支撑及集成开发）、水务专题应用（包括防汛、环保、排水）等。感知层的监测对象包括闸门、泵站、排海管网、水质监测站等，监测指标涉及 pH 值、COD、流量等。传输层采用物联网网关技术，支持 ModBUS 和 OPC 等主流数据通信协议，采用自定义插件解决了众多传感设备的数据采集和传输问题。采用云存储技术实现海量数据的非结构化存储，支持存储查阅每天上报的 4.32 亿条信息，每年约 7TB 数据量。在应用层，优化人机交互模式实现数据上行和下行，采用轻量级数据交换与共享服务器程序解决政府部门和单位之间的“数据孤岛”问题。

5. 江苏省常州市的农村污水处理设施物联网项目

江苏省常州市位于太湖西北侧，对太湖的污染负荷贡献较大。2018 年常州市武进区实施了覆盖 215 个自然村的农村分散式污水处理工程，包括农户化粪池改造、污水收集及尾水排放系统、污水处理设施、远程监控信息系统、道路修复和环境提升。针对农村污水处理设施区域管控难度大、缺乏专业人员管理等问题，江苏中盈高科智能信息股份有限公司开发了“城镇农村污水处理工程监控管理平台”，提供远程监控、运维、管理平台软件、硬件及相关服务，以实现现场、中控室和手机端 App 对各站点的监管。

该平台的应用降低了人工成本、改善了运营水平，同时也根据数据分析实现了节能降耗。其数据分析的智慧化方案主要体现为：找出设备故障的分类、故障发生的规律和分布，为设备运维服务提供数据支持；对区域内历史数据进行分析计算，找出合理的污水处理工艺，为设备生产厂家持续的工艺改进提供数据决策；对全区域污水治理的综合能耗和水环境指标评判提供依据和支撑；找出不同季节、不同地域环境、不同经济发展程度的农村地区排污规律，为城镇及农村生活污水治理提供决策支持。

9.4.7　典型企业的智慧水务系统

1. 安恒集团的水联网

安恒集团研发的水联网®平台以 LeakView®系统供水管网产销差及漏损管

网解决方案为核心，在智慧化、精细化的前提下，基于 DMA 分区计量、压力控制、噪声监测等技术手段，运用新一代信息技术及分析引擎，整合现有业务流程与信息系统，将“互联网+”、物联网、云计算、大数据等概念和技术融入供水行业，建立主动式和精细化的漏损管理平台。该系统通过部署的传感器实时监测水质、水量及管网状态等，并将相关数据上传至水联网®平台。平台通过对采集数据进行识别与分析，并应用模型运算等手段，有机结合了 DMA 分区测量技术、管网漏损声音监控技术、智能调节管网压力技术等，制定了城镇小区供水漏损的有效解决方案。

华北地区某水司应用 LeakView®系统供水管网漏损管理系统，依托前期收集的基础数据、水量数据等历史信息，发现 Y 区日水量明显高于该市正常的户均用水量且夜间最小流量等数据异常。通过大数据和机器学习等手段，系统从不同角度分析了 DMA 漏损情况，并基于系统漏损评价指标对 Y 区进行了初次评估，发现了 DMA 运行状态较差，存在较大的漏损，经过修复后控制了漏损（见表 9-2）[19]。此外，基于该系统的现场核查，发现消火栓漏水且管堵丢失导致漏水，帮助供水企业挽回了经济损失，维护了供用水市场的正常秩序。

表 9-2　相关数据修复前后对比

	夜间最小流量（立方米/时）	漏失率（%）	日水量（立方米）	漏损评价指标
修复前	8.4	40	350	差
修复后	3.5	24	230	优

2. 北控水务的水务智慧云

北控水务建立了“1+*N*”卓越运营业务模式，构建了全流程运行控制体系，实现集中管控、区域组团运行。该系统基于北控水务企业物联网和企业运营云，集成供水、排水、水环境、乡村水务等业务，实现了比较丰富的功能。

（1）集中监控。建设全集中式或分散集中式的综合业务管理平台，实现工艺、设备等实时数据的综合分析。支持大数据分析业务，对运营数据进行深度学习。整合调度、运行、维护、预警、巡检、绩效等功能，既可以服务于以集团或业务区为中心的水务管理，又可以服务于单个水厂或小区域的监控和管理。

（2）少人水厂。将生产、调度、维修、巡检、管理等水厂日常运营功能集中体现在一套少人管理模式和管理工具中，以完整的自动化和人机协同改变传统水厂运维模式，以自动控制系统代替人的工作。

（3）虚拟水厂。利用工艺仿真功能，预测水处理运营项目的稳态工艺运行结果，基于实时在线数据提供预警诊断服务。智慧云上的数字双胞胎可以提供比工艺仿真更高级的实时运行预测和模拟服务。基于实时在线数据分析、大数据深度学习、专家系统支持等，该系统可以为运行人员提供更可靠的工艺分析报告和运行建议[12]。

3. 威派格智慧供水管理平台

上海威派格智慧水务股份有限公司与华为联合打造的城市智慧供水设计制造一体化平台，以边缘计算物联网（Edge Computing IoT，EC-IoT）为基础构建智慧水务解决方案，将边缘计算与云管理相结合，构建系统、完善的智慧水务行业 IoT。

华为 EC-IoT 网关在底层将不同的数据采集终端串联在一起，所有上传到云端的数据都符合上海威派格智慧水务股份有限公司定义的标准。在底层实现数据的标准化，上层解析与数据管理就会变得更加简单。同时，该智慧水务系统还引入了边缘计算，将很多分析与计算工作转移到边缘端完成，只上传分析结果，大幅度减少了数据的传输量、云端存储的数据量。为了解决安全问题，华为 EC-loT 网关引入了很多安全策略，切实保障了端到端的数据安全。

华为与威派格合作开发的新型智慧水务解决方案，将供水设备、各种传感器通过边缘网关连接在一起，利用可以对百万台设备进行管理的敏捷控制器对设备、计算资源、应用进行管理，并通过开放接口与威派格的智慧供水管理平台建立连接，对供水设备的运行数据进行实时采集，然后借助云端大数据分析平台对供水设备进行预防性维护，延长了供水设备的正常运行时间，切实保障了城市的供水安全。该新型智慧水务解决方案不仅可以帮助水务公司实时监测供水质量，而且能缩短故障判断时间、降低故障发生概率。据统计，该新型智慧水务解决方案可以使故障判断时间缩短 70%，使故障发生率降低 60%。

9.5　物联网+智慧水务的挑战与展望

9.5.1　水务自动化的困境

我国水务行业自动化发展大致经历了粗放、半自动和全自动 3 个阶段。第一阶段主要以现场就地控制为主，通过现场动力开关进行启停控制，通过人工记录及化验检测等手段进行数据记录。第二阶段以部分自动化控制为主，通过自动化系统与过程仪表的部署，在一定程度上实现了远程监控、数据记录与简单的启停控制，仍通过人工记录完成报表。第三阶段以全自动控制为主要特点，通过大规模部署自动化系统与在线仪表，基本实现了远程监控、部分工艺单元自动控制、报表自动生成及历史数据自动存储。目前，国内大多数水务企业均处于第二阶段，部分企业处于第三阶段。

水务行业的自动化发展主要存在以下几点不足。

（1）决策层对自动化系统的重视和投入不足。部署自动化系统需要较大资金的投入，而我国目前人力成本较低，导致决策者在成本考核的前提下，不愿意投入人员与资金进行自动化建设，甚至完全依赖人工现场控制，这种惯性思维影响了自动化技术的推广和应用。

（2）自动化技术研究与实际应用存在较大差距。我国的自动化技术产品落后于西方发达国家。例如，核心设备 PLC 就地控制器仍然以进口品牌为主，国产化率不足 1%。我国水务行业自动化系统软硬件产品的设计和应用缺乏本土化过程，一些功能设计比较仓促，很多问题还需要在使用过程中发现和解决。由于相关技术缺乏实践检验和完善，管理人员为了保证系统的稳定性，不得不弃用部分自动化产品，进一步影响了自动化技术的推广。

（3）自动化技术的人才培养和队伍建设不到位。设备、仪表、通信故障等原因会导致自动化系统出现问题，此时需要维护人员进行故障排查。自动化系统的维护人员要具备一定的专业技能和经验才能保证系统的稳定运行。由于水务行业的特殊性，自动化工程师应是自动化和工艺两个专业的复合型人才，而由于专业跨度大、决策者人才培养意识弱等原因，水务行业复合型人才严重不足，无法满足行业需求。

9.5.2 水务智慧化的不足

目前，诸多智慧水务系统的智慧化特征还不够明显。智慧水务系统不仅要投入传感器等监测硬件及搭建软件整合平台，还需要在统一数据中心进行海量数据的及时分析与处理，获得解决业务问题的应用算法。只有这样，数据分析过程才能在工艺指导方面发挥作用，起到预警、预测等效果，支持实现更加精细和动态的管理方式。然而，限于监测点位和数据质量，目前的解决方案仍然主要依靠有经验的运行人员分析判断，还达不到数据智能分析的效果。例如，污水处理厂出厂 COD 指标突变，业务人员可能依据经验检查进水情况、BOD 值、在线监测设备比对、生化池含氧量等，但真实原因可能是进水重金属离子

超标或难生物降解 COD 进入，几乎很难凭借经验做出实时判断。智慧水务需要建立在大数据分析的基础上，需要进一步建设智慧水务的感知层，只有对污水处理厂的集污管网进行系统在线监测，才能辅助运行人员做出正确判断。

我国的智慧水务尚处于发展初级阶段，智慧化的界定目标比较模糊，业内对智慧水务的认知还不是很统一。例如，智慧水务具有精细化管理的作用，通过智能算法的实施，可以有效降低运行成本、提高管理效率。然而，这些特征也有其他信息技术或自控技术可以替代。如果仅实现监测数据的可视化，而忽视系统对数据的智能分析、在线预测、工艺优化与辅助决策功能，就会使智慧水务系统虚有其表。再如，现有的一些地方标准从“水务信息化”的角度建立监控一张图，仅对供水、管网、GIS 等仪表信息进行简单统计与展示，缺乏水务系统的整体规划与整体统筹，反映了技术进步和实践过程中的曲折和不成熟。此外，水务行业涉及海量的数据信息，智慧水务的实施需要确保数据的传输和交换过程不发生增加、丢失和泄露，确保用户数据的隐私和信息安全，这些方面还缺乏共识和措施。

9.5.3　智慧水务建设展望

1. 加强顶层设计，加快制定标准和规范

智慧水务建设需要顶层设计和标准先行。首先，设定合理的数据标准，打通不同业务之间的“数据孤岛”，明确数据共享的交换机制。其次，制定智慧水务综合平台的建设规范，使水务行业各业务板块的信息可以交换和共享。最后，设计体制机制，打通供水、雨水、排水、污水、水利、水土保持、防汛抗旱管理等多部门、多职能的管理与应用。

2. 创新技术应用模式，循序渐进推动建设

智慧水务的运营需要商业模式的创新，将地方政府、运营商、集成商及资金方合理地联系起来，形成风险共担、利润共享的联合体。在智慧水务建设方面，应该以业务需求为导向，以提升服务水平和经营效益为宗旨，循序渐进推动工作。例如，优先完善网络系统和监测系统，制定统一的信息传输与共享标准，集中力量打通水资源、供水、排水、污水、水环境等部门的数据信息壁垒。

3. 加强应用技术研发，培养高素质的人才队伍

智慧水务的建设需要高素质的人才队伍。一方面，支持应用技术的研究开

发；另一方面，为智慧水务建设提供重要保障。水务企业的信息化人员配备和技术能力总体上相对较弱，对水务行业的了解不够深入，不能保证智慧水务的稳定、健康运行，可以尝试引入咨询、监测及科研院所等第三方专业服务机构。

4. 紧跟国家发展战略，融入智慧城市建设

随着我国经济发展和城市化进程的不断推进，以及移动互联网、大数据、云计算、人工智能等新一代信息技术的广泛应用，数据信息越来越受到各行各业的重视，已经成为重要的生产力资源。智慧水务运营企业需要围绕客户需求，在建设智慧水务系统的过程中，快速提高数据的利用价值及自身的业务、管理水平。智慧水务的建设和应用，可以将获取的水务行业信息服务于水务管理决策和经济建设中，进一步支撑海绵城市、智慧城市等的建设与发展。

本章小结

本章从供水、排水、污水处理、水资源与水环境等出发，介绍物联网的行业应用，包括技术现状、案例和挑战等。通过分析已有水务企业的大量应用案例，可以看到物联网+水务的技术应用减少了水务行业人力需求、降低了相关成本，在水务行业精细化管理、信息化管理、集团化管理、智能化决策等方面发挥了重要作用。水务行业的智慧化，将在水务自动化、水务数字化的基础上快速发展和成形，从而为水务行业的运营管理带来创新和进步。

感谢北京排水集团有限公司、北控水务集团有限公司、深圳水务集团有限公司、安徽国祯环保节能科技股份有限公司、桑德集团有限公司、安恒集团有限公司、深圳市水务科技有限公司、绍兴市水务集团有限公司、温州市水务集团、江苏中法水务股份有限公司、唐山平升电子技术开发有限公司、深圳市开天源自动化工程有限公司、江苏中盈高科智能信息股份有限公司、上海威派格智慧水务股份有限公司等提供的案例。

参考文献

[1] 百度百科. 智慧水务[EB/OL]. [2019-05-07].

[2] 中国城镇供水排水协会科学技术委员会，中国生态城市研究院智慧水务中心. 2017 中国智慧水务发展白皮书[EB/OL]. [2019-06-21].

[3] 天虎科技. 物联网、云计算、智能化……水务公司最缺哪些技术来“治水”？

[EB/OL]. [2019-05-17].

[4] 中国水星网. 小水表实现大智慧　智能水表实现上报率达 100%　全球首个 NB-IoT 物联网智慧水务商用项目昨发布[EB/OL]. [2019-05-17].

[5] 岛津中国. 智慧城市雨污分流强排监测控制系统：岛津 UV 分析仪[EB/OL]. [2019-06-08].

[6] 开天源水务信息化. 智能水表物联网整体解决方案[EB/OL]. [2019-06-12].

[7] 郝志慧. 基于物联网的城市智慧水务系统研究[J]. 中国高新技术企业，2017（2）：114-115.

[8] 绍兴水务. 绍兴水务智慧供水管网系统的管理与实践[EB/OL]. [2019-06-22].

[9] 温州日报瓯网. 温州市区自来水每年漏损两个半西湖[EB/OL]. [2019-07-07].

[10] 平升电子. 大用户抄表/城镇供水管网分区计量管理系统[EB/OL]. [2019-08-03].

[11] 中国水星网. 海绵城市建设中的智慧水务应用与实践[EB/OL]. [2019-09-07].

[12] 国际环保在线. 北控水务少人水厂来了！人工智能新成果超出你想象！[EB/OL]. [2019-08-21].

[13] 中国水网. 大数据开启“智慧水务”新时代——国祯环保智慧运营管理平台上线[EB/OL]. [2019-08-21].

[14] 文一波. 中国村镇污水处理系统解决方案[M]. 北京：化学工业出版社，2016.

[15] 敖旭平，徐斌，金凡，等. 智慧水务在农村生活污水处理中的应用研究[J]. 中国给水排水，2015（08）：62-64.

[16] 圣启农业物联. 农业用水信息化内蒙古农业物联网解决方案需求[EB/OL]. [2019-09-13].

[17] 百度文库. 感知太湖 · 智慧水利[EB/OL]. [2019-09-17].

[18] 搜狗百科. 智慧水务[EB/OL]. [2019-05-07].

[19] 水联网技术服务有限公司. 水联网官网[EB/OL]. [2019-09-17].

第10章

物联网+生态环境应用创新与典型案例

内容摘要

物联网+生态环境实现了对生态环境的智慧感知、综合分析，为科学决策提供了精准支撑。各地生态环境保护部门、企业和公众积极应用物联网、大数据等信息技术，探索环境治理模式，创新环境监管手段，实行精细管理、科学治污，在技术、管理、商业模式及运行管理等方面，一批有代表性、有开创性、有示范性的应用案例脱颖而出。本章尝试进行初步归纳总结，筛选了技术创新、管理创新、商业创新、运行创新四大模式26个精选案例，力图使读者对于物联网+生态环境应用创新的发展趋势有所把握和启发。

10.1 物联网+生态环境应用创新综述

党的十八大以来，生态文明建设和生态环境保护工作提升到前所未有的高度，我国原有的以工业企业污染源等点源监测为主、针对性开展重点区域和流域环境质量监测的环境监测体系正在加速转变。“十三五”时期以来，以生态文明思想为指引，生态环保工作走向科学化、系统化、精细化、信息化，全面改善环境质量、建立良好生态成为工作重点。国务院办公厅印发的《生态环境监测网络建设方案》（国办发〔2015〕56号）提出，到2020年，全国生态环境监测网络基本实现环境质量、重点污染源、生态状况监测全覆盖，各级各类监测数据系统互联共享，监测预报预警、信息化能力和保障水平明显提升，监测与监管协同

联动，初步建成陆海统筹、天地一体、上下协同、信息共享的生态环境监测网络，使生态环境监测能力与生态文明建设要求相适应。这为物联网+生态环境等智慧环保模式提供了更加广阔的市场应用空间[1]。各地环保部门、企业和公众积极应用互联网、大数据等信息技术，探索环境治理模式，创新环境监管手段，实行精细管理、科学治污，在技术、管理、商业模式及运行管理等方面，一批有代表性、有开创性、有示范性的应用案例脱颖而出[2]。例如，2018 年 7 月，由《中国环境报》等联合举办的全国环境互联网会议发布了 10 个智慧环保创新案例[3]；每年各相关部门都在精选创新实用案例；2016 年以来中国循环经济协会联合清华大学环境学院成立了“互联网+资源循环利用”创新联盟/专业委员会，连续 3 年征集并发布了 50 多个创新模式；商务部会同中国物资再生协会，共同完成了《再生资源新型回收模式案例集》，并陆续发布。

从这些创新案例整体来看，物联网+生态环境聚焦我国生态环境发展中面临的管理和服务问题，以人工智能为核心，以物联网终端边缘计算能力、中心端大数据处理能力、区域流域性生态环境区块链服务平台为支撑，推动构建低运维成本、高可靠性的分布式生态环境智能一体化监测网络，实现智慧感知、综合分析，为科学决策提供精准支撑。同时，基于卫星遥感—无人机—地基监测网和物联网大数据的“空天地人一体、感联知用融合”的多尺度、高时空分辨率的城市群多源环境数据融合技术，耦合多尺度环境监测（包括空气、水、重点污染源）技术，对监管区域实现从宏观到微观全方位、立体化监测和全景展示，为环境质量量化考核、污染源科学减排、跨区域/流域污染精准防治、排污权交易、环保税核算征收、绿色信贷、绩效评估全面覆盖的生态文明体系提供了有力支撑。

但是，物联网+生态环境应用示范过程中仍面临一些关键技术挑战，如复杂环境下的传感器组网技术、节点部署模式和策略，以及能耗问题、安全隐私问题等，加快突破关键共性技术是环保物联网大规模推广应用的必要条件。目前，国内相关技术还不成熟，同实际需求还有较大差距。另外，物联网+生态环境相关标准规范相对滞后，物联感知数据的权威性、可靠性有待进一步加强。

总体来看，物联网+生态环境应用创新包括四大模式，分别为技术集成创新、管理模式创新、商业模式创新、运行模式创新（见图 10-1）。以下结合近年来笔者精选的国内智慧环保创新案例，分别加以阐述。

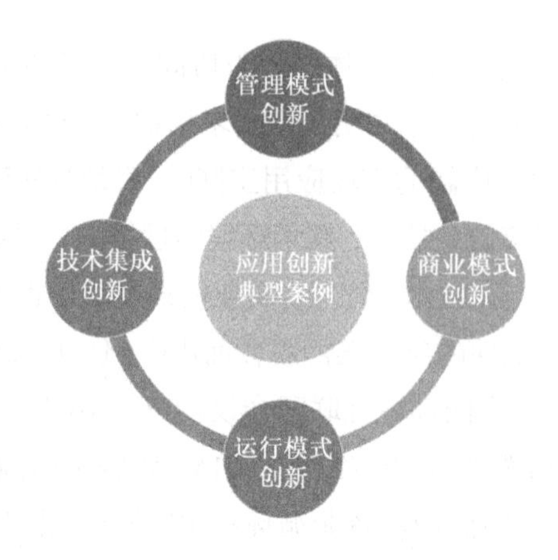

图 10-1 物联网+生态环境应用创新模式分类

10.2 技术集成创新

10.2.1 技术创新模式

近年来，物联网+生态环境在推动传感器技术、3S 技术、信息传输、大数据计算、环境监管等技术集成创新方面取得了长足进步，尤其是热点网格技术等实用性技术的推广应用，以及传统污染源在线监控系统的应用升级拓展，取得了良好效果，引起了较大反响。同时，卫星遥感技术、高架视频监控技术等也得到了广泛应用。技术创新模式的特点在于：一是综合技术手段，强调感知、传输和数据分析应用的整合；二是综合数据信息，强调打通“信息孤岛”，实现数据共享和互联互通；三是方法学创新，注意整合新的模型、模式及计算方法，实现数据调用和流通，使之产生具有政策指导意义的结果。

以网格化技术为例，运用信息技术建立网格平台，可使生态环境监管分类化、痕迹化、流程化、模板化、智能化，有效解决生态环境行业监管的痛点，如监管对象多、监管力量少、监管部门协同难、信息化基础薄弱等，从而可以全面、高效地调度地方环境执法资源，从源头减少环境隐患，促进当地环境安全，提升生态环境质量。北京市、天津市、济宁市等通过“网格化+”助力精细化环境监管，建立单元网格管理法、部件事件管理法、监管分离管理体制、闭环化管理流程、长效化考核评价等机制，发挥网格员巡查、城市视频信息监控、小型站、无人机、公众信息等渠道作用，建立天地空一体化的城市网格管理经验。生态环境部应急中心利用信息化手段，对热点网格、在线监控、“12369”环境举报、工业企业用电量等开展大数据分析，并开发督查巡查 App，可快速锁定污染

源、及时发现环境违法行为……这些都推动了物联网+生态环境技术集成创新。

10.2.2　典型案例

1. 河北省沧州市应用热点网格技术防治大气污染

河北省沧州市既是实施京津冀协同发展战略的重点城市，又是大气污染防治“2+26”城市之一，也是生态环境部确定的大气污染热点网格监管网络试点。河北省沧州市大气污染热点网格对沧州市域范围按 3km×3km 进行网格划分，通过卫星遥感技术手段，预先综合筛选出 $PM_{2.5}$ 年均浓度最高、污染排放最重的 126 个热点网格作为重点监管对象，利用安装的 368 台 $PM_{2.5}$ 监测微站，实时监测浓度变化，并与行政区域相结合，实现网格化、属地化管理，迅速、有效排查解决突出环境问题[4]。同时，针对每个需要精细化监管的热点网格，按 500m×500m 细分为多个小网格，如图 10-2 所示。同时，为落实热点网格监管职责，按照属地管理原则，对各热点网格逐一设立了总网格长、网格长和网格监督员，建立三级热点网格监管模式。

实施大气污染热点网格监管，不仅是方法创新、技术创新，也是制度创新、模式创新。

一是实现环境监管常态化、长效化。通过热点网格监管技术，可快速将 80%的污染物排放量锁定在 10%的行政区域内，有效解决基层监管人员数量少但监管区域面积大的矛盾，由过去的人海战术转向重点监管，有效避免监管的盲目性、随机性。

二是实现对问题的精准识别、精准发现。精准治霾的前提是科学治霾。运用大数据和手机 App，在监测点位信息全覆盖的基础上，建立实时报警和累积高值报警两道防线，人防技防双管齐下，可第一时间查找、治理污染源，从本质上提升大气污染防治监管水平。

三是实现对企业实时监督、全程管控。热点网格监管的一个重要功能，就是将环境问题发现在初期、解决在萌芽状态，运用“点穴式”检查监督机制，改变了“亡羊补牢”的被动管理模式，确保对环境问题的有效防范和靶向治理，对于企业保持稳定达标运行发挥了重要促进作用。

四是实现上下协调联动、联防联控。建立环境监管无缝衔接的责任体系，真正将工作责任“一竿子插到底”，有效解决了“雨过地皮湿”的“运动式治污”问题，将责任落实到乡镇基层，为源头防治、全民共治奠定了坚实基础，

如图 10-3、图 10-4 所示。

沧州市通过利用热点网格“工作平台+手机 App”双渠道管理模式，进一步提升了大气环境监管的科学性、针对性、精准性和有效性。

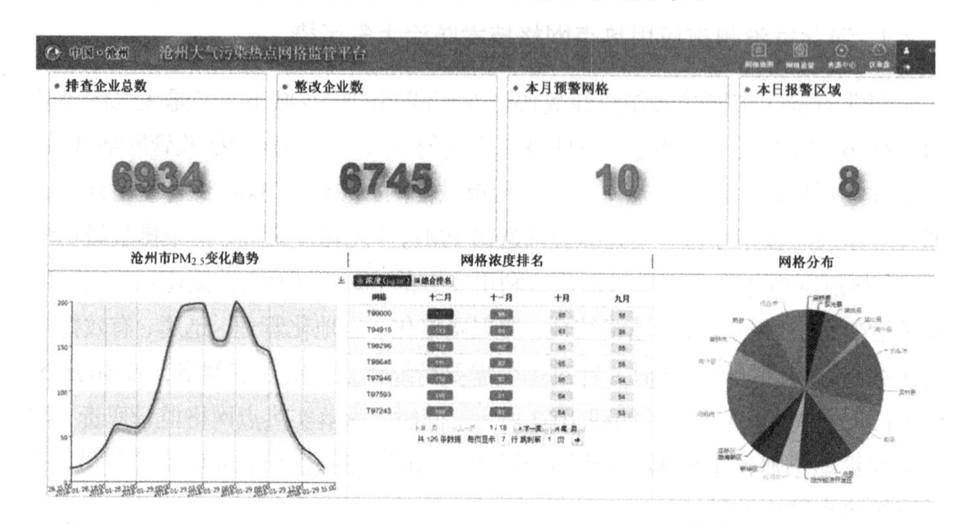

图 10-2 河北省沧州市大气污染热点网格监管平台

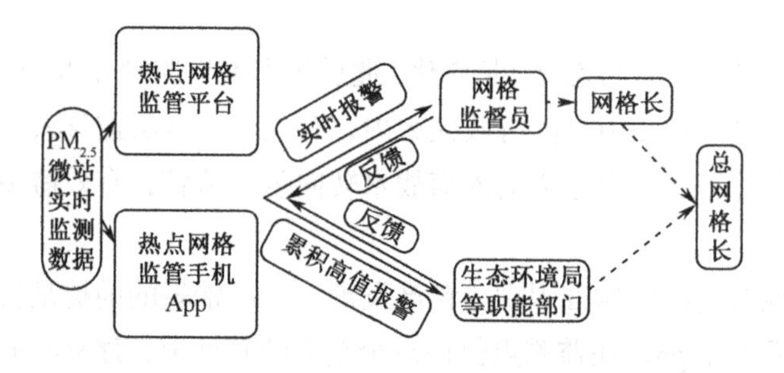

图 10-3 沧州市热点网格问题处置流程

2. 北京市应用热点网格技术开展精准大气执法

北京市结合移动监测等技术手段，在全国较早利用热点网格技术等“新利器”开展大气污染精准执法，实现排放源精准定位识别、报警监管、反馈评估的闭环监管，极大提升监察执法效率，开启以高新技术支撑执法的新局面。

1）总体情况

北京市综合利用卫星遥感、气象观测、空气质量监测、污染源、执法结果等数据，识别需要重点监管的 130 余个热点网格，再根据浓度数值从高到低排序，确定热点网格中的重点监管地区。

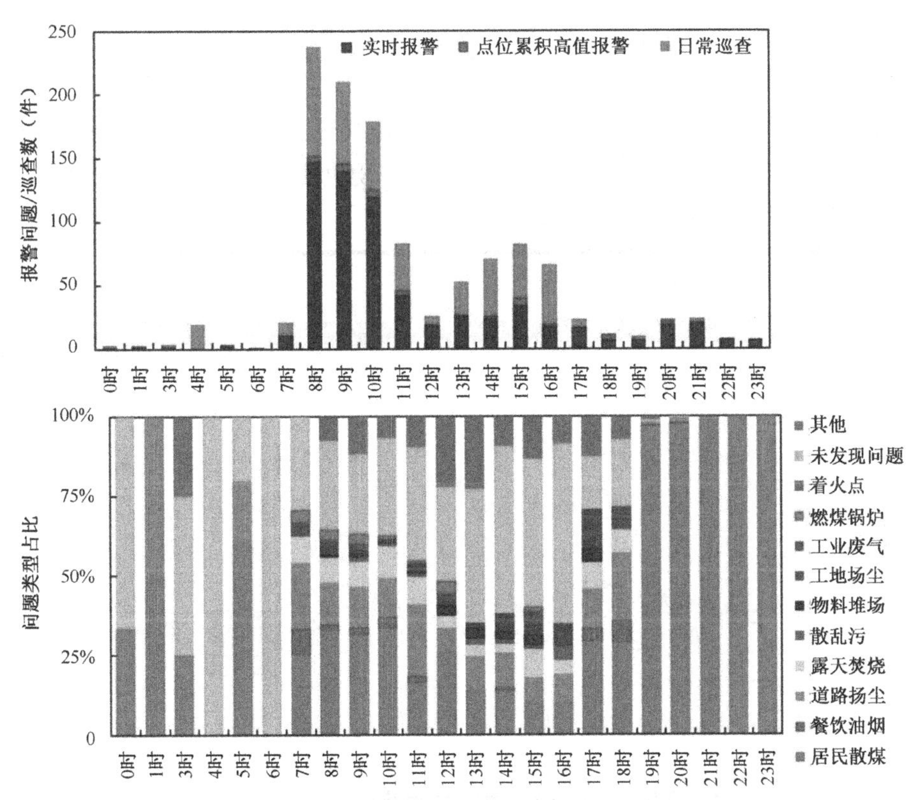

图 10-4 沧州市热点网格报警/巡查发现问题某日小时变化情况

数据来源：国家大气污染防治攻关联合中心，2018 年智慧环保创新案例之一。

目前，北京市通过已加密建立的空气质量监测微站，将监管区域缩小到 500m × 500m，进一步提高了对大气污染的精细化治理程度。在北京市大气污染热点网格监管平台上，133 个网格一目了然。例如，在海淀区有两个重点热点网格，一个位于田村至东黄家坟一带，另一个位于万寿路至羊坊店一带。在监管中心平台，可一键点击网格浓度、网格编号、预警网格、报警信息、监察结果等相关信息。

2）热点网格技术特点

热点网格技术通过网格污染态势和变化规律分析，对大气排污异常区域进行预警、报警，实现对大气污染行为的主动式管控。依据预警、报警信息推送，市区两级环保部门部分合力，形成治理动力，实现污染源监管的识别报警—查处督办—评估反馈的闭环监管方式，保障治理效果。对于触发报警的网格，系统通过导航功能引导人员准确到达现场，发现污染源；到达报警网格后，工作人员

利用车载式 $PM_{2.5}$ 移动监测设备实施现场巡查，准确反演现场污染分布，精准引导发现污染源，打通监管“最后一百米”。借助热点网格技术的精准定位功能，环境监察执法从过去的“拉网式”“扫街式”排查转变为“点穴式”监察、“靶向性”治理模式，在一定程度上缓解了基层环境执法力量不足、监管范围广、执法任务重的压力（见图 10-5）。

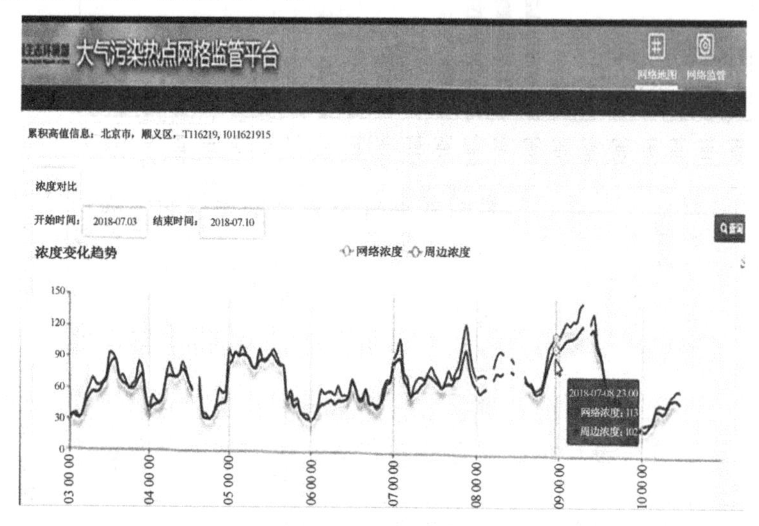

图 10-5　北京市大气污染防治热点网格监管平台

另外，北京市从 2018 年 6 月开始，按月对全市裸地进行遥感监测，成为全国首个大范围应用遥感技术动态监管全市裸地、辅助扬尘治理的城市（见图 10-6）。

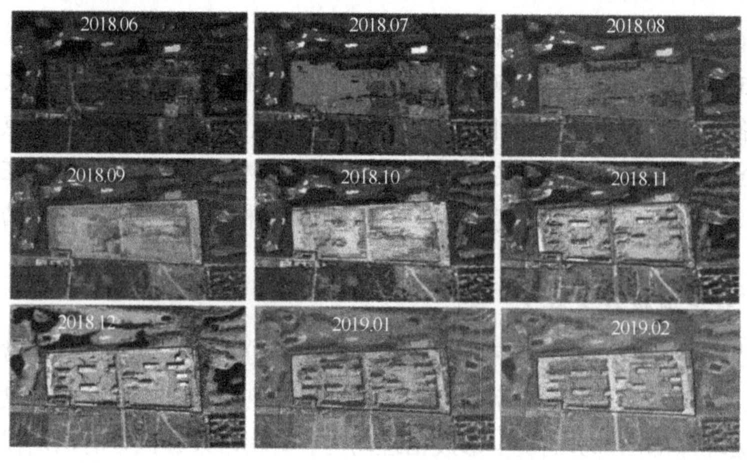

图 10-6　北京市某建筑施工地块遥感监测月度动态变化

来源：2018 年智慧环保创新案例之一。

3. 湖北省襄阳市应用大气污染源清单技术防治臭氧污染

臭氧成为近年来制约湖北省襄阳市空气质量持续改善的首要污染物，以汽车产业为主的产业格局，以及快速增长的机动车所产生的大量 VOCs，是导致臭氧污染的罪魁祸首。湖北省襄阳市以 VOCs 减排为切入点，搭建全面的大气污染源排放清单体系。

通过现场调查、实际测量、资料查询和文献检索等手段，获取襄阳市各类大气污染源的活动水平和排放因子，利用排放因子法计算襄阳市大气污染源排放清单。通过污染源监测数据和文献查询等手段，识别污染源排放的时空特征。同时，利用基于数值模式的污染来源追因技术、气团前后向轨迹贡献分析技术，分析襄阳市南北工业园区 VOCs 排放对中心城区空气质量的影响程度。

采用便携式颗粒物激光雷达，针对两个工业园区开展为期 3 个月的颗粒物监测，包括垂直定点监测、水平扫描监测、走航监测 3 种方式，分析襄阳市上空大气气溶胶的分布，监测城市边界层以下气溶胶的区域分布，扫描城市污染物扩散通道，获得城市污染物边界层高度、气溶胶光学厚度、颗粒物分布等数据，确切了解城市污染分布规律，筛选重点排放区域和行业。针对产生 VOCs 的主要区域，两个工业园区开展为期 3 个月的苏玛罐采样和车载走航式监测相结合的监测，获得园区主导风向上的 VOCs 组分、浓度及变化等数据，从而得到襄阳市工业园区重点区域的 VOCs 实时数据。

通过上述一系列研究，开发襄阳市空气质量达标决策支持系统，包含大气污染物排放清单动态管理、空气质量自动监测数据分析、大气污染成因分析、污染减排方案效果评估功能（见图 10-7）。襄阳市制定了一系列有针对性的臭氧前体物减排治方案，通过强化高新区和余家湖工业企业 VOCs 排放治理和错峰生产，开展餐饮油烟、汽修喷涂、露天炭烧烤治理及加油站和储油库执法检查，优化货运车辆通行线路。结果表明：2018 年 6 月，襄阳市臭氧污染得到了有效遏制，空气质量达标率大幅提升。

4. 天津市宁河区高架视频监控露天焚烧污染

露天焚烧污染是大气污染防治的重点、难点之一，但点多、面广、监管难。以往在焚烧季节，需要基层投入大量的人力、物力进行严防死守，但事倍功半。天津市宁河区在基于“互联网+”建成高架视频监控系统后，大气污染防治效果明显，全区秸秆焚烧火点同比下降 80%。

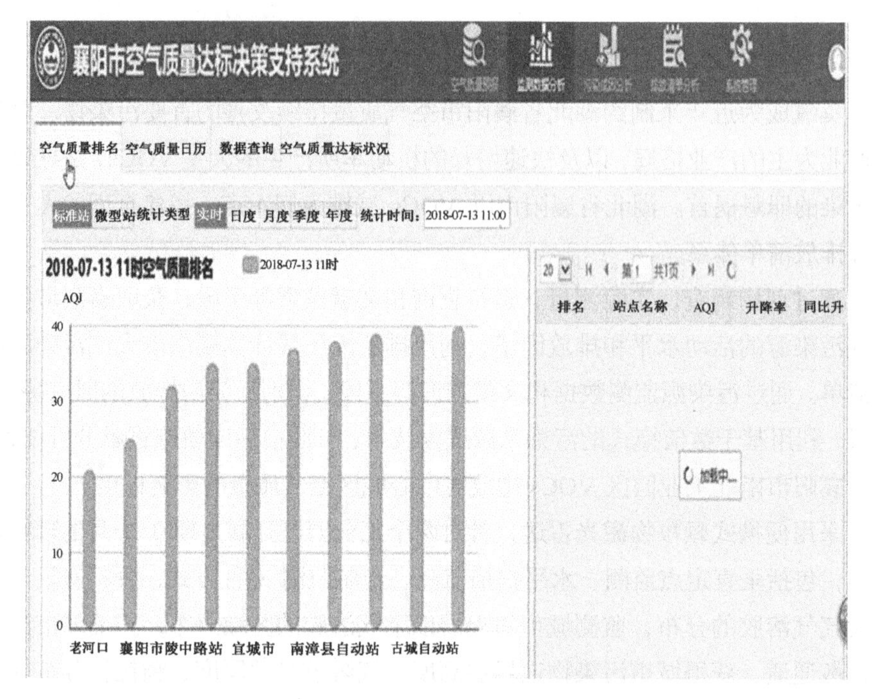

图 10-7 襄阳市空气质量达标决策支持系统

来源：2018 年智慧环保创新案例之一。

目前，天津市宁河区已实现全区露天焚烧自动报警，系统由 1 个总指挥中心和 16 个分指挥中心组成，共布设 34 个前端点位。前端点位均由远红外摄像机和高清摄像机双机组成，其中远红外摄像机负责报警。34 个前端摄像机 24 小时不间断自动轮巡。远红外摄像机发现温度异常将立即自动报警，黑白图像显示热成像情况，彩色图像显示温度异常情况，并在监控平台的电子地图上标识出来，用声、光等方式提示值守人员对报警进行人工识别和鉴定（见图 10-8）。

系统在报警后，结合现场照片进行人工研判，如情况属实，立即将火点图像、地理坐标及所在网格信息通过微信群发送给各镇，通知属地镇政府第一时间奔赴现场进行处理，并要求将现场处置结果在微信群中及时反馈，确保发现一起、处理一起、销号一起。

高架视频监控系统不仅解决了人工巡查费时费力、难以全部覆盖火点的痛点和难点，更帮助天津市宁河区压实责任体系，保证公平考核。宁河区生态环境部门指出，系统自动轮巡，保证对所有镇一视同仁，避免人工巡查厚此薄彼的现象，而全过程监管的功能，保证了镇、村无法懈怠，因为镇、村人员是不是赶赴现场、有没有及时处理一目了然。

图 10-8　天津市宁河区高架视频监控系统

来源：2018 年智慧环保创新案例之一。

高架视频监控系统解决了“堵”的难题，宁河区也加大了“疏”的力度。利用信息技术，该系统对火点进行全自动报警，结合网格管理和各镇机动队伍，对露天焚烧精准打击，这只是“堵”；2017 年，宁河区还建成了秸秆焚烧发电厂，年消化秸秆 20 万吨，基本完善了秸秆综合利用体系，基于这项部署和行动，做到了“堵疏结合”。

目前，宁河区高架视频监控系统已对五大农场进行了全覆盖，建立了大气污染防治联防联控机制，实现了发现火点及时通报。通过高架视频监控系统，为京津唐五区（场）大气污染防治联防联控提供了重要平台。

5. 甘肃省张掖市生态环境监测网络构成“天眼”守护祁连山

基于在祁连山生态环境保护中的关键地位，张掖市率先在甘肃省建立了以高分辨率对地卫星遥感为依托，以“一库八网三平台”为主要内容的生态环境监测立体化网络，建立了全市生态环境监管的长效机制。

1）以卫星遥感技术为支撑

张掖市生态环境监管工作点多、面广、线长，高度分散、多头监管等问题日益突出，加上县区、乡镇（街道）环保执法力量薄弱，以及监控方法时空间隔大、费时费力、成本过高、难以具备整体普遍意义上的监管等问题，传统的环境监管方式已力不从心，特别是在祁连山生态环境破坏问题被通报之后，为加强生态环境综合管控能力，完善生态环境监管长效机制，通过科技支撑手段建立天地一体、上下协同、互联共享的现代化生态环境监测网络显得尤为重要。

完善全域生态环境常态化监管。通过遥感和地面生态监测等手段，整合现有环保监测网络，对重点生态功能区、生态敏感与脆弱区、湖泊湿地、草原等的生态环境状况及变化趋势开展常规监测、生态调查和动态评估，为祁连山和黑河湿地自然保护区山水林田湖草的生态环境保护与修复提供服务，有效提高了生态环境全面监管的科学化和精准化水平。

推进环境科学管理与风险预警和防控。将天基遥感监测及地面监测监控有效融合，对全市生态环境状况及变化趋势进行大尺度监测，借助卫星遥感对人类活动、生态破坏、环境变化形成的遥感影像热力图，实时获取生态环境遥感监测数据并进行定期比对，使生态环境监测准确反映生态环境风险，有效提升了全市生态环境监测预报预警能力和保障水平。

提高全市环境监管执法水平。将卫星遥感和地面监测等各种监管手段有效结合，加大对重点区、敏感区、临界区的空中监管，有效延伸环境监管区域和范围，逐步实现管辖区域"全覆盖、立体化、高精度"监控。通过环境监管执法终端和业务平台的管理操作，实现信息随时上报、现场拍照上传、实时接收监察任务等功能，逐步实现环境监管执法工作管理精细化、监督常态化、处置流程化。通过卫星系统对现场执法人员进行定位，查看现场执法人员运动轨迹，确保监管巡查无盲区、无死角。

2）以"一库八网三平台"为内容

充分发挥遥感监测大范围、快速、动态、客观等技术特点，推动环境监测由点向面发展、由静态转向动态、由平面转向立体（见图 10-9）。

建立"一库"。对全市各生态功能区进行中小尺度的生态状况监测与分析评估，对祁连山和黑河湿地自然保护区遥感数据、实时监测数据、生态环境专题数据、基础地理信息数据、地面观测数据等，进行多源数据综合汇交，构建全市生态环境保护大数据库和生态环境基础数据体系。

建设"八网"。通过甘肃数据与应用中心，整合相关地面观测台（站），构建天地一体化的监测网络。一是整合 7 个省级环境空气自动监测站和 2 个国家级自动监测站数据，以及 12 个重点网格区域扬尘污染监测微站，建立覆盖全市县级以上城市的空气环境质量监测数据网络。二是整合正在建设的国家地表水水质自动监测站及饮用水源地监测数据，在城市河段、重要湖库、跨界河流出入界处增设地表水监测断面，建立水环境质量监测数据网络，逐步实现全市重要水功能区监测全覆盖。三是在重污染行业企业、固体废物集中处理场地、煤矿采空区、历史遗留污染区域、集中式饮用水源地保护区、重点果蔬菜种植基地、规模

化畜禽养殖基地及周边等高风险区域增设监测点位，建立土壤环境质量监测数据网络。四是整合逐步建成的全市县级以上城市区域声功能区、主要道路交通声环境监测数据，建立声环境质量监测数据网络。五是整合市级机动车尾气监管平台数据和辖区内机动车环检机构监测数据，建立机动车尾气监管数据网络。六是整合逐步建立的辐射环境自动监测站，采集环境地表 γ 辐射剂量率监测数据，建立辐射环境监测数据网络。七是通过生态环境监测网络平台监督重点排污单位实时传输在线监测数据，建立重点排污单位污染源监测数据网络。八是通过建设无线传感器网络系统，实现对城市重点区域及人类活动密集区的适时监控，建立城市重点区域监控数据网络。

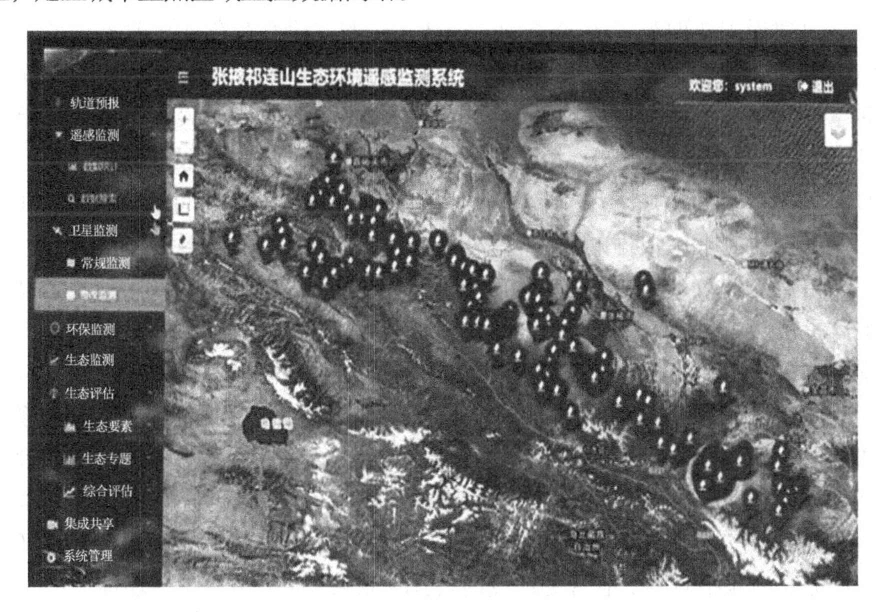

图 10-9　张掖祁连山生态环境遥感监测系统

来源：2018 年智慧环保创新案例之一。

建立“三平台”。针对祁连山和黑河湿地自然保护区雪线上升、草原退化、湖泊变化、沙漠化、生物多样性等问题，大力提升生态环境监测、评估和预警能力，提高对自然保护区生态环境监管的科学化、精准化水平。一是建立祁连山和黑河湿地生态环境本底评估与动态监测平台，以卫星遥感、地面生态定位监测为主，以无人机和现场监测为辅，开展祁连山和黑河湿地生态环境承载力动态监测与评估，对人类干扰、生态破坏等活动进行分析评估与预警提醒，及时为国土、林业、水利、农业等部门提供工作数据并实现信息共享。二是建立山水林田湖草生态修复项目监控平台，通过地面遥感和高分卫星监测，加强对祁连山区域山上山下、地上地下、水域林区及黑河流域的整体监控，为推进祁连山和黑河湿地系统保护、系统修复和综合治理提供数据支撑和项目绩效评估，切实推进土壤修复整治、矿山环境治理和流域水环境保护治理工作有序进行。三是建立智慧环保平台，通过移动客户端 App 集成环保动态、移动执法、现场监测、对外宣传、内部办公等功能，提升现场执法人员的执法能力和执法效能，提高区域环境监测预警、监察执法及多部门业务协同管理水平，初步构建“日常管理—监督举报—问题受理—限时办结—自动反馈”的环境执法机制。

3）以实现生态环境全覆盖监管为目标

项目建设主要取得了 6 个方面的成效。一是实现自然保护区常态化监管，环境风险得到有效管控。定期对祁连山和黑河湿地自然保护区进行遥感监测，及时掌握两个自然保护区生态环境质量及变化趋势、重点污染源排放状况及潜在环境风险情况。二是生态环境监测数据实现有效集成，监管决策更加科学。通过对大气、水体、土壤等生态环境关键性指标开展 24 小时不间断监测，实现生态环境主要监测指标数据的实时有效集成，为污染防治决策提供翔实数据。三是重点企业监控数据实时在线自动传输，监管责任更加明确。强化企业污染防治主体责任，督促重点排污单位实时上传污染源在线监测数据，切实履行污染物排放自行监测及信息公开法定责任。四是环境监管执法实现智慧化、移动化，监管效能明显提升。全面推行“三化两分一强化”环境监管执法模式，配备移动执法终端，实现实时传输现场调查违法证据拍照、录音、录像，市级环境监管执法巡查、稽查，以及县级环境监管现场执法检查 2 个全覆盖，全面提高环境监察执法效能，有效解决环保执法点多、面广和执法人员数量少的问题。五是环境质量监测实时预报预警，监管更加及时。适时监测、评估重要生态功能区的人类干扰、生态破坏等活动的影响程度，对出现的问题及时预警，可有效化解生态环境风险，防范污染事件的发生。六是各部门实现生态环境监测数据共建共享，监管内容更加多元。有效集成祁连山和黑河流域的环境质量、生态状况、植被覆盖、地形气象、水利林业、水土流失、地理信息、农田灌溉等遥感数据，为环保、林业、水利、发改、农业、国土等部门提供长期的网络数据共享服务。

6. 江苏省应用卫星遥感强力支撑生态保护红线区环境监管

江苏省的生态保护红线工作在全国起步比较早，为满足江苏省生态保护红线区域环境监管的迫切需求，江苏省开展了生态保护红线区域卫星遥感监测工作，对全省 779 个生态保护红线区域进行监测和评价，为环境管理部门制定监督考核评价、生态补偿政策提供了科学依据。

与传统监测手段相比，在生态保护红线区域开展卫星遥感监测具有范围广、快速、高效等独特优势。随着国产新卫星数据的不断使用，生态保护红线区域卫星影像最高分辨率可达到米级，可清晰识别江苏省各地工矿建设、能源资源开发、违法无序旅游开发及其他人工设施建设等活动。另外，借助多源高分卫星组网观测，生态保护红线区域监测频率显著提升，可对各类变化进行长期、动态、连续跟踪监测。

卫星遥感是个“千里眼”，站得高、看得远、找得准、抓得快，凡是破坏环境的违法行为，发现一起、上报一起，不仅节约大量的人力成本，而且可以直观、客观地反映生态保护红线区域的环境质量状况，好就是好、差就是差，没有一点弄虚作假的余地。目前，江苏省环境监测中心开展的生态保护红线区域遥感监测业务每年要处理和解析各类高分影像 400 余景，累计数据量达到 TB 级，制作各类专题图件 100 余份。生态保护红线区域生态环境质量遥感监测结果已全面支持生态保护红线区域监督考核，为监督管理奖励资金分配和省级生态补偿转移支付资金测算提供重要依据（见图 10-10）。

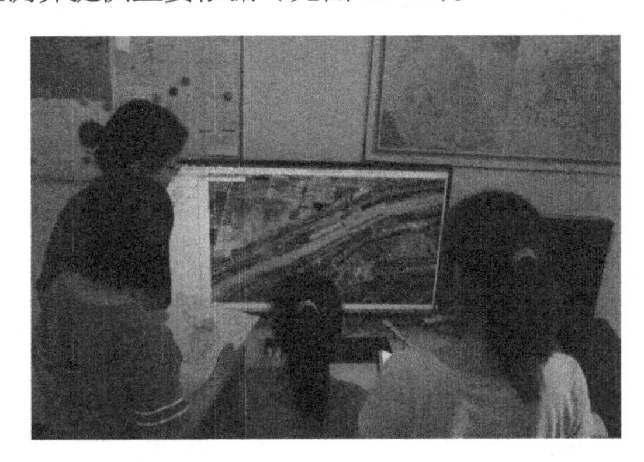

图 10-10　江苏应用卫星遥感支撑生态保护红线区域环境监管

来源：2018 年智慧环保创新案例之一。

7. 山东省污染源自动监测智能动态管控系统

污染源自动监控是当前环保部门监督排污单位的重要途径之一。但是，一些不法企业为逃避监管，千方百计在自动监测设备上弄虚作假。这些不法企业通常采用修改量程、截距、斜率等设备参数的方式作假，遇到环保部门的检查改正非常迅速，造假成本较低，给环保部门调查取证带来很大困难。为有效解决不法排污单位通过干扰或破坏自动监控设施、篡改伪造监测数据等途径来掩盖偷排偷放违法的问题，山东省建立了基于物联网、大数据和智能分析技术的污染

源自动监测智能动态管控系统。

山东省污染源自动监测智能动态管控系统整合有关数据标准，打通数据参数采集渠道，实现对工艺参数、运行状态、监测浓度数据的实时监控。一旦有不法企业弄虚作假，根据预设的数据异常判定规则，系统可以立即以声、光形式报警并提醒环保部门现场检查，同时可以自动拍照固定造假证据。该系统主要由平台端软件和现场端数据采集硬件设备组成。现场端数据采集硬件设备与自动监测设备直接连接，实时监控自动监测设备的正常运行、校准、故障等运行状态，以及温度、压力、流量、曲线斜率、校准电流等工作参数，并同步上传至监控平台。平台端软件对运行状态和工作参数进行分析研判，对异常情况报警处置（见图 10-11）。

图 10-11　山东省污染源自动监测智能动态管控系统

来源：2018 年智慧环保创新案例之一。

污染源自动监测智能动态管控系统实现了 2000 多家国省控废水、废气企业自动监测设备的动态管控，涵盖了全国 80 多个主流品牌 100 多种型号的自动监测设备。该动态管控系统实施后，监测数据的准确性和有效性明显提升，最直接的表现就是全省数据造假案件逐年减少。另外，该动态管控系统的使用也促进了企业达标排放，以及环保产业的健康有序发展。2017 年，环境保护部环境监察局将该技术列为重点课题，委托山东省编制动态管控技术指南，拟在全国推广。目前，湖北、江苏、陕西、辽宁、甘肃、重庆等省市已借鉴使用。

8. 山东省淄博市临淄区某工业园区企业 VOCs 排放智能管控试点

为推动山东省淄博市临淄区某工业园区企业 VOCs（挥发性有机物）污染防治工作，实现对规模以上企业无组织 VOCs 排放全过程监管，确保工业园区工业源 VOCs 达标排放、全面消除异味，实现环境质量持续改善，临淄区某工业园区开展智能管控试点，实时监控工业企业工况过程参数、污染源 VOCs 排放浓度参数、环境质量六参数及气象扩散五参数，运用统计学原理对数据进行相关性分析，开展大数据智能挖掘，实现污染源快速追踪定位，推动精准分析内源及输入性外源污染，促进企业明显自律。

1）管控内容

一是快速查清 VOCs 无组织排放主要贡献来源，为未来企业整顿、错峰生产和合理清退提供科学依据。二是针对污染贡献度较高的企业，通过工艺和过程深度分析、汇总规律性，找出异常排污时间段和工艺流程具体空间位置，为企业自行整改提供技术支撑。三是通过全过程统计分析，对企业生产情况进行 24 小时监控，监督错峰生产执行情况，对存在侥幸偷排心理的企业形成有力震慑，变被动守法为主动守法。四是借助大数据分析反映企业污染处理设施运转状态、污染物、原材料、中间衍生物及成品迁移转化情况，通过分析各指标之间的相关性、时间空间变化规律并进行模拟预测，进一步优化企业生产排污预测数学模型，实现预测预警和智慧化管理。

2）物联网建设及数据采集

整合工况过程监控，安装企业工况过程监控点位 160 余个。通过 DCS/PLC 硬连接或加装互感设备方式，实时采集园区内企业生产设施运行状况（包括进料、中间和出料环节）、污染治理设施的工况过程关键参数。其中，企业生产设施运行状况包括加料泵、离心机、反应釜搅拌器、出料泵等生产设备电流和主要生产工艺的流量、压力、温度等参数；污染治理设施的工况过程关键参数包括引风机、循环泵、加药泵和反洗泵电气参数（如电流、电压、频率、开停），以及反应塔液位、温度、压力和 pH 值等工艺参数。通过过程工况监控，推动实时、有效判断企业内部监测数据的真实性和准确性。

整合 VOCs 在线监控，安装 20 余台 VOCs 在线监测微站。在线监测微站安装在各企业厂区可能存在跑冒滴漏的无组织排放区，并且位于污染源的主导风向下风向的最大落地浓度区域内，以便捕捉到最大污染特征。设备采用光离子化检测器（Photo Ionization Detector，PID）检测，灵敏度较高。为准确测量 VOCs 浓度，整合微站进行监控，在工业园区厂界东、南、西、北 4 个方向，安装 4 台

六参数（SO_2、NO_2、CO、O_3、PM_{10}、$PM_{2.5}$）环境空气质量微站；整合气象监控，安装3台五参数（风速、风向、气温、气压、湿度）气象微站。五参数气象微站避开较高建筑物、强磁场，选在相对开阔平缓且便于操作的区域安装，表征局部气象扩散条件。各监测站点如图10-12所示。

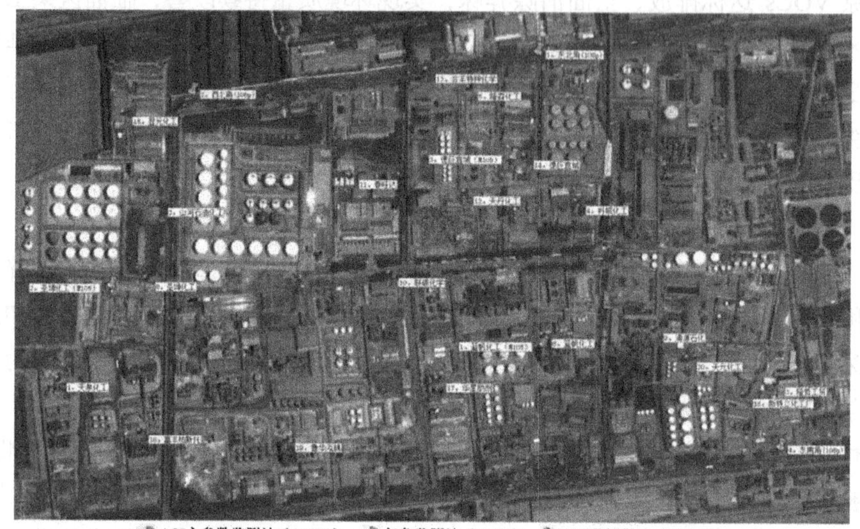

AQI六参数监测站（A108P） 气象监测站（M105） VOC监测微站（V103P）

图10-12　VOCs在线监测微站、五参数气象微站与六参数环境空气质量微站布点

该工业园区智能管控试点取得了初步效果。当前，工业园区智慧环境管控仍然是物联网+环境保护创新的重要内容，有关需求进一步延伸，需要考虑为工业园区和企业提供一站式环保综合服务，及时发现工业园区及企业存在的环保问题并及时、高效解决。为此，进一步考虑通过以排污许可为核心，打通监测与监管之间的通道，实现环境质量改善工作的压力传导和责任落实。例如，对环保生产/治理/工况监测设施进行精细化管理，通过对智能化监测设备的动态侦测和接入获取监测设备的监测数据、运行状态和工作参数，通过接入排污企业生产/治理设施工况信息获取关键生产/治理设施的运行状态进行校验对比，并进行排污费和环保税计算；及时向企业反馈实时的环保法律法规咨询，为企业提供环保专业服务的相关资源。

9. 徐州市打造“以智管废”智慧平台，助力“无废城市”建设试点

2019年5月，生态环境部启动“无废城市”建设试点。“无废城市”是以“五大发展理念”为引领，通过推动形成绿色生产生活方式，推进固体废物减量化、资源化，最大限度地减少填埋量，将固体废物生态环境影响降至最低的城市

可持续发展模式。随着城市发展规模和经济体量的增大，城市管理和发展所需要和产生的数据量急剧增加，而“无废城市”涉及的城市固体废物数量大、种类多、流向和底数不清且监管无序；固体废物管理部门涉及面广、工作统筹难，“信息孤岛”成为管理障碍，传统的管理模式已经无法达到“无废城市”精细化、精准化管理的现实需求。

徐州市作为试点之一，围绕现阶段农业包装废物、园林废物、农贸垃圾等还未完成数据摸底，并且园林废物及建筑垃圾存在城区与各区县未统一数据口径、分端而治，数据统计既有重复又有缺漏等问题，通过多维逻辑拓扑运算技术、知识图谱、集成 3S（地理信息系统、遥感、全球定位系统）、物联网等技术搭建智慧平台底层数据架构，开发融合城市固体废物时间、空间维度的数据集合，实现固体废物追踪溯源、全过程监控、任务监测考核、统筹优化管理等功能一体的智慧化平台，作为“无废城市”建设过程的主要抓手和评估验收展示成果的核心窗口。

1）构建七大功能模块，实现精细化综合性管理

通过城管、环卫、园林等部门数据挖掘，打破原有数据壁垒，将“无废城市”建设试点过程中涉及的农业源、工业源、生活源等产生的各种废物种类数据纳入“无废城市”智慧管理平台，以工业固体废物、建筑垃圾、危险废物、农业废物等为重点，加强对固体废物堆存和非法堆弃的精准识别、监管、执法，构建包含城市动态管理、过程追踪管理、物质代谢分析、固体废物堆存监控、指标统计管理、工程项目管理、成效模式展示七大模块（见图 10-13、表 10-1）的智慧管理平台，实现高效、科学、现代的城市信息管理，以及城市、产业、园区、企业等不同层级间的协同。

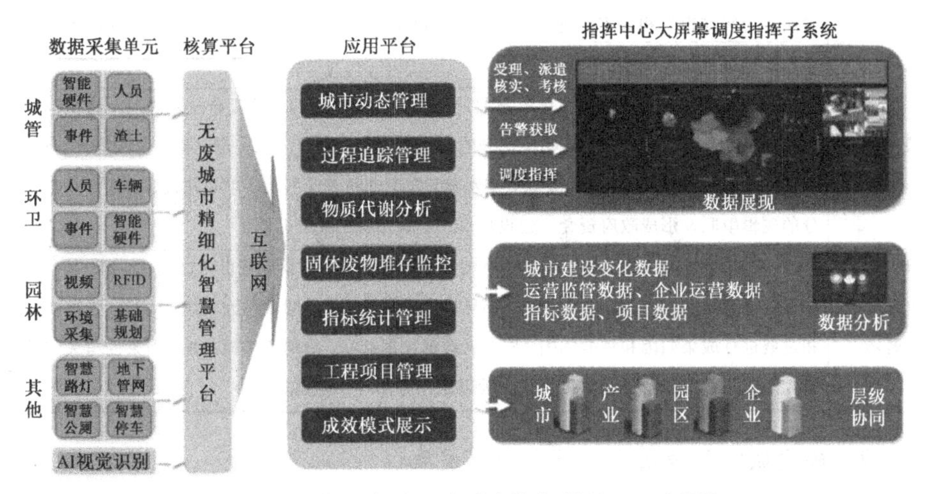

图 10-13　徐州市“无废城市”智慧管理平台逻辑

表 10-1　七大功能模块内容

功能模块	内　　容
城市动态管理	追溯城市发展，体现“无废城市”创建过程中城市变化及废物处置改造前后的变化。开发城市电子沙盘系统，分年度、季度等时间维度对比展示城市不同时期基础设施建设情况、产业集聚演变过程、城镇化发展变迁，实时、生动、具象地展示城市建设成效及发展态势
过程追踪管理	运用人工智能视觉识别、作业精细化控制技术，搭建包含人、车、物数据的智能管理追踪平台，实现快速发现、快速派遣、快速处置、考核公平等功能。通过移动端巡查、城管事件对接、全民环卫移动端上报等多种途径，实现环卫事件的快速发现；通过作业区域的网格划分，实现扁平化管理，政府直接定位事件责任到网格负责人，提高任务执行效率，实现快速派遣
物质代谢分析	挖掘徐州市农业源、工业源、生活源等产生的各种废物种类，并将其纳入“无废城市”智慧管理平台，以分析废物代谢规律为基础，在厘清徐州市物质流动情况、分析关键物质和资源代谢路径的基础上，搭建区域完整的产业链结构，弄清关键物质多大量、从哪来、到哪去、如何处置等精细化管理问题
固体废物堆存监控	针对城市建筑垃圾、电子废物、生活垃圾、工业固体废物等典型固体废物，按照“固体废物源头识别—物质时空代谢跟踪与模拟—全生命周期循环耦合”的技术路线，集成地理信息系统、遥感、全球定位系统、物联网、无人机等技术，基于高光谱、多光谱、雷达等多源遥感数据，生成对抗网络，构建城市典型固体废物及其堆场特征标识库，实现城市固体废物源头系统化监测。建立城市固体废物“天地空—监管控”一体化大数据平台，形成固体废物信息监测—存储—分析—展示—应用一站式平台与环境，为“无废城市”打造“智慧大脑与神经网络”
指标统计管理	根据“无废城市”建设指标体系、指标说明、系统建设要求及考核标准建立指标计算公式库，通过对接政府环境质量在线监测数据、企业及政府部门填报数据、相关项目运行数据等多源数据的分类采集方式，通过自底向顶智能化采集、录入及抓取实现数据的实时更新，并对来自多口径的数据进行科学、系统运算处理，实现最优化计算。通过指标的变化及提升，以数据说明“无废城市”相关工作进展，通过比较建设前后的指标差异，以量化手段评价“无废城市”建设进展
工程项目管理	利用智慧管理平台实现项目全建设周期的数据收集，追踪项目资金投入情况，将指标变化与项目匹配，以项目进展佐证指标提升的合理性并辅助项目申报资金支持。匹配项目、资金、指标三大部分数据，打破数据壁垒，实现建设项目方面资金投资、项目建设、指标提升三大部分的逻辑串联，形成政府资金—建设项目—建设指标的闭合回路
成效模式展示	建设信息大厅，形成平台管理展示终端，让管理者在全局掌握城市内资源、环保、能耗、环境等管理数据的同时，实时观测到外部环境监测情况。打造绩效归因系统，针对项目主要成果和进展进行成果归因和绩效归因，配合大数据挖掘算法，归纳工作相关性、因果性与关联性因素，形成工作沉淀与经验总结，从中验证工作方法与本地模式

2）确定城市管理所需，融合城市发展

为避免传统门户式、展示型平台的不实用性，徐州市在融合城市动态管理、

过程追踪管理、物质代谢分析、指标统计管理、工程项目管理、成效模式展示等功能基础上，针对每类废物的特点设计废物信息化管理的重点，从城市层面、产业/园区层面、企业/项目层面三大层面监测展示“无废城市”建设进展及城市发展变迁（见图 10-14），将“无废城市”建设智能化管理与城市的发展和管理相融合，为“无废城市”的最终验收总结试点建设成效，并提供可视化展现。

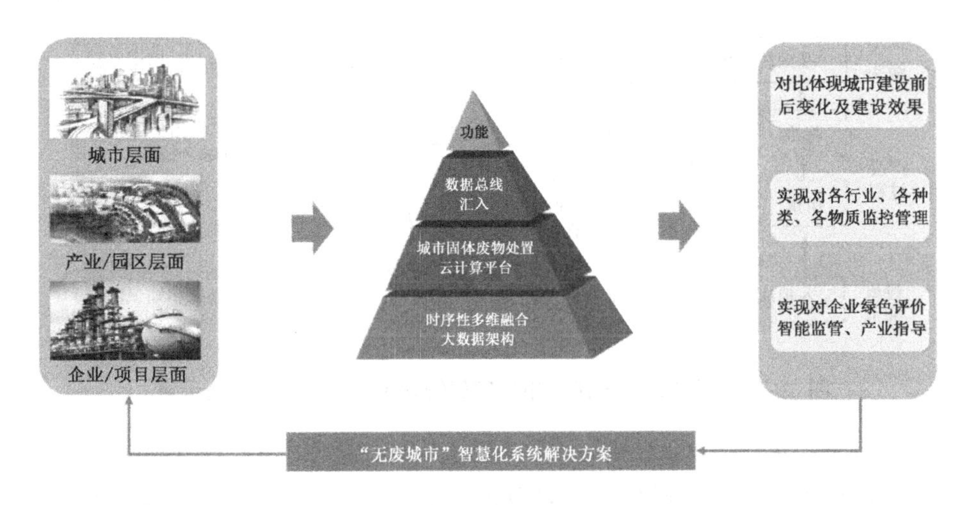

图 10-14　徐州市“无废城市”智慧管理平台统筹管理平台建设框架

在城市层面。构建徐州市的可视化地图，汇总工业源、农业源、生活源废物的产生、收运、处置、利用等全流程信息，标注“无废城市”建设期间重要地区变化节点，以月度、季度、年度为时间轴从地图上展示废物产生源变化情况、利用处置设施/企业变化情况、产业集聚发展情况、城镇面貌变迁发展情况，直观对比“无废城市”建设前后效果，在体现“无废城市”建设成效的同时融合城市整体发展与管理。

在产业/园区层面。在厘清徐州市产业或园区物质流动及城市代谢情况的基础上，梳理城市产业结构和布局，分析关键物质和资源代谢路径，搭建徐州市内完整的产业结构，并对产业结构进行纵向、横向等多个维度的对比分析，直观体现徐州产业结构调整及产业发展变迁。

在企业/项目层面。收集整理“无废城市”建设过程中重点企业或项目的经济、工艺、环境等方面数据，在平台上搭建“一企一档”管理模式，在实时监管企业运营情况及对城市环境影响变化的同时促进产业升级转型，提高企业效率。

3）采用新兴智能化技术，完善平台科学性、先进性

为实现平台城市管理功能，除常规的信息化技术以外，需要结合“无废城

市”管理的特点，嵌入固体废物数据专用算法模型及环境分析专用技术，从固体废物产生源头、收运过程、处置存储等环节，对固体废物种类、数据、指标等内容进行深度分析（见图 10-15），使徐州市“无废城市”的智慧管理平台区别于国内乃至国际上其他政府的展示型平台，真正实现对固体废物专业、精深、先进的管理。

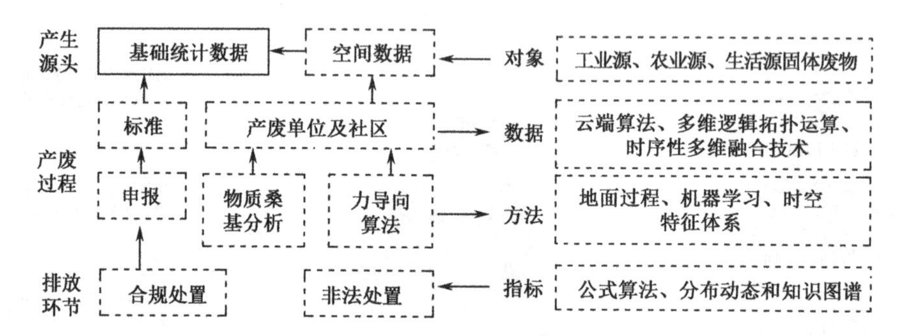

图 10-15　徐州市“无废城市”智慧管理平台技术管理机制示意

一是通过多层云端算法库技术和多维逻辑拓扑运算技术，构建物质循环分析、产业链逻辑拓扑分析和指标算法分析。自下向上以城市废物清理、转运、处置数据为基础，结合实际运营数据和物质循环数据，依托数据时序性多维融合数据架构，通过智能数据采集技术，构建“无废城市”平台中涉及的废物处置运营数据集和“无废城市”指标数据集。

二是以基础数据和引擎体系及知识图谱为依托，嵌入“无废城市”参考指标计算体系，构建完整的数据指标监测模块、无废循环经济模块和“无废城市”实时运营模块，达到服务城市动态管理、过程追踪管理、物质代谢分析、指标统计管理、工程项目管理、成效模式展示的目的。

三是集成 3S（地理信息系统、遥感、全球定位系统）、无人机和物联网等“天地空”一体化监测技术，构建包含全生命周期、具有多源多相态海量异构特点的城市固体废物数据仓库。基于高光谱、多光谱、雷达等多源遥感数据，构建城市典型固体废物（大宗工业固体废物、农膜等）及其堆场的光谱、形状、纹理等特征标识库，结合高分辨率固体废物源清单时空分布，制定城市典型固体废物类型与分布的判别规则，精准识别城市中堆存的固体废物种类、数量及成分（见图 10-16），在全面找准固体废物产生、收集、转移、利用、处置过程中的管控薄弱点的基础上，重点监管城市中固体废物堆存及违规堆存问题，实现城市固体废物源头系统化监测，支撑固体废物源头减量措施制定，最终推动城市固体废

物管控框架的升级、提档和转型，支撑“无废城市”建设。

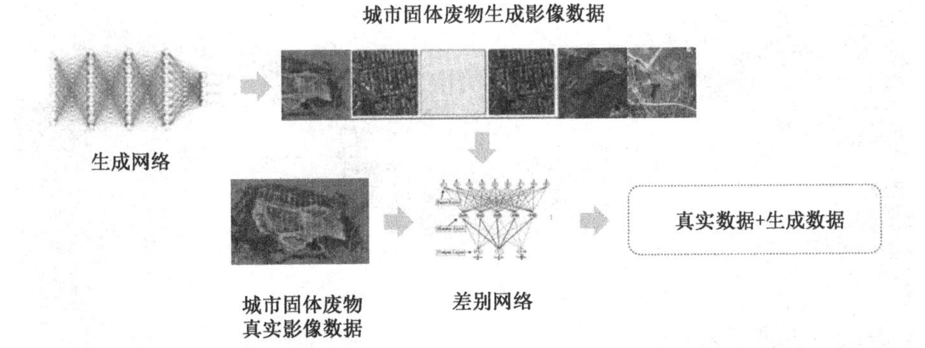

图 10-16　基于生成对抗网络的城市固体废物影像数据插补研究技术路线示意

10. 阿里云“ET 环境大脑”助力危险废物全过程监管

在物联网+生态环境的业务场景中，危险废物监管和处理是长期存在的难题。阿里云计算有限公司与国内领先的废物动态管理系统供应商合作，通过运用云存储、云计算、物联网、GPS、智能终端、移动互联等技术，基于阿里云的飞天云操作系统，搭建环保云平台——“ET 环境大脑”，实现环保基础设施、环保各类应用、环保开放数据上“云”，大力推进企业环保信息应用的云端化进程，提升政府环保信息治理的智能化水平[5]。

1）“ET 环境大脑”主要框架与功能

环保云平台的设计基于“云计算+大数据+物联网”的深度融合，坚持“数据驱动管理”的理念，主要框架和功能如图 10-17、图 10-18 所示。

数据汇聚模块。将各类监控设备采集的视频、GPS、二维码等数据，结合环境历史数据、环保监测网络数据、企业底图数据等，得到该区域的环境全域数据，并进行数据标准校正、数据集成汇聚等工作。

数据过滤模块。从数据汇聚层抽取上层应用所需的数据信息，经过数据清洗、转换、结构化处理等过程，最终按照预先定义好的数据清洗模型和规则，将数据加载到数据仓库中。

数据治理模块。将零散数据变为统一数据，将具有很少或没有组织和流程的数据变为监管和处理范围内的综合数据，将数据从混乱状况变得井井有条。建立数据拥有者、使用者及支撑系统之间的互联共通关系，从全机构视角协调、统领各层级的数据管理工作，确保各类上层应用能够及时、准确地得到数据支持和服务。

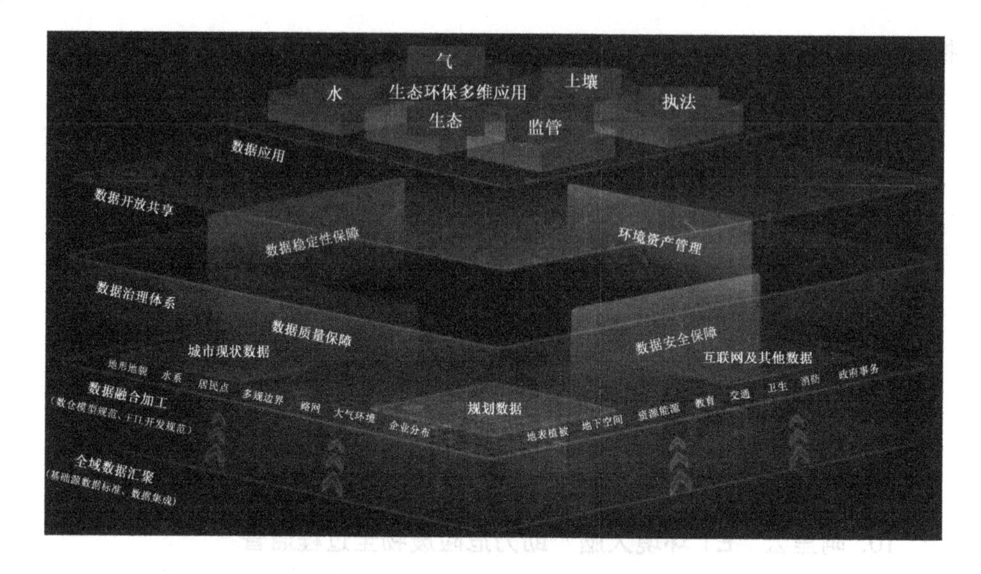

图 10-17 “ET 环境大脑”主要架构

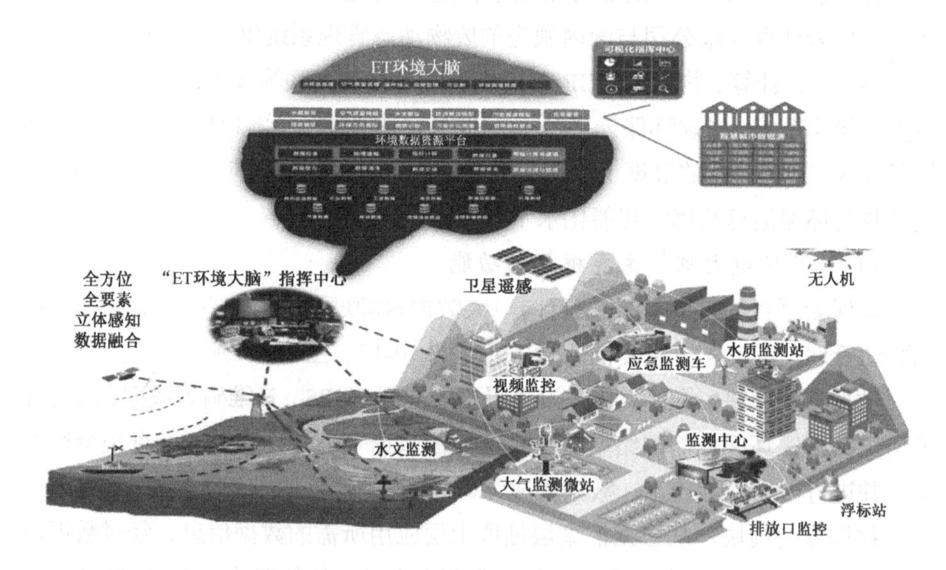

图 10-18 “ET 环境大脑”主要组成与功能

数据联通模块。打通各类数据资源交换共享的渠道，整合、汇聚、联通原本分散在不同层次、不同区域内的数据信息，避免重复建设和数据“打架”，最大限度地激发数据的使用价值。

数据赋能模块。结合业务需求，在各业务领域实现数据在业务领域的使用。

阿里云“ET 环境大脑”的云计算+大数据平台作为互联网+生态环境的最优

解决方案，构建“云、网、端”的“互联网+环保”新体系，目前可以实现对水、气、土、污染源的全方位智慧感知。例如，在排放口加装智能视频“看门狗”，通过人体行为智能识别和检测技术，一旦有人员接近就会触发报警规则并自动抓拍图片，防止弄虚作假；对污染物排放流量、流速进行估算，与流量计等监测设备进行比对；对烟囱烟气色度进行评估，智能判断是否处于正常合理区间。在沿海多个省份的固体废物监测模拟推演中，“ET 环境大脑”共预警 100 余次，非法排污预警准确率达 93%，累计分析污染源达 20000 余家。

2）阿里云“ET 环境大脑”实现固体废物处置智能化管控

在危险废物处理领域，“ET 环境大脑”也大显身手。结合各类危险废物处理的实际应用场景，“ET 环境大脑”可以协助支撑政府环境监管执法。企业产生的废物与企业规模、产能产量、能源消耗、资源化能力、历史数据情况及同行业情况等都有千丝万缕的关系，“ET 环境大脑”通过自主学习寻找到其中的函数对应关系，为每个因素客观定量赋权。任何人为的篡改，都会引起“ET 环境大脑”的警惕，让污染无所遁形。“ET 环境大脑”整合 30 余个数据库，包括污染源自动监控、自行监测、排污许可、移动执法、应急指挥、信用评价等，实现信息互通互通，可对每家企业精准“画像”、提前预判。以危险废物处理为例，以前恶性偷排事件时有发生，环保部门执法更多是事后发现、被动管理。如今，江苏省利用“ET 环境大脑”，实现了对危险废物生产、转移、利用和处理处置的全过程闭环监管，并建立了企业综合评估模型，包括减量化、资源化、无害化、诚信指数、经营发展指数 5 个方面约 200 个指标，可以提前发现异常的废物申报。

通过阿里云提供的大数据与云计算能力，结合目前企业申报、转移联单等数据，对企业申报数据进行深度加工与机器学习算法建模。

提升治理能力。提高了相关管理部门的监管水平，能够对企业申报数据的合理性进行检验，并根据模型预测分析结果对产废企业申报不合理情况做出预警。

增强处理效能。全面分析各企业、各类别的次生危险废物的产生情况和相关变化趋势，对处废企业进行评价定级，促进处废企业持续改善申报数据质量，规范处废企业申报行为，同时为无害化处理提供决策经验，提升危险废物处理水平。为每家生产企业匹配不同的危险废物处置企业，能够有效降低危险废物转移、处理过程中的结构化风险，最大限度减小对环境的污染。

优化产能结构。对产废与处废的分析能够帮助生产企业更好地优化产能结构，在原材料采购、生产工艺优化等方面助力，进而精益生产（见图 10-19）。

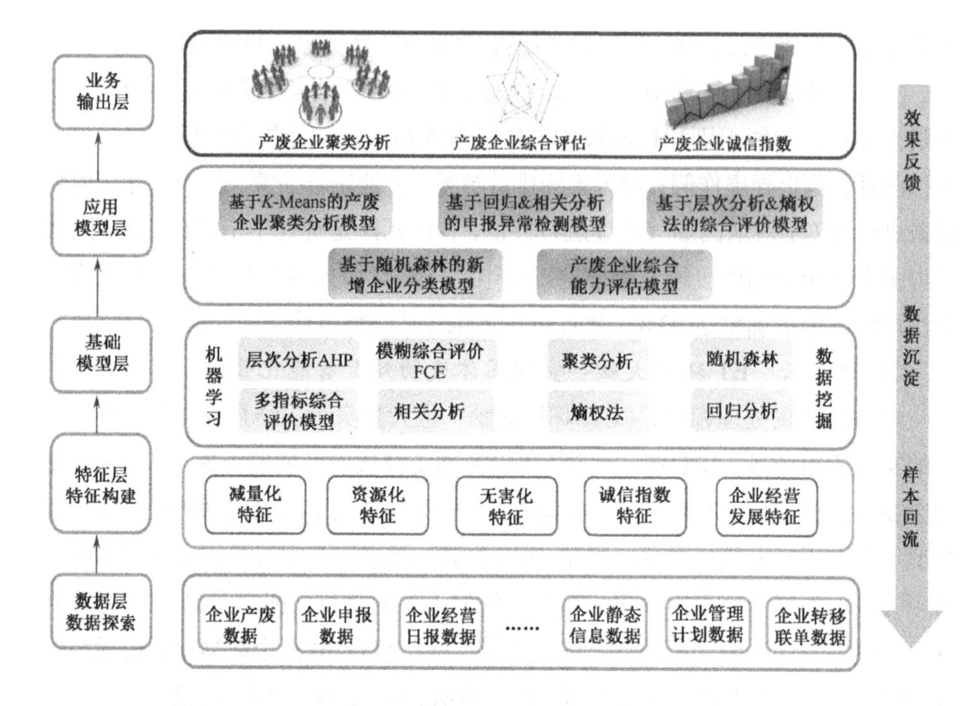

图 10-19　危险废物处置智能化监管流程

10.3 管理模式创新

10.3.1 管理创新模式

管理创新模式的主要路径：一是通过构建智慧环保系统平台，整合气象、水利、交通、工业和信息化、农业、林业等部门的生态环境信息，把原有的污染源自动监控数据、视频监控数据、空气质量自动监控数据及超级站、微站的数据全部组织起来，实现在线监测、在线监督、在线管理、在线指挥、预测预警等功能，以更加精细和动态的方式实现环境统一智慧管理；二是综合管理手段，将环境立法、环境执法、环境行政管理等手段打通，实现部门协同和管理协同，推动落实生态环境保护“党政同责、一岗双责、尽职履责、失职追责”。

随着生态环境管理要求不断提高和管理重心向基层偏移，可考虑充分利用深度学习、人工智能和数据挖掘等技术，推动大数据应用创新，将大数据与环境管理全面、深度融合，以环境保护信息化、智能化、系统化、科学化为发展目标和方向，全面重构环境管理模式，从微观、中观、宏观等尺度把握环境状况，从横向、纵向角度分析环保工作，提高生态环境部门的环境监管能力和工作效率，

提高科学决策和管理水平。

10.3.2 典型案例

1. 生态环境部应用大数据开展强化督查

2017 年 9 月，环境保护部启动史上最大规模的京津冀及周边地区 2017—2018 年秋冬季大气污染综合治理攻坚督察巡查工作，组建了督察巡查办公室，统筹负责安排组织，指挥调度工作。此次督察巡查工作，创新利用信息化手段，对在线监控、大气热点网格、“12369”环保举报、工业企业用电量等开展大数据分析，并开发了督察巡查 App，通过快速锁定污染源、及时发现环境违法行为，取得卓有成效的成果。此次督察巡查工作的信息化是互联网、大数据技术应用于环境监察执法的一次成功探索，推动环保督察精准化、规范化，从而提高环境管理信息化和科学化决策水平[6]。

督察巡查工作从全国共抽调 5000 人次的环境执法骨干，对“2+26”城市采取“压茬式”25 轮集中督察。“2+26”城市每个城市派一个督察组，每个组 8 人，对燃煤锅炉清零、扬尘治理等进行全面排查，发现问题及时解决。为保障督察问题的落实，自 2017 年 9 月 15 日起，生态环境部组织直属单位派出 102 个工作组对“2+26”城市的 384 个县、市、区进行巡查，开展了 8 轮次共 2480 人次的巡查。这次巡查涉及的人员、资料、数据统计工作非常复杂，为了精准调度、科学指挥、高效完成督察巡查任务，生态环境部开发了督察巡查 App，将互联网、大数据分析贯穿在整个督察巡查过程中，在优化工作流程、提高工作效率等方面发挥了巨大作用。

1）科学集成多途径数据，实现督察巡查精准化

督察巡查组到地方后，地方那么大、企业那么多，怎么查才能更加有针对性？才能更容易发现问题？此次督察巡查通过信息化手段对污染源自动监控等开展大数据分析，科学筛选重点区域和重点问题，实现督察巡查的精准化。

督察巡查的业务来源主要有 5 个方面，其中各地分类上报的燃煤小锅炉淘汰、双替代改造任务清单必须要检查，梳理后纳入督察巡查 App，督察巡查人员检查后就通过 App 实现实时上报。除此之外，对污染源自动监控、大气热点网格、“12369”环保举报、工业用电数据进行大数据分析以发现问题。

第一，利用污染源自动监控系统，实时掌握重点企业污染物排放情况，将出现超标报警的企业纳入督察巡查范围。截至 2018 年 4 月，全国已建成由 352

个监测中心、33041个监控点，组成了环保物联网系统。通过利用自动监控系统，可及时发现企业超标情况，进而精准执法。2016年1月至2017年9月，京津冀及传输通道城市高架源企业自动监控数据超标率有明显下降趋势，取得了较好效果。

第二，利用大气污染热点网格，提高大气污染监控执法的精准性。生态环境部组织开发热点网格系统，利用卫星遥感数据反演筛选热点网格，“2+26”城市共筛选出热点网格3602个。为准确查找问题，在3602个热点网格中进一步筛选出800个重点网格，通过购买数据服务方式，实时获取每个热点网格500m×500m精度的小时监测数据，俗称千里眼执法。这是大数据在空气监测方面的有效应用。生态环境部还进一步利用热点网格+千里眼执法锁定重点执法区域，进一步提升执法的科学性和精确性。利用热点网格进行执法已取得了比较好的效果。例如，在沧州市孟村镇编号为T89035的网格中，通过热点网格报警，督察巡查人员现场发现报警点周边500m范围内有10多家铸造企业存在无组织排放问题，并及时督促地方解决了相关问题。

第三，利用“12369”环保举报，分析发现环境热点问题。生态环境部建成全国统一的环境举报管理平台，实现了电话、微信、网络和举报渠道信息的整合及部、省、市、区、县级数据共享。2017年，环境保护部首次全面、系统掌握全国环保举报的详细信息，具备了系统分析数据的技术。2017年，全国共接到群众举报618896件，2018年1—6月共接到群众举报298257件，对2017年和2018年上半年的数据进行分析发现，群众举报情况属实的占74.2%，“12369”环保举报已经成为解决老百姓身边突出环境问题的重要举措。在2017年至2018年秋冬季的大气督察巡查行动过程中，筛选、梳理“12369”环保举报中与大气密切相关的粉尘类大气污染举报问题，从中再筛选出涉及多人举报、重点企业举报问题，并作为问题线索提交督察巡查组，以对地方办理情况开展重点检查。在督察巡查期间，督察巡查组共对2017年全年17532件涉及粉尘类举报情况进行核查，发现属实举报13045件，对未办结的682件举报进行现场交办解决。通过开展督察巡查工作，粉尘举报占比逐年下降，从2017年1月的45%下降到2018年4月的15%。

第四，统计企业工业用电信息，筛选督察巡查重点。通过对数量巨大的用电信息进行分析，获得某个区域、某家企业在一个时期内的工业用电变化情况，筛选督察巡查重点。例如，针对某个区域存在散乱污企业集群问题，督察巡查期间全部停产整治，督察巡查不可能24小时进行盯控，在没有进行督察巡查期间，

这些散乱污企业是否存在再次违法生产情况，就要通过分析这个区域内工业用电量变化情况，若某个时间内区域用电量出现大幅增长，就可以推送信息给当地督察巡查组，以第一时间开展针对性检查。同样，对错峰生产期间、重污染应对期间，重点企业是否落实限产停产措施，也可以通过用电量信息进行分析。

2）优化督察巡查数据平台，实现终端操作实时可视

在秋冬季督察巡查工作中，每天有 28 个督察组、102 个巡查组需要上报信息，海量信息的手机上报、分析汇总是十分复杂的工作，为有效避免各种数据手工填报错误，快速对上报信息进行分析，生态环境部统一开发督察巡查 App，并根据实际工作需要对其多次进行优化，实现数据实时上报汇总，使数据巡查展示方便、快捷。可以说，这个 App 也是互联网、大数据在督察巡查工作中应用的集中展示。App 集成相关环保工作手册，包括一些环保法律法规、政策标准，方便督察巡查人员查阅；集成了热点网格地图，哪些热点网格有异常，在 App 中能实时在线看到。督察巡查办公室在确定每个阶段或每日的检查任务后，会由 App 后台直接推送到每位巡查人员手机上，巡查人员和现场人员在检查时可通过 App 直接从下拉菜单选择检查结论或填写具体描述，并上传定位信息、相关数据、现场照片，督察巡查办公室通过后台导出数据后再进行后台分析。

督察巡查工作组到现场后，若没有地方工作人员陪同带路，在没有现场检查企业名单的情况下，可以利用移动执法 App 开展工作。一是可以通过热点网格筛选出可能存在环境违法问题的重点区域，二是可以通过在线监控数据确定超标排放企业，三是可以通过“12369”环保举报数据了解当地群众关注的大气热点问题。根据上述线索筛选出重点督察区域和企业名单进行督察，可以提高工作效率。现场督察情况通过移动执法 App 实时报送后方指挥部，通过环境监测执法平台进行综合分析，以实时调整督察方式和重点。2017 年督察巡查工作结束后，生态环境部还利用互联网和大数据对督办问题整改，对燃煤小锅炉清零、双替代改造、环保涉气举报问题进行办理，对错峰生产等检查情况进行检查，为今后的督察巡查工作奠定了基础。同时，生态环境部还将督察巡查档案纳入生态环境生态大数据管理平台，实现了数据的集成化、可视化。

2. 福建省“生态云”平台建设及智能环境监察执法平台

福建省“生态云”建设是贯彻习近平总书记“生态省”战略和“数字福建”重要决策的融合产物，也是当前各省如火如荼开展生态环境大数据建设的一个缩影。福建省 2018 年 5 月建成全国首个省级“生态云”平台，并在全省深入推

广应用，当前“生态云”平台应用已经融入福建省生态环境保护工作的各方面和全过程。2019 年 5 月，生态环境部和福建省政府签署共建“数字生态”示范省战略合作协议，双方将通过合作共建推动福建省围绕生态文明建设和生态环境监测、监管、决策全过程，全方位推进数字化、网络化，积极拓展深化“生态云”平台建设，深度融合“数字+生态”，将大数据、云计算、人工智能等新技术应用到国家生态文明试验区建设中。通过合作共建，双方将发挥数字创新引领作用，推进福建省“生态云”创新应用成为全国标杆，形成一批可示范、可复制、可推广的应用成果。按照分两步走战略，福建省于 2020 年前在全国率先开启了以数据深度挖掘和融合应用为主要特征的智能化环境治理新模式，实现了全省范围内生态类数据资源全面互联互通、共享开放，完成了生态环境大数据向生态文明大数据的转换。到 2023 年，福建省将形成产权清晰、多元参与、激励约束并重的生态文明制度体系和对应的数字支撑体系[7]。

同时，福建省将“亲清”服务理念融入“生态云”平台建设当中，在全国率先建成生态环境亲清服务平台，主要体现在：建设一扇用户统一、多表合一的企业环保综合门户；开放一座刚性约束、人性关怀的企业环保办事大厅；完善一个企业主导、公众参与的环境信息公开平台；创新一种远程在线、分类施策的企业环境监管方式；构建一套守信激励、失信惩戒的企业环境信用体系；搭建一个资源汇聚、高效对接的环保产业服务市场。

福建“生态云”的特点如下。一是立足“高”，构建全省“一盘棋”、一体化、一朵云的大格局，并出台了 20 余项标准规范。二是着力“通”，主要体现在数据融通和业务汇通，纵向做到部—省—市—县（区）—乡镇 5 级打通。以“生态云”平台建设为契机，福建省在国内率先完成生态环境大数据资源规划，上至国家部委，下至市县及相关企业；横向汇聚国土、水利等相关部门业务数据及物联网、互联网等数据，汇聚运行 40 个信息化系统的 120 多类、90 多亿条数据，数据量达 430TB，其中包括 20 多个相关厅局数据，最终实现数据集成汇聚共享网络“横向到边、纵向到底”。三是力求“透”，改变传统的生态环境管理模式，实现扁平化去层级管理、全程可追溯的开放式管理，大数据分析让环境违法行为无处可遁。四是激发“活”，主要体现在两个方面，即末端数据的采集“活”和企业主体“活”。“生态云”采用了基于 AI 的信息采集系统，综合利用各类监测监控终端及无人机、无人船、微信、视频直播等，实现可视化、模块化、智能化。千家万户的企业进入云平台，使企业的主体责任活了，企业主动和政府一起做好亲清服务。五是致力于“用”，主要是广泛推进“生态云”平台的应用，促进

生态环境治理体系和治理能力现代化，让生态环境数据智变引领环境管理质变，利用大数据、云计算、移动互联网等新技术，帮助各级环境执法人员高效执法、规范办案、智能稽查。“生态云”界面如图 10-20、图 10-21 所示。

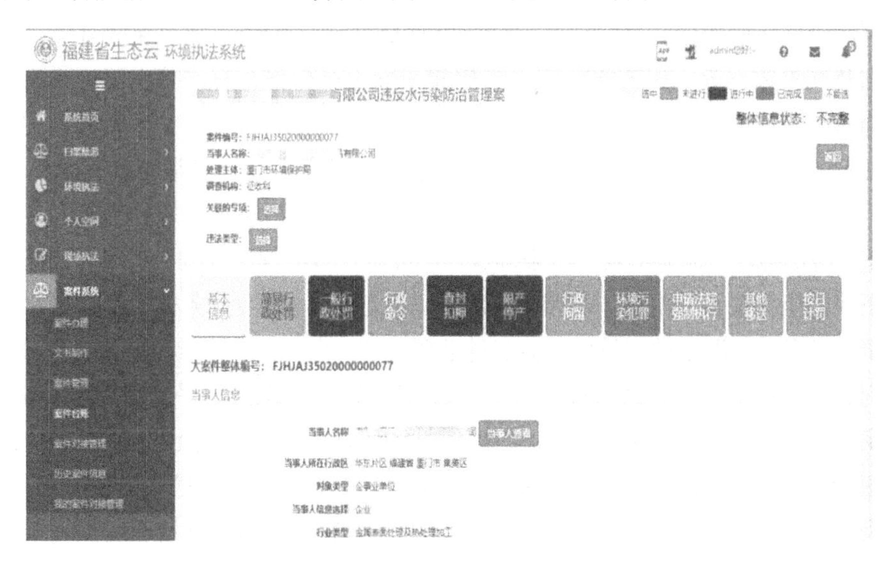

图 10-20　福建省“生态云”环境执法系统 PC 端

图 10-21　福建省“生态云”环境执法系统手机 App 端

来源：2018 年、2019 年智慧环保创新案例之一。

通过精准治污，“大数据”彰显“大作为”。某跨界断面在径流量没有太大改变的情况下，通过“生态云”平台精准溯源、及时发现问题，并采取科学治污措施，使得跨界断面水质通过半年时间从年初的劣Ⅴ类扭转为下半年的Ⅲ类。在臭氧污染联防联控中，“生态云”平台通过分析研判 VOCs、氮氧化物环境监测数据及气象数据等，提前实施应急管控和错峰生产措施，有效减小了污染物浓度峰值和重污染天数；“生态云”平台还能智能分析危险废物产生、转移、利用和处置的全过程数据，可及时发现企业危险废物超期存储、异常处置问题。

充分发挥“生态云”的作用，全面掌握流域、区域经济社会发展水平和产业分布、地形地貌、能源消耗、污染排放、环境质量等状况，围绕“实现污染防治攻坚战的指挥决策”需要，采用时序算法、语义分析、环境业务模型等分析算法引擎，深度挖掘海量数据价值，实现科学预测、可靠溯源、精准治污，推动由经验判断转向科学决策，助力打好污染防治攻坚战。“生态云”平台集成了闽江、九龙江、敖江等福建省内主要河流机理模型和统计模型，结合全省流域水质“一张图”，涵盖全省 12 条干流及 600 余条小流域的“流域脉络图”等，实现对水污染的扩散模拟，以及对污染源的溯源分析，为污染源的排查治理提供精准服务。“生态云”平台建设了大气立体监测网络数据分析、预报预警、移动污染源动态污染排放、大气环境敏感点识别等模块，实现城市空气质量 7 天准确预报、3 天精准预报，推动大气污染治理由被动响应向主动预见转变。“生态云”平台利用大数据技术对土壤环境质量、污染分布、重点污染源、风险防控敏感点位等进行关联分析，从中发现问题、掌握规律、辅助决策。

“生态云”平台充分利用大数据技术打通各种污染源监管数据，建立环境监察执法、应急处置调度等核心业务模型，形成智能化应用场景，切实提高污染监管精准化水平，杜绝“一刀切”，精准“切一刀”。“生态云”平台建立 20000 多家企业的“一企一档”，对 700 余家企业近 1000 个点位实施在线监控，每天对 20 余万条数据进行智能分析，实现全天候、立体化监管及自动预警。“生态云”平台设定高违法风险企业预警判定规则，可快速圈定高风险违法对象，结合全省 20000 多名网格员的力量，打通了环境监察执法监管“最后一千米”。

智能环境监察执法平台有如下优势。第一，对于环境执法人员来说更加高效、便捷和规范。过去很多执法人员入职不久，不了解办案取证的要点，案件办理不规范、效率低，智能环境监察执法平台前期集成大量的法律法规、取证要点和案件模板，便于执法人员快速掌握办案难点。第二是及时调度。过去监察执法工作通过线下手工统计调度，如今可通过 App 实时了解调度各地办理案件的情

况。第三是智能稽查功能。过去稽查主要通过线下方式进行，覆盖面小、效率低下；目前平台实现案件全覆盖，还能通过大数据分析找出各类案件存在的常见问题，如文书制作不规范、程序不规范、内容缺失等，实现高效稽查。以生态环境部各专项行动为例，平台可以系统定制专项行动检查表并推送给一线执法人员，帮助执法人员快速办案；与此同时，系统直接生成专项行动执法台账。例如，在 2018 年“清水蓝天”（大练兵）环保专项执法行动台账中，能清晰地看到执法检查对象、检查人、检查时间、执法状态等信息，提高了执法效率。不仅如此，这套系统可以减少一些重复性的工作，例如，通过系统可以将环保信息和执法信息对接到生态环境部的平台和其他部门的平台。此外，借助大数据，依托模型，可以进行企业画像，找出疑似违规企业和疑似违规问题，精准定位执法对象，提高监管效能。

3. 江苏省“1831”生态环境智慧监控系统与环保大脑

江苏省是我国早期在省级环保信息化建设方面比较成功的代表，江苏省经历了“1831”生态环境智慧监控系统建设和环保大脑建设 2 个阶段[8]。

1）“1831”生态环境智慧监控系统建设阶段

“1831”生态环境智慧监控系统起源于 2008 年开始建设的太湖水环境信息共享平台（覆盖太湖流域 125 个水质自动监测站、太湖蓝藻预警监测点位、重点污染源监测点位等信息）；2012 年省级平台初步建成运行（截至 2012 年 12 月，江苏省 841 个国控重点污染源联网 816 个，80 家集中式污水处理厂联网 49 家，42 家总装机 30 万千瓦以上省管电厂全部联网，170 个流域水环境自动监测站联网 127 个，179 个空气自动监测站联网 137 个，121 家机动车尾气排放检测机构联网 49 家，64 个地方饮用水水源地自动监测站联网 36 个，37 台危险废物集中处置设施全部联网，25 个辐射环境监控监测哨全部联网）。

“1831”生态环境智慧监控系统实现了一数一源、一源多用、信息共享、部门协同，基本达到了平台大统一、系统大集成、网络大融合、硬件大集群、软件大管理、服务大保障、安全大提升，强化了跨部门、跨流域、跨区域的大协作，完善了发改经信、工商税务、国土水利等部门的工作机制，推进了政府管理部门信息互换、执法互助、监管互认，鼓励跨部门、多维度的大数据示范应用，对经济、社会发展实现智能调控和及时风险预警，确保经济、生态、健康和社会公共安全；搭建环评会商、信息公开和舆情监控系统，利用水、气、声环境影响预测预警模型，实现项目信息、环境准入、环境模拟、方案比选、情景分析、环境影响等建设项目可行性会商功能；实现“一网尽收，内外两分；‘1831’，工作随行”。“1831”含义如下。

1：建设 1 个全省共享的大生态环境监控系统。

8：集成饮用水水源地、流域水环境、大气环境质量、重点污染源、机动车、危险废物、辐射、应急风险源 8 个子监控系统；目前已经扩展到 13 个要素。

3：组建省、市、县 3 级生态环境监控中心专门机构，统一归口管理自动监测监控系统有关事项，实现对监控数据质量的“全生命周期”控制。

1：建立完善的环境监控运行机制体制，出台 1 套环境监控管理办法，实现对全省生态环境的智能化、现代化监管。

2）环保大脑建设阶段

2016 年，《江苏省“互联网+”绿色生态行动计划（2016—2020 年）》出台，提出借助大数据、云计算等先进技术，在“智慧江苏”建设的总体架构下实现生态环境数据互联互通和开放共享，加快“互联网+”绿色生态体系建设，促进环境管理理念和环境治理模式进步，逐步实现江苏省环境管理能力的信息化和现代化，推动环保科学发展、跨越式发展。

“环保大脑”由江苏某环保科技公司基于阿里云技术研发搭建，利用环保新技术、新手段对生态环境的智能感知“神经”、深层分析“思维”、无限应用“展现”，实现对环境“大胆放、精准管、有效服”，全面助力江苏省“互联网+”绿色生态体系建设[9]。“环保大脑”涵盖水体、大气、噪声、固体废物、土壤等各类环境要素，整合云计算、人工智能、模型算法、数据挖掘等高新技术，建立感知环境质量的“视觉”“味觉”“听觉”，全面打通环境质量数据流转的“神经”“血管”，3 秒内多维度分析记录 10 亿条，每秒实时更新数据 8000 多条。“环保大脑”实现环境监察执法、大气网格管理、环境应急指挥、固体废物跟踪定位等的“全智能体检”，为提升“环境健康”提供了科学依据。

目前，“环保大脑”已覆盖江苏省近 13 万家企业，建立了“一企一档”企业“环保画像”，掌握企业环境行为的全生命周期，根据评估模型实现企业排污行为预判，“在线监控数据反欺诈分析”可以有效识别监测数据的真伪。评估模型包括固体废物减量化、资源化、无害化，以及诚信指数、经营发展指数 5 个方面约 200 个指标，实现政府监管精准化；“物联网固体废物全过程”实现对固体废物生产、转移、利用和处置的全链路监控，建立了政府“放管服”抓手。截至 2018 年 2 月，“环保大脑”已经在江苏省实现了对水、气、土壤、污染源的智慧感知，累计分析企业达 25000 家，非法排污预警准确率达 93%。

同时，“环保大脑”基于阿里云强大的运算能力和丰富的人工智能算法，能够挖掘遥感卫星图像隐藏的“环境密码”，将温度、压力、湿度、风力、降水、太阳辐射等信息进行交叉印证分析。海量信息使“环保大脑”具备国际视野和自主思维，可辅助政府部门实现对生态环境的综合决策与智能监管，并可以服务形式对外开放共享。

4. 内蒙古生态环境大数据平台

内蒙古作为国家大数据综合试验区，以及生态环境大数据建设试点地区，具有全面开展生态环境大数据平台建设、探索环保大数据产业发展的基础和优势。阿里云计算有限公司应用领先的人工智能、云存储、云计算、物联网、GPS、智能终端、移动互联网等技术，基于阿里云的飞天云操作系统，为内蒙古提供了适合当地特色的生态环境大数据平台。

1）主要架构

内蒙古生态环境大数据平台主界面和主要架构如图 10-22 所示，主要包括云计算平台、数据空港、数据中台、服务组件和应用模块等几大部分。

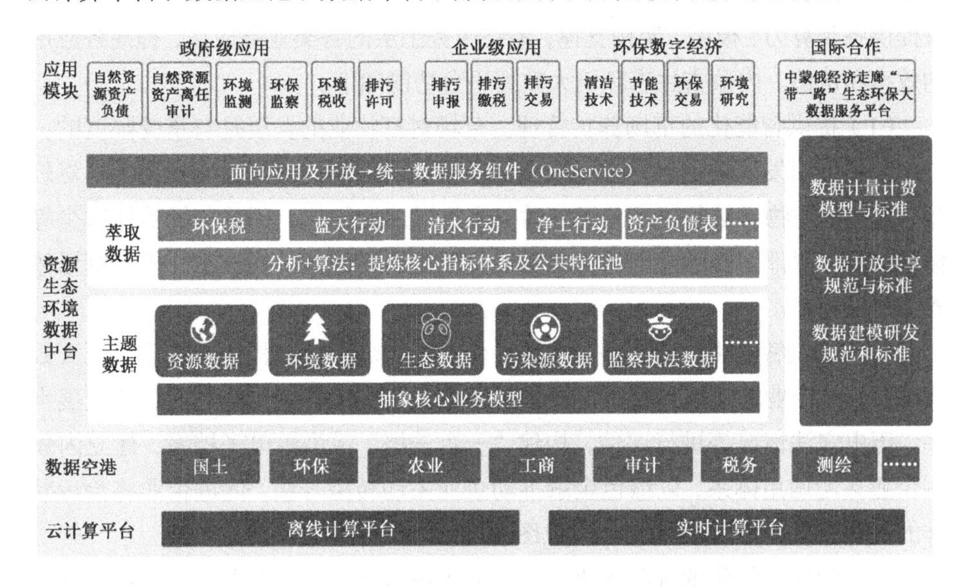

图 10-22　内蒙古生态环境大数据平台主要架构

（1）云计算平台：基于阿里云的飞天云操作系统，构建自主可控的云计算平台，为上层各项应用提供离线计算和实时计算能力。

（2）数据空港：将各类监控设备采集的视频、GPS、二维码等数据，结合环

境历史数据、环保监测网络数据、各相关行业的主题数据等，得到该区域的环境全域数据，并进行数据标准校正、数据集成汇聚等工作。

（3）数据中台：构建一个标准规范定义的、全域可连接萃取的、智慧的数据处理平台，其目标是高效满足前台数据分析和应用的需求。数据中台是涵盖数据资产、数据模型、数据治理、全域数据中心、垂直数据中心、萃取数据中心、数据服务等多个层次的体系化架构。

（4）服务组件：提供数据中台和应用模块之间连接的服务组件，使系统各组件之间无缝沟通，特别是应用模块对于数据中台各频次的业务调用，使得应用模块可以在不同的数据之间共享数据。

（5）应用模块：根据客户需求提出的各不同层次的应用，实现客户的业务价值。

2）主要功能

建立机器学习型人工智能的标准配置：收集数据、计算数据、分析数据、输出结果。使用自主可控的阿里云飞天云操作系统提供强大的计算、存储能力，并且通过物联网收集复杂多元的环境数据，通过编制合理的收集方案，为人工算法提供各类算力、模型、架构支撑，最终服务上层的各类业务应用，提高各应用的效率和价值。内蒙古生态环境大数据平台功能如下。

（1）提供智能化的草场养护管理。草场对畜牧业的发展是有承受限度的，过度放牧会引发草场退化，草场恢复需要漫长的时间。因此，可根据大自然轻微、复杂的生物学信号，如草场变黄、空气湿度变化等，预警草场植被减少等情况，使环保部门能够及时采取措施，合理控制畜牧业的发展，让相应草场休养生息。

（2）提供智能化的信用评价体系。依托生态环保大脑构建排污许可证大数据平台，对企业的产能产量、能源消耗、生产工艺、资源化能力、绿色发展水平、历史守法情况等进行评估，构建“一企一档”污染源电子档案，建立内蒙古企业环境信用体系，以绿色金融推动企业主动转型升级，促进企业将治污减排的义务转化为绿色发展动力（见图 10-23）。

（3）提供智能化的气象灾害预警。能提供智能生态环境监管，根据各种信息对内蒙古大草原进行多维度的评估和预警，提前预警自然灾害和极端天气，做好准备减少损失；还支持对雾霾的高分辨率智能预测预报，为雾霾形势研判和有效应对提供有力技术支撑。

（4）提供智能化的生态修复建议。“环保大脑”还可以通过大自然细微、复

杂的生物信号推演出生态修复建议，如草场变黄速度、空气湿度变化等指标，通过人工智能算法，为环境治理提供决策支撑依据。假设“环保大脑”通过遥感数据解译等发现呼伦贝尔的草原植被有减少趋势，便会及时发出预警并给出生态修复建议，为环保部门及时采取措施提供支撑。

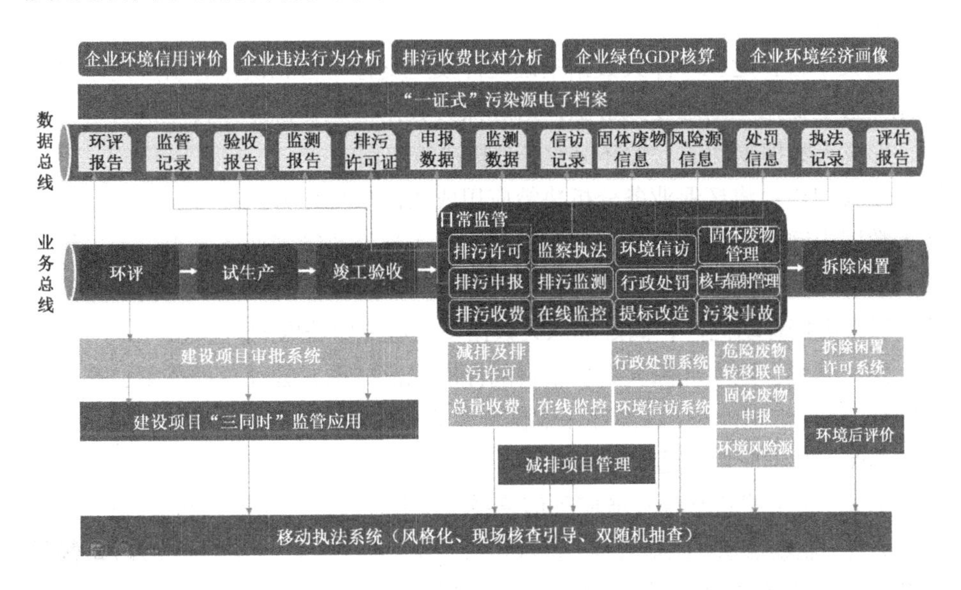

图 10-23　“一证式”污染源电子档案与信用评价体系

5. 贵州省环保大数据项目

贵州省是全国生态文明建设先行试验区，也是全国大数据建设的试验区，开展了环保数据资源整合、开放共享等工作。2017 年以来，贵州省建立了环保云平台，大力推动业务系统互联互通和业务协同，全面开展环境数据资源整合、开放共享服务，同时配合生态环境部开展国家—省—市 3 级环保云联通工作[10]。

围绕环保大数据建设，贵州省采取了 5 个方面的措施：一是加快环境大数据采集、计算分析、联动平台建设，建立环境大数据应用体系；二是开展环境大数据标准与规范编制，强化数据互联互通，形成环境大数据上下、左右联动的应用机制；三是加强全省环境大数据调度、展示中心建设；四是建立环境信息安全管理机制，严格落实信息化安全管理标准，建立覆盖环保数据信息采集、传输、使用等各环节的管理办法，全面加强网络、软硬件等基础设施的规范运维；五是加强技术科研支撑和专业人才保障，做好两个高端合作，即加强与高端研究机构和一流知名企业的合作，建立贵州省环境大数据研究机构。

依托贵州省环保云平台，以“改善环境质量、防范环境风险”为核心，贵州省优化环保业务信息化体系，搭建大数据采集传输、决策应用、全景展示等一站式平台，全面推动“12347”全省环保大数据体系建设。

一个中心：建立环保大数据海量信息资源管理中心。按照大数据管理标准及规范，将采集的海量数据汇聚、共享、交换，实现环保大数据资源集中管理与维护。

两大平台：建立环保大数据基础硬件设施支撑平台和决策分析应用平台。依托“云上贵州”基础设施资源，对环保大数据信息资源基于模型进行价值挖掘，形成大数据驱动的七大环保业务分析决策应用。

三大门户：将环保业务分析决策应用成果以可视化方式展现，并提供给环保大数据内网门户，满足全省环境管理业务人员及决策者业务需求；提供给环保大数据外网门户，满足公众及社会机构对环保大数据资源共享的需求；提供给环保大数据移动门户，满足环保大数据多渠道便捷获取的需求。

四大体系：建立环保大数据平台的标准规范体系、管理规程体系、安全容灾体系、运行维护体系，保障环保数据资源的一致性、规范性、安全性、可靠性，满足环保大数据应用长远发展的需求。

七大应用：推进环保业务应用信息系统体系建设，全面覆盖环境监测监控、环境监管、监察执法、风险管控、行政审批、政务办公、舆情发布七大业务层面，支撑环境质量可控、环境行为可管、环境风险可防、环境应急可处置、环评入口可把控、行政审批及处罚依法规范高效开展，形成信息共享的环保业务协同管理模式。

6. 山东省济宁市智慧环保网格化监管体系

前文介绍了山东省济宁市搭建大气微站网络的情况，本节主要介绍济宁市智慧环保网格化监管体系的做法。

1）总体架构

智慧环保网格化监管体系以“一网、两线、三面、多点”为基本架构。“一网”，即构建全市域覆盖的环境监管大网络，将全市 38000 家污染源“一网打尽”。“两线”，即实行环境监管“条块”结合，包括 14 个县、市、区党政同责属地管理工作线和 11 个行业主管部门一岗双责工作线。济宁市制定出台了《济宁市大气污染防治条例》《市直部门大气污染防治技术导则》，进一步明确各地政府的环保属地监管责任和行业主管部门的行业监管责任。“三面”，即建立市、县、乡 3 级平台，区分职能定位，实行环境综合监管。“多点”，即将全市水、大气、固体废物等污染源、环境敏感点和各部门按照行业导则管理的排污单位全部纳入

网格化管理，建设 10000 余个监控站点。

济宁市智慧环保网格化监管体系以行政区划为基础，共设立 4 级网格，其中包括 1 个市级网格，14 个县（市、区）级网格、162 个乡镇街道级网格、920 多个社区村居子网格（见图 10-24）。各网格均配备专职网格员，全市共 918 名专职网格员，每名网格员配备统一的网格化手机终端和交通工具。在此基础上，济宁市构建了市级综合监管平台、部门行业监管平台、县级综合监管平台及乡镇监管平台。智慧环保网格化监管平台共接入各类监督、监测点位 18000 余个。其中，空气自动监测站 156 个，河流断面水质自动监测站点 21 个，污染源连续自动监测点位 504 个，空气监测微站 175 个，PM_{10} 监测点位 998 个，监控视频 10981 路，车船 GPS（或北斗）点位信息 4205 个。

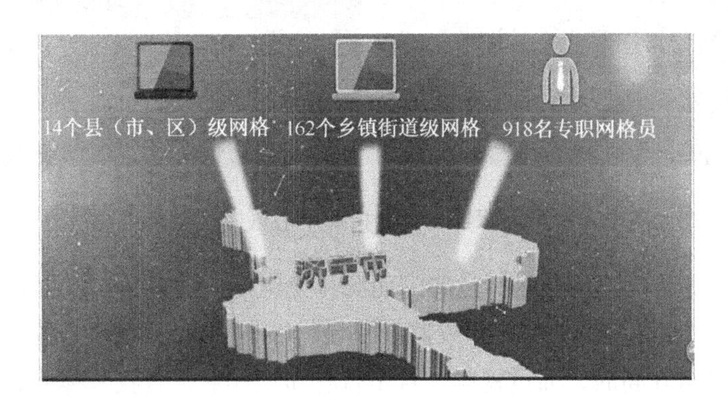

图 10-24　济宁市 4 级智慧环保网格化监管体系

2）主要功能

智慧环保网格化监管平台实现在线监测、在线监督、在线管理、在线指挥、分析应用五大功能（见图 10-25）。截至 2018 年，平台搭建的生态环境质量监测和污染源监测动态数据库，包含大气、水体等监测信息 4000 多万条，通过环境监测大数据为环境管理提供了更可靠的决策和行动依据。此外，平台发现并处理各部门违反导则问题 1343 个、县市区企业问题 15000 多个，网格员上报各类环境事件 16 万余起，实现线上线下配合联动，发挥了网格化环境监管体系的整体效应。

（1）在线监测。一是重点企业超标警告闭环处理，当监测点位出现小时值或日均值超标时，系统会自动向相关人员发送警告短信。当积累值日超标时，执法人员会收到短信到现场处理。二是重点区域精准溯源和辅助执法，济宁市火炬城站点已纳入京津冀及周边大气化学立体观测网络，据此逐步搭建本地大气超级站。购买 5 台大气气溶胶激光雷达，构建高空瞭望系统，可连续监测大气气溶胶的分布情况，用于分析气溶胶的组成结构和时空演变特征。同时，激光雷达还可以监测工业烟尘等城市上空环境污染物的扩散规律，监测灰霾和沙尘暴等天气过程。与国家热点网格相匹配，济宁市建立了 175 个大气网格化监测微站。通过智慧环保综合监管平台，可根据监测数据向县、市、区发送异常数据报告，县、市、区可以根据通报定向定点开展调查，快速锁定异常区域，实现污染源精细管理和精准执法。

图 10-25　济宁市智慧环保综合调度指挥中心（左）及其主要功能（右）

（2）在线监督。平台对行业部门面源和无组织排放源进行实时监督，主要是建筑工地、路网、堆场等。在线监督视频可以与 PM_{10} 监测设备配合使用，当 PM_{10} 数据异常升高时，通过视频核查是否有违规作业，查找具体问题。同时，在线监督还对所有环卫情况进行监测，包括对洒水车、清扫车进行实时监控，具体作业多少次、每天是否按照标准进行作业、在什么时间段作业，均在平台上自动统计，并自动向相关人发送相关信息。

（3）在线管理。在线管理主要包括 5 个方面内容：一是污染源管理，通过网格员和相应普查，将全市 38000 家重点工业企业和敏感点全部纳入其中；二是网格化管理工作平台，网格员通过手机客户端上报工作中发现的问题，并反馈问题处理的情况；三是重污染天气应急，因为京津冀“2+26”联防联控强调重污染天气应急，济宁市按照中污染天气应急“三同时”要求进行驻厂，并通过手机端上报响应企业采集的应急措施；四是绩效考核，平台通过网格员上报案件的数量、上报案件的质量及办理完成率等，对各个县、市、区平台及行业平台实施自动考核，可实时查到统计分数；五是知识库功能，主要解决文件逐级下发耗时太长、不能及时查看的问题，同时可从手机终端及时查询。

（4）在线指挥。在线指挥重点体现重污染天气应急指挥，济宁市建立重污染天气应急七步法：预警会商—启动响应—指挥调度—督导检查—汇总评估—

处罚问责和信息公开。平台中有市政府领导、生态环境部门领导，以及网格员、企业负责人等所有人员的信息，一旦响应启动，一分钟内所有人员都能接到启动应急响应的信息，平台自动升级为指挥部，进一步要求相关人员对行业平台和监测平台值班，在原来的基础上增加人员、增加时长。另外，通过排放源在线监控系统，对各项监测指标进行实时跟踪评估，根据电量的变化评估各有关企业和各县、区采取应急措施的情况、应急响应的情况，对应急响应不到位的企业进行问责并向社会公开。此外，根据生态环境部要求开展七大专项行动，到 2018 年结合已经开展的和正在开展的任务，已经梳理出 11000 个问题。这些问题都已定点定位，由网格员监督是否整改完成。有些问题容易反复，需要网格员实时监督，定期发送变化情况；新发现的问题网格员上报平台，既督促问题整改，又纳入新发现问题跟踪。

（5）分析应用。一是空气质量预警预报，济宁市利用清华大学贺克斌院士团队环境空气质量动态调控技术等建立了长期业务化的 5 天预警预报发布机制，为重污染预警研判提供技术支撑。尤其是在重污染天气应急之前，如果能精准判断在什么时间段能够达到什么样的标准，对启动应急措施很有帮助。二是对部门考核，平台对部门发现问题的整改情况可直接进行考核。三是对县、市、区工作考核，对县、市、区考核分为环境质量、信访案件办理和满意率、重点突出问题整改情况、网格化执行情况，这 4 个部分成绩累加起来对县、市、区进行考核，每月进行排名。四是乡镇工作情况考核，根据乡镇空气监测站的监测结果每个月进行排名，前 10 位的进行表彰，后 10 位的进行约谈，连续 2 个月或连续 3 个月排放靠后的将进行问责。

7. 陕西省商洛市环境监控应急指挥中心系统

环境监控应急指挥中心系统 2017 年在陕西省商洛市投运，守护南水北调水源地，提高科学化、数字化决策水平，为生态文明建设的加强提供有利的决策保障依据。

陕西省商洛市环境监控应急指挥中心系统具有七大功能，即网格化动态监管、视频监控、污染源在线监测、环境应急决策指挥、大数据平台、环境投诉、远程会议。商洛市新建 15 个高空瞭望、155 个污染源监控、26 个室内视频监控和 16 个小型空气自动监测站，配备 9 架无人机、25 台单兵视频设备及相关专线组成生态监测网络，接入已建成运行的 5 个水质自动监测站、8 个空气自动监测站数据。该系统让商洛市增加了监管眼睛和翅膀，提高了监管效率（见图 10-26）。

图 10-26 商洛市环境监控应急指挥中心系统

商洛市整合生态环境局内部数据，形成了污染源“一源一档”、环境大数据平台、App 数据应用查询系统及全市“一张图”业务管理应用，首次构建了全市统一的环保大数据中心平台。在环保大数据中心平台，不仅可以查询最新数据、历史数据及排污超标信息，实时掌握企业排污情况，还可进行同比、环比综合分析，掌握企业的排污趋势特征。

商洛市位于南水北调中线工程的水源涵养地，要确保南水北调中线工程的水质安全，担负着重大的责任。商洛市还承担着“丹江清水供京津”的重任，因境内有 130 多个尾矿库，每天有近 800 多辆危险化学品车辆穿境而过，环境安全压力非常大。现在，环境风险底数可以摸得清，环境监控应急指挥中心系统的地图上清晰地标注了每个尾矿库的位置。除可以通过视频查看尾矿库的实时信息，还可以调阅尾矿库的基本信息、应急预案、人员、物资、应急工程等。在商洛市智慧环保项目的示范带动下，铜川市集中式饮用水水源保护监控系统、延河流域水质监控应急监控与处置中心等也在陆续建设，陕西省积极推进智慧环保网络建设。

8. 河北省唐山市移动污染源综合管控体系

河北省唐山市通过多源感知系统、大数据融合平台，构建面向空气质量改善的移动污染源大数据决策平台。该平台核查重污染期间错峰运输、重型柴油车限行等管控措施并定量评估其效果；结合排放清单、排放测试和微型站观测，建立综合分析决策系统；根据区域大气污染控制需求、排放控制区要求及局部排放和空气污染特征，研究制定不同的管控措施，支撑唐山市大气污染防治的科学决策和精准施策。

在唐山市主要交通路口、交通干道、重型柴油车比较集中的路段及重点工

业企业设置视频监测点、尾气遥测点和道路空气质量微型监测点位，依托监控数据搭建一套重型柴油车污染排放监管措施体系。在天气重污染时，对重型柴油车的监控管理实现错峰运输、绕道运输，并针对该措施对重型柴油车污染物排放减少情况进行分析。对唐山市钢铁行业、焦化行业生产所需的物料运输车队进行监管调控，结合每家企业“一厂一策”方案，针对唐山市重污染天气应急管控需求，对企业大宗货物错峰运输是否落实到位做到可量化、可考核。

识别唐山市重要物流路线，在主要物流节点及通道设置监测点。在主要物流节点如港口、物料货运中转枢纽等设置监测点，在主要运输道路路段如交通路口、交通干道（高速、国道、省道）等设置监测点。道路监测点根据车道数量，安装固定高清摄像机及远程终端系统，用于车道机动车辆流速、流量的监测及车牌识别。在交通道路沿线、物流通道选定监测断面，建设尾气遥感监测、黑烟抓拍系统，对车辆流量及车辆牌照数据进行采集分析。将所有安装于道路监测系统的监控数据实时传输到监控中心。通过分析大量的遥感监测数据，识别唐山市重型柴油车辆中超标率相对较高的品牌，同时与年检数据互相检验，通过独立系统校核数据的可靠性；通过遥感监测数据对超标车辆所在的年检厂进行排序，识别超标车辆比较集中的年检场。结合台架、车载、跟车、物流通道空气质量监测和空气质量模型等手段，分析城市货运通道重型柴油车在实际道路行驶过程中的动态排放状况。定量分析管控措施对交通沿线路网的排放贡献，进行减排潜能可行性分析，实现“路网交通流特征—机动车排放强度—污染物浓度—控制措施调控”的多级监控系统。通过大规模安装 OBD 终端设备，采用动态排放清单计算方法建立唐山市移动污染源动态排放清单，识别唐山市重型柴油车重要物流通道，识别路网中排放热点路段及区域，为执法及管控提供数据支撑。

在重要物流通道及排放热点路段和区域，可以加强路检巡查频率，增设遥感及黑烟监测站点。基于物流通道和路网排放热点路段及区域数据，制定城市车辆绕行政策、路网规划和交通规划，量化交通排放对未来城市交通规划的影响。

10.4　商业模式创新

10.4.1　商业创新模式

商业模式创新可以通过改变价值主张、目标客户、关键活动、关键资源、分销渠道、顾客关系、伙伴承诺和成本结构等因素来激发。商业模式创新一般可以从战略定位创新、商业生态环境创新、资源能力创新等维度进行。当下正处于环保行业利好期，如环境监测服务市场正从政府主导转向市场主导，市场机制与第三方治理介入已成大势。居于上游的软硬件及试剂市场也已成熟，传感器产业技术壁垒较高，而专注于监测仪器及监测系统的中游产业若能在政策鼓励的大背景下迅速抢占市场份额，即可收获较大利润空间，成为有关投资机构关注的热点。资本注入意义非常重大，对于未来企业发展和战略布局有深远的影响。首先，资本助力新产品和新技术的应用推广，提升行业地位，搭建更专业的专家团队。其次，资本为未来寻找战略合作伙伴提供资金保障，寻找优势互补的企业进行战略合作，完善产业链布局。这其中不仅会考虑资本的需求，还会从产业、战略合作的需求出发，引入新的投资环境[11]。

本节尝试用环保企业上市公司发展情况来描述物联网+生态环境的商业创新发展趋势。根据中国环境保护产业协会统计，目前新三板环保企业数量呈现下降趋势，但 A 股环保企业数量呈现上升趋势，环保上市企业也在不断做大做强[12]。截至 2018 年，我国 A 股环保企业数量为 128 家，新三板环保企业数量为 353 家（见图 10-27）。从 2018 年 A 股和新三板环保企业细分领域分布情况看，水污染防治、大气污染防治、固体废物处理与资源化三大领域企业数量较多，而环境监测与检测、环境修复等领域企业数量相对较少。由于国内环境监测和检测行业发展较晚，同发达国家相比还存在不小差距，环境监测管理水平总体偏低，而且大多数精密监测仪器设备还依靠进口。环境监测与检测行业的 A 股和新三板企业汇总如图 10-28、图 10-29 所示。分析有关企业发展情况，可以看到环保行业商业模式创新具有如下特点。

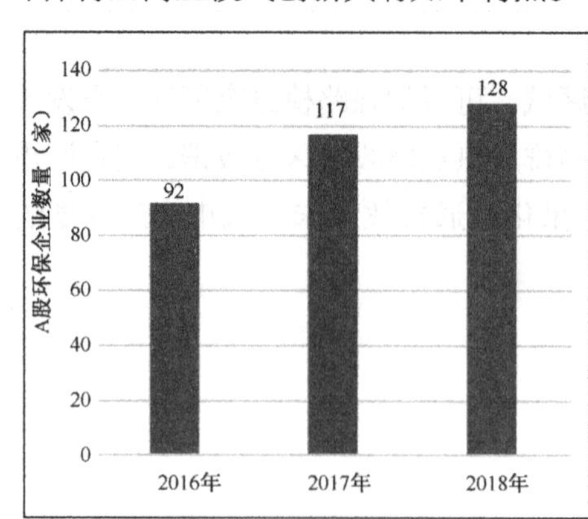

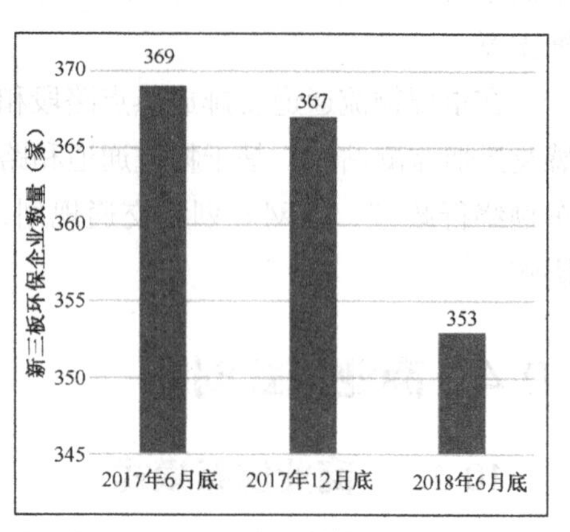

图 10-27　2016—2018 年 A 股（左）和新三板（右）环保企业数量变化情况

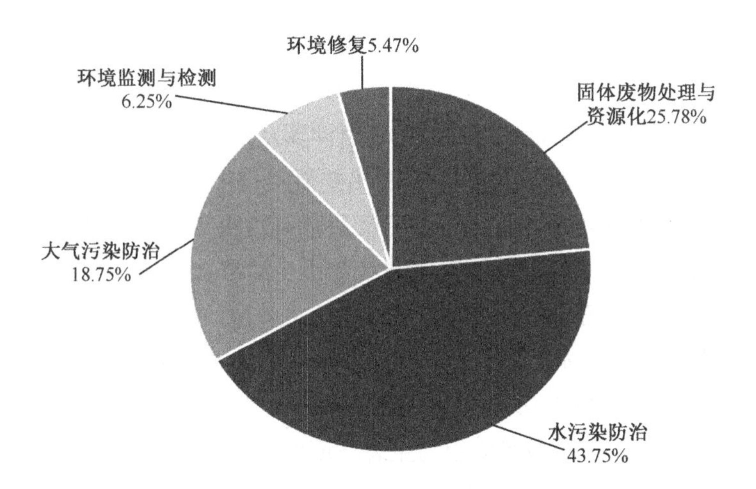

图 10-28　2018 年 A 股环保企业细分领域分布情况

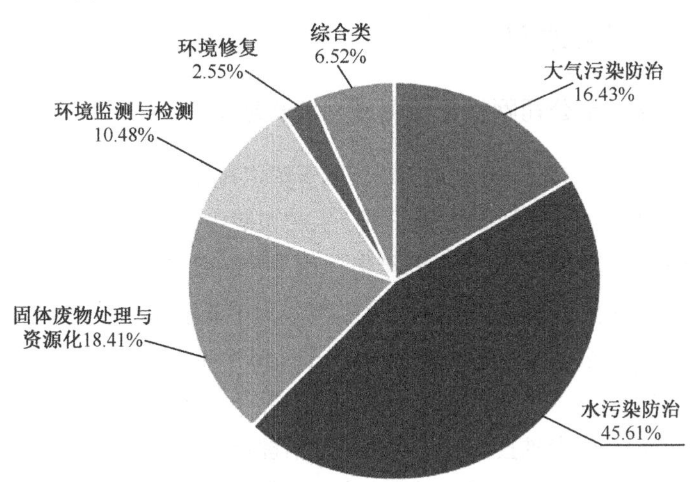

图 10-29　2018 年新三板环保企业细分领域分布情况

（1）紧跟趋势，提前布局。上市企业的物联网+生态环境类项目普遍从以销售监测硬件和软件为主要盈利模式，转向提供综合性的智慧环保解决方案。物联网+生态环境要求打破单一的感知层监测，向上层信息处理平台延伸，结合大数据、云计算等技术，建立立体化、一体化的综合监测、数据分析、决策反馈服务平台。传统生态环境监测企业通过并购、联合开发模式，与平台层的 IT 企业特别是大数据公司展开合作，将企业做大做强，可以在市场经济环境中立于不败之地。例如，Aclima 与谷歌合作使用街景车绘制实时空气污染图，可以快速占领市场及显著降低项目成本。

（2）紧跟政策，抢占先机。生态环境保护行业是政策推动型行业，只要政策存在，市场就存在。例如，2016—2017 年，环境保护部针对京津冀地区分别出台了《京津冀大气污染防治强化措施（2016—2017 年）》《京津冀及周边地区 2017—2018 年大气污染防治工作方案》《京津冀及周边地区 2017—2018 年秋冬季大气污染综合治理攻坚行动方案》，提出要落实石化、化工行业 VOCs 综合整治任务目标，并首次提出建设完善的空气质量监测网络体系。由于具有强大的技术储备，又受益于京津冀地区环境政策的逐步趋严，泛测环境等公司在大气网格化环境监测等方面占有较大市场份额。

（3）紧跟热点，技术驱动。采取新思路、新模式、新数据、新技术来打赢污染防治攻坚战，充分拥抱互联网、大数据和人工智能，并将当前流行的人工智能、深度学习、区块链等技术应用与生态环境保护相结合，利用海量数据优势，开展生态环境大数据深层次应用。

10.4.2 典型案例

1. 某环保上市公司网格化监测成为增长新动力

某环境监测仪器类环保上市公司，属于国内规模较大、创新能力较强、产品线较全的知名企业，主要致力于研发、生产和销售高端环境监测仪器仪表，为环境监测系统建设和运营服务。近年来，该上市公司的大气环境质量网格化精确、精准监测和挥发性有机物（VOCs）监测成为重要增长点。在网格化监测业务方面，该环保上市公司已在全国 18 个省份的 130 个市县（含 16 个“2+26”京津冀大气污染传输通道）应用，安装监测点位上万个。在 VOCs 监测和治理方面，该环保上市公司在保定雄县签订多个第三方治理合同，开展产业集群区域 VOCs 第三方治理及资源化利用项目，覆盖产生、收集、储运和治理等全过程。

2. 泛测环境公司致力于精细治霾获多轮投资

泛测环境公司成立于 2015 年，团队主要由环境监测仪器、环境信息化和环境科学研究等方面的资深专家组成，致力于精细治霾、精准治霾，利用物联网、大数据、人工智能等前沿技术，以工匠精神将环境监测做到最极致、最精细，使环境大数据更好地支撑管理决策，致力于解决大气污染防治的“最后一千米”问题。泛测环境公司自主研发了智能化微型空气质量监测设备，该设备监测快速准确、价格较低，并且不需要任何现场运维，适合高密度、精细化、全区域的布局，适合大范围网格化精准监测，被誉为空气质量监测的“CT 机”。泛测环境公司利用这种密集的监测，配套研发了空气质量大数据分析平台（AQmap），运用

云计算、大数据、人工智能等技术，全面革新大气环境管理手段，为用户提供高精度、高可用的空气质量监测数据分析服务。AQmap 可从时间维度上对 6 项空气质量常规污染物历史数据进行横向和纵向对比分析，从空间维度上实现热点区域污染事件可视化展示和预报预警，支持具体特定污染情况的深入分析。配合数据服务功能，AQmap 可实现按日污染排放监管和特定事件来源分析，不仅能快速准确溯源、定位，而且能监测污染形成的全过程，为精准治霾提供有力支撑，真正实现“精准溯源，靶向治理”。同时，泛测环境公司推动成立环境科学家和技术团队，为大气管理的“最后一千米”——区县生态环境局提供综合技术服务，通过“一张网、一幅图、一笔账、一份报告”全面掌控该区域的空气污染情况，综合施策。2017 年 2 月，泛测环境公司完成 Pre-A 融资，金额 2000 万元，投资方为金沙江联合资本、坚果创投。2018 年 3 月，泛测环境公司完成 A 轮融资，金额未公开，投资方为高鹏资本、宇杉资本。资本的注入对于泛测环境公司的意义重大，对于未来其发展和战略布局有深远的影响。

3. 谷歌与 Aclima 合作使用街景车绘制实时空气污染图

如果能掌握一个城市哪些十字路口的空气污染严重，就可以采取植树绿化或调整交通灯运行时间等措施来改善空气质量[13]。谷歌地球 Outreach 项目通过向非营利组织和公益组织提供数据，让大家实时了解污染状况。谷歌从 2015 年开始与旧金山的创业公司 Aclima 合作，将空气质量传感器安装到“街景车”上（见图 10-30）。通过安装在街景车上的空气质量传感器，谷歌与 Aclima 实时采集必要的数据，使得制定的改善空气质量的措施更精准、更有针对性。

图 10-30　谷歌与 Aclima 合作使用的街景车

在首个测试项目中，3 辆“街景车”在科罗拉多州丹佛市进行了将近 1 个月的走航监测，采集了 1.5 亿个空气质量数据点。对数据点进行分析检测，可以寻找到对人类呼吸系统有害的化学物质，如 NO_2、NO、O_3、CO、CO_2、炭黑、颗粒物及挥发性有机物（VOCs），当地民众和政府部门就可以即时了解周围的污染情况（见图 10-31）。移动传感器系统采集的街道空气质量数据，是对由美国环境保护署运行的标准化实时在线监测数据的有力补充。谷歌已同意从 Aclima 购买更多户外传感器，准备实施一个更大规模的空气质量监测计划，安装 Aclima 户外传感器的街景车将对旧金山湾区和其他城市进行走航监测。基于此，以自筹资金方式运营的 Aclima 从幕后走向了台前，公开详细描述了自有户外传感器的设计和研发特性，以及对整个传感器网络数据进行管理的详细过程。移动传感器系统还可在云端进行数据处理，生成综合分析结果和可视化内容。

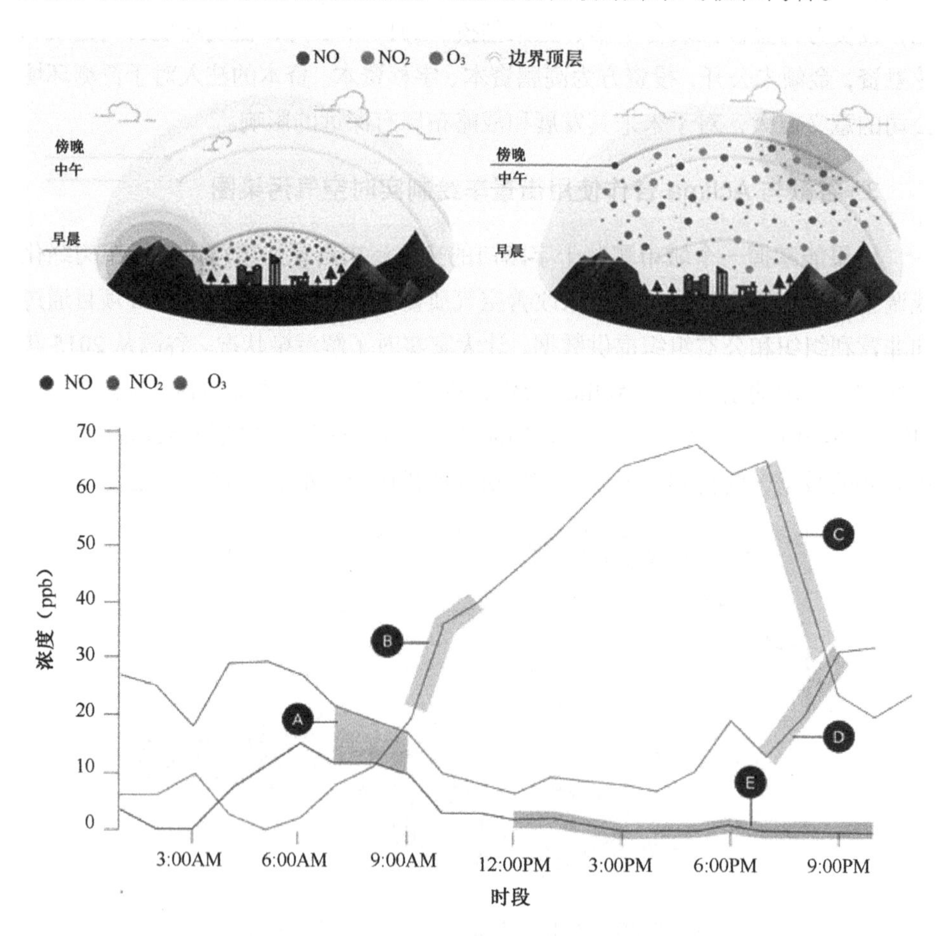

图 10-31　谷歌与 Aclima 合作使用街景车绘制的实时空气污染图

Aclima 的另一个项目是利用室内空气质量传感器帮助谷歌监测室内空气质量，进而提高员工的工作效率。例如，通过全天候监测会议室的 CO_2 浓度，可以发现其是否超过影响大脑功能的浓度阈值。如果 CO_2 浓度太高，员工在空间狭小的会议室就会有窒息感，工作效率肯定大打折扣。对于谷歌来说，庞大的精英团队保持超高工作效率可以转化为数十亿美元的收入；反之，将会带来数十亿美元的损失。所以，谷歌非常有理由与 Aclima 进行合作。目前，Aclima 与谷歌在街景车方面的合作更多出于公益慈善目的。谷歌地球 Outreach 项目将帮助企业利用 Aclima 数据，形象地展现城市中的区域空气质量问题，进而支撑城市规划者做出改进。Aclima 与谷歌的合作可以快速且大规模地部署传感器，使得 Aclima 不仅可以实现它的使命，通过环境保护来改善人体健康，还能把生意做好。

得益于 Aclima 的数据，谷歌地图可以向车辆或行人提出远离高污染区的优化路径，避免人们吸入受污染的空气或污染状况进一步恶化。如果能引导汽车远离处于高污染区的十字路口，还可以使城市规划者做出积极改进。Aclima 的传感器正借助物联网的力量给整个社会做出贡献，让我们的城市变得更健康、更智能。

4. 百度智慧生态环境大脑助力打赢蓝天保卫战

百度推出智慧生态环境大脑——度环境项目，其衍生于百度大脑和大数据。百度与生态环境部有关单位、清华大学等合作，将环境保护与互联网、人工智能和大数据深度结合，赋能生态环保智慧化。通过时空、交通拥堵、企业画像、网络舆情、排污许可、环保处罚、大气监测、气象观测、卫星图片等多源数据，针对当前环境监管和治理的难点和重点，百度构造了动态演化的潜在污染源网格化指纹图谱库，推动能够说得清空气监测站点周边或目标区域潜在污染源分布状况、活跃状态及排放物，找得准热点网格和污染源，智能化助力政府和生态环境部门督察执法、精细化管理和科学化治理，为产业调整和升级提供支撑[14]。

1）核心能力与关键功能

提供海量高质量环境相关大数据；融合时空、企业画像、网络舆情、大气监测、气象观测、卫星图片等自有、合作伙伴及第三方的多源高质量海量数据，提供目标站点周边或目标区域潜在污染源网格化指纹图谱库。

提供领先的环保 AI 模型和技术。依托百度深度学习技术及应用国家工程实验室，基于大数据、知识图谱、深度学习、互联网语义挖掘等技术，构造“一地一策”的城市动态污染认知计算模型。

提供潜在污染源分布扫描。按照工业源、生活源、交通源、农业源等类别，以行政区域属地或网格，分析和展示潜在污染源的空间分布；学习和挖掘高潜在污染的时空特征，精准定位高潜在污染企业和首要污染源，特别是“散乱污”企业。

动态筛选热点网格。基于多维大数据，以选定考核站点为中心，深入解析每个网格的污染贡献权重，动态筛选热点网格并进行排序，可按照 POI 和交通分别排序和融合排序。

深入洞察环境相关舆情。敏捷发现和分析互联网环境相关数据，快速定位属地和污染源，提前发现重大环境隐患或事件线索，及时掌握环境污染网络舆情动态。

2）*产品服务模式*

百度智慧生态环境大脑以 API 接口的形式将环境解决方案提供给客户调用，方便合作伙伴的二次开发、定制功能、需要和自有数据融合的使用场景；提供驾驶舱大屏展示方案，进行可视化分析以洞察城市污染，支持指挥作战的使用场景。提供专业化的实施与运营服务，通过与专业集成商和本地合作伙伴合作，提供一体化的解决方案和服务，支持客户公有云、私有云、混合云等不同业务场景。目前，百度智慧生态环境大脑已经在珠海等地建设使用。

10.5 运行模式创新

10.5.1 运行创新模式

环境质量监测作为环境监测的重要组成部分，是推进政府和社会资本合作（PPP）模式的重要领域。2015 年，环境保护部出台的《关于推进环境监测服务社会化的指导意见》提出，要鼓励引导社会环境监测力量广泛参与，创新环境监测公共服务供给模式。2016 年《国务院办公厅关于印发生态环境监测网络建设方案的通知》（国办发〔2015〕56 号）明确，在基础公益性监测领域积极推进政府购买服务。生态环境质量监测点一般由国家及各级政府出资建设，以往的运营模式为地方政府采购监测设备，由地方政府及所属事业单位自行运营。为加强地方监测设备数据的真实性、有效性、及时性，2015 年至今我国逐步实行空气、地表水环境质量“国控”监测点事权上收工作；同时，各省市也开始响应，发布“省控”监测点事权上收政策并参照执行。参照生态环境部《关于推进环境监测服务社会化的指导意见》提出的社会化运营方式，事权上收后各监测点交

由社会第三方监测机构运维。政府从采购监测设备变为购买监测服务，推动生态环境质量监测不断提升市场化、专业化程度。

污染源在线监控运维也由之前的政府统一运维转变为由业主自己运维或委托第三方运维。安装在重点污染源企业的监控设备价格昂贵、维护成本高，导致一些排污企业不正常运营监控设备，存在环保数据造假行为。只有为企业提供性价比高的环保物联网设备和服务，企业才有积极性配合开展环保物联网监测监控。因此，应鼓励扶持国内企业研发高性价比的在线监控、工况过程监控等感知设备，降低环保感知设备价格；同时，可通过设备租赁、服务外包等模式，为企业提供低成本运维服务。工况过程监控物联网数据的挖掘分析，可为企业改造治污工艺、改善经营管理提供服务。对于低能耗、低污染的中小型企业，通过税收优惠鼓励、扶持它们安装小型化、智能化过程监控感知设备，用于自证监测数据清白。

物联网+生态环境的运行创新模式的总体特点是：一是突破传统管理思维和模式，创新环境监测公共服务供给模式，引入社会资本参与 PPP 模式；二是加强物联网的延伸利用和大数据分析认识，实时采集污染源和环境质量信息，构建统一的数据中心平台，实现污染监控、监察执法及决策分析等环保业务的智能化。为此，应总结推广各地环保物联网的试点经验，使政府、企业、社会和民众认识到环保物联网在生态文明建设中的重要地位，带动环保感知设备研发、相关软件开发、环保服务模式创新等绿色环保产业的发展；同时，还要注重人力资源建设、政府企业互动，加强既懂环保又懂技术的物联网人才培养、引进和储备。

10.5.2　典型案例

1. 广西壮族自治区环境物联网（空气质量监测站）PPP 示范项目

广西壮族自治区于 2017 年发布了《广西壮族自治区环境物联网（空气质量监测站）PPP 项目采购公告》[15]。项目分为 A 和 B 两个标，其中，A 标包括桂林、柳州等 4 个城市的 39 个监测站点及监测数据管理软件开发，中标方为中兴仪器公司，成交金额约 1269 万元/年；B 标包括南宁、贺州、钦州、防城港等 10 个城市的 36 个监测站点及运营监管软件，中标方为聚光科技公司，成交金额约 1108 万元/年。作为环境质量监测领域首个采用 PPP 模式的示范项目，其对引导推进 PPP 模式在环境监测领域的应用具有重要意义。

目前，我国环境空气质量自动监测站点主要分布在市级城市建成区，而面

积更广大的区、县级环境空气质量自动监测站点建设不足，获取的数据难以准确、真实地反映辖区内的空气质量状况，因而亟须加强基层环境空气质量自动监测设施建设。为提升基层环境空气质量自动监测服务供给水平和供给质量，广西壮族自治区创新采用了 PPP 模式，对自治区内的 75 个县级环境空气质量监测设施引入专业化社会资本投资建设和运维管理。该项目在运作方式、交易结构、风险分配、监管机制等方面进行大胆而有益的探索，主要考核环境监测数据的质量，辅助考核监测设施的运营维护，建立了依绩效付费机制。

在运作方式上，该项目组合采用较为成熟的 BOT（建设—运营—移交）+O&M（委托运营）的运作方式。该项目的建设内容为 23 个现有县级环境空气质量监测站改造提升、新建 52 个环境空气质量监测站，以及应用物联网技术开发信息化监管软件平台。对于现有的 23 个县级环境空气质量监测站，考虑其资产所有权、合作期、仪器设备使用年限等因素，转让—运营—移交（TOT）+ 委托运营（O&M）是较为合适的运作方式。对于新建县级环境空气质量监测站及信息化监管软件平台，采用 BOT 的运作方式。

在风险分配上，该项目识别并形成了项目风险清单，将风险在政府、社会资本方之间进行了合理分配，综合采用风险控制、风险规避及风险转移等多种措施以应对项目风险。项目风险主要包括政府信用风险、市场风险、政策法律变更及不可抗力风险等，其中，监测需求变更、政策变化、法律变更、政府信用等风险倾向于由政府承担；项目建设安装、运行维护、融资等风险倾向于由社会资本方承担。

在监管方式上，该项目的监管以项目实施机构自行监督为主，以县级环保部门、公众监督为辅。自治区环境监测中心站负责对项目公司进行定期考核、不定期巡视，实现对项目公司履约情况的有效监管。各县级环保部门负责提供监测条件，并随时向有关部门反映项目公司的运营问题和数据疑问。同时，考虑环境空气质量监测的公益属性，公众对相关情况较为关切，鼓励公众通过自治区环保网、微信公众号等渠道，监督项目公司对空气质量自动站的日常运营维护情况。

在机制上，实施依绩效付费是保障环境空气自动监测服务质量的有力抓手，应建立严格的政府依绩效付费机制。在 PPP 模式下，社会资本方负责投资建设、运行维护区域内县级环境空气质量监测设施，提供符合要求的高质量监测数据，并依据绩效考核结果，按约定获得政府支付的数据服务费。

依绩效付费是实现 PPP 模式关注点的重点内容，也是提高环境空气质量监测供给水平和服务质量的有效保障。依绩效付费机制包括绩效考核与绩效付费两部分。绩效考核主要对监测数据质量进行考核，包括数据的有效性、准确率、

捕获率等考核指标；同时，绩效考核还对运维服务绩效进行考核。

2. 中国电信打造佛山大气质量动态监测大数据平台

中国电信打造佛山大气质量动态监测大数据平台，通过大幅提高环境监测点密度，结合最新的云技术监测系统布设空气质量传感器，既能够解决资金投入紧缺的问题，又能够满足测量精度，构建前端高性价比的 $PM_{2.5}$、PM_{10}、空气质量等大气环境质量特征因子采集设备和中心端大数据云计算支撑平台，实现对佛山大气环境质量的全面监管。

1）科学设点，打造网格化监测网络

通过大范围、高密度“网格组合布点”，实现整个区域大气环境高时间分辨率、高空间分辨率和多参数的实时动态监测。点位布设如表 10-2 所示。

表 10-2　高覆盖点位布设

名　称		适用范围	监测参数	功　能
环境质量网格		建设 1～5km 的正方形监测网格，实现对整个城区监测网格的全覆盖，网格大小根据实际情况调整	$PM_{2.5}$、PM_{10}、SO_2、NO_2、CO、O_3	作为整个城市网格化监测的基础网格骨架，为表征区域整体环境质量提供基础数据
敏感区加密网格		以环境空气质量评价点为中心，将监控目的区域均匀划分为若干个 1km×1km 的监测网格，覆盖周围 8 个方向	$PM_{2.5}$、PM_{10}、SO_2、NO_2、CO、O_3	评价核心区域周围空气质量变化情况及污染来源，确保区域空气质量
污染源加密网格	交通加密网格	对城市主要交通干道、环路、交通道口、交通枢纽等进行加密点位布设	$PM_{2.5}$、PM_{10}、SO_2、NO_2、CO、O_3	评价道路扬尘、机动车尾气对环境空气质量的影响
	扬尘加密网格	对建筑工地、堆场边界进行颗粒物浓度精准化监控	$PM_{2.5}$、PM_{10}	实时监控工地、堆场扬尘控制情况，评价扬尘对环境空气质量的影响
	企业加密网格	对城市主要涉气企业边界进行环境空气质量和特征污染物监控	$PM_{2.5}$、PM_{10}、SO_2、NO_2、CO、O_3 TVOC、特征污染物	实时监控企业污染物排放情况，及时发现偷排偷放行为，实现环境事件提前预警，评价企业生产对环境空气质量的影响
	工业园区加密网格	以工业园区为监控对象，对园区内部及边界进行环境空气质量和特征污染物监控	$PM_{2.5}$、PM_{10}、SO_2、NO_2、CO、O_3 TVOC、特征污染物	评价工业园区内的环境空气质量状况，实现环境事件提前预警，评价工业园区对周围环境空气质量的影响

续表

名　　称		适用范围	监测参数	功　　能
污染源加密网格	生活源加密网格	监控人民生活污染源（主要包括医院、学校、家庭、住宿业、餐饮业等炉灶、取暖设备，以及城市垃圾堆放、焚烧等）	$PM_{2.5}$、PM_{10}、SO_2、NO_2、CO、O_3 TVOC	实时监控城市内各类生活源的无组织排放情况，评价其对周围空气质量的影响
传输区域加密网格		城区周围 3～10km 范围内的监测网格	$PM_{2.5}$、PM_{10}、SO_2、NO_2、CO、O_3	评估区域间大气污染传输对空气质量的影响
立体网格		选择 10～300m 不同高度的点位进行监测	$PM_{2.5}$、PM_{10}、SO_2、NO_2、CO、O_3	监测城市环境空气质量的垂直分布情况，提供城市环境空气质量分析数据基础
移动网格		利用移动监测车可在行驶过程中进行空气样品测量，也可停靠路边或污染园区进行监测	$PM_{2.5}$、PM_{10}、SO_2、NO_2、CO、O_3	移动监测；应急监测；对其他网格的有效补充

2）利用低成本、精度高的监测设备，实现高覆盖

利用太阳能对监测设备进行供电，利用家用环境猫 Wi-Fi（见图 10-32、图 10-33）进行网络传输，既减少政府投资，又增加采集密度，有效地降低了设备和运行维护成本。监测设备的主要优势是：价格低，使大规模部署成为可能；精度能够满足准确监测的需求；部署方式方便，能降低部署难度；支持海量监测数据处理与存储；支撑规模应用，能完善地支撑上层业务应用系统。

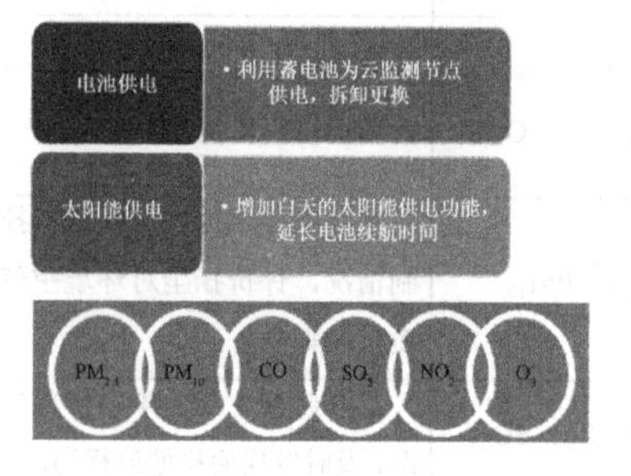

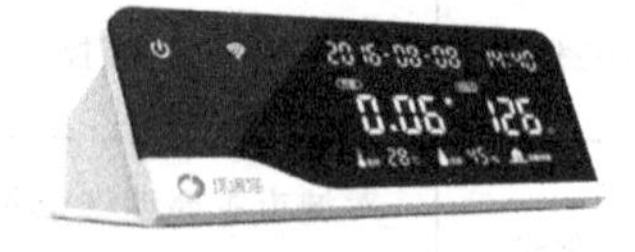

图 10-32　空气质量云监测节点特点

图 10-33　环境猫

（1）建设规模。

$PM_{2.5}$ 监测点部署：按平均每 10 平方千米 1 个监测点计算，在佛山区域面积 3875 平方千米内大范围布控 $PM_{2.5}$ 云监测节点。

实时空气质量监测箱：后期对监测的重点污染源（如化工园区、污染密集

区等）进行针对性重点监控，具体费用与监测气体类型和数量相关。

大数据云计算开放平台：提供数据的实时分析统计，标准接口支持开放调用，集成开发定制软硬件一体（含 7 台高性能硬件服务器和对应定制化的佛山大气质量动态监测大数据软件平台）系统。

环境监测无线传输：提供无线物联网数据（无线 4G）的实时数据传输（预计 500 张无线流量卡）+1 条 100MB 光纤。

（2）主要特点。

大规模部署 $PM_{2.5}$、PM_{10} 低成本监测设备等物联网传感器的创新模式，突破了传统的单点监测技术及成本的局限。

平台支撑开展空气污染过程、追踪定位污染源等实时演化业务。同时，利用云计算平台的海量数据，为环境容量科研、总量控制实施、目标管理、环境空气质量预报预警提供数据支持。

平台整合接入生态环境部、广东省生态环境厅、环境云、万物云等第三方环境平台数据，并在后台大数据平台对汇聚数据进行综合处理分析。

在佛山市生态环境局建立空气质量动态监测大数据中心，快速定位污染源，建立实时预警机制，根据态势变化调整治理措施。平台总体优势如图 10-34 所示。

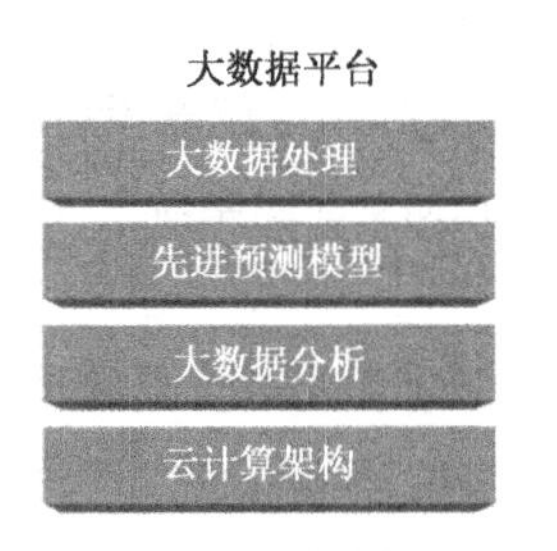

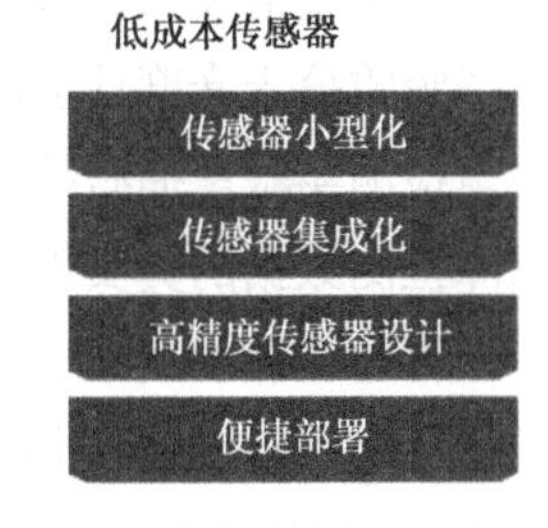

◆ 低成本传感器可海量部署，实现大范围采集数据，数据更加精确。
◆ 市民自行购买家庭用环境猫，在减少政府投资的同时增加采集密度。
◆ 基于南大一云创合作空气质量预测模型，技术先进，预测准确。

图 10-34　基于空气质量网格化监测大数据平台的优势

3. 环境监测&检测 O2O 平台：博慧检测

博慧检测是博天环境集团旗下以环境第三方检测为主要业务的环境服务平台。博天环境集团响应国家支持环境检测社会化的号召，通过线上与线下相结合（Online To Offline，O2O）模式为广大中小型企业和消费级市场提供一站式

检测服务，使广大用户切实感知环境数据、准确解决环境问题。博慧检测能够完成水环境、大气环境、污染源等监测数据采集、质量控制等业务功能，同时拥有溯源分析、最佳治理方案选择、预报预警、应急响应、治理设施智能运维等智慧功能，可提升环境数据获取的时效性和环境质量综合分析能力[16]。

博慧检测针对以往在环境检测方面存在的分布散、规模小、检测质量低、交易成本高、设备闲置率高、检测时效性差等问题，运用 GIS、大数据、物联网等技术，整合行业冗余资源，形成设备、人员、市场机会等全方位共享的一站式环境服务平台，实现检测资源的最大化利用、最合理配置，构建了集客户服务系统、采样控制系统、检测数据监控留痕系统、实验室管控系统等于一体的全程可追溯的数据链条的品质管控体系，尤其是针对用户拿到检测、监测数据却不知所措等问题，博慧检测通过模型运算、专家系统、人工智能等手段进行自动综合诊断，为用户提供个性化、定制化的解决方案。

博慧检测总部位于北京，在上海、厦门、武汉、成都、西安和广州 6 个城市设有区域中心实验室，在多地具有快速、专业和高效响应各地区环境检测需求的能力，检测涵盖水体、大气、土壤、固体废物、室内空气环境质量、环境噪声、振动及辐射等 CMA、CNAS 认证共 1000 多个项目，拥有电感耦合等离子发射光谱质谱仪（ICP-MS）、电感耦合等离子发射光谱仪、气相色谱质谱联用仪、原子吸收分光光度计、原子荧光分光光度计等 300 余台（套）高精度仪器设备。博慧检测实验室拥有智能化“采样质量控制系统”“实验室 LIMS 管理系统”，可保障检测数据的真实性和准确性。

博慧检测拥有线上及线下营销体系及专业技术团队，并配备先进仪器和现代化配套实验设施，能够面向社会各界提供环境影响评价、竣工环保验收、环保核查、环境管理体系认证、职业卫生、公共场所卫生、工作场所环境安全评价等各类环境检测服务，为客户提供精准、高效的一站式环境检测和咨询服务，面向各级环境管理部门打造集环境智能感知、环境业务综合管理、环境管理科学决策和监管效能提升于一体的综合信息化环境“智慧”监测平台，为环境改善提供技术保障，其服务模式值得借鉴参考。

本章小结

本章精选了近年来国内外物联网+生态环境方面典型的实际应用案例，范围十分广泛，覆盖从国家、省级、市级、工业园区级到企业级等不同级别的用户群

体，涉及环境大脑、生态云、大气热点网格、高架视频监控、VOCs 排放智能管控、污染源自动监控、生态红线遥感管控、移动执法等不同领域，总体上可以划分为技术集成创新、管理模式创新、商业模式创新、运行模式创新四大类。技术集成创新侧重于采取综合技术手段，强调感知、传输和数据分析应用整合，实现数据共享和互联互通，推动方法学创新，使之产生具有政策指导意义的结果。管理模式创新的特点在于通过构建智慧环保系统平台，整合各项功能，以更加精细和动态的方式实现环境统一智慧管理，打通环境立法、环境执法、环境行政管理等手段，实现部门协同和管理协同。商业模式创新的特点在于紧跟生态环境政策，从以销售监测硬件和软件为主要盈利模式，转向综合性智慧环保解决方案的提供商，采取新思路、新模式、新数据、新技术，开展生态环境大数据深层次应用。运行模式创新的特点在于突破传统管理的思维和模式，创新环境监测公共服务供给模式，加强物联网的延伸利用和大数据分析，实现环保业务智能化。

参考文献

[1] 关婷，薛澜，赵静. 技术赋能的治理创新：基于中国环境领域的实践案例[J]. 中国行政管理，2019（04）：58-65.

[2] 张毅，贺桂珍，吕永龙，等. 我国生态环境大数据建设方案实施及其公开效果评估[J]. 生态学报，2019，39（04）：1290-1299.

[3] 互联网 + 时代，利用大数据推进生态环境治理：2018 全国环境互联网会议[EB/OL].

[4] 新技术与网格管理的深度融合研究——以沧州市大气污染热点网格管理为例[J]. 环境与可持续发展，2019，44（02）：53-56.

[5] 阿里云 ET 环境大脑[EB/OL]. [2019-10-25].

[6] 丁瑶瑶. 生态环境部全面启动“千里眼计划”热点网格监管推进精准治污[J]. 环境经济，2018（17）：36-38.

[7] 付朝阳. 以生态法治化推动建设清新福建[J]. 中国生态文明，2019（01）：29-33.

[8] 王尔德. “用数据决策、用数据管理、用数据创新”——专访江苏省环保厅厅长陈蒙蒙[J]. 中国环境管理，2016，8（02）：28-30.

[9] 江苏神彩科技股份有限公司[EB/OL]. [2019-08-06].

[10] 熊德威. 发展大数据构建环境管理“千里眼、顺风耳、听诊器”——贵州环保大数据实践与发展建议[J]. 环境保护，2015，43（19）：40-42.

[11] 贾琳琳.“互联网+”环保服务业发展模式研究[D]. 石家庄：河北经贸大学，2018.

[12] 迟颖，王海新. 环境监测仪器行业 2017 年发展综述[J]. 中国环保产业，2018（08）：19-24.

[13] 谷歌与 Aclima 合作使用街景车绘制实时空气污染图[EB/OL]. [2019-11-06].

[14] 百度智慧生态环境大脑[EB/OL]. [2019-11-06].

[15] 广西环境物联网项目落定，引导环境监测向 PPP 模式推进[EB/OL]. [2019-12-06].

[16] 博慧科技有限公司[EB/OL]. [2019-09-06].